西藏野生兰科植物

The Wild Orchids in Tibet

王伟　李孟凯　邢震　庞深深　编著

同济大学出版社
TONGJI UNIVERSITY PRESS
·上海·

编委会

主　编

王　伟　李孟凯　邢　震　庞深深

副主编

西藏农牧学院：潘　刚　陈学达　郑维列
中国科学院西双版纳热带植物园：罗　艳　邓建平
西藏自治区林业调查规划研究院：马景锐　许　敏　普布顿珠
林芝市墨脱县林业和草原局：刘　震

摄　影

西藏农牧学院：王　伟　李孟凯　庞深深　余应鹏　赵佳敏
西藏自治区林业调查规划研究院：马景锐　许　敏
中国科学院西双版纳热带植物园：罗　艳　邓建平　唐　露
武汉市洪山区蓝雪生态环境评价研究所：晏　启
信阳师范学院：朱鑫鑫
中国科学院昆明植物研究所：亚吉东
香格里拉旅行社：图登嘉措
汶川植物园：刘　明
中国科学院青藏高原研究所：夏晨曦
重庆市中药研究院：危永胜
其他成员：卢　雅　李秀娴　周　磊　胡　君　姜　冬　谢兴驰
　　　　　葛斌杰　张坤林

每一朵花的绽放，

都在演绎延续数亿年的

生命传奇！

主编简介

王伟

山西原平人，博士，现为西藏农牧学院资源与环境学院副教授。主要从事植物多样性及植物分类研究，先后主持及参与国家自然科学基金项目 5 项，参与第二次青藏高原综合科学考察研究——藏东南地区森林灌丛资源考察、慈巴沟本底资源调查、大峡谷本底资源考察、西藏古树资源调查等一系列植物本底资源考察项目，发表学术论文 30 余篇。

李孟凯

山东潍坊人，本科，主要从事西藏自治区兰科植物资源调查、分类与保育工作，参与第二次青藏高原综合科学考察研究等重大科研项目，多次前往藏南、藏东南进行野外考察。现主要工作为西藏兰科植物资源整理与遗传进化研究。

邢震

江苏南京人，博士，现为西藏农牧学院资源与环境学院教授，中国植物学会兰花分会理事。长期从事西藏植物资源研究，在西藏植物资源、西藏高原物种形成、野生植物培育方面具有坚实的研究基础。先后主持国家及自治区级项目 10 余项，发表学术论文 60 余篇。

庞深深

河南周口人，本科，主要从事喜马拉雅地区植物多样性调查和研究工作，先后参与多项科研工作，调查足迹已遍布西藏各地。现主要工作为引种驯化、选育培育西藏观赏植物。

序 言

全球兰科植物有 736 属 28 000 余种，占有花植物的 10%，是世界最珍贵的野生植物资源之一，同时也是世界上最重要、最濒危的植物类群之一，兰科植物皆被列入《濒危野生动植物种国际贸易公约》（CITES）附录，占保护植物物种数的 90% 以上。在植物系统演化上，兰科植物是一个进化水平较高、分类复杂的科，是生物学研究的热点类群之一。同时，兰科植物具有极高的观赏价值和文化价值，还有重要的药用价值，兰科植物中的不少种类是名贵药材。

兰科植物广泛分布于全球绝大多数的陆地生态系统中，其中热带地区最为丰富。中国是野生兰科植物最为丰富的国家之一，有兰科植物 194 属 1500 余种，分布范围十分广泛。从我国兰科植物的地理格局看，其丰富度呈现为南高北低，在西南、华南地区较为集中。

中国野生兰科植物资源的研究和保护是世界兰科植物研究和保护的重要内容。随着全球气候变化加剧及青藏高原人为活动增加，对生境要求较为严格的兰科植物在一定程度上面临着自然灾害、过度采集、生境的丧失与片段化、土地利用的改变、人工林的发展、生物入侵以及一些重大工程的建设等一系列生存威胁。西藏有著名的喜马拉雅山位于其南部，使得印度洋的暖湿气流快速爬升，形成了从热带到寒带的各种气候带，也形成了各种不同的植被类型和丰富的植物种类，因此是全球生物学家所向往的地方。其独特的自然气候特点为兰科植物发育及分化提供了良好的自然条件，是我国兰科植物保护的关键地区，也是本底资料相对缺失的地区。西藏也是我最为关注的热点地区之一。1996 年 7 月，我和同仁们第一次到西藏就被藏南地区丰富的植物种类和多样的植被类型所震撼！之后我多次到西藏，尤其是 2015 年 8 月我和同仁们在林芝墨脱开展野外调查途中，我在草丛中发现一株开着花的竹叶兰，我急忙拍摄竹叶兰的自然生境，更幸运的是在墨脱县德兴乡跨江大桥旁拍摄到一株茎长超过 2 米、开着花的竹叶兰，我和同仁们都兴奋不已。近年来，随着兰科植物野外调查和植物分类学工作的发展，越来越多的西藏兰科植物新种、新变种以及新记录等相关研究相继发表，不断地充实着西藏兰科植物的本底资料及数据。

本书在野外调查基础上对西藏兰科植物进行了系统的归纳总结，摸清了西藏兰科植物资源情况，取得了重大成果，可喜可贺！这对推动青藏高原植物保护乃至我国生物多样性保护均有着重要的意义。

我为本书题序，希望能够激励同仁们以更大的热情投入到西藏兰科植物的研究中来，取得更多成果，为我国生物多样性保护做出突出贡献！

兰思仁

中国植物学会兰花分会理事长

福建农林大学校长、教授、博导

二〇二二年十月十六日于汀兰居

前 言

兰科植物是植物界中最为特化的植物，是被子植物中最大的科之一，分布范围极广，尤以热带和亚热带居多。据《中国植物志》（*Flora of China*, FOC）记载，兰科植物分布在除南极洲以外的全球范围，有 736 属，28 000 余种；我国有 194 属，1500 余种。因生境的丧失，兰科全部物种均被列入《濒危野生动植物种国际贸易公约》（Convention on International Trade in Endangered Species of Wild Fauna and Flora, CITES）附录 II 。

喜马拉雅东麓是全球植物多样性热点区域之一，巨大的海拔高差形成了各种不同的气候带，孕育了不同种类的植物，包括不同的兰科植物；喜马拉雅的东缘为兰科植物最丰富的区域，据《云南野生兰花》记载有 151 属 709 种（含 12 个变种，1 个杂种）。发表于 100 余年前的 *Orchids of the Sikkim-Himalaya* 记载“锡金有兰科植物 448 种”；我国西藏地理位置与之相邻，现无专门的兰科植物资料，仅在《西藏植物志》中收录 64 属 191 种及 2 个变种。为进一步掌握西藏兰科植物的本底资料，进而更好地服务于西藏兰科植物的研究、保护与持续利用，在西藏自治区教育厅、西藏自治区科技厅、西藏自治区林业和草原局等的支持下，西藏农牧学院西藏兰科植物资源研究中心（The Orchid Conservation Center of Tibet, OCCT）团队成员在野外调查的基础上，通过查阅文献资料，系统整理了西藏兰科植物，共统计到 116 属 491 种；由于受地生兰生育期限制等原因，其中全唇兰属、冷兰属、紫茎兰属、白及属、朱兰属、布袋兰属及其他属的部分物种未实地见到，无物种照片；正文中实际收录 110 属 410 种西藏野生兰科植物，并附其分布地；包括中国新记录 21 种，西藏新记录 69 种。

本书以 APG IV 分类系统以及《中国植物志》英文版为参照对兰科植物进行分类和排序，每种兰科植物都配以形态特征描述并辅以特征图片。植物图片来源以野外拍照为主，部分为野外采集未遇花期，引种至西藏农牧学院西藏兰科植物资源研究中心保护基地，待开花后拍照。对于未拍摄到照片的植物，仅在附录中收录。

本书出版受西藏自治区教育厅 2018 年西藏现代林业技术支撑体系研发、2020 年新农科背景下西藏林业类实践教育体系构建、2021 年新农科背景下的创新人才培养模式改革与研究、2021 年园林专业西藏自治区一流专业建设项目支持。《西藏野生兰科植物》的出版，使得西藏现有兰科植物以更加系统的形式呈现在读者面前，主要目的是服务于教学、科研、生物多样性保护等工作；我们希望能够起到抛砖引玉的作用，让更多的科研工作者投身于西藏兰科植物资源的发掘与保护之中。

编著者

2022 年 5 月

目录

杓兰属
Cypripedium

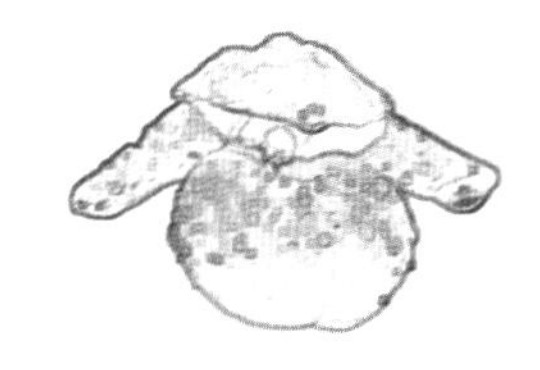

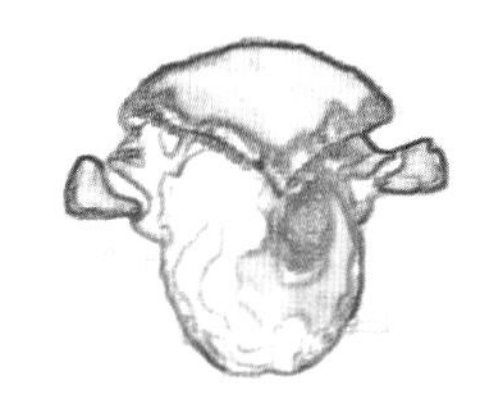

地生草本，具短或长的横走根状茎和许多较粗厚的纤维根；茎直立；叶 2 至数枚，互生、近对生或对生，有时近铺地；叶片通常椭圆形至卵形，较少心形或扇形，具折扇状脉、放射状脉或 3 ～ 5 条主脉，有时有黑紫色斑点。花序顶生，通常为单花，少数具 2 ～ 3 花，极罕具 5 ～ 7 花；花大，通常较美丽；中萼片直立或俯倾于唇瓣之上；2 枚侧萼片通常合生而成合萼片，仅先端分离，位于唇瓣下方，极罕完全离生；花瓣平展、下垂或围抱唇瓣，有时扭转；唇瓣为深囊状，球形、椭圆形或其他形状，一般有宽阔的囊口，囊口有内弯的侧裂片，囊内常有毛；蕊柱短，圆柱形，常下弯，具 2 枚侧生的能育雄蕊、1 枚位于上方的退化雄蕊和 1 个位于下方的柱头；花药 2 室，具很短的花丝；花粉粉质或带黏性，但不黏合成花粉团块；退化雄蕊通常扁平，椭圆形、卵形或其他形状，有柄或无柄，极罕舌状或线形；柱头肥厚，略有不明显的 3 裂，表面有乳突。果实为蒴果。

本属全球约 50 种，主要产于东亚、北美、欧洲等温带地区和亚热带山地，向南可达喜马拉雅地区和中美洲的危地马拉 [1,2]；我国有 36 种，含 25 个特有种，自东北地区至西南山地，以及于台湾高山，均有分布；西藏记录有 12 种，现增加 1 种西藏新记录，共收录 13 种。

本属检索表

1 退化雄蕊近舌状至倒卵状椭圆形，明显狭于柱头。……(2)
1 退化雄蕊宽阔，椭圆形、卵形或其他形状，宽于或等宽于柱头。……(3)
2 植株高 1 m 以上，具 9～10 枚叶；花多于 5 朵，排成总状花序。……暖地杓兰 *C. subtropicum*
2 植株高 10～20 cm，具 2～3 枚叶；花单朵，顶生。……宽口杓兰 *C. wardii*
3 花下方无苞片；地下具细长根状茎；萼片背面无毛或沿中脉被毛。……无苞杓兰 *C. bardolphianum*
3 花下方有花苞片，花苞片明显小于叶。……(4)
4 叶2枚，对生或近对生，草质；叶片通常心形或宽卵形，具3～5条主脉。花序近直立，仅花略俯垂；子房被毛；茎（叶以下部分）被长柔毛；叶具缘毛；花黄绿色，有栗色或紫红色斑纹。……雅致杓兰 *C. elegans*
4 叶互生，较少近对生或对生，纸质；叶片椭圆形、长圆形、扇形或其他形状，具多数平行脉或辐射状脉。……(5)
5 地下具细长的根状茎；叶 2 枚，对生或近对生，具辐射状脉或平行脉；花较小，中萼片长 1.5～2.2 cm。……紫点杓兰 *C. guttatum*
5 地下具较短的、粗壮的根状茎；叶 2 至数枚，明显互生，具平行脉。……(6)
6 花的 2 枚侧萼片完全离生；唇瓣倒圆锥形，囊口有毛。……离萼杓兰 *C. plectrochilum*
6 花的 2 枚侧萼片不同程度地合生而成 1 枚合萼片；唇瓣球形、椭圆形或扁球形，绝不为倒圆锥形，囊口无毛。……(7)
7 花瓣近长圆形，短于中萼片，先端钝；花黄色，有时有栗色斑点。……黄花杓兰 *C. flavum*
7 花瓣向先端渐狭，通常长于中萼片，先端急尖或渐尖；花种种颜色。……(8)
8 子房有腺毛；退化雄蕊基部通常有柄；萼片与花瓣淡黄绿色，无栗色脉纹；唇瓣白色。……白唇杓兰 *C. cordigerum*
8 子房具短柔毛或无毛；退化雄蕊基部通常无明显的柄。……(9)
9 花淡绿黄色。……波密杓兰 *C. ludlowii*
9 花红色、紫色、黑紫色或偶见白色，非淡绿黄色。……(10)
10 子房无毛或疏被短柔毛。……(11)
10 子房密被长柔毛。……(12)
11 叶两面多少被毛；花小，合萼片长 2.3～3.2 cm，宽 8～12 mm；退化雄蕊长 6～7 mm。……云南杓兰 *C.yunnanense*
11 叶无毛或仅在脉上被毛；花大，合萼片长 3～6 cm，宽 1.5～2 cm；退化雄蕊长 1～2 cm。花深红色、紫色至暗紫色，干后黑紫色；花瓣上的纵横纹理十分清晰；退化雄蕊背面多少有龙骨状凸起。……西藏杓兰 *C. tibeticum*
12 茎密被长柔毛，尤其在上部近节处；叶背面脉上有毛；花大，中萼片长 4～5.5 cm。……毛杓兰 *C. franchetii*
12 茎疏被短柔毛；叶背面无毛；花较小，中萼片长 2.4～2.8 cm。……高山杓兰 *C. himalaicum*

暖地杓兰

Cypripedium subtropicum

产于西藏东南部（墨脱），生于海拔 1400 m 的桤木林下（模式标本产地）。

植株高达 1.5 m，具粗短的根状茎和肉质根。茎直立，被短柔毛，基部具数枚鞘，中部以上具 9 ~ 10 枚叶；鞘被短柔毛。叶片椭圆状长圆形至椭圆状披针形，先端渐尖，上面无毛，背面被短柔毛，边缘多少具缘毛。总状花序顶生；花苞片线状披针形，多少反折；被淡红色毛；花梗和子房密被腺毛和淡褐色疏柔毛；花黄色，唇瓣上有紫色斑点；中萼片卵状椭圆形，先端尾状渐尖，背面被淡红色毛；合萼片宽卵状椭圆形，略宽于中萼片，先端 2 浅裂，背面亦被毛；花瓣近长圆状卵形，内表面脉上和背面被淡红色毛；唇瓣深囊状，倒卵状椭圆形，囊内基部具毛，囊外无毛；退化雄蕊近舌状，先端钝，略向上弯曲，基部有柄。花期 7 月。

宽口杓兰
Cypripedium wardii

产于西藏察隅；区外见于云南。生于海拔 2500 ～ 3700 m 的密林下、石灰岩岩壁上或溪边岩石上。

植株具略细长的根状茎。茎直立，较细弱，被短柔毛，基部具数枚鞘。叶片椭圆形至椭圆状披针形，先端急尖或近渐尖，两面被短柔毛，边缘具细缘毛，基部收狭而成鞘状。花序顶生，具 1 花；花序柄纤细，被短柔毛；花苞片叶状，卵状披针形，亦被短柔毛；子房密被短柔毛；花较小，略带淡黄的白色，唇瓣囊内和囊口周围有紫色斑点；中萼片椭圆形或卵状椭圆形，先端钝或近急尖，背面疏被短柔毛；合萼片宽椭圆形，略短于中萼片，先端 2 浅裂，背面亦疏被短柔毛；花瓣近卵状菱形或卵状长圆形，先端钝；唇瓣深囊状，近倒卵状球形，有较宽阔的囊口；退化雄蕊狭舌状至倒卵状椭圆形，狭于柱头。花期 6 ～ 7 月。

无苞杓兰

Cypripedium bardolphianum

产于西藏东南部；区外见于甘肃、四川、云南。生于海拔 2300 ～ 3900 m 的树木与灌木丛生的山坡、林缘或疏林下腐殖质丰富、湿润、多苔藓之地，常成片生长。模式标本采自甘肃。

植株具细长而横走的根状茎。茎直立，密被长柔毛，基部具 2 枚筒状鞘，顶端具 2 枚叶。叶对生或近对生，平展；叶片卵形或宽卵形，草质，先端钝，通常两面疏生短柔毛，较少近无毛，边缘有长缘毛，具 3 ～ 5 条主脉，脉在背面浮凸。花序顶生，近直立，具 1 花；花序柄无毛；无花苞片，稍被短毛；花小，萼片与花瓣淡黄绿色，内表面有栗色或紫红色条纹，唇瓣淡黄绿色至近白色，略有紫红色条纹；中萼片椭圆状卵形，先端急尖，无毛；合萼片与中萼片相似，先端 2 浅裂；花瓣披针形，先端近急尖，无毛；唇瓣囊状，近球形，前方有 3 纵列紫色疣状凸起；退化雄蕊小，横椭圆形，基部有短柄。花期 5 ～ 7 月。

雅致杓兰

Cypripedium elegans

产于西藏亚东、吉隆、波密；区外见于云南西北部。生于海拔 3600 ～ 3700 m 的林下、林缘或灌丛中腐殖质丰富之地。尼泊尔、不丹、印度东北部也有分布。模式标本采自西藏。

植株高 10 ～ 15 cm，具细长而横走的根状茎。茎直立，密被长柔毛，基部具 2 枚筒状鞘，顶端具 2 枚叶。叶对生或近对生，平展；叶片卵形或宽卵形，通常长 4 ～ 5 cm，宽 3 ～ 3.5 cm，草质，先端钝，通常两面疏生短柔毛，较少近无毛，边缘有长缘毛，具 3 ～ 5 条主脉，脉在背面浮凸。花序顶生，近直立，具 1 花；花序柄长 2 ～ 4 cm，被长柔毛；花苞片卵形，长 1.5 ～ 2 cm，宽 6 ～ 8 mm，稍被短毛；花梗和子房长 4 ～ 5 mm，纵肋上被毛；花小，萼片与花瓣淡黄绿色，内表面有栗色或紫红色条纹，唇瓣淡黄绿色至近白色，略有紫红色条纹；中萼片椭圆状卵形，长 1.5 ～ 2 cm，宽 6 ～ 10 mm，先端急尖，无毛；合萼片与中萼片相似，先端 2 浅裂；花瓣披针形，长 1.5 ～ 2 cm，宽 4 ～ 5 mm，先端近急尖，无毛；唇瓣囊状，近球形，长约 1 cm，常上举而不显露囊口，前方有 3 纵列紫色疣状凸起；花期 5 ～ 7 月。

紫点杓兰

Cypripedium guttatum

产于西藏东南部；区外见于黑龙江、吉林、辽宁、内蒙古、河北、山西、山东、陕西、宁夏、四川、云南。生于海拔 500～4000 m 的林下、灌丛中或草地上。不丹，朝鲜半岛、西伯利亚、欧洲和北美洲西北部也有分布。照片拍摄于西藏林芝。

植株高 15～25 cm, 具细长而横走的根状茎。茎直立, 被短柔毛和腺毛, 基部具数枚鞘, 顶端具叶。叶 2 枚, 极罕 3 枚, 常对生或近对生, 偶见互生, 后者相距 1～2 cm, 常位于植株中部或中部以上; 叶片椭圆形、卵形或卵状披针形，长 5～12 cm，宽 2.5～4.5 cm（少数可达 6 cm），先端急尖或渐尖，背面脉上疏被短柔毛或近无毛，干后常变黑色或浅黑色。花序顶生，具 1 花；花序柄密被短柔毛和腺毛；花苞片叶状，卵状披针形，通常长 1.5～3 cm，先端急尖或渐尖，边缘具细缘毛；花梗和子房长 1～1.5 cm，被腺毛；花白色，具淡紫红色或淡褐红色斑；中萼片卵状椭圆形, 长 1.5～2.2 cm, 宽 1.2～1.6 cm, 先端急尖或短渐尖, 背面基部常疏被微柔毛; 合萼片狭椭圆形，长 1.2～1.8 cm，宽 5～6 mm，先端 2 浅裂；花瓣常近匙形或提琴形，长 1.3～1.8 cm，宽 5～7 mm，先端常略扩大并近浑圆，内表面基部具毛；唇瓣深囊状，钵形或深碗状，多少近球形，长与宽各约 1.5 cm，具宽阔的囊口，囊口前方几乎不具内折的边缘，囊底有毛；退化雄蕊卵状椭圆形，长 4～5 mm，宽 2.5～3 mm，先端微凹或近截形，上面有细小的纵脊突，背面有较宽的龙骨状凸起。蒴果近狭椭圆形，下垂，长约 2.5 cm，宽 8～10 mm，被微柔毛。花期 5～7 月，果期 8～9 月。

离萼杓兰

Cypripedium plectrochilum

产于西藏东南部；区外见于湖北巴东、四川西部、云南中部。生于海拔 2000 ～ 3600 m 的林下、林缘、灌丛中或草坡上多石之地。缅甸也有分布。模式标本采自四川。

植株高 12 ～ 30 cm，具粗壮、较短的根状茎。茎直立，被短柔毛，基部具数枚鞘，鞘上方通常具 3 枚叶，较少为 2 或 4 枚叶。叶片椭圆形至狭椭圆状披针形，先端急尖或短渐尖，上面近无毛，背面脉上偶见微柔毛。花序顶生，具 1 花；花序柄纤细，被短柔毛；花苞片叶状，先端渐尖或急尖，边缘略有缘毛；花梗和子房密被短柔毛；萼片栗褐色或淡绿褐色，花瓣淡红褐色或栗褐色并有白色边缘，唇瓣白色带粉红色；中萼片先端急尖，内外基部稍被毛，边缘具细缘毛；侧萼片完全离生，基部与边缘亦具与中萼片相似的毛；花瓣线形，内表面基部具短柔毛；唇瓣深囊状，倒圆锥形，略斜歪，囊口周围具短柔毛，囊底亦有毛；退化雄蕊为宽倒卵形或方形的倒卵形，基部具很短的柄，背面有龙骨状凸起。蒴果狭椭圆形，有棱，棱上被短柔毛。花期 4 ～ 6 月，果期 7 月。

黄花杓兰

Cypripedium flavum

产于西藏东南部；区外见于甘肃、湖北、四川、云南。生于海拔 1800 ～ 3450 m 林下、林缘、灌丛中或草地上多石湿润之地。照片拍摄于西藏察隅。

植株通常高 30 ～ 50 cm，具粗短的根状茎。茎直立，密被短柔毛，尤其在上部近节处，基部具数枚鞘，鞘上方具 3 ～ 6 枚叶。叶较疏离；叶片椭圆形至椭圆状披针形，先端急尖或渐尖，两面被短柔毛，边缘具细缘毛。花序顶生，通常具 1 花，罕有 2 花；花序柄被短柔毛；花苞片叶状、椭圆状披针形，被短柔毛；花梗和子房密被褐色至锈色短毛；花黄色，有时有红色晕，唇瓣上偶见栗色斑点；中萼片椭圆形至宽椭圆形，先端钝，背面中脉与基部疏被微柔毛，边缘具细缘毛；合萼片宽椭圆形，先端几不裂，亦具类似的微柔毛和细缘毛；花瓣长圆形至长圆状披针形，稍斜歪，内表面基部具短柔毛，边缘有细缘毛；唇瓣深囊状，椭圆形，两侧和前沿均有较宽阔的内折边缘，囊底具长柔毛；退化雄蕊近圆形或宽椭圆形，基部近无柄，多少具耳，下面略有龙骨状凸起，上面有明显的网状脉纹。蒴果狭倒卵形，被毛。花果期 6 ～ 9 月。

白唇杓兰

Cypripedium cordigerum

产于西藏亚东；生于海拔 3000 ～ 3400 m 的松林下或草地。尼泊尔、不丹、印度和巴基斯坦也有分布。模式标本采自尼泊尔。标本和照片均取自及拍摄于西藏亚东，虽然为花末期，但依据其典型特征，仍可识别。

植株具短而粗壮的根状茎。茎直立，通常具短柔毛和腺毛，尤其在上部，基部具数枚鞘，鞘上方具 2 ～ 5 枚叶。叶片椭圆形或宽椭圆形，先端急尖或渐尖，边缘有疏缘毛。花序顶生，具 1 花或罕有 2 花；花序柄多少具腺毛；花苞片叶状，椭圆形至披针形，先端渐尖，背面脉上被短柔毛；花通常具淡绿色至淡黄绿色萼片和花瓣以及白色的唇瓣，退化雄蕊常为黄色而有红色斑点；中萼片宽卵形，先端渐尖，上面基部和背面被短柔毛；合萼片椭圆状卵形，稍狭于中萼片，先端 2 浅裂，背面被短柔毛；花瓣线状披针形，先端渐尖，内表面基部有短柔毛，不扭转；唇瓣深囊状，椭圆形，腹背略压扁，囊口较小，囊底有毛，外面无毛；退化雄蕊近长圆形，基部有明显的短柄。花期 6 ～ 8 月。

波密杓兰

Cypripedium ludlowii

产于西藏波密。生于海拔 4300 m 的林下湿润处（模式标本产地）。

植株高 25 ～ 38 cm。茎直立，无毛，基部具数枚鞘，鞘上方有 3 枚叶。叶片椭圆状卵形或椭圆形，先端渐尖或急尖，脉上疏被短柔毛，近先端和基部偶见腺毛。花序顶生，具 1 花；花苞片卵形或卵状椭圆形，先端渐尖或急尖，疏被短柔毛；花梗和子房近顶端偶见腺毛；花淡绿黄色（或淡紫色，据《中国杓兰属植物》）；中萼片卵状椭圆形，先端渐尖；合萼片卵形至披针形，与中萼片等长，先端 2 浅裂；花瓣斜披针形，不扭转，先端渐尖，边缘略呈波状，内表面基部有短柔毛；唇瓣囊状，近椭圆形，囊底有毛；内折侧裂片宽达 1 cm；退化雄蕊近卵状长圆形，长约 1 cm，中央略有纵槽，无毛。

云南杓兰

Cypripedium yunnanense

产于西藏东南部；区外见于四川马尔康、汶川、九龙、道孚、康定，云南香格里拉、丽江、洱源。生于海拔 2700 ～ 3800 m 的松林下、灌丛中或草坡上。模式标本采自云南。

植株高 20 ～ 37 cm，具粗短的根状茎。茎直立，无毛或在上部近节处疏被短柔毛，基部具数枚鞘，鞘上方具 3 ～ 4 枚叶。叶片椭圆形或椭圆状披针形，先端渐尖，上面无毛或疏被微柔毛，背面被微柔毛，毛尤以脉上为多。花序顶生，具 1 花；花序柄上端疏被短柔毛；花苞片叶状，卵状椭圆形或卵状披针形，先端急尖或渐尖，两面疏被短柔毛；花梗和子房长 2 ～ 3.5 cm，无毛或上部稍被毛；花略小，粉红色、淡紫红色或偶见灰白色，有深色的脉纹，退化雄蕊白色并在中央具 1 条紫条纹；中萼片卵状椭圆形，先端渐尖；合萼片椭圆状披针形，与中萼片等长，先端 2 浅裂；花瓣披针形，先端渐尖，稍扭转或不扭转，内表面基部具毛；唇瓣深囊状，椭圆形，囊口周围有浅色的圈，囊底有毛，外面无毛；退化雄蕊椭圆形或卵形，基部近无柄。花期 5 月。

西藏杓兰

Cypripedium tibeticum

产于西藏东部至南部；区外见于甘肃、四川、贵州、云南。生于海拔 2300 ～ 4200 m 的透光林下、林缘、灌木坡地、草坡或乱石地上。不丹和印度也有分布。照片拍摄于色季拉山。

植株具粗壮、较短的根状茎。茎直立，无毛或上部近节处被短柔毛，基部具数枚鞘，鞘上方通常具 3 枚叶，罕有 2 或 4 枚叶。叶片椭圆形、卵状椭圆形或宽椭圆形，先端急尖、渐尖或钝，无毛或疏被微柔毛，边缘具细缘毛。花序顶生，具 1 花；花苞片叶状，椭圆形至卵状披针形，先端急尖或渐尖；花梗和子房无毛或上部偶见短柔毛；花大，俯垂，紫色、紫红色或暗栗色；中萼片椭圆形或卵状椭圆形，先端渐尖、急尖或具短尖头，背面无毛或偶见疏微柔毛，边缘多少具细缘毛；合萼片与中萼片相似，但略短而狭，先端 2 浅裂；花瓣披针形或长圆状披针形，先端渐尖或急尖，内表面基部密生短柔毛；唇瓣深囊状，近球形至椭圆形，宽亦相近或略窄，外表面常皱缩，后期尤其明显，囊底有长毛。花期 5 ～ 8 月。

毛杓兰

Cypripedium franchetii

产于西藏波密（西藏新记录）；区外见于甘肃、山西、陕西、河南等地。生于海拔 1500 ～ 3700 m 的疏林下或灌木林中湿润、腐殖质丰富和排水良好的地方，也见于湿润草坡上。照片拍摄于嘎隆拉山。

植株具粗壮、较短的根状茎。茎直立，密被长柔毛，尤其上部为甚，基部具数枚鞘，鞘上方有 3 ～ 5 枚叶。叶片椭圆形或卵状椭圆形，先端急尖或短渐尖，两面脉上疏被短柔毛，边缘具细缘毛。花序顶生，具 1 花；花序柄密被长柔毛；花苞片叶状，椭圆形或椭圆状披针形，先端渐尖或短渐尖，两面脉上具疏毛，边缘具细缘毛；花梗和子房密被长柔毛；花淡紫红色至粉红色，有深色脉纹；中萼片椭圆状卵形或卵形，先端渐尖或短渐尖，背面脉上疏被短柔毛，边缘具细缘毛；合萼片椭圆状披针形，先端 2 浅裂，背面脉上亦被短柔毛，边缘具细缘毛；花瓣披针形，先端渐尖，内表面基部被长柔毛；唇瓣深囊状，椭圆形或近球形；退化雄蕊卵状箭头形至卵形，基部具短耳和很短的柄，背面略有龙骨状凸起。花期 5 ～ 7 月。

高山杓兰

Cypripedium himalaicum

产于西藏吉隆、林芝。生于海拔 3600 ～ 4000 m 的林间草地、林缘或开旷多石山坡上。尼泊尔、不丹、印度也有分布。照片拍摄于西藏措木及日附近。

植株具较细长的根状茎。茎直立，疏被短柔毛，基部具数枚鞘，鞘上方具 3 枚叶。叶片长圆状椭圆形至宽椭圆形先端急尖，上面疏被短柔毛或近无毛，背面无毛或脉上稍被毛，边缘具缘毛。花序顶生，具 1 花；花序柄多少被短柔毛，尤其在上部；花苞片叶状，狭椭圆形至狭椭圆状披针形，先端渐尖，背面脉上多少被毛；花梗和子房密被短柔毛；花芳香，底色为淡绿黄色，有密集的紫褐色或红褐色纵条纹；中萼片宽椭圆形或宽卵形，先端急尖；合萼片狭长圆形或长圆状披针形，先端 2 浅裂，凹陷；花瓣狭长圆形或线状披针形，先端急尖，内表面基部具长柔毛；唇瓣深囊状，近椭圆形，囊口较小，位于近唇瓣基部，囊底有长毛；退化雄蕊宽卵状心形，基部略有短柄。花期 6 ～ 7 月。

兜兰属
Paphiopedilum

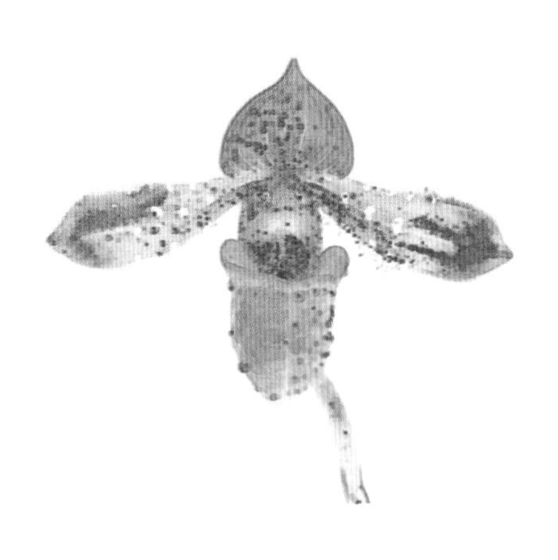

地生、半附生或附生草本；根状茎不明显或罕有细长而横走，具稍肉质而被毛的纤维根。茎短，包藏于二列的叶基内，通常新苗发自老茎（或老植株）基部，在具细长而横走根状茎的种类中，新苗生于根状茎末端。叶基生，数枚至多枚，二列，对折；叶片带形、狭长圆形或狭椭圆形，两面绿色或上面有深浅绿色方格斑块或不规则斑纹，背面有时有淡红紫色斑点或浓密至完全淡紫红色，基部叶鞘互相套叠。花葶从叶丛中长出，长或短，具单花或较少有数花或多花；花苞片非叶状；子房顶端常收狭成喙状；花大而艳丽，有种种色泽；中萼片一般较大，常直立，边缘有时向后卷；2 枚侧萼片通常完全合生成合萼片，先端不裂或稍具小齿；花瓣形状变化较大，匙形、长圆形至带形，向两侧伸展或下垂；唇瓣深囊状，球形、椭圆形至倒盔状，基部有宽阔而具内弯边缘的柄或较少无柄，囊口常较宽大，口的两侧常有直立而呈耳状并多少有内折的侧裂片，较少无耳或整个边缘内折，囊内一般有毛；蕊柱短，常下弯，具 2 枚侧生的能育雄蕊、1 枚位于上方的退化雄蕊和 1 个位于下方的柱头；花药 2 室，具很短的花丝；花粉粉质或带黏性，但不黏合成花粉团块；退化雄蕊扁平；柱头肥厚，下弯，柱头面有乳突并有不明显的 3 裂。果实为蒴果。

本属全球共约 80 ～ 85 种，分布于亚洲热带地区至太平洋岛屿；我国有 27 种，含 2 个特有种；产于西南至华南；西藏记录 2 种，现收录 1 种。秀丽兜兰为实地调查发现，具拍摄照片；清涌兜兰（*Paphiopedilum qingyongii* Z.J.Liu & L.J.Chen），记录于西藏墨脱[3]，未见正式发表，因此未收录。

秀丽兜兰

Paphiopedilum venustum

产于西藏墨脱、定结。生于海拔 1100 ～ 1600 m 的林缘或灌丛中腐殖质丰富处。尼泊尔、不丹、印度和孟加拉国也有分布。植物采集于西藏墨脱，引种至西藏农牧学院兰科植物中心开花后拍照。

植株具略细长的根状茎。茎直立，较细弱，被短柔毛，基部具数枚鞘，鞘以上具 2 ～ 4 枚叶。叶片椭圆形至椭圆状披针形，先端急尖或近渐尖，两面被短柔毛，边缘具细缘毛，基部收狭而成鞘状。花序顶生，具 1 花；花序柄纤细，被短柔毛；花苞片叶状，卵状披针形，亦被短柔毛；花较小，略带淡黄的白色，唇瓣囊内和囊口周围有紫色斑点；中萼片椭圆形或卵状椭圆形，先端钝或近急尖，背面疏被短柔毛；合萼片宽椭圆形，略短于中萼片，先端 2 浅裂，背面亦疏被短柔毛；花瓣近卵状菱形或卵状长圆形，先端钝；唇瓣深囊状，近倒卵状球形，有较宽阔的囊口；退化雄蕊狭舌状至倒卵状椭圆形，狭于柱头。花期 6 ～ 7 月。

斑叶兰属
Goodyera

地生草本。根状茎常伸长，匍匐，具节，节上生根。茎直立，具叶。叶互生，稍肉质，具柄，上面常具杂色的斑纹。花序顶生，具少数至多数花，总状，罕有因花小、多而密似穗状；花常较小，罕稍大，偏向一侧或不偏向一侧，倒置（唇瓣位于下方）；萼片离生，背面常被毛；侧萼片直立或张开；花瓣较萼片薄，膜质；唇瓣围绕蕊柱基部，不裂，无爪，基部凹陷呈囊状，前部渐狭，先端多少向外弯曲，囊内常有毛；蕊柱短，无附属物；花药直立或斜卧，位于蕊喙的背面；花粉团 2 个，狭长，每个纵裂为 2；蕊喙直立，长或短，2 裂；柱头 1 个，较大，位于蕊喙之下。蒴果直立，无喙。

本属全球约 100 种，主要分布于北温带，向南可达北美洲的墨西哥、东南亚、澳大利亚和大洋洲岛屿，非洲的马达加斯加也有分布。我国产 29 种，含 12 特有种；全国均有分布，以西南部和南部为多。西藏共记录到 17 种，其中秀丽斑叶兰、烟色斑叶兰及光萼斑叶兰未实地见到，因此未列入。

本属检索表

1　叶片上面具白色或黄色的网状脉纹或斑纹。……………………………………………………………………（2）
1　叶片上面无网状脉纹和无斑纹。…………………………………………………………………………………（6）
2　花序通常具 2 朵花，罕 3 ～ 6 朵花；花较大，长管状；中萼片线状披针形，长 2 ～ 2.5 cm，背面被短柔毛；子房被短柔毛。……………………………………………………………………大花斑叶兰 *G. biflora*
2　花序具多朵花，总状；花小，非长管状；中萼片非线状披针形，长 3 ～ 3.5 mm。……………………（3）
3　叶片上面的斑纹呈点状。…………………………………………………………斑叶兰 *G. schlechtendaliana*
3　叶片上面的斑纹不呈点状。……………………………………………………………………………………（4）
4　叶片较大，长 4.5 ～ 7 cm；花较大，萼片长 11 ～ 14 mm；唇瓣囊内具腺毛。叶片上面的斑纹为不规则的方格状；侧萼片斜长卵形；花苞片披针形。…………………………大武斑叶兰 *G. daibuzanensis*
4　叶片小，长 1 ～ 3 cm；花小，萼片长 3 ～ 4.5 mm；唇瓣囊内无毛。………………………………（5）
5　萼片背面被腺状柔毛，中萼片卵形或卵状长圆形；唇瓣囊内无褶片，无乳头状凸起。…………………
……………………………………………………………………………………………………小斑叶兰 *G. repens*
5　萼片背面无毛或中萼片背面仅近基部具少数腺状柔毛；花茎被棕色腺状柔毛；中萼片狭卵形；花瓣斜菱形；叶集生于茎基部，呈莲座状。…………………………………………………波密斑叶兰 *G. bomiensis*
6　叶片上面沿中肋具 1 条白色或黄白色的带；萼片背面无毛。…………………………………………（7）
6　叶片上面无上述白色或黄白色带。……………………………………………………………………………（8）
7　叶片背面淡绿色；花茎被腺状柔毛；花瓣斜菱形，具 1 脉；唇瓣囊内无毛；子房具腺状柔毛。………
………………………………………………………………………………………………南湖斑叶兰 *G. nankoensis*
8　叶集生于茎基部，呈莲座状或近乎如此；唇瓣囊内无毛。花较大，萼片长圆形，长 5 ～ 7 mm；花瓣斜线状长圆形、镰状；唇瓣囊内具 2 条纵向脊状隆起，前部上面无乳头状凸起。……脊唇斑叶兰 *G. fusca*
8　叶不集生于茎基部，不呈莲座状。……………………………………………………………………………（9）
9　萼片背面被毛；唇瓣囊内无毛或有毛。唇瓣囊内具腺毛；花瓣斜菱形。花序具长梗；唇瓣前部具 2 枚纵的褶片；花较小，萼片长 7 mm；侧萼片斜卵形；唇瓣前部卵形，囊的内面无纵沟。…………滇藏斑叶兰 *G. robusta*
9　萼片背面无毛；唇瓣囊内具腺毛。…………………………………………………………………………（10）
10　叶较密生于茎的上半部；花序几乎无梗；花序轴无毛，具 3 ～ 9 朵花；花较大，萼片长 1 ～ 1.2 cm；花瓣菱形。……………………………………………………………………………光萼斑叶兰 *G. henryi*
10　叶疏生于茎上；花序具长梗；花序轴和花序梗均被毛，具多数密生成穗状的花。花小，萼片长 2.5 ～ 4.5 mm；花瓣匙形或偏斜的镰形。……………………………………………………………高斑叶兰 *G. procera*

大花斑叶兰

Goodyera biflora

产于西藏东南部；区外见于陕西、甘肃、江苏、云南等地。生于海拔 560 ～ 2200 m 的林下阴湿处。尼泊尔、印度、日本，朝鲜半岛南部也有分布。照片拍摄于西藏通麦。

植株高达 15 cm。根状茎长。茎具 4 ～ 5 叶。叶卵形或椭圆形，长 2 ～ 4 cm，上面具白色均匀网状脉纹，下面淡绿色，有时带紫红色；叶柄长 1 ～ 2.5 cm。花茎短，被柔毛；花序常具 2 花，稀 3 ～ 6 花，常偏向一侧。苞片披针形，长 1.5 ～ 2.5 cm，下面被柔毛；子房扭转，被柔毛，连花梗长 5 ～ 8 mm；花长筒状，白或带粉红色；萼片线状披针形，背面被柔毛，长 2 ～ 2.5 cm，宽 3 ～ 4 mm，中萼片与花瓣黏合呈兜状；花瓣白色，无毛，稍斜菱状线形，长 2 ～ 2.5 cm，宽 3 ～ 4 mm，唇瓣白色，线状披针形，长 1.8 ～ 2 cm，基部凹入呈囊状，内面具多数腺毛，前部舌状，长为囊的 2 倍，先端向下卷曲；花药三角状披针形，长 1 ～ 1.2 cm。花期 2 ～ 7 月。

斑叶兰

Goodyera schlechtendaliana

产于西藏东南部；区外见于山西、陕西、云南等地。生于海拔500～2800 m的山坡或沟谷阔叶林下。尼泊尔、不丹、印度、越南、泰国、日本、印度尼西亚，朝鲜半岛南部也有分布。植株采集于嘎隆拉山，在西藏农牧学院兰科植物中心开花后拍照。

植株高15～35 cm。根状茎伸长，匍匐，具节。茎直立，绿色，具4～6枚叶。叶片卵形或卵状披针形，上面绿色，具白色不规则的点状斑纹，背面淡绿色，先端急尖，基部近圆形或宽楔形，具柄，叶柄长4～10 mm，基部扩大成抱茎的鞘。花茎直立，具3～5枚鞘状苞片；总状花序具几朵至20余朵疏生近偏向一侧的花；花苞片披针形，背面被短柔毛；子房圆柱形，连花梗被长柔毛；花较小，白色或带粉红色，半张开；萼片背面被柔毛，具1脉，中萼片狭椭圆状披针形，与花瓣黏合呈兜状；侧萼片卵状披针形，先端急尖；花瓣菱状倒披针形，无毛，具1脉；唇瓣卵形，内面具多数腺毛，前部舌状，略向下弯；蕊柱短，长3 mm；花药卵形，渐尖；花粉团长约3 mm。花期8～10月。

大武斑叶兰

Goodyera daibuzanensis

产于西藏察隅；区外见于我国台湾，生于海拔 700 ～ 1600 m 的林下阴处。

植株高 28 ～ 45 cm。根状茎伸长，匍匐，具节。茎直立，绿色，粗壮，长 8 ～ 15 cm，具 5 ～ 7 枚叶。叶片椭圆形至长卵形，长 4.5 ～ 7 cm，宽 2 ～ 3 cm，稍厚，上面绿色，具白色不规则的斑纹，背面灰白色，先端急尖，基部钝或宽楔形，具柄，叶柄长 2 ～ 3 cm，基部扩大成抱茎的鞘。花茎长 20 ～ 30 cm，被密的柔毛，具 3 枚鞘状苞片；总状花序具多数花，长约 7 cm；花苞片披针形，长 17 mm，宽 5 mm，先端渐尖，背面被柔毛；子房圆柱状纺锤形，绿色，连花梗长约 1 cm，被短柔毛；花较大，带绿白色或白色，半张开；萼片背面被柔毛，具 1 脉，中萼片椭圆形，凹陷，长 14 mm，宽 4.5 mm，先端急尖，与花瓣黏合呈兜状；侧萼片斜长卵形，长 11 mm，宽 5 mm，先端急尖；花瓣斜菱形，白色，长 13 mm，宽 4.5 mm，无毛，具 1 脉，先端钝，带绿色，基部楔形；唇瓣白色，长 9 mm，基部凹陷呈囊状，其内面具多数腺毛，前部伸长，舌状，舟形，先端急尖；蕊柱短，长 3 mm；花药长卵形，长 4 mm，渐尖；花粉团长 1.5 mm；蕊喙直立，长 5 mm，叉状 2 裂。花期 9 ～ 10 月。

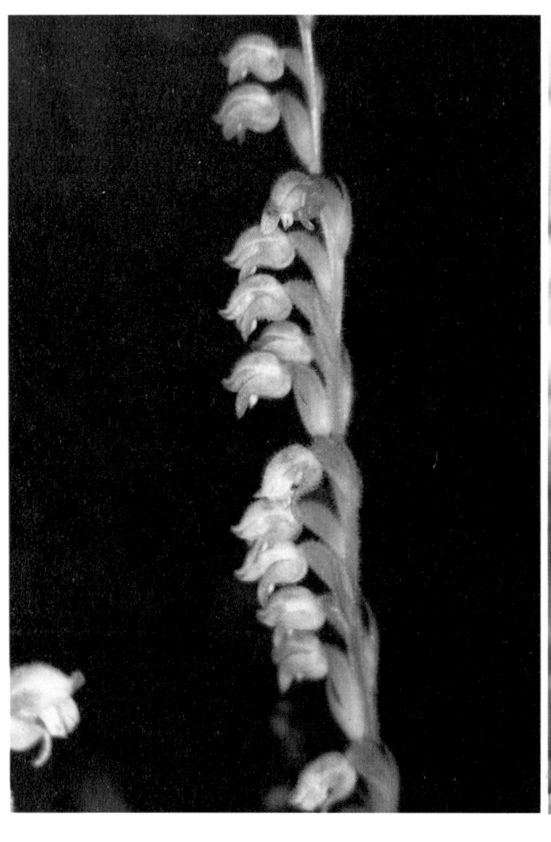

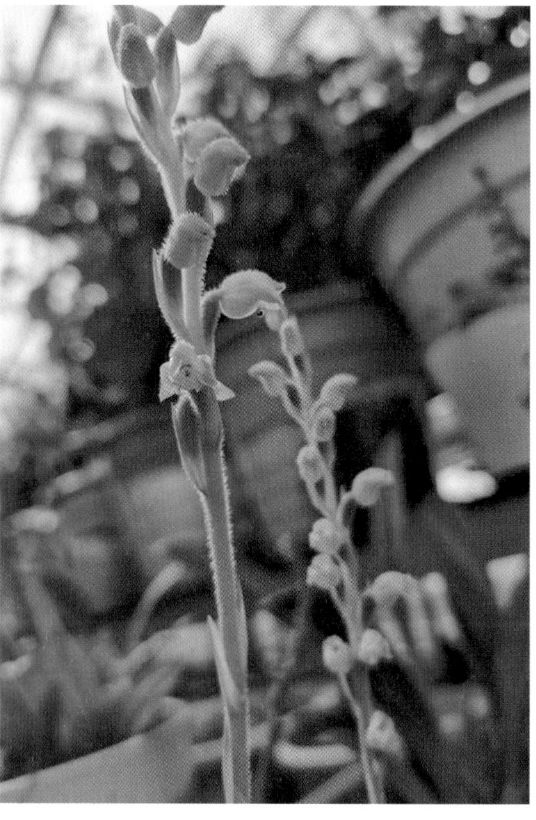

小斑叶兰

Goodyera repens

西藏广布；区外见于黑龙江、吉林、辽宁、内蒙古、云南等地。生于海拔 700 ～ 3800 m 的山坡、沟谷林下。日本、缅甸、印度、不丹，朝鲜半岛、西伯利亚、欧洲、克什米尔地区，以及北美洲的一些国家也有分布。

植株高 10 ～ 25 cm。根状茎伸长，茎状，匍匐，具节。茎直立，绿色，具 5 ～ 6 枚叶。叶片卵形或卵状椭圆形，上面深绿色具白色斑纹，背面淡绿色，先端急尖，基部钝或宽楔形，具柄，叶柄长 5 ～ 10 mm，基部扩大成抱茎的鞘。花茎直立或近直立，被白色腺状柔毛，具 3 ～ 5 枚鞘状苞片；总状花序具几朵至 10 余朵、密生、多少偏向一侧的花；花苞片披针形，先端渐尖；子房圆柱状纺锤形，被疏的腺状柔毛；花小，白色或带绿色或带粉红色，半张开；萼片背面被或多或少腺状柔毛，具 1 脉，中萼片卵形或卵状长圆形，先端钝，与花瓣黏合呈兜状；侧萼片斜卵形、卵状椭圆形，先端钝；花瓣斜匙形，无毛，先端钝，具 1 脉；唇瓣卵形，内面无毛，前部短的舌状，略外弯；蕊柱短；蕊喙直立，叉状 2 裂；柱头 1 个，较大，位于蕊喙之下。花期 7 ～ 8 月。

波密斑叶兰

Goodyera bomiensis

产于西藏波密（模式标本产地）；区外见于湖北神农架、云南通海。生于海拔 900 ～ 3650 m 的山坡阔叶林至冷杉林下阴湿处。

根状茎短。叶基生，密集呈莲座状，5 ～ 6 枚，叶片卵圆形或卵形，质地较厚，干时两面具明显的皱褶，或较薄，两面无皱褶，上面绿色，具白色由不均匀的细脉和色斑连接成的斑纹，背面淡绿色，先端钝或急尖，基部心形、圆形或宽楔形，具柄。花茎细长，被棕色腺状柔毛，总状花序具 8 ～ 20 朵花；花苞片卵状披针形，先端渐尖；子房纺锤形；花小，白色或淡黄白色，半张开；中萼片狭卵形；侧萼片狭椭圆形，背面无毛；花瓣白色，斜菱状倒披针形，先端钝，具 1 脉，无毛；唇瓣卵状椭圆形，基部凹陷呈囊状，较厚，内面无毛；蕊柱短；蕊喙直立，2 裂，裂片披针形；柱头 1 个，近圆形，位于蕊喙之下。花期 5 ～ 9 月。

多叶斑叶兰

Goodyera foliosa

产于西藏墨脱；区外见于福建、台湾、广东、广西、四川、云南。生于海拔 300 ～ 1500 m 的林下或沟谷阴湿处。尼泊尔、不丹、印度、缅甸、越南、日本，以及朝鲜半岛南部也有分布。模式标本采自缅甸。

根状茎伸长，茎状，匍匐，具节。茎直立，绿色，具 4 ～ 6 枚叶。叶疏生于茎上或集生于茎的上半部，叶片卵形至长圆形，偏斜，绿色，先端急尖，基部楔形或圆形，具柄；叶柄基部扩大成抱茎的鞘。花茎直立，被毛；总状花序具几朵至多朵密生而常偏向一侧的花，花序梗极短或长，无或具几枚鞘状苞片；花苞片披针形，背面被毛；子房圆柱形，被毛；花中等大，半张开，白带粉红色、白带淡绿色或近白色；萼片狭卵形，凹陷，先端钝，具 1 脉，背面被毛；花瓣斜菱形，先端钝，基部收狭，具爪，具 1 脉，无毛，与中萼片黏合呈兜状；唇瓣基部凹陷呈囊状，囊半球形，内面具多数腺毛，前部舌状，先端略反曲；花药卵形；蕊喙直立，叉状 2 裂；柱头 1 个，位于蕊喙之下。花期 7 ～ 9 月。

南湖斑叶兰

Goodyera nankoensis

产于波密岗乡自然保护区[4]；区外见于我国台湾。生于海拔 2000 ～ 2500 m 的高山林下阴湿处苔藓丛中。

植株高约 9 cm。根状茎伸长，匍匐，具节。茎直立，绿色，被疏柔毛，基部具 4 ～ 5 枚叶，在叶和总状花序基部花之间具 2 ～ 3 枚鳞片，鳞片披针形，先端渐尖，无毛。叶直立伸展，叶片小，卵形，两面无毛，背面淡绿色，上面绿色，沿中肋具 1 条白色的带，先端稍钝，基部圆形，具柄，基部扩大成鞘。总状花序直立，具 10 ～ 15 朵稍密生，近偏向一侧的花；花苞片卵状披针形，膜质，先端渐尖，下部的较子房稍长，上部的逐渐变短；子房圆柱状纺锤形，被细毛；花白色略带红晕，半张开；萼片近等大，凹陷，具 1 脉，背面无毛，中萼片披针形，向先端收狭，先端急尖，与花瓣黏合呈兜状；侧萼片斜卵状披针形，先端急尖；花瓣与中萼片等长，中部稍增宽，先端钝头，基部收狭，无毛，具 1 脉；唇瓣卵状舟形，前部舟状，先端急尖，常向下弯，基部凹陷呈囊状，内面无毛；蕊柱短，粗；花药卵状心形，先端急尖；蕊喙短，2 裂。花期 7 ～ 8 月。

脊唇斑叶兰

Goodyera fusca

产于西藏东南部至南部；区外见于云南等地。生于海拔 2600 ～ 4500 m 的林下、灌丛下或高山草甸。尼泊尔、不丹、印度东北部、缅甸北部也有分布。模式标本采自印度。照片拍摄于西藏亚东。

植株高 12 ～ 22 cm。根状茎短或稍长，茎状，匍匐，具节。茎短，粗壮，基部具多枚集生呈莲座状的叶。叶片卵形或卵状椭圆形，绿色，无白色斑纹，先端钝或急尖，基部具柄；叶柄下部扩大成鞘。花茎粗壮，直立，被腺状柔毛；总状花序具多数、密生、近偏向同一侧的花，下部具 3 ～ 5 枚鞘状苞片；花苞片卵状披针形或披针形，先端渐尖，下部的长于花，背面被腺状柔毛；子房圆柱状纺锤形，密被腺状柔毛；花小，白色，半张开；萼片长圆形，具 1 脉，背面被腺状柔毛，中萼片先端钝；侧萼片偏斜，先端稍尖；花瓣线状偏斜的长圆形，呈镰状，先端钝，具 1 脉，无毛；唇瓣宽卵形，后部凹陷，囊状，先端钝，上面无细乳突；蕊柱很短；蕊喙直立，2 裂；柱头 1 个，位于蕊喙之下。花期 8 ～ 9 月。

滇藏斑叶兰

Goodyera robusta

产于西藏墨脱；区外见于云南。生于海拔 1000 ～ 2100 m 的林下阴湿处。印度东北部也有分布。

植株高 17 ～ 20 cm。根状茎伸长，匍匐，具节。茎粗壮，直径 3 ～ 4 mm，直立，具 5 ～ 6 枚叶。叶片卵形、卵状椭圆形至长椭圆形，长 4 ～ 8 cm，宽 1.5 ～ 3 cm，绿色，先端急尖，基部圆钝或宽楔形，具 9 条脉，脉绿色，具柄；叶柄长 1.5 ～ 4 cm。花茎长 12 ～ 15 cm，粗壮，被密毛，下部具 3 ～ 4 枚鞘状苞片；总状花序直立，具 13 朵偏向一侧的花；花苞片披针形，长 8 ～ 10 mm，先端渐尖，背面被毛；子房圆柱状纺锤形，被毛，连花梗长 6 ～ 7 mm；花中等大，白色或粉红色，半张开；萼片白色或粉红色，背面被毛，先端钝，中萼片长圆形，凹陷，长 7 mm，宽 2.8 ～ 3 mm，具 1 ～ 2 脉，与花瓣黏合呈兜状；侧萼片斜卵形，长 7 mm，宽 3 ～ 3.5 mm，具 1 脉，基部向外隆起；花瓣白色，斜菱形，长 7 mm，中部宽 3 mm，先端钝，基部渐狭，具 1 ～ 2 脉，无毛；唇瓣白色，宽卵形，长 6 mm，宽 4 mm，后部凹陷，囊状，长 3 mm，内面具多数腺毛，前部长 3 mm，稍向下弯，上面具 2 枚隆起的褶片；蕊柱短，长约 1 mm；花药披针形，长 2.5 mm；蕊喙直立，长 2.5 mm，叉状 2 裂；柱头 1 个，位于蕊喙之下。花期 11 ～ 12 月。

高斑叶兰

Goodyera procera

产于西藏东南部；区外见于安徽、浙江、福建、台湾、广东、香港、云南等地。生于海拔 250 ～ 1550 m 的林下。尼泊尔、印度、斯里兰卡、缅甸、越南、老挝、泰国、柬埔寨、印度尼西亚、菲律宾、日本也有分布。照片拍摄于西藏墨脱。

植株高 22 ～ 80 cm。根状茎短而粗，具节。茎直立，无毛，具 6 ～ 8 枚叶。叶片长圆形或狭椭圆形，长 7 ～ 15 cm，宽 2 ～ 5.5 cm，上面绿色，背面淡绿色，先端渐尖，基部渐狭，具柄；叶柄长 3 ～ 7 cm，基部扩大成抱茎的鞘。花茎长 12 ～ 50 cm，具 5 ～ 7 枚鞘状苞片；总状花序具多数密生的小花，似穗状，长 10 ～ 15 cm，花序轴被毛；花苞片卵状披针形，先端渐尖，无毛，长 5 ～ 7 mm；子房圆柱形，被毛，连花梗长 3 ～ 5 mm；花小，白色带淡绿，芳香，不偏向一侧；萼片具 1 脉，先端急尖，无毛，中萼片卵形或椭圆形，凹陷，长 3 ～ 3.5 mm，宽 1.7 ～ 2.5 mm，与花瓣黏合呈兜状；侧萼片偏斜的卵形，长 2.5 ～ 3.2 mm，宽 1.5 ～ 2.2 mm；花瓣匙形，白色，长 3 ～ 3.5 mm，上部宽 1 ～ 1.2 mm，先端稍钝，具 1 脉，无毛；唇瓣宽卵形，厚，长 2.2 ～ 2.5 mm，宽 1.5 ～ 1.7 mm，基部凹陷，囊状，内面有腺毛，前端反卷，唇盘上具 2 枚胼胝体；蕊柱短而宽，长 2 mm；花药宽卵状三角形；花粉团长约 1.3 mm；蕊喙直立，2 裂；柱头 1 个，横椭圆形。花期 4 ～ 5 月。

硬毛斑叶兰

Goodyera hispida

产于西藏墨脱（西藏新记录）。印度东北部、尼泊尔也有分布。

植株高 12 ～ 18 cm。根茎纤细，生于节上。茎圆柱形，直径 6 ～ 8.5 mm。叶椭圆形披针形，长 1 ～ 3.5 cm，宽 0.5 ～ 1.5 cm，叶柄基部具管状鞘，先端锐尖。花序梗具 2 ～ 3 个鞘；花序轴密生多花。花苞片披针形，长于子房；萼片宽椭圆形或卵形，长 0.7 ～ 1 cm，宽 0.3 ～ 0.5 cm，先端钝；花瓣长圆形披针形；侧萼片卵形，先端钝。唇瓣短于萼片；蕊柱顶端卵形或长圆形，稍弯曲，先端钝。花期 7 ～ 8 月。

绿花斑叶兰

Goodyera viridiflora

产于西藏墨脱；区外见于江西、福建和云南等地。生于海拔 300 ～ 2600 m 的林下、沟边阴湿处。尼泊尔、不丹、印度也有分布。

根状茎伸长，茎状，匍匐，具节。茎直立，绿色，具 2 ～ 5 枚叶。叶片偏斜的卵形、卵状披针形或椭圆形，绿色，甚薄，先端急尖，基部圆形，骤狭成柄；花茎长 7 ～ 10 cm，带红褐色，被短柔毛；总状花序具 2 ～ 5 朵花；花苞片卵状披针形，淡红褐色，先端尖，边缘撕裂；子房圆柱形，浅红褐色，上部被短柔毛；花较大，绿色，张开，无毛；萼片椭圆形，绿色或带白色，先端淡红褐色，先端急尖，具 1 脉，无毛，中萼片凹陷，与花瓣黏合呈兜状；侧萼片向后伸展；花瓣偏斜的菱形，白色，先端带褐色，先端急尖，基部渐狭，具 1 脉，无毛；唇瓣卵形，舟状，较薄，基部绿褐色，凹陷，囊状，内面具密的腺毛，前部白色，舌状，向下作“之”字形弯曲，先端向前伸；蕊柱短；花药披针形；花粉团线形；蕊喙直立，2 裂。花期 8 ～ 9 月。

川滇斑叶兰

Goodyera yunnanensis

产于西藏波密（西藏新记录）；区外见于四川、云南。生于海拔 2600 ～ 3900 m 的林下或灌丛下。

根状茎伸长，茎状，匍匐，具节。茎粗壮，直立，基部具 6 ～ 7 枚较密生的叶，有时近呈莲座状。叶片椭圆形或披针状椭圆形，绿色，无白色斑纹，先端急尖，基部楔形，具柄。花茎粗壮，直立，被较密的腺状长柔毛；总状花序具多数、密集偏向一侧的花，下部具 3 ～ 9 枚鞘状苞片；花苞片披针形、线状披针形至线形，开展，长于花，背面被腺状柔毛；子房圆柱状纺锤形，被短的腺状疏柔毛；花小，白色或淡绿色，半张开；萼片白色或淡绿色，狭卵形，先端近急尖，具 1 脉，背面被疏的腺状柔毛，与花瓣黏合呈兜状；侧萼片偏斜，稍张开；花瓣斜舌状，先端稍钝，无毛，具 1 脉；唇瓣半球状兜形，后部凹陷，囊状，内面无毛，具 4 条短的、不明显的平行脉，前部短的长圆形，上面具极细的乳头状凸起；蕊柱短；花药横椭圆形，先端具圆的尖头；蕊喙直立，浅 2 裂，裂片近三角形，先端钝；柱头 1 个，近圆形，位于蕊喙之下。花期 8 ～ 10 月。

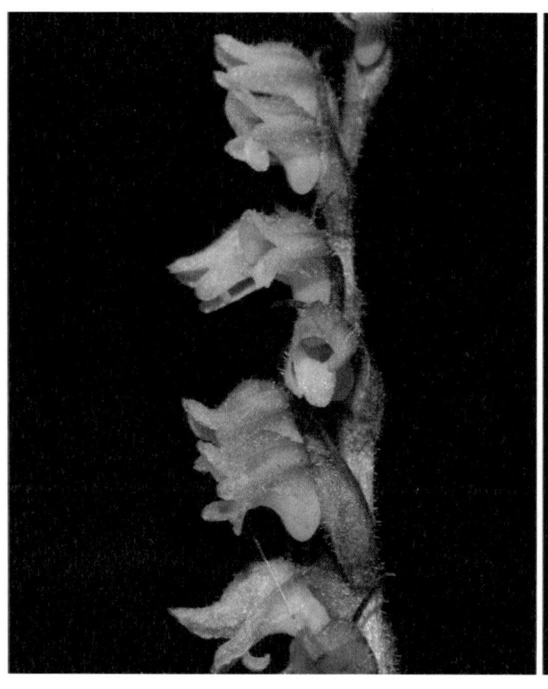

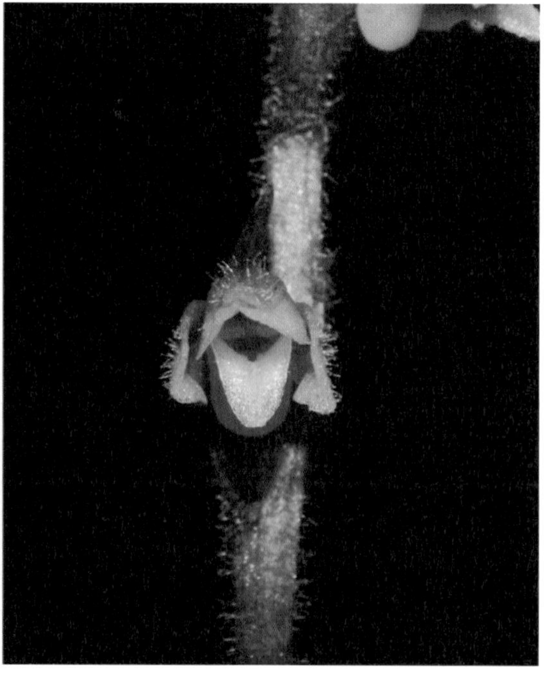

墨脱斑叶兰

Goodyera medogensis

产于西藏墨脱。生于海拔 1100 ～ 1300 m 林下腐殖质中。

茎直立，圆柱形，淡绿色，无毛。叶 3 ～ 7 片，叶片卵形，基部钝，先端锐尖，正面绿色至蓝绿色，有绿白色的网纹，网格线厚，边缘模糊，花序为顶生总状花序，12 ～ 15 花，螺旋状排列。短柔毛；花序梗有短柔毛。花苞片卵状披针形，先端锐尖，苍绿色，长于子房。中侧萼片卵状披针形；侧生萼片卵状披针形；花瓣斜倒卵形菱形，无毛，1 脉。唇瓣长圆状卵形，先端锐尖，黄色或淡黄色；囊里面有腺毛；蕊柱近圆形，全缘。花药帽黄棕色，卵形。

叉柱兰属

Cheirostylis

地生草本或半附生草本。根状茎具节，匍匐或斜上升，肉质，呈莲藕状或毛虫状。茎直立，常较短，下部互生 2～5 枚叶。叶片卵形或心形，具柄。花茎直立，被毛或无毛；总状花序顶生，具 2 至数朵花；花较小；萼片膜质，在中部或中部以上合生成筒状；花瓣与中萼片贴生；唇瓣直立，囊内通常在两侧的侧脉上具胼胝体，少数基部平坦而无胼胝体；中部收狭成爪；前部扩大，常 2 裂，少不裂，边缘具流苏状裂条或锯齿或全缘；蕊柱短；花粉团 2 个，每个纵裂为 2，为具小团块的粒粉质，具短或长的花粉团柄，共同具 1 个黏盘。

约 20 种，分布于热带非洲、热带亚洲和太平洋岛屿。我国有 13 种，产于台湾、华南至西南省区。该属西藏无记录，为新记录属，同时增加 1 种西藏新记录。

扁茎叉柱兰

Cheirostylis moniliformis

产于西藏墨脱（西藏新记录）；区外见于海南。附生生长于海拔 800 m 的带有苔藓的岩壁表面。印度东北部、不丹、泰国也有分布。

附生草本。根状茎肉质，匍匐生长，绿色，藕状，具 3～9 个节，节间收狭；短根毛发状。茎极短。叶片互生于根状茎上，2～5 枚，心形，基部心形，尖端尖，绿色。花序被毛，着生 2～3 枚不育苞片；花序顶部着生花 4～8 朵，苞片披针形。子房连花梗无毛；中萼片与两枚侧萼片合生成筒状，基部无毛；花瓣白色；唇瓣三裂，白色；下唇囊状，中部具脊，脊两侧各生有胼胝体；上唇延展扩生，基部具 2 枚绿色斑点，边缘具 4～7 枚三角状齿。花期 1～3 月。

线柱兰属

Zeuxine

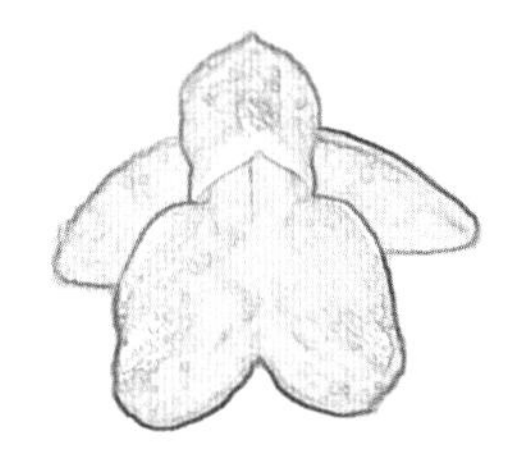

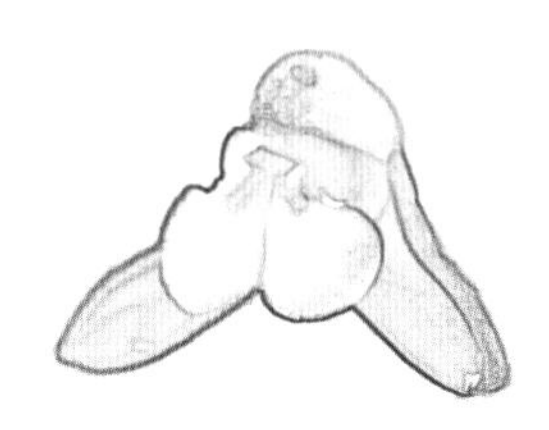

地生草本。根状茎常伸长，茎状，匍匐，肉质，具节，节上生根。茎直立，圆柱形，具叶。叶互生，常稍肉质，宽者具叶柄，狭窄者无柄，上面绿色或沿中肋具 1 条白色的条纹，部分种的叶在花开放时凋萎，垂下。花茎直立，被毛或无毛；总状花序顶生，具少数或多数花，后者似穗状花序；花小，几乎不张开，倒置（唇瓣位于下方）；萼片离生，背面被毛或无毛，中萼片凹陷，与花瓣黏合呈兜状；侧萼片围着唇瓣基部；花瓣与中萼片近等长，但较狭，较萼片薄；唇瓣基部与蕊柱贴生，凹陷呈囊状，中部收狭成爪，爪通常很短，前部扩大，多少成 2 裂，叉开，裂片形状种种；囊内近基部两侧各具 1 枚胼胝体；蕊柱短，前面两侧具或不具纵向、翼状附属物；花药 2 室；花粉团 2 个，每个多少纵裂为 2，为具小团块的粒粉质，具很短的花粉团柄，共同具 1 个黏盘；蕊喙常显著，直立，叉状 2 裂；柱头 2，凸出，位于蕊喙的基部两侧。蒴果直立。

约 50 种，分布于从非洲热带地区至亚洲热带和亚热带地区。我国有 13 种，产于长江流域及其以南诸省区，尤以台湾为多。西藏有 3 种，现收录两种；白肋线柱兰未见，仅收录于检索表中。

本属检索表

1　萼片背面无毛；花瓣镰状，宽 1.5 mm；唇瓣呈 T 形，前部稍扩大，片圆形或近肾形，全缘或顶部近 2 裂，基部囊内具 2 枚钩状的胼胝体；子房无毛。………………………………白肋线柱兰 *Z. goodyeroides*

1　萼片的背面被毛；花甚芳香；花瓣偏斜的卵形，宽 3.2 mm；唇瓣呈 Y 形，前部扩大，片 2 裂，裂片近圆形或倒卵形，基部囊内具 2 枚、各裂为 3～4 个角状的胼胝体；子房被毛。……芳线柱兰 *Z. nervosa*

芳线柱兰

Zeuxine nervosa

产于西藏墨脱（西藏新记录）；区外见于台湾、云南。生于海拔 200 ～ 800 m 的林下阴湿处。柬埔寨、老挝、泰国、越南、日本、印度、不丹、尼泊尔、孟加拉国也有分布。模式标本采自印度。

植株高 20 ～ 40 cm。根状茎伸长，匍匐，肉质，具节。茎直立，圆柱形，具 3 ～ 6 枚叶。叶片卵形或卵状椭圆形，长 4 ～ 6 cm，宽 2.5 ～ 4.5 cm，上面绿色或沿中肋具 1 条白色的条纹，先端急尖，基部收狭成长 1 ～ 1.5 cm 的柄。总状花序细长，直立，具数朵疏生的花；花苞片卵状披针形，舟状，长约 7 mm，宽约 4.5 mm，先端渐尖，红褐色，背面被毛；子房圆柱形，扭转，被毛，连花梗长 8 ～ 9 mm；花较小，甚香，半张开；中萼片红褐色或黄绿色，卵形，凹陷，长 5 ～ 5.5 mm，宽 4.5 ～ 5 mm，先端急尖或近渐尖，无毛；侧萼片长圆状卵形，长 6 ～ 6.5 mm，宽约 3.5 mm，先端急尖或钝，与中萼片同色，无毛；花瓣偏斜的卵形，长约 5.5 mm，宽约 3.2 mm，先端钝，无毛，与中萼片黏合呈兜状；唇瓣呈 Y 形，长 7 mm，前部扩大，宽约 4.5 mm，白色，并 2 裂，其裂片近圆形或倒卵形，基部具绿色斑点，两裂片之间的夹角呈 V 形；中部收狭成爪，爪白色，边缘全缘，内卷，基部扩大且凹陷呈囊状，囊内两侧各具 1 枚裂为 3 ～ 4 角状的胼胝体。花期 2 ～ 3 月。

黄花线柱兰

Zeuxine flava

产于西藏墨脱（西藏新记录）；区外见于云南、浙江等。生于海拔 200 ～ 800 m 的林下阴湿处。不丹、尼泊尔、孟加拉国、印度东北部也有分布。模式标本采自印度。

地生草本，植株高约 20 ～ 30 cm。叶 3 ～ 4 片，宽披针形，长 5 ～ 6 cm，宽 1.5 ～ 2 cm。花序长 13 cm，生 8 ～ 15 朵花，有毛。苞片披针形，多毛，长 5 mm。子房具花梗长 12 mm，不具毛。花小，萼片无毛，中萼片凹成船形，长 3.5 mm，长 2 mm 宽；侧萼片镰状，具 3 脉，长 3 mm，宽 1.2 mm；花瓣长圆形，长 2.5 mm，宽 1 mm；唇瓣 T 形，长 3 mm，宽 4.5 mm，基部囊状，具 2 钩状的愈伤组织。

翻唇兰属
Hetaeria

地生草本。根状茎伸长，茎状，匍匐，肉质，具节，节上生根。叶稍肉质，互生，上面绿色或沿中肋具 1 条白色的条纹。花茎直立，常被毛；花序顶生，总状，具多数花；花不倒置（唇瓣位于上方）；萼片离生，中萼片与花瓣黏合呈兜状；唇瓣基部凹陷，呈囊状或杯状，内面基部具各种形状的胼胝体；蕊柱短，前面两侧具翼状附属物。

四腺翻唇兰
Hetaeria anomala

产于西藏墨脱；区外见于云南。生于海拔 800 ～ 900 m 林下。印度东北部也有分布。

根状茎伸长，具 3 ～ 7 枚疏生的叶。叶片卵状披针形，先端急尖或渐尖，基部钝，上面绿色，具 3 条绿色脉。花茎直立，被长柔毛，下部具 1 ～ 3 枚鞘状苞片；总状花序具 4 ～ 9 朵花；花苞片披针形；花白色；中萼片椭圆形，凹陷，先端急尖，与花瓣黏合呈兜状；侧萼片近斜卵形，先端急尖；花瓣线形，先端钝，具 1 脉，无毛；唇瓣位于上方，基部凹陷呈浅囊状，其内面具 5 条脉。花期 2 ～ 3 月。

叠鞘兰属
Chamaegastrodia

腐生草本，植株矮小。根状茎长或短，根粗壮，肥厚、肉质，排生于根状茎上。茎粗壮或较细，直立，黄色、黄褐色、浅褐红色或带紫红色，无绿色叶，具多数密集或稍疏离、与茎同色的鞘状膜质鳞片，鞘状鳞片彼此多少套叠，背面无毛或被毛。总状花序顶生，具几朵至10余朵花，花序轴无毛或被毛；花苞片与茎同色；子房不扭转；花较小，不倒置（唇瓣位于上方）；萼片离生，等大，近相似；花瓣与中萼片近等长，较萼片狭多，与中萼片黏合呈兜状；唇瓣较萼片稍长，前部扩大，2裂，呈T形，罕前部不扩大，不裂柱头2个，离生，隆起，位于蕊前面两侧。

本属全球仅3种，分布于中国、日本、印度等。我国产3种，含1个特有种；西藏记录2种，但中国植物志种已将齿爪叠鞘兰现已归为齿爪齿唇兰，现仅收录叠鞘兰1种。

叠鞘兰
Chamaegastrodia shikokiana

产于西藏东部；区外见于四川西南部。生于海拔2500～2800 m的山坡常绿阔林下阴湿处。日本、印度东北部也有分布。模式标本采自日本。

植株高5～18 cm。根粗壮，短，肥厚，肉质，排生于长的根状茎上。茎较粗壮，黄色或浅褐红色，无毛，具密集的黄色或浅褐红色、膜质的鞘状鳞片，鳞片背面无毛。总状花序具几朵至10余朵花，长3～5 cm，花序轴无毛；花苞片卵状长椭圆形，膜质，黄色或浅褐红色，长5～8 mm，先端急尖，较子房短；子房圆柱形，不扭转，黄色或浅褐红色，无毛，连花梗长8～10 mm；花带黄色或淡褐红色，花被片与子房呈直角着生，横向伸展，黄褐色；唇瓣轮廓T形，长4.5 mm，基部稍扩大且凹陷呈囊，其内无隔膜而仅在中脉近基部处的两侧各具1枚无柄、隆起呈圆形的胼胝体，中部具爪，爪长约2 mm，宽与唇瓣前部裂片基部近相等，其两侧边缘具缺刻状圆齿，前部扩大成2裂，其裂片近方形并对折，展开时约180°叉开；蕊柱短，前面在柱头下方具2枚三角形镰状的附属；花药基部无裂片，仅具1条细、线形的花丝，通过其末端着生于蕊柱后缘之下；蕊喙极小；柱头2个，离生，隆起，位于蕊喙的两侧。花期7～8月。

菱兰属

Rhomboda

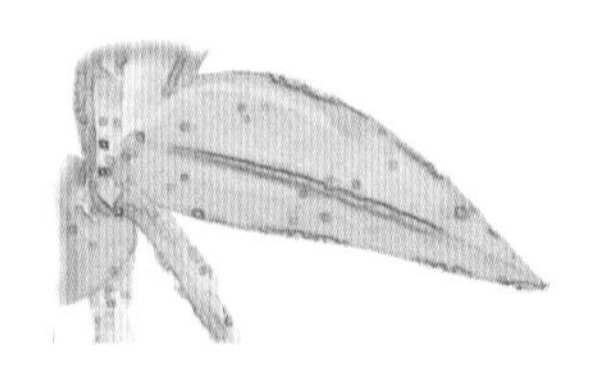

地生草本，很少附生。根状茎匍匐，数个连在一起，肉质；根纤维状，具长柔毛，从根状茎的节生出。茎直立，无毛，基部具管状鞘；叶通常聚集在茎先端，绿偏红色，中脉通常白色，披针形、卵形或椭圆形，先端锐尖，基部具一叶柄状扩张的管状抱茎鞘。花序直立，顶生，总状，被短柔毛；花梗具一些分散的具鞘苞片；花轴疏生或半密生多花，花苞片疏生或无短柔毛；花不完全展开；子房和花梗不扭曲；花萼卵形或椭圆形，几乎无毛；翼瓣于中萼片联合，呈罩状，常明显扩大，膜质；唇瓣贴生于柱的腹缘，2裂或3裂；下唇瓣囊状，延中脉具一个大的胼胝体，或基部的一侧有一个肉质的胼胝体；唇瓣外部具肉质凸起；唇瓣先端线状、方形、或横向扩展；不裂或2裂；花柱短，顶部明显膨大；具两个平行的翼；花粉块2个；喙三角状；柱头2裂；蒴果直立。

全球约25种，从喜马拉雅山脉、印度至中国东南部、日本南部，新几内亚岛等；我国有4种，含1特有种；西藏记录1种，现增加2种新记录，收录3种。其中2种为实地拍摄，分别为白肋菱兰，小片菱兰，具照片。

本属检索表

1　唇瓣T形，常6～7 mm，明显3裂；唇瓣先端扩大，长约6 mm，宽于唇瓣后部，先端倒卵形，具齿。……………………………………艳丽菱兰 *R. moulmeinensis*

1　唇瓣长卵形至宽卵形，长3～3.5 mm；唇瓣先端小，宽椭圆形，四方形或倒三角形；窄于唇瓣后部。(2)

2　唇瓣先端宽椭圆形至四方形；逐渐变窄，尖端钝。……………………白肋菱兰 *R. tokioi*

2　唇瓣先端上部倒三角形，先端截形，偶尔具小尖。………………小片菱兰 *R. abbreviata*

艳丽菱兰

Rhomboda moulmeinensis

产于西藏墨脱；区外分布于广西、四川、贵州、云南。生于海拔 450 ～ 2200 m 的山坡或沟谷密林下阴处。缅甸、泰国也有分布。模式标本采自缅甸（德林达依）。

根状茎伸长，匍匐，肉质，具节，节上生根。茎直立，粗壮，无毛，具 5 ～ 7 枚叶。叶片长圆形或狭椭圆形，先端渐尖，基部楔形，上面绿色，沿中肋具 1 条白色的宽条纹，背面灰绿色，具柄；叶柄下部扩大成鞘抱茎；总状花序具几朵至 10 余朵较疏散的花，花序轴和花序梗被短柔毛，花序梗上具 1 ～ 3 枚淡红色的鞘状苞片；花苞片卵形或卵状披针形，淡红色，先端渐尖，下部的与子房近等长，上部的较子房短，背面被短柔毛；子房圆柱形，紫绿色，扭转，无毛；花中等大，倒置（唇瓣位于下方）；萼片和花瓣的背面均为淡红色，萼片宽卵形，先端锐尖，背面疏被柔毛，具 1 脉；中萼片直立，凹陷呈舟状，与花瓣黏合呈兜状；侧萼片张开，稍偏斜，较中萼片稍长和稍宽；花瓣为宽的半卵形，具 1 脉，两侧极不等，外侧远宽于其内侧，先端骤狭成细尖头且弯曲，无毛；唇瓣白色，呈 T 形，前部明显扩大并 2 裂，基部扩大并凹陷成囊，囊内中央具 1 枚纵向隔膜状褶片；蕊柱短，前面两侧具翼状宽的附属物；花药卵形，先端渐尖；蕊喙直立，叉状 2 裂；柱头 2 个，位于蕊喙基部两侧稍靠前。花期 8 ～ 10 月。

白肋菱兰

Rhomboda tokioi

产于西藏墨脱（西藏新记录）；区外见于广东、台湾。生长于海拔 1500 m 以下的森林内；日本、越南也有分布。照片拍摄于西藏墨脱。

植株高 15 ～ 28 cm。茎暗红棕色，具 4 ～ 6 片叶。叶背面淡绿色，正面沿中脉有时具白色条纹，卵形到卵状披针形；叶柄基部具管状鞘 1 ～ 3 cm。花梗 5 ～ 15 cm，具 1 ～ 4 个不育苞片；花序轴 3 ～ 6 cm，松散分布 3 ～ 15 花；花苞片带褐色红色，卵状披针形；下部超过子房，边缘具缘毛，先端渐尖。花半开，不倒立；子房和花梗 7 ～ 10 mm，无毛到疏生短柔毛。萼片红棕色，无毛到疏生短柔毛，具 1 脉；侧萼片卵形，先端锐尖。花瓣白色，卵形，无毛，具 1 脉，先端锐尖；唇瓣白色，长圆状卵形；基部有 2 个大胼胝体；旗瓣宽椭圆形到近方形，渐狭；边缘内卷，先端钝；花柱长约 1.5 mm。

小片菱兰

Rhomboda abbreviata

产于西藏墨脱（西藏新记录）；区外见于广东、香港、海南、广西；生于山坡或沟谷密林下阴处。尼泊尔、泰国、印度东北部也有分布；模式标本采自尼泊尔。照片拍摄于西藏墨脱。

植株高 20 ～ 30 cm。根状茎伸长，匍匐。茎直立，圆柱形，无毛，具 3 ～ 5 枚叶。叶片卵形或卵状披针形，上面暗绿色，背面淡绿色或带红色，先端渐尖或急尖，基部稍钝，收狭成柄，下部扩大成抱茎的鞘。总状花序直立，具 10 余朵较密生的花，花序轴和花序梗上疏被短柔毛；花苞片膜质，淡红色，卵状披针形，长 7 ～ 8 mm，边缘具细缘毛；子房圆柱状纺锤形，不扭转，无毛，连花梗长 8 ～ 9 mm；花小，白色或淡红色，不倒置（唇瓣位于上方），中萼片卵形，凹陷呈舟状，先端急尖，具 1 脉，与花瓣黏合呈兜状；侧萼片偏斜的卵形，凹陷，较中萼片稍长，先端急尖，具 1 脉；花瓣为宽的半卵形，顶部骤狭成短的尖头，具 1 脉，两侧极不等，其外侧较内侧宽；唇瓣近卵形，长约 2.5 mm，向前渐狭，上部边缘向内折、缢缩，顶部略扩大成 1 枚四方形、长和宽几乎不及 1 mm 且不裂的小片；蕊柱短，长约 2 mm，前面两侧具宽的翼状附属物；蕊喙直立，短，2 叉状；柱头 2 个，离生，位于蕊喙基部之两侧。

旗唇兰属
Kuhlhasseltia

地生小草本。根状茎匍匐，伸长，肉质，具节，节上生根。茎直立，无毛，圆柱形，具 3～6 枚叶。叶互生，小，叶片卵状圆形、卵形至宽披针形；叶柄短，基部具抱茎的鞘。花茎顶生，直立，圆柱形，绿色或带紫红色，被毛，中部以下有时具 1～2 枚绿色或带粉红色的鞘状苞片；总状花序具少数花，被毛；花苞片绿色或粉红色，膜质，常被疏柔毛或边缘具睫毛；花小，倒置（唇瓣位于下方），纯白色或萼片背面带紫红色；唇瓣与花瓣多为白色，萼片在中部以下或多或少合生，钟状，背面被疏柔毛；花瓣与中萼片等长且与中萼片紧贴呈兜状；唇瓣较萼片长，呈 T 形或 Y 形蕊柱直立，近圆柱形，花药生于蕊柱的背侧；蕊喙位于蕊柱的顶端，直立，叉状 2 裂，裂片不等大；柱头 2 个，具细乳突，位于蕊喙之下。

全球约 4 种，分布于日本、韩国、中国，菲律宾北部的邻近岛屿、济州岛。我国产 1 种，分布于台湾和大陆部分省份；现收录西藏新记录 1 种。

旗唇兰
Kuhlhasseltia yakushimensis

产于西藏波密（西藏新记录）；区外见于陕西、安徽、浙江、台湾、湖南、四川，生于海拔 450～1600 m 的林中树上苔藓丛中或林下或沟边岩壁石缝中。日本、菲律宾的北部岛屿也有分布。

株高 8～13 cm。根状茎细长或粗短，肉质，匍匐，具节，节上生根。茎直立，绿色，无毛，具 4～5 枚叶。叶较密生于茎之基部或疏生于茎上，叶片卵形，肉质，长 8～20 mm，宽 6～11 mm，先端急尖，基部圆形，具 3 条脉。花茎顶生，常带紫红色，具白色柔毛；总状花序带粉红色，具 3～7 朵花；花苞片粉红色，宽披针形；花小；萼片粉红色，背面基部被疏柔毛，中萼片长圆状卵形，凹陷，直立；侧萼片斜镰状长圆形；花瓣白色，具紫红色斑块，为偏斜的半卵形；唇瓣白色，呈 T 形；蕊喙直立，叉状 2 裂，裂片不等大；柱头 2 个，较靠近，呈横的星月形，凸出。花期 8～9 月。

金线兰属

Anoectochilus

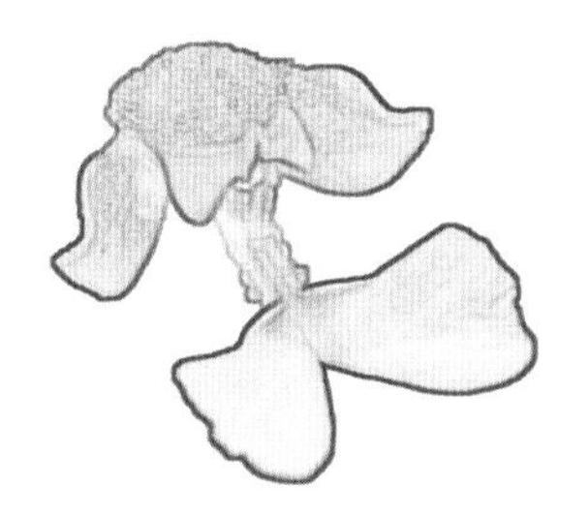

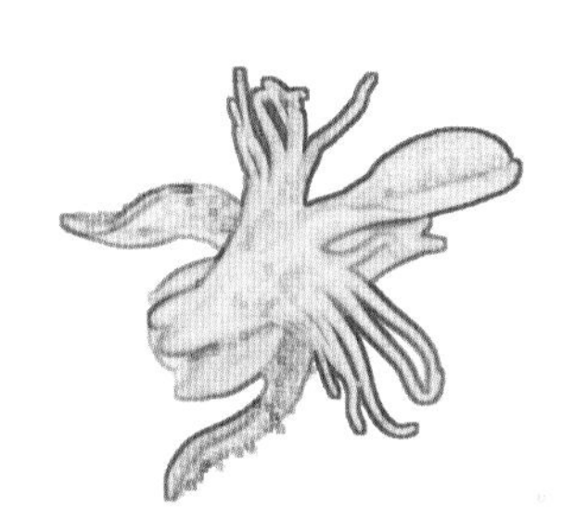

地生草本。根状茎匍匐，肉质，具节；节上生根；根狭丝状到纤维状，具长柔毛。茎直立或上升，基部具一些松散的管状鞘和簇生的近莲座状叶，无毛。叶绿色到紫黑色，上面具带白色、粉红色或金色网状脉序，叶卵形或椭圆形，柔软，有时偏肉质，具一长叶柄状基部扩张成管状抱茎鞘。花序直立，总状花序顶生，被毛；花梗具不规则的鞘；松散分布 2～10 花；花有时倒置；子房纤细，有时扭曲；萼片离生，相似，通常展开，外表面通常被短柔毛；中萼片与翼瓣合生；翼瓣膜质，舌状长圆形；唇瓣与花柱基部合生，明显 3 裂；基部有明显的距，下唇瓣明显管状，侧边直立；旗瓣上部明显 2 裂；距上有一对不规则的胼胝体。花柱短，柱头 2 裂，蒴果狭椭圆形。

本属全球约 30 种，主要分布于喜马拉雅至东亚区域，澳大利亚也有。中国有 11 种，含 7 个特有种；西藏记录 2 种，现增加新记录 1 种，收录 3 种。墨脱金线兰未列入检索。

中国民间历来将本属中的金线兰视作珍稀的草药，尤喜作药膳。金线兰全草入药，主治腰膝痹痛、肾炎、支气管炎等炎症，糖尿病、吐血、血尿和小儿惊风等症。

本属检索表

1　唇瓣长约 12 mm，其裂片近长圆形或近楔状长圆形，先端钝，中部收狭成长 4～5 mm 的爪，其两侧各具 6～8 条长约 4～6 mm 的流苏状细裂条。……………………………………………金线兰 *A. roxburghii*

1　唇瓣长 4～8 mm，其裂片近钝三角形，全缘，中部收狭，其两侧各具 1～3 个绿色小细齿。…………………………………………………………………………………………………短唇金线兰 *A. brevilabris*

金线兰

Anoectochilus roxburghii

产于西藏墨脱；区外见于浙江、江西、福建、湖南、广东、海南、广西、四川、云南。生于海拔 50 ～ 1600 m 的常绿阔叶林下或沟谷阴湿处。日本、泰国、老挝、越南、印度、不丹、尼泊尔、孟加拉国也有分布。照片拍摄于西藏墨脱。

植株高 8 ～ 18 cm。根状茎匍匐，伸长，肉质，具节，节上生根。茎直立，肉质，圆柱形，具 2 ～ 4 枚叶。叶片卵圆形或卵形，上面暗紫色或黑紫色，具金红色带有绢丝光泽的美丽网脉，背面淡紫红色，先端近急尖或稍钝，基部近截形或圆形，骤狭成柄；叶柄基部扩大成抱茎的鞘。总状花序具 2 ～ 6 朵花；花序轴淡红色，和花序梗均被柔毛，花序梗具 2 ～ 3 枚鞘苞片；花苞片淡红色，卵状披针形或披针形，先端渐尖，长约为子房长的 2/3；子房长圆柱形，不扭转，被柔毛；花白色或淡红色，不倒置（唇瓣位于上方）；萼片背面被柔毛，中萼片卵形，凹陷呈舟状，先端渐尖，与花瓣黏合呈兜状；侧萼片张开，偏斜的近长圆形或长圆状椭圆形，先端稍尖。花瓣质地薄，近镰刀状，与中萼片等长；唇瓣呈 Y 形，基部具圆锥状距，前部扩大并 2 裂，其裂片近长圆形或近楔状长圆形，全缘，先端钝，中部收狭成长 4 ～ 5 mm 的爪，其两侧各具 6 ～ 8 条流苏状细裂条。距上举指向唇瓣，末端 2 浅裂，内侧在靠近距口处具 2 枚肉质的胼胝体；蕊柱短，前面两侧各具 1 枚片状的附属物；花药卵形；蕊喙直立，叉状 2 裂；柱头 2 个，离生，位于蕊喙基部两侧。花期 8 ～ 12 月。

短唇金线兰

Anoectochilus brevilabris

分布于西藏墨脱（西藏新记录）；区外产于云南；生长于海拔 1300 ～ 1500 m 的常绿阔叶林山坡。

根状茎匍匐，肉质，圆柱状，具节；节上生根。茎直立或上升，肉质，具 4 ～ 8 枚叶。叶螺旋状排列，卵形至近圆形，先端短锐尖，腹面暗紫色至黑紫色，具金红色带有绢丝光泽的网脉，背面淡紫红色，叶柄基部扩大成抱茎的鞘。花序顶生，总状花序，具 8 ～ 10 朵小花；花序梗密被短柔毛，具 2 ～ 3 枚鞘苞片；花苞片渐尖，具短柔毛；子房长圆柱形，扭转，被柔毛；花白色，倒置（唇瓣位于下方）；萼片背面被柔毛，中萼片卵形，先端渐尖，与花瓣黏合呈兜状；侧萼片张开，偏斜的近长圆形或长圆状椭圆形，先端稍尖；花瓣近镰刀状，与中萼片等长；唇瓣呈 Y 形，白色，基部具圆锥状距，前部扩大并 2 裂，其裂片近钝三角形，全缘，中部收狭，其两侧各具 1 ～ 3 个绿色小细齿。距与子房平行，末端 2 浅裂，内侧在靠近距口处具 2 枚肉质的胼胝体；蕊柱前面两侧各具 1 枚宽片状的附属物；花药帽卵形，渐尖，红棕色；花粉块 2，斜棒状，黄色，长 4 mm；柱头 2，离生，位于蕊喙基部两侧。花期 6 ～ 7 月。

墨脱金线兰
Anoectochilus medogensis

产于西藏墨脱。生于海拔 1700 m 阔叶林下腐殖质中。

茎直立，叶 3 ～ 5 枚。叶正面几乎黑色，具细白色至金黄色脉，背面黄褐色，卵形至圆形，具细尖。花序具短柔毛。花红棕色到绿色，花梗和子房扭曲，纺锤形；萼片先端凹陷，绿色，先端红棕色，外表面被短柔毛；中萼片卵圆形，顶端具细尖；侧生萼片斜椭圆形，先端渐尖；花瓣斜镰刀状，绿白色，先端长渐尖，与中萼片连接形成冠；唇瓣白色，呈 Y 形，纵向扩张，2 裂，裂片成锐角分叉，全缘；侧裂片每侧有 7 ～ 8 根 8 ～ 12 mm 长的毛状细丝；距圆锥形，先端浅双裂，与子房平行，含有 2 个梯形愈伤组织。蕊柱粗壮，腹侧有 2 个宽的半圆形薄片，不伸入距。柱头 2 裂，离生，位于蕊喙的两侧。花药帽卵形，棕黄色。花粉团 2，斜棒状。花期 7 ～ 8 月。

齿唇兰属

Odontochilus

陆生草本，自养，极少数异养。根状茎匍匐，圆柱形，具节，肉质；根自节部生出，狭丝状至纤维状；茎直立或攀援，基部具 1 至数个松散的叶鞘与近莲座状的叶，无毛；叶绿色或紫色，具 1～3 条白色的条纹；近圆形，卵状披针形，基部扩展呈鞘；花序直立，顶生，总状花序，无毛或被短毛；花梗处具分散的苞片；花序松散分布着少许或多数花；花苞片膜质，无毛或有软毛；子房有时扭曲，细长，无毛或有软毛。萼片无毛或有软毛；中萼片离生，或一半与侧萼片合生；侧萼片与中萼片相近，完全包围唇瓣基部。翼瓣通常贴于中萼片，膜质，舌状至卵圆形；唇瓣 3 裂，无距；下唇瓣近球形，包含一对肉质胼胝体；花柱膨大，有时扭曲，花药直立，卵形；花粉粒 2，柱头分离或结合；蒴果椭圆形。

本属全球约 40 种，分布于印度北部，喜马拉雅地区，东南亚，日本等；中国有 11 种，含 2 个特有种；西藏记录 7 种；爪齿齿唇兰、一柱齿唇兰、红萼齿唇兰、短柱齿唇兰未能拍摄到图片，因此仅将其收录于检索表中。

本属检索表

1 植物异养，无叶绿素，紫红色至棕色。……………………………………………爪齿齿唇兰 *O. poilanei*

1 植物自养，叶片绿色，深绿色或紫绿色。…………………………………………………………(2)

2 唇瓣基部囊内中央无隔膜状的龙骨状褶片，囊内 2 枚胼胝体长圆形、顶部 3 浅裂；柱头 1 个，位于蕊喙基部前方正中央，唇瓣位于下方。…………………………………………一柱齿唇兰 *O.tortus*

2 唇瓣基部囊内中央具 1 或 2 枚隔膜状纵的龙骨状褶片，囊的末端常 2 浅裂，囊内胼胝体的顶部非 3 浅裂；柱头 2 个，离生，位于蕊喙基部两侧或其基部多少靠前方。………………………………………(3)

3 子房被毛。……………………………………………………………………………………………(4)

3 子房无毛。……………………………………………………………………………………………(5)

4 唇瓣爪部其前部两侧各具 2～3 条流苏状裂条，而其后部两侧各具 1 枚近椭圆形的片，片宽大，先端钝；囊内胼胝体细长，针刺状，上向钩曲；柱头 2 个，位于蕊喙基部两侧，彼此远离。……红萼齿唇兰 *O. clarkei*

4 唇瓣爪部其前部两侧各具 4～5 枚不整齐的短流苏状锯齿，而其后部两侧各具细圆齿；囊内胼胝体近长方形，顶部略凹缺；前部 2 裂片长方形或近半圆形；柱头 2 个，位于蕊喙基部的前方，彼此较靠近。花粉团的柄短。…………………………………………………………………西南齿唇兰 *O. elwesii*

5 唇瓣爪部长 4 mm，两侧向内卷，边缘具细圆齿，罕近全缘；前部 2 裂片长圆形或倒卵形，外侧边缘具细圆齿或细锯齿；囊内胼胝体近圆形，边缘波状，具短柄。…………………………小齿唇兰 *O. crispus*

5 唇瓣爪部长 4～8 mm，两侧不向内卷，边缘具流苏状裂条或大得多的锯齿；前部 2 裂片楔状长圆形、倒卵形或近椭圆形，边缘全缘或外侧边缘具细锯齿；囊内胼胝体非近圆形，无柄。…………………(6)

6 唇瓣前部 2 裂片近椭圆形，外侧边缘具不规则的细锯齿，白色；囊内胼胝体向下钩曲，顶部扩大，先端近截平，爪部长 4～6 mm。…………………………………………………短柱齿唇兰 *O. brevistylis*

6 唇瓣前部 2 裂片楔状长圆形或倒卵形，边缘全缘或外侧边缘略波状，黄色；囊内胼胝体细长，针刺状，线状披针形，常向上多少钩曲；爪部长 6～8 mm。………………………………齿唇兰 *O. lanceolatus*

西南齿唇兰

Odontochilus elwesii

产于西藏东南部通麦、墨脱；区外见于台湾、广西、四川、贵州和云南。生于海拔 300 ～ 1500 m 的山坡或沟谷常绿阔叶林下阴湿处。不丹、印度东北部、缅甸北部、泰国、越南也有分布。

植株高 15 ～ 25 cm。根状茎伸长，匍匐，肉质，具节，节上生根。茎向上伸展或直立，圆柱形，较粗壮，直径约 3 mm，无毛，具 6 ～ 7 枚叶。叶片卵形或卵状披针形，上面暗紫色或深绿色，有时具 3 条带红色的脉，背面淡红色或淡绿色，先端骤狭成柄。总状花序具 2 ～ 4 朵较疏生的花；花苞片小，卵形，较子房短很多；花大，倒置（唇瓣位于下方）；萼片绿色或为白色，先端和中部带紫红色，具 1 脉，背面被短柔毛；中萼片卵形，先端渐尖，从先端至下部具 2 条粗的紫红色条纹，与花瓣黏合呈兜状；侧萼片稍张开，偏斜的卵形，先端钝尖，基部围抱唇瓣基部的囊；花瓣白色，质地较萼片薄，斜半卵形，镰状，具 1 脉，两侧极不等宽，外侧较其内侧宽很多，稍向内弯，无毛；唇瓣白色，向前伸展，呈 Y 形，无毛，其内面中央具 1 枚隔膜状纵的褶片，在褶片两侧各具 1 枚肉质、近四方形、顶部凹缺的胼胝体；蕊柱粗短，前面两侧各具 1 枚近长圆形的片状附属物，上部渐狭呈披针形向上指的尖头；花药狭卵形，药隔厚；花粉团棒状。花期 7 ～ 8 月。

小齿唇兰

Odontochilus crispus

产于西藏察隅、墨脱；区外见于云南。生于海拔 1600 ～ 1800 m 的山坡或沟谷林下阴湿处。印度东北部也有分布。模式标本采自印度锡金邦。

植株高 6 ～ 20 cm。根状茎伸长，匍匐，肉质，具节，节上生根。茎直立，圆柱形，无毛，具 3 ～ 5 枚叶。叶片卵形，上面暗绿色，背面淡绿色，先端急尖，基部圆钝并骤狭成柄；叶柄下部扩大成抱茎的鞘。花序具 1 ～ 8 朵花，花序轴被短柔毛，花序梗带紫红色，被短柔毛；花苞片带紫色，披针形，先端渐尖；子房圆柱形，扭转，无毛；花绿白色，倒置（唇瓣位于下方）；萼片绿色，具 1 脉，凹陷呈舟状，先端渐尖并向上反曲，与花瓣黏合呈兜状；侧萼片斜长椭圆形，先端近急尖；花瓣绿色，镰状三角形，基部收狭，先瓣骤狭并具尖头，具 1 脉；唇瓣白色，呈 Y 形，基部稍扩大并凹陷呈囊状，在囊内中央具 1 枚纵向的褶片，中部收狭成细长且两侧向内卷而边缘具细圆齿的爪，前部扩大成外形近圆形且 2 裂的片，其裂片为长圆形至倒卵形，外侧边缘具细圆齿或细锯齿；花期 8 ～ 10 月。

齿唇兰

Odontochilus lanceolatus

产于西藏墨脱（西藏新记录）；区外见于台湾、广东、广西、云南。生于海拔 800 ～ 2200 m 的山坡或沟谷的常绿阔叶林下阴湿处。尼泊尔、缅甸、越南、泰国、印度东北部也有分布。

植株高 15 ～ 30 cm。根状茎伸长，匍匐，肉质，具节，节上生根。茎直立，圆柱形，无毛，具 4 ～ 5 枚叶。叶片卵形、卵状披针形或椭圆形，上面暗绿色，中肋和 2 侧的脉有时色较浅，背面淡绿色，先端急尖，基部宽楔形或圆钝，斜歪，基部骤狭成柄。总状花序具 3 ～ 10 余朵花，花序轴和花序梗被短柔毛；花苞片披针形或卵状披针形，背面被短柔毛或近于无毛；子房圆柱形，常扭转；花较大，黄色，倒置（唇瓣位于下方）；萼片黄绿色，无毛，具 1 脉；中萼片卵形或卵状长圆形，先端渐尖呈尾状或稍钝，与花瓣黏合呈兜状；侧萼片张开，先端急尖或稍钝；花瓣带白绿色，基部收狭，上部骤狭成细长的钝头，具 1 脉，极不等侧，外侧较其内侧宽多；唇瓣金黄色，呈 Y 形；蕊柱很短，前面两侧各具 1 枚三角形的附属物。花期 6 ～ 9 月。

爬兰属

Herpysma

地生草本。根状茎伸长，匍匐。茎直立，具多枚叶。叶互生于整个茎上。总状花序顶生，密生多数小花；花序轴和子房被毛；花苞片大；中萼片与花瓣黏合呈兜状；唇瓣较萼片短，提琴形，中部反折，基部具狭长的距；距从两侧萼片之间基部伸出；蕊柱短，无附属物。

本属全球约 2 种，分布于喜马拉雅地区至菲律宾。我国产 1 种，西藏记录 1 种，现收录 1 种。

爬兰

Herpysma longicaulis

产于西藏墨脱；区外见于云南。生于海拔 1200 m 的山坡密林下。尼泊尔、越南、泰国、印度尼西亚、印度东北部也有分布。模式标本采自尼泊尔。

根状茎伸长，匍匐。茎直立，具数枚叶。叶互生于整个茎上，先端急尖或渐尖，基部渐狭具柄。总状花序具几朵花，被短柔毛；花苞片长圆状披针形，先端渐尖；中萼片卵形，凹陷呈舟状；侧萼片狭长圆形；花瓣狭菱状倒卵形，先端钝，无毛；唇瓣白色，长圆形，从中部向下反折，基部具 2 枚圆形齿状；距圆筒状，下垂，与子房并行，末端 2 浅裂，内面在下部或近末端处具少数不规则的小瘤；蕊柱短；花粉团伸长，基部附于 1 个角状的黏盘上；蕊喙直立，2 裂；柱头 1 个，垫状，位于蕊喙之下。花期 8 ～ 9 月。

绶草属

Spiranthes

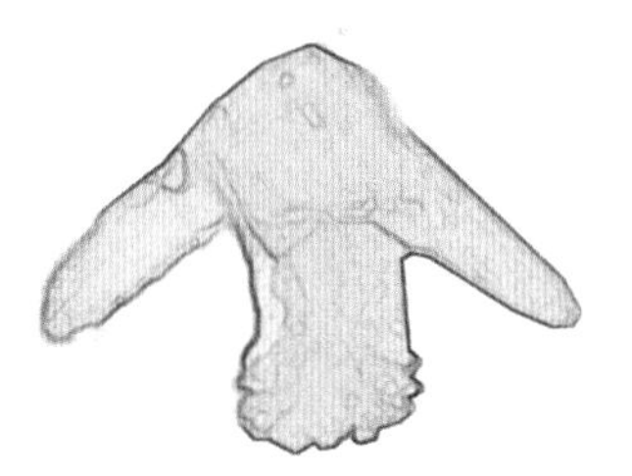

地生草本。根数条，指状，肉质，簇生。叶基生，多少肉质，叶片线形、椭圆形或宽卵形，罕为半圆柱形，基部下延成柄状鞘。总状花序顶生，具多数密生的小花，似穗状，常多少呈螺旋状扭转；花小，不完全展开，倒置（唇瓣位于下方）；萼片离生，近相似；中萼片直立，常与花瓣靠合呈兜状；侧萼片基部常下延而胀大，有时呈囊状；唇瓣基部凹陷，常有 2 枚胼胝体，有时具短爪，多少围抱蕊柱，不裂或 3 裂，边缘常呈皱波状；蕊柱短或长，圆柱形或棒状，无蕊柱足或具长的蕊柱足；花药直立，2 室，位于蕊柱的背侧；花粉团 2 个，粒粉质，具短的花粉团柄和狭的黏盘；蕊喙直立，2 裂；柱头 2 个，位于蕊喙的下方两侧。

本属全球约 50 种，主要分布于北美洲，少数种类见于南美洲、欧洲、亚洲、非洲和澳大利亚。我国产 3 种，含 2 个特有种；西藏记录 2 种，现收录 2 种；两种均有照片。

本属检索表

1　花序具短柔毛或腺毛，花通常为白色，花瓣先端钝。……………………喜马拉雅绶草 *S. himalayensis*

1　花序无毛或仅具短柔毛，花通常为粉色或偏紫色，极少白色，花瓣先端圆。…………绶草 *S. sinensis*

绶草

Spiranthes sinensis

西藏常见，产于全国各省区。生于海拔 200～3400 m 的山坡林下、灌丛下、草地或河滩沼泽草甸中。蒙古、日本、阿富汗、不丹、印度、缅甸、越南、泰国、菲律宾、马来西亚、澳大利亚，朝鲜半岛、西伯利亚、克什米尔地区也有分布。照片拍摄于西藏林芝。

植株高 13～30 cm。根数条，指状，肉质，簇生于茎基部。茎较短，近基部生 2～5 枚叶。叶片宽线形或宽线状披针形，极罕为狭长圆形，直立伸展，长 3～10 cm，常宽 5～10 mm，先端急尖或渐尖，基部收狭具柄状抱茎的鞘。花茎直立，长 10～25 cm，上部被腺状柔毛至无毛；总状花序具多数密生的花，长 4～10 cm，呈螺旋状扭转；花苞片卵状披针形，先端长渐尖，下部的长于子房；子房纺锤形，扭转，被腺状柔毛，连花梗长 4～5 mm；花小，紫红色、粉红色或白色，在花序轴上呈螺旋状排生；萼片的下部靠合，中萼片狭长圆形，舟状，长 4 mm，宽 1.5 mm，先端稍尖，与花瓣靠合呈兜状；侧萼片偏斜，披针形，长 5 mm，宽约 2 mm，先端稍尖；花瓣斜菱状长圆形，先端钝，与中萼片等长但较薄；唇瓣宽长圆形，凹陷，长 4 mm，宽 2.5 mm，先端极钝，前半部上面具长硬毛且边缘具强烈皱波状啮齿，唇瓣基部凹陷呈浅囊状，囊内具 2 枚胼胝体。花期 7～8 月。

喜马拉雅绶草

Spiranthes himalayensis

产于西藏通麦[5]、墨脱；区外见于云南、海南；生山溪附近草地或的沼泽地区。印度也有分布。

茎直立，植株高 16 ～ 30 cm；叶簇生朝向基部，宽线形或线状披针形，上表面凹陷，下垫凸起，从茎基部延伸。花序高，长可达 30 cm，圆柱状，短柔毛，被腺毛，色泽苍白，白色到淡奶油白色，短柔毛具腺毛。苞片绿色，背面萼片白色，有毛的朝向基部，拉长三角形，侧面萼片白色，斜椭圆形，钝；花瓣白色，唇瓣白色，明显分为下唇形和上唇形，在中间缢缩，在外部有毛；子房无柄或具不明显花梗，密被，纺锤形。果实斜，长约 3 mm，宽 1.2 mm，密被短柔毛具腺毛。

盔花兰属

Galearis

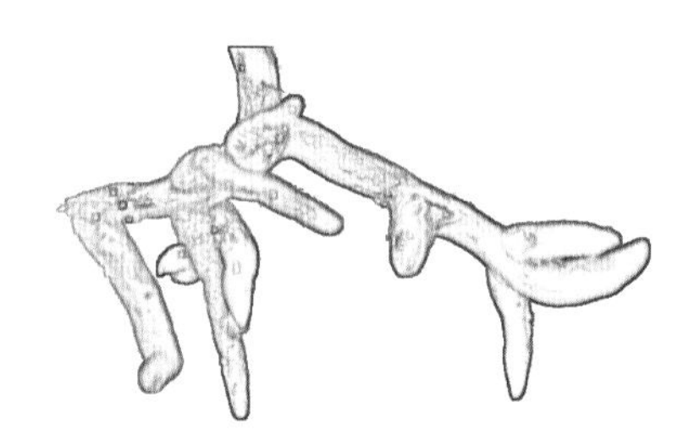

陆生中小型草本。根茎匍匐，通常短；根纤维状到肉质。茎直立，圆柱状，具管状鞘近基部。叶基生或茎生，1 或 2，互生，很少近对生，基部收缩成具抓紧的鞘。花序直立，顶生，总状，松散排列 1 到数朵花，无毛；花苞片明显，披针形到卵形。花倒立，子房扭曲，有花梗，无毛；萼片无毛，背萼片直立，通常凹；侧面的萼片和花瓣通常合生；唇瓣不明显的 3 裂，具距的在基部或很少无翘脚。花药直立；花粉团 2 个。

本属全球约 10 种。主要分布于北温带，亚洲亚热带和北美洲的高山地区也有分布；我国有 5 种，含 2 个特有种；西藏记录有 4 种，现收录 4 种。

本属检索表

1 唇瓣相似但短于花瓣，基部不收缩或爪状，无穗。……河北盔花兰 *G. tschiliensis*

1 唇与花瓣不同并且长于花瓣，基部收缩或短爪，有刺。……(2)

2 距直，粗壮，约 2 mm，远短于子房。……二叶盔花兰 *G. spathulata*

2 距弯曲向前，纤细，6～10 mm，几乎等长至稍长于子房。……(3)

3 唇深 3 裂近先端。……北方盔花兰 *G. roborowskyi*

3 唇瓣形状简单，不分裂；叶两片，椭圆形到长圆状披针形。……斑唇盔花兰 *G.wardii*

河北盔花兰

Galearis tschiliensis

产于西藏亚东；区外见于河北、山西、陕西太白山、甘肃榆中兴隆山、青海南部、四川西部、云南西北部等地。生于海拔 1600 ～ 4100 m 的山坡林下或草地上。模式标本采自河北（小五台山）。

植株高 6 ～ 15 cm。无块茎，具指状、肉质、匍匐的根状茎。茎直立，圆柱形，基部具 2 枚筒状鞘，鞘之上具叶。叶 1 枚，基生，直立伸展，叶片长圆状匙形或匙形，长 3 ～ 5 cm，宽 1.2 ～ 2.6 cm，先端钝或稍钝，基部收狭具与叶片近等长的柄，抱茎，叶上面无紫斑。花茎直立，无毛，花序具 1 ～ 6 朵花，稍疏生，长 1 ～ 5 cm，多偏向一侧，花序轴无毛；花苞片披针形，直立伸展，先端渐尖，最下部的 1 枚常长于花；子房圆柱状纺锤形，扭转，无乳突，连花梗长 10 ～ 13 mm；花紫红色、淡紫色或白色；萼片长圆形，近等大，长 5 ～ 8 mm，宽 2.5 ～ 4 mm，先端钝，具 3 脉；中萼片直立，凹陷呈舟状，与花瓣靠合呈兜状；侧萼片直立伸展；花瓣直立，偏斜，长圆状披针形，长 4 ～ 7 mm，宽 2 ～ 3.5 mm，基部前侧边缘稍臌出，边缘无睫毛，先端急尖，具 2 脉；唇瓣向前伸展，卵状披针形或卵状长圆形，与花瓣近等长，稍较宽，基部稍凹陷，无距，先端钝或近急尖，不裂，边缘全缘或稍波状，无睫毛。花期 6 ～ 8 月。

二叶盔花兰

Galearis spathulata

产于西藏东部至南部；区外见于陕西、甘肃、青海、四川、云南。生于 2300 ～ 4300 m 的山坡灌丛下或高山草地上。印度北部也有分布。

植株高 8 ～ 15 cm。无块茎，具伸长、细、平展的根状茎。茎直立，圆柱形，基部具 1 ～ 2 枚筒状、稍膜质的鞘，鞘之上具叶。叶通常 2 枚，近对生，少 1 枚，极罕为 3 枚，叶片狭匙状倒披针形、狭椭圆形、椭圆形或匙形，长 2.3 ～ 9 cm，宽 0.5 ～ 3 cm，先端圆钝、钝或急尖，基部渐狭成柄，柄长、对折，其下部抱茎。花茎直立，花序具 1 ～ 5 朵花，较疏生，长 1.5 ～ 5 cm，多偏向一侧，花序轴无毛；花苞片直立伸展，近长圆形或狭椭圆状披针形，先端钝或急尖，最下部 1 枚常等于或长于花；子房纺锤形，扭转，无乳突，连花梗长 7 ～ 9 mm；花紫红色；萼片近等长，近长圆形，长 7 ～ 10 mm，宽 2.5 ～ 4 mm，先端钝，中萼片直立，凹陷呈舟状，具 3（或 5）脉，与花瓣靠合呈兜状；侧萼片近直立伸展，稍偏斜，具 3 脉；花瓣直立，卵状长圆形或近长圆形，长 6.5 ～ 8 mm，宽 2.5 ～ 3.5 mm，先端钝，具 3 脉，边缘无睫毛；唇瓣长圆形、椭圆形、卵圆形或近四方形，与萼片等长，不裂，上面具乳头状凸起，基部收狭呈短爪，具距，先端圆钝或近截形，略波状，边缘近全缘，无睫毛；距短，圆筒状，长约 2 mm，较子房短很多，长不及子房的 1/2。花期 6 ～ 8 月。

北方盔花兰

Galearis roborowskyi

产于西藏南部；区外见于河北、甘肃、青海、新疆、四川西部。生于海拔 1700 ～ 4500 m 的山坡林下、灌丛下及高山草地上。印度的加瓦尔至不丹也有分布。模式标本采自甘肃祁连山。

植株高 5 ～ 15 cm。无块茎，具狭圆柱状、伸长、平展、肉质的根状茎。茎直立，圆柱形，基部具 2 ～ 3 枚筒状鞘，鞘之上具叶。叶 1 枚，罕 2 枚，基生，叶片卵形、卵圆形或狭长圆形，直立伸展，先端钝或稍尖，基部收狭成抱茎的柄。花茎直立，较纤细，花序具 1 ～ 5 朵花，常偏向一侧，花序轴无毛；花苞片卵状披针形至披针形，先端渐尖，最下面的 1 枚常长于花；子房纺锤形，扭转，无乳突；花紫红色，萼片近等大，中萼片直立，卵形或卵状长圆形，凹陷呈舟状，先端钝，具 3 脉，与花瓣靠合呈兜状；侧萼片直立或稍张开，偏斜，卵状长圆形，先端钝，具 3 脉；花瓣直立，较萼片稍短小，卵形，先端钝或急尖，具 3 脉，边缘无睫毛；唇瓣向前伸出，平展，宽卵形，基部具距，前部 3 裂，侧裂片扩展，较中裂片短，三角形或钝三角形或圆钝，先端稍尖或钝，边缘波状，中裂片长圆形或三角形，先端钝，无睫毛；距圆筒状，下垂，稍向前弯曲，末端钝，与子房等长或稍较长。花期 6 ～ 7 月。

斑唇盔花兰

Galearis wardii

产于西藏东南部；区外见于四川、云南。生于海拔 2400 ～ 4510 m 的山坡林下或高山草甸中。

植株高 12 ～ 25 cm。无块茎，具狭圆柱状、粗壮、肉质、平展的根状茎。茎粗壮，直立，基部具 2 ～ 3 枚筒状鞘，鞘之上具叶。叶 2 枚，较肥厚，叶片宽椭圆形至长圆状披针形，长 7 ～ 15 cm，宽 2.5 ～ 4.5 cm，先端圆钝或具短尖，基部收狭成抱茎的鞘。花茎直立，粗壮，直径 2 ～ 3 mm；花序具 5 ～ 10 余朵花，长 3.5 ～ 8 cm，常不偏向一侧，花序轴无毛；花苞片披针形，最下部的长可达 3.5 cm，较花长很多，从下向上渐变小，先端渐尖；子房圆柱形，扭转，无乳突，连花梗长 10 ～ 12 mm；花紫红色，萼片、花瓣和唇瓣上均具深紫色斑点；萼片近等长，长 8 ～ 9 mm，宽 3 ～ 3.5 mm，具 3 脉，中萼片直立，狭卵状披针形，先端钝；侧萼片开展或反折，镰状狭卵状披针形，先端稍钝；花瓣直立，卵状披针形，长约 7 mm，与中萼片靠合呈兜状，具 3 脉，边缘无睫毛，前侧基部边缘稍臌出；唇瓣向前伸展，宽卵形或近圆形，不裂，长 8 ～ 9 mm，宽 8 ～ 9 mm，因具深紫色斑块而呈紫黑色，先端圆钝，边缘具强烈蚀齿状和褶皱，基部具距，距圆筒状，长 7 ～ 10 mm，下垂，稍向前弯曲，稍短于子房，末端钝。花期 6 ～ 7 月。

小红门兰属
Ponerorchis

陆生纤细中小型。块茎近球形，卵球形或椭圆体，不分裂，肉质。茎通常直立，圆柱状，无毛，近基部具 1 ～ 3 叶鞘，上面 1 ～ 5 片叶。叶基部的或茎生，互生，很少近对生，基部收缩入抱合鞘，无毛到疏生短柔毛。花序顶生，无毛或短柔毛；花序上疏生或密集排列 1 到多花；花苞片披针形到卵形。花倒立，小到中等；子房扭曲，通常稍弓状，无毛或短柔毛。中萼片直立，通常凹；唇瓣全缘，或 3 ～ 4 浅裂。花药直立，基部牢固贴生于花柱的先端，具 2 平行的室；花药 2 室，有细长花丝；柱头凹，2 裂，具乳突，通常每一边有一个；蒴果。

本属全球约 20 种；从喜马拉雅山脉经中国中部和东部到韩国和日本均有分布；我国有 13 种，含 10 个特有种；西藏记录有 1 种，现收录 1 种。

广布小红门兰
Ponerorchis chusua

产于西藏东南部至南部；区外见于黑龙江、吉林、云南等地。生于海拔 500 ～ 4500 m 的山坡林下、灌丛下、高山灌丛草地或高山草甸中。不丹、印度北部、缅甸北部也有分布。

块茎长圆形或圆球形，肉质，不裂。茎直立，圆柱状，纤细或粗壮。叶片长圆状披针形、披针形或线状披针形至线形。花序具 1 ～ 20 余朵花，多偏向一侧；花苞片披针形或卵状披针形，基部稍收狭；子房圆柱形，扭转，无毛；花紫红色或粉红色；中萼片长圆形或卵状长圆形，直立，凹陷呈舟状，先端稍钝或急尖；具 3 脉，与花瓣靠合呈兜状；侧萼片向后反折，偏斜，卵状披针形，先端稍钝或渐尖，具 3 脉；花瓣直立，斜狭卵形，先端钝，具 3 脉；唇瓣向前伸展，较萼片长和宽多，3 裂；距圆筒状或圆筒状锥形，常向后斜展或近平展，向末端常稍渐狭，口部稍增大，末端钝或稍尖，通常长于子房。花期 6 ～ 8 月。

先骕兰属
Hsenhsua

地生草本，块茎近球形，肉质；茎直立，叶2枚、互生、近对生，长圆形或长圆状披针形，上面无紫斑，先端渐尖或稍钝，基部鞘状抱茎；花茎顶端具1花，无毛；苞片倒披针形先端具短尖头；中萼片长圆状披针形，直立，舟状，先端渐尖，与花瓣靠合呈兜状，侧萼片镰状披针形，偏斜，反折向上，上部渐窄，先端渐尖；花瓣直立，斜宽卵形，先端钝，无睫毛；唇瓣前伸，稍凹入，宽卵圆形，具距，基部两侧具三角形小耳；距圆筒状。本属为中国特有属，共1种，分布于西藏东南部和云南东北部。

先骕兰
Hsenhsua chrysea

产于西藏东南部；区外见于云南西北部。生于海拔 3800 ～ 4000 m 的山坡石滩上。

植株高 4 ～ 10 cm。块茎小，近球形，肉质，不裂。茎直立，圆柱形，基部具 1 ～ 2 枚筒状鞘，鞘之上具叶。叶 2 枚，互生较靠近，近对生，叶片长圆形或长圆状披针形，上面无紫色斑点，先端渐尖或稍钝，基部收狭成抱茎的鞘。花茎先端具 1 朵花，无毛；花苞片极大，倒披针形，直立伸展，先端具短的尖头，基部收狭；子房纺锤形，扭转，无毛，具长的花梗；花大，黄色；中萼片长圆状披针形，直立，凹陷呈舟状，先端渐尖，具 1 脉，与花瓣靠合呈兜状；侧萼片镰状披针形，偏斜，反折且上举，上部逐渐渐狭呈渐尖的先端，具 1 脉。花瓣直立，偏斜的宽卵形，先端钝，基部前侧边缘向外臌出，边缘无睫毛，具 3 脉；唇瓣向前伸展，稍凹陷，外形宽卵圆形，不裂，具距，边缘无睫毛，在基部两侧有时稍臌出呈 1 个十分小的三角形的耳；距圆筒状，长达 2.5 cm，下垂，向末端稍变狭，末端渐尖，与子房连花梗近等长。花期 8 月。

舌喙兰属

Hemipilia

地生草本，具近椭圆状的块茎。茎直立，通常在基部具 1 ～ 3 枚鞘，鞘上方具 1 枚叶，罕有具 2 枚叶的，向上具 1 ～ 5 枚鞘状或鳞片退化状叶。叶片通常心形或卵状心形，无柄，基部抱茎，无毛。总状花序顶生，具数朵或 10 余朵花；花苞片较子房短，宿存；花中等大；萼片离生；中萼片通常直立，与花瓣靠合成兜状，倾覆于蕊柱上方；侧萼片斜歪；花瓣一般较萼片稍小；唇瓣伸展，分裂或不裂，通常上面被细小的乳突，并在基部近距口处具 2 枚胼胝体；距长或中等长，内面常被小乳突；蕊柱明显；花药近兜状，药隔宽阔，药室叉开；蕊喙甚大，3 裂，中裂片舌状，长可达 2 mm，侧裂片三角形；花粉团 2 个，由许多小团块组成，具长的花粉团柄及舟状的黏盘；黏盘着生于蕊喙的侧裂片顶端并被由侧裂片前部延伸出的膜片所包；柱头 1 个，稍凹陷，前部稍凸出，位于蕊喙之下距口之上；退化雄蕊 2 个，位于花药基部两侧。蒴果长椭圆状，无毛。

本属全球约 10 种，主要产于我国西南山地与喜马拉雅地区，南面分布至泰国；我国共有 7 种，其中 5 种为特有种。西藏记录 3 种，现收录 3 种。

本属检索表

1　唇瓣扇形、圆形或扁圆形，基部具明显的短爪。……………………………………扇唇舌喙兰 *H.flabellata*

1　唇瓣不为扇形、圆形或扁圆形，基部无爪或无明显的爪。…………………………………………………… (2)

2　唇瓣明显 3 ～ 4 裂；唇瓣边缘具整齐的条状齿突。 ……………………………心叶舌喙兰 *H. cordifolia*

2　唇瓣不裂，有时在边缘具不整齐的圆齿；距自基部向末端渐狭，长可达 30 mm。…长距舌喙兰 *H. forrestii*

扇唇舌喙兰

Hemipilia flabellata

产于西藏察隅，区外见于四川西南部、贵州威宁、云南中部和西北部。生于海拔 2000 ～ 3200 m 的林下、林缘或石灰岩石缝中。模式标本采自四川。

直立草本，高 20 ～ 28 cm。块茎狭椭圆状，长 1.5 ～ 3.5 cm。茎在基部具 1 枚膜质鞘，鞘上方具 1 枚叶，向上具 1 ～ 4 枚鞘状退化叶。叶片心形、卵状心形或宽卵形，大小变化甚大，长 2 ～ 10 cm，先端急尖或具短尖，基部心形或近圆形，抱茎，上面绿色并具紫色斑点，背面紫色，无毛；总状花序长 5 ～ 9 cm，通常具 3 ～ 15 朵花；花苞片披针形，下面的 1 枚长 11 mm，向上渐小；花梗和子房线形，长 1.5 ～ 1.8 cm，无毛；花颜色变化较大，从紫红色到近纯白色；中萼片长圆形或狭卵形，先端钝或急尖，具 3 ～ 5 脉；侧萼片斜卵形或镰状长圆形，先端钝，3 脉；花瓣宽卵形，先端近急尖，具 5 脉；唇瓣基部具明显的爪；蕊喙舌状，肥厚，长约 2 mm，先端浑圆，上面具细小乳突。蒴果圆柱形，长 3 ～ 4 cm。花期 6 ～ 8 月。

心叶舌喙兰

Hemipilia cordifolia

产于西藏吉隆。生于海拔 2400 m 的山坡岩石上。分布于尼泊尔至印度西姆拉邦。模式标本采自印度。

直立草本，高 15 ～ 20 cm。块茎卵圆形或近球形。叶 1 枚，基生，肉质，叶片卵状心形，长 5 ～ 10 cm，先端急尖或钝，基部心形，抱茎。总状花序长 5 ～ 6 cm，具几朵疏散的花；花苞片披针形，渐尖，较花梗和子房短；花紫红色；中萼片长圆形或卵状披针形，长约 4 mm，宽约 3 mm，先端钝；侧萼片镰状长圆形，向后反折，长 6 mm，宽 3.5 mm，先端渐尖；花瓣卵形，稍偏斜，长 4.5 mm，宽 3 mm，近急尖；唇瓣外形近卵形，与侧萼片等长，在中上部 3 裂，边缘具整齐的条状齿突；侧裂片短，圆形；中裂片宽，近卵圆形，稍具锯齿；距圆筒状，几不向末端渐尖，末端钝而直，不裂或 2 裂。蒴果长约 2.5 cm。花期 8 ～ 9 月。

长距舌喙兰

Hemipilia forrestii

产于西藏东南部；区外见于四川西南部、云南西北部。生于海拔 2500 m 的林下。模式标本采自云南。

植株高 20 cm。块茎椭圆状，长 3 ～ 5 cm。叶 1 枚，叶片卵状长圆形，长约 4.5 cm，宽 2.5 cm，先端急尖，基部近心形，无柄，抱茎。总状花序长 6 cm，具疏松排列的花；花苞片披针形或卵状披针形，长 1 ～ 1.2 cm，先端渐尖；花玫瑰紫色；中萼片直立，舟状，卵状长圆形，长约 6 mm，先端钝；侧萼片斜歪，半卵形，长 12 mm，先端近于钝；花瓣卵状长圆形，长 5 mm，先端钝；唇瓣倒卵形，长 13 mm，宽 10 mm，先端截形并具不整齐的圆齿，上面基部具钝的龙骨状凸起；距长约 30 mm，稍内弯，从基部向顶端渐狭，顶端近急尖。花期 9 月。

紫斑兰属

Hemipiliopsis

陆生或附生草本。块茎椭圆形到近椭圆形，肉质；根丝状。茎直立，具紫色斑点。叶椭圆形到卵形长圆形，基部具短叶柄和鞘茎，先端锐尖或渐尖。总状花序顶生，具数个间隔整齐的花；花序梗、轴、花苞片、花梗、子房都有紫色斑点。花紫色，除唇瓣外均具紫色斑点。中萼片与花瓣合生，直立，倒卵形；侧萼片平展或反折，斜卵形椭圆形。花瓣卵形，唇瓣卵形到全缘，先端3裂；花柱短，具2个侧附属物（1在花药的两边）；花药无梗，直立，具2个平行的小室；喙浅3裂；侧裂片凸出；花粉团2；柱头2裂。蒴果椭圆形。

本属全球仅1种，仅分布于我国西藏与印度东北部。

紫斑兰

Hemipiliopsis purpureopunctata

产于西藏察隅、波密、林芝、米林和隆子。生于海拔2100～3400 m的山坡常绿阔叶林、高山栎林下或山坡草地。印度（阿萨姆）也有分布。

块茎卵圆形或长椭圆形，肉质。茎直立，具紫色斑点，基部具1枚叶。叶片平展于地面上，椭圆形或长椭圆形，背面淡紫色，上面绿色具紫色斑点，先端急尖，基部收狭抱茎。总状花序具数朵至20余朵花；花苞片卵状披针形，先端渐尖或急尖，背面具紫色斑点；花淡紫色，花被片和子房均具紫色斑点；中萼片直立，长圆形，凹陷呈舟状，先端钝圆；侧萼片斜卵状椭圆形，常反折，先端钝，具3脉；花瓣直立，斜卵圆形，先端钝，具3脉；唇瓣较萼片和花瓣长而大，轮廓宽楔形，前部3裂；距短于子房。花期6～7月。

无柱兰属
Amitostigma

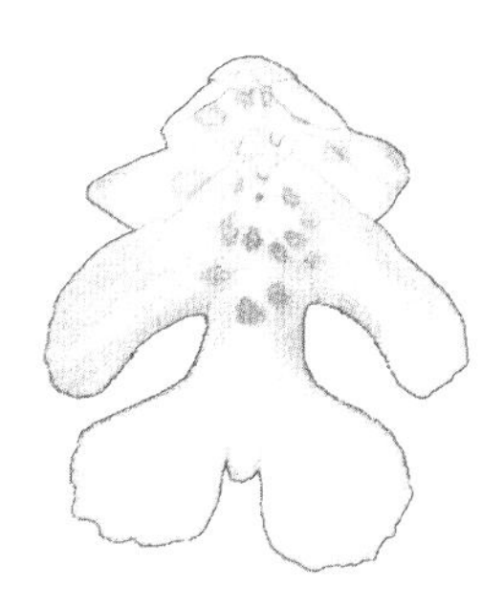

地生草本。块茎圆球形或卵圆形，肉质，不裂，颈部生几条细长根。叶通常 1 枚，罕为 2 ～ 3 枚，基生或茎生，长圆形、披针形、椭圆形或卵形。花序顶生，总状，常具多数花，少为 1 ～ 2 朵花，花多偏向一侧，少数由于花序轴的缩短而呈近头状；花苞片通常为披针形，直立伸展；子房圆柱形至纺锤形，扭转，有时被细乳头状凸起，基部多少具花梗；花较小，部分种类稍大，淡紫色、粉红色或白色，罕黄色，倒置（唇瓣位于下方）；萼片离生，长圆形、椭圆形或卵形，具 1 脉；花瓣直立，较宽；唇瓣通常较萼片和花瓣长而宽，向前伸展，基部具距，前部 3 裂或 4 裂；蕊柱极短；退化雄蕊 2 个；花药生于蕊柱顶，2 室，药室并行；花粉团 2 个，为具小团块的粒粉质，具花粉团柄和黏盘，裸盘裸露，附于蕊喙基部两侧的凹口处；蕊喙较小，位于药室下部之间，基部两侧多少斜上延伸，边缘贴生于蕊柱壁上；柱头 2 个，离生，隆起，多为棒状，从蕊喙穴下向外伸出；退化雄蕊 2 个，生于花药的基部两侧。蒴果近直立。

本属全球约 30 种，主要分布于东亚及其周围地区。我国有 22 种，其中 21 种为特有种；尤以西南山区分布为多，四川、云南和西藏是本属现代的分布中心和分化中心。西藏记录有 4 种。一花无柱兰具图，其余 3 种仅收录在检索表中。

本属检索表

1 唇瓣的侧裂片边缘全缘；花淡紫色、粉红色或白色；叶片披针形、倒披针形或狭长圆形，宽 6 ～ 10 mm。
……一花无柱兰 *A. monanthum*

1 唇瓣的侧裂片和中裂片的顶部边缘具锯齿。……（2）

2 花较小，中萼片长 4 mm；唇瓣的中裂片小于侧裂片，中裂片近四方形。……齿片无柱兰 *A.yuanum*

2 花较大，中萼片长 5.5 ～ 8 mm，唇瓣的中裂片大于侧裂片，中裂片外形肾形、倒卵形或倒心形。……（3）

3 唇瓣的中裂片外形肾形或倒卵形；距与子房等长，长 3 ～ 4 mm，几乎直的，距口几乎不增大。……
……长苞无柱兰 *A. farreri*

3 唇瓣的中裂片外形倒心形；距长 8 ～ 9 mm，向前弯曲，距口颇增大。……西藏无柱兰 *A. tibeticum*

一花无柱兰

Amitostigma monanthum

产于西藏东南部察隅、墨脱；区外见于陕西、甘肃、四川、云南。生于海拔 2800 ～ 4000 m 的山谷溪边覆有土的岩石上或高山潮湿草地中。

植株高 6 ～ 10 cm。块茎小，卵球形或圆球形，长约 5 mm，肉质。茎纤细，直立或近直立，基部具 1 ～ 2 枚筒状鞘，下部光滑，在近基部至中部具 1 枚叶，顶生 1 朵花。叶片披针形、倒披针状匙形或狭长圆形，长 2 ～ 3 cm，宽 6 ～ 10 mm，先端急尖或钝，基部收狭成抱茎的鞘。花苞片线状披针形，先端急尖，较子房长，但短于花；子房纺锤形，扭转，无毛，连花梗长 6 ～ 11 mm；花中等大，淡紫色，粉红色或白色，具紫色斑点；萼片先端钝，具 1 脉，中萼片直立，凹陷呈舟状，狭卵形，长 4 mm，下部宽 1.6 mm；侧萼片狭长圆状椭圆形，长约 5 mm，宽约 1.6 mm；花瓣直立，斜卵形，与中萼片等长而较宽，并与中萼片相靠合，具 1 脉；唇瓣向前伸展，张开，内面被短柔毛，长、宽均约 8 mm，近基部收狭成短爪，基部具距，中部之下 3 裂，侧裂片楔状长圆形，先端截形或钝，边缘全缘或微波状，中裂片倒卵形，较侧裂片宽多，先端凹缺呈 2 浅裂，边缘全缘或微波状；距圆筒状，下垂，长 3 ～ 4 mm，末端钝，长为子房的 1/3 或 1/2；蕊柱短，直立；花药近球形，直立，药室基部靠近，顶部叉开；花粉团近球形，具花粉团柄和黏盘，黏盘卵形；蕊喙小，三角形，直立；柱头 2 个，隆起，近四方形；退化雄蕊 2 个，小，圆形。花期 7 ～ 8 月。

兜被兰属

Neottianthe

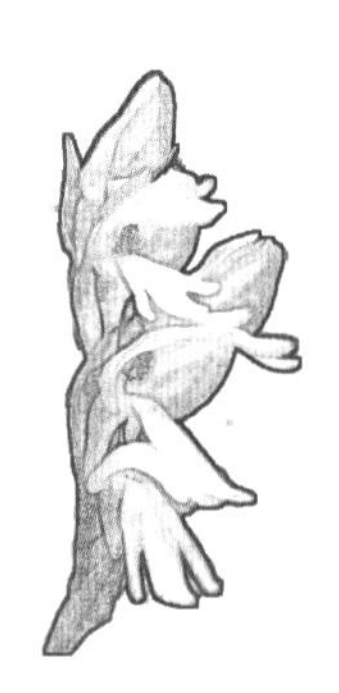

地生草本。块茎圆球形或椭圆形，肉质，不裂，颈部生几条细长根。叶 1 或 2 枚，基生或茎生。花序顶生，总状，常具几条至多朵花，罕仅 1～2 朵花；花苞片直立伸展；花通常小，罕大，紫红色、粉红色或近白色，罕淡黄色或黄绿色，常偏向一侧，倒置（唇瓣位于下方）；萼片近等大，彼此在 3/4 以上紧密靠合成兜；花瓣线形、线状披针形或长圆形，常较萼片稍短而狭，与中萼片贴生，罕与萼片近等宽；唇瓣向前伸展，从基部向下反折，常 3 裂，极罕在一株植物花序的某些朵花中唇瓣的侧裂片再 2 裂，唇瓣成 4 裂或 5 裂，上面具极密的细乳突，中裂片线形、线状舌形、长方形、披针形或卵形，侧裂片常较中裂片短而窄，基部具距；蕊柱短，直立；花药直立，长圆形或椭圆形，2 室，先端钝，药室并行；花粉团 2 个，为具小团块的粒粉质，具短的花粉团柄和黏盘，黏盘小，卵形、近圆形或椭圆形，裸露；蕊喙小，隆起，三角形，位于药室基部之间；柱头 2 个，隆起，多少呈棍棒状，位于蕊喙之下；退化雄蕊 2 个，较小，近圆形，位于花药基部两侧。蒴果直立，无喙。

本属全球约 7 种，主要分布于亚洲亚热带至北温带山地，个别种分布至欧洲。我国产 7 种，含 5 个特有种；四川和云南是其现代的分布中心和分化中心。西藏记录 4 种，现收录 4 种。

本属检索表

1 叶片线形或线状披针形，茎生；花瓣较萼片狭多；唇瓣前部 3 浅裂；距为粗圆锥形，稍向前弯。………………………………………………………………………………………………………侧花兜被兰 *N.secundiflora*

1 叶片非线形或线状披针形，较宽，形状多样，常基生；唇瓣约在中部 3 裂。……………………………… (2)

2 花较大，萼片长 9～10 mm；距粗壮，圆筒状圆锥形，长 6～7 mm，稍向前弯，末端钝；叶 2 枚，叶片长圆形或长圆状披针形。……………………………………………………………川西兜被兰 *N. compacta*

2 花较小，萼片长 4～8 mm；距细圆筒状圆锥形。……………………………………………………… (3)

3 叶紧密排列，叶上无紫斑。……………………………………………………………二叶兜被兰 *N.cucullata*

3 叶疏生，有时具紫色斑点。…………………………………………………密花兜被兰 *N. cucullata* var. *calcicola*

侧花兜被兰

Neottianthe secundiflora

产于西藏东部至南部；区外见于四川、云南。生于海拔 2700 ～ 3800 m 的林下或山坡湿润草地。印度、尼泊尔、缅甸也有分布。

植株高 13 ～ 35 cm。块茎球形或椭圆形，长 1 ～ 1.5 cm，直径 1 cm。茎圆柱形，直立，无毛，基部具 1 ～ 2 枚圆筒状鞘，其上具 2 枚叶，在叶之上具 1 ～ 2 枚小的不育苞片。叶片线形，互生，长 8 ～ 14 cm，宽 5 ～ 10 mm，直立伸展，先端渐尖，基部收狭成抱茎的鞘，上面无紫斑。总状花序具多数、较密生、偏向一侧的花，长 7 ～ 9 cm；花序轴无毛；花苞片线状披针形，先端渐尖，下部的长于花；子房纺锤形，长 6 ～ 7 mm，扭转，无毛；花紫红色或粉红色；萼片在 3/4 紧密靠合成兜，兜长 6 ～ 7 mm，宽约 5 mm；中萼片披针形，直立，凹陷，长 5 ～ 6 mm，宽 1.5 ～ 1.8 mm，先端急尖，具 1 脉；侧萼片斜镰状披针形，长 6 ～ 7 mm，宽 1.8 ～ 2 mm，先端急尖，具 1 脉；花瓣线形或狭长圆状披针形，长 5 ～ 5.5 mm，宽 0.7 ～ 1.2 mm，先端急尖，具 1 脉，与中萼片紧密贴生；唇瓣向前伸展，反折，狭长圆形，长 6 mm，宽 3 mm，上面具密的细乳突，前部 3 裂，侧裂片卵形或披针形，长 1 ～ 1.8 mm，宽 0.6 ～ 1 mm，先端钝或急尖，中裂片披针形，长 2.2 ～ 3.6 mm，宽 1 ～ 1.6 mm，先端钝或急尖；距圆筒状圆锥形，较粗壮，长 4 ～ 5 mm，向末端多少变狭，末端稍钝，略弯曲或近直的。花期 9 ～ 10 月。

川西兜被兰

Neottianthe compacta

产于西藏察瓦龙；区外见于四川西北部。生于海拔 4000 ～ 4100 m 湿润的高山草地。模式标本采自四川西北部马尔康至康定一带。

植株高 8 ～ 9 cm。块茎椭圆形，肉质，长 1 ～ 2 cm。茎圆柱形，挺直，无毛，基部具 2 枚叶，其下具 1 ～ 2 枚圆筒状鞘，在叶之上无小的不育苞片。叶直立伸展，叶片狭长圆形或长圆状披针形，长 5 ～ 6 cm，宽 1 ～ 1.5 cm，先端钝或稍钝，基部收狭成抱茎的鞘，上面无紫斑。总状花序具 6 ～ 8 朵密生的花，长 3 ～ 3.5 cm，直径约 2 cm；花序轴无毛；花苞片直立伸展，狭披针形，先端渐尖，较子房稍长；子房圆柱状纺锤形，长 6 ～ 7 mm，扭转，无毛；花较大，粉红色；萼片在 3/4 以上紧密靠合成兜，兜长 10 ～ 11 mm，宽约 10 mm；中萼片狭长圆状披针形，凹陷，长 9 ～ 10 mm，宽 3 ～ 3.5 mm，先端近急尖，具 3 脉；侧萼片斜镰状披针形，长 10 ～ 11 mm，宽 3.5 ～ 4 mm，先端渐尖，具 2 脉；花瓣近镰状线形，长 8 ～ 9 mm，宽 1.4 ～ 1.5 mm。先端钝，内面具乳凸，具 1 脉，与中萼片紧密贴生；唇瓣前伸反折，长 9 ～ 10 mm，基部楔形，中部以下明显 3 裂，上面具密的细乳凸，侧裂片先端之间宽 7 mm，侧裂片稍叉开，偏斜的舌状，先端钝，内侧边缘长 3 mm，中裂片狭舌状，长约 6 mm；距粗壮，圆筒状圆锥形，长 6 ～ 7 mm，基部宽 2.5 mm，向前稍弯曲，末端钝。花期 8 月。

二叶兜被兰

Neottianthe cucullata

产于西藏东部至南部；区外见于黑龙江、吉林、云南等地。生于海拔 400 ～ 4100 m 的山坡林下或草地。日本、蒙古、尼泊尔，朝鲜半岛、西伯利亚地区至中亚、西欧也有分布。

植株高达 24 cm。块茎球形或卵形。茎基部具 2 枚近对生的叶，其上具 1 ～ 4 小叶。叶卵形、卵状披针形或椭圆形，长 4 ～ 6 cm，先端尖或渐尖，基部短鞘状抱茎，上面有时具紫红色斑点。花序具几朵至 10 余花，常偏向一侧。苞片披针形；花紫红，粉红色或白色；萼片在 3/4 以上靠合成兜，兜长 5 ～ 7 mm，宽 3 ～ 4 mm，中萼片披针形，长 5 ～ 6 mm，宽约 1.5 mm；侧萼片斜镰状披针形，长 6 ～ 7 mm，基部宽 1.8 mm；花瓣披针状线形，长约 5 mm，宽 0.5 mm，与中萼片贴生；唇瓣前伸，长 7 ～ 9 mm，上面和边缘具乳突，基部楔形，3 裂，侧裂片线形，中裂片长，宽 0.8 mm；距细圆筒状锥形，中部前弯，近 U 形，长 4 ～ 5 mm。花期 8 ～ 9 月。

密花兜被兰

Neottianthe cucullata var. *calcicola*

产于西藏察隅；区外见于四川、云南。生于海拔 3000 ～ 3900 m 的山坡林下或灌丛下。模式标本采自四川（盐源）。

块茎近球形，直径 0.5 ～ 1 cm。茎直立或近直立，无毛，基部具 1 ～ 2 枚圆筒状鞘，其上具 2 枚叶，有时 2 枚叶之间稍有一定距离，在茎的中部之上有时还具 1 枚小的不育苞片。叶 2 枚，直立伸展，叶片狭椭圆状披针形、倒披针状匙形或狭长圆形，先端渐尖或急尖。总状花序具几朵至多朵花，密集；花序轴无毛；花苞片披针形，先端长渐尖，下部的近与花等长；子房圆柱状纺锤形，无毛；花紫红色或粉红色，偏向一侧；中萼片披针形，凹陷，先端急尖，具 1 脉；侧萼片斜镰状披针形，先端急尖，具 1 ～ 2 脉；花瓣线形，具 1 脉，与中萼片紧密贴生；唇瓣向前伸展，近中部 3 裂；距细圆筒状圆锥形，近伸直，末端稍变细，常向后弯。花期 8 ～ 10 月。

掌裂兰属

Dactylorhiza

陆生草本，植株差异较大。块茎掌状浅裂，肉质，颈部，具数个细长的根。茎通常直立，圆柱状，在基部附近有管状鞘，叶片无毛。茎生叶互生，绿色，有紫色斑点或无斑点，无毛，基部退化成扣合的鞘。花序直立，顶生，总状花序；花序密集；苞片披针形到卵形，叶状，通常超过花。花倒生，玫瑰紫色，紫罗兰色，黄色，绿黄色，或很少白色，小到中等大小；子房扭曲，圆柱形梭形，无毛。萼片无毛；背萼片直立，通常凹；侧生萼片散开或反射；花瓣通常与中萼片合生；唇瓣全缘或 3 或 4 裂；圆柱状，圆锥形，或短圆形，短于子房等长。花柱粗壮；花药直立，基部牢固地贴生于柱的顶端，有 2 个平行或分开的子房；花粉团 2 个，圆柱状；柱头裂片汇合，凹形。蒴果直立。

本属全球大约 50 种，主要在欧洲和俄罗斯，东延伸到韩国、日本，北美也有，南延伸到亚热带亚洲和北非的高山地区；中国有 6 种。西藏记录有 2 种，现收录 2 种。

本属检索表

1　花绿色黄色到绿色棕色；距囊状卵球形，2 ～ 4 mm。……………………………………凹舌掌裂兰 *D. viridis*

1　花淡紫色、略带紫色的玫瑰色、粉红色或白色；距圆筒状或圆锥形，下垂；唇瓣卵形到圆形，最宽在中部以下。……………………………………………………………………………………掌裂兰 *D. hatagirea*

凹舌掌裂兰

Dactylorhiza viridis

产于西藏东部；区外见于黑龙江、吉林、辽宁、内蒙古和云南等地。生于海拔 1200 ～ 4300 m 的山坡林下，灌丛下或山谷林缘湿地。欧洲至西伯利亚、朝鲜半岛、克什米尔地区以及北美，日本、尼泊尔、不丹也有分布。模式标本采自欧洲。

植株高 14 ～ 45 cm。块茎肉质，前部呈掌状分裂。茎直立，基部具 2 ～ 3 枚筒状鞘，鞘之上具叶，叶之上常具 1 至数枚苞片状小叶。叶常 3 ～ 5 枚，叶片狭倒卵状长圆形、椭圆形或椭圆状披针形，直立伸展，先端钝或急尖，基部收狭成抱茎的鞘。总状花序具多数花；花苞片线形或狭披针形，直立伸展；子房纺锤形，扭转；花绿黄色或绿棕色，直立伸展；萼片基部常稍合生，中萼片直立，卵状椭圆形，先端钝，具 3 脉；侧萼片偏斜，卵状椭圆形，先端钝，具 4 ～ 5 脉；花瓣直立，线状披针形，具 1 脉，与中萼片靠合呈兜状；唇瓣下垂，肉质，倒披针形，较萼片长，基部具囊状距，上面在近部的中央有 1 条短的纵褶片，前部 3 裂；距卵球形，长 2 ～ 4 mm。蒴果直立，椭圆形，无毛。花期 5 ～ 8 月。果期 9 ～ 10 月。

掌裂兰

Dactylorhiza hatagirea

产于西藏南部和东南部；区外见于甘肃、四川、云南等地。生长于海拔 1500 ～ 4100 m 山坡上。印度东北部也有分布。

植株高 12 ～ 40 cm。块茎下部 3 ～ 5 裂呈掌状，肉质。茎直立，粗壮，中空，基部具 2 ～ 3 枚筒状鞘，鞘之上具叶。叶 4 ～ 6 枚，互生，叶片长圆形、长圆状椭圆形、披针形至线状披针形，上面无紫色斑点，长 8 ～ 15 cm，宽 1.5 ～ 3 cm，稍微开展，先端钝、渐尖或长渐尖，基部收狭成抱茎的鞘，向上逐渐变小，最上部的叶变小呈苞片状。花序具几朵至多朵密生的花，圆柱状，长 2 ～ 15 cm；花苞片直立伸展，披针形，先端渐尖或长渐尖，最下部的常长于花；子房圆柱状纺锤形，扭转，无毛，连花梗长 10 ～ 14 mm；花兰紫色、紫红色或玫瑰红色，不偏向一侧；中萼片卵状长圆形，直立，凹陷呈舟状，长 5.5 ～ 9 mm，宽 3 ～ 4 mm，先端钝，具 3 脉，与花瓣靠合呈兜状；侧萼片张开，偏斜，卵状披针形或卵状长圆形，长 6 ～ 9.5 mm，宽 4 ～ 5 mm，先端钝或稍钝，具 3 ～ 5 脉；花瓣直立，卵状披针形，稍偏斜，与中萼片近等长，宽约 3 ～ 5 mm，先端钝，具 2 ～ 3 脉；唇瓣向前伸展，卵形、卵圆形、宽菱状横椭圆形或近圆形，常稍长于萼片，长 6 ～ 9 mm，下部或中部宽 6 ～ 10 mm，基部具距，先端钝，不裂，有时先端稍具 1 个凸起，似 3 浅裂，边缘略具细圆齿，上面具细的乳头状凸起；距圆筒形、圆筒状锥形至狭圆锥形，下垂，略微向前弯曲，末端钝，较子房短或与子房近等长。花期 6 ～ 8 月。

舌唇兰属

Platanthera

地生草本。具肉质肥厚的根状茎或块茎。茎直立，具1至数枚叶。叶互生，稀近对生，叶片椭圆形、卵状椭圆形或线状披针形。总状花序顶生，具少数至多数花；花苞片草质，直立伸展，通常为披针形；花大小不一，常为白色或黄绿色，倒置（唇瓣位于下方）；中萼片短而宽，凹陷，常与花瓣靠合呈兜状；侧萼片伸展或反折，较中萼片长；花瓣常较萼片狭；唇瓣常为线形或舌状，肉质，不裂，向前伸展，基部两侧无耳，罕具耳，下方具甚长的距，少数距较短；蕊柱粗短；花药直立，2室，药室平行或多少叉开，药隔明显；花粉团2个，为具小团块的粒粉质，棒状，具明显的花粉团柄和裸露的黏盘；蕊喙常大或小，基部具扩大而叉开的臂；柱头1个，凹陷，与蕊喙下部汇合，两者分不开，或1个隆起位于距口的后缘或前方，或2个隆起，离生，位于距口的前方两侧；退化雄蕊2个，位于花药基部两侧。蒴果直立。

本属全球约200种，主要分布于北温带，向南可达中南美洲和热带非洲以及热带亚洲。我国有42种，含19个特有种；南北均产，尤以西南山地为多。西藏记录有18种；现收录12种；小花舌唇兰、弧形舌唇兰、亚东舌唇兰、长瓣舌唇兰、独龙舌唇兰、独龙江舌唇兰未见到图片，仅收录于检索表中。

本属检索表

1　距长不超过唇瓣。……………………………………………………………………………………（2）

1　距明显长于唇瓣。……………………………………………………………………………………（4）

2　叶片 4 ～ 5 枚；花的苞片短柔毛，唇瓣有附属物。………………………………藏南舌唇兰 *P. clavigera*

2　叶片 1 ～ 3 枚; 花苞片无毛，唇瓣无附属物。………………………………………………………（3）

3　花白色为主，有时带粉红色；叶单生，线性，宽不超过 1 cm。…………………棒距舌唇兰 *P.roseotincta*

3　花淡绿色至黄绿色; 叶单生，距约 1 mm。………………………………………………小花舌唇兰 *P.minutiflora*

4　叶为 2 片，在基部近对生；距 25 ～ 36 mm，粗壮，先端膨大。……………二叶舌唇兰 *P. chlorantha*

4　叶数量及着生位置无特定规律。……………………………………………………………………（5）

5　唇瓣基部有一对小侧裂片。…………………………………………………………………………（6）

5　唇瓣无侧裂片。………………………………………………………………………………………（7）

6　距长大于 50 mm。…………………………………………………………………………弧形舌唇兰 *P arcuata*

6　距长小于 50 mm。…………………………………………………………………亚东舌唇兰 *P. yadongensis*

7　唇瓣具长圆形或圆锥形凸起；叶片 3 ～ 6 枚，花在花序松散排列。…………………白鹤参 *P. latilabris*

7　唇瓣无硬质凸起。……………………………………………………………………………………（8）

8　叶片 4 ～ 6 枚，植株不高于 25 cm。……………………………………………………长瓣舌唇兰 *P.ikkimensis*

8　叶片 1 ～ 3 枚。………………………………………………………………………………………（9）

9　萼片边缘有毛。………………………………………………………………………………………（10）

9　萼片无毛。……………………………………………………………………………………………（14）

10 唇瓣约 11 mm，翼瓣约 8 mm。…………………………………………………………弓背舌唇兰 *P. curvata*

10 唇瓣不超过 8 mm; 翼瓣不超过 6 mm。……………………………………………………………（11）

11 花序花较多，7 朵以上。………………………………………………………………条瓣舌唇兰 *P. stenantha*

11 花序花较少，通常 10 朵以下。……………………………………………………………………（12）

12 叶线形至线状长圆形，萼片近圆形。…………………………………………………条叶舌唇兰 *P. leptocaulon*

12 叶椭圆形到长椭圆形，萼片狭椭圆形。……………………………………………………………（13）

13 翼瓣宽 2 ～ 2.2 mm；退化雄蕊矩形。………………………………………………察瓦龙舌唇兰 *P. chiloglossa*

13 翼瓣宽 1 ～ 1.5 mm；退化雄蕊近圆形。……………………………………………高原舌唇兰 *P. exelliana*

14 叶通常 3 枚；中萼片和花瓣合在一起；株高 30 ～ 58 cm；叶片长超过 8 cm，宽超过 1.5 cm。………
……………………………………………………………………………………………滇藏舌唇兰 *P. bakeriana*

14 叶通常 1 或 2 枚；中萼片和花瓣合在一起；株高通常矮于 18 cm；叶片长不超过 5 cm，宽不超过 0.8 cm。……………………………………………………………………独龙江舌唇兰 *P. stenophylla*

藏南舌唇兰

Platanthera clavigera

产于西藏南部；见于错那、亚东、定结、樟木和吉隆。生于海拔 2300 ～ 3400 m 的山坡林下、灌丛草地、河谷草地或河滩荒地。印度、不丹，尼泊尔至克什米尔地区也有分布。

植株高 18 ～ 62 cm。块茎球形或卵球形，肉质，长 1 ～ 2 cm。茎直立，圆柱形，粗壮，基部具 2 ～ 3 枚筒状鞘，具 4 ～ 5 枚叶，叶之上有时具 1 枚苞片状小叶。叶互生，密集或疏散，叶片卵形或长圆形，长 3.5 ～ 10 cm，宽 1.5 ～ 3 cm，先端渐尖，基部成抱茎的鞘。总状花序长 8 ～ 30 cm，具多数密生的花，圆柱状；花苞片披针形，先端渐尖，被短柔毛，下部的常长于花；子房圆柱状纺锤形，扭转，近先端稍弓曲，连花梗长 1.2 cm；花较小，黄绿色，萼片被短柔毛，边缘具睫毛状细齿，先端钝，具 3 脉；中萼片直立，椭圆状长圆形，舟状，长 4 ～ 5 mm，宽 2.2 ～ 2.6 mm；侧萼片偏斜，椭圆状长圆形或椭圆状披针形，张开或反折，长 4.5 ～ 5.5 mm，宽 2 ～ 2.5 mm；花瓣直立，斜卵形，肉质，长 4 ～ 5 mm，宽 2 ～ 2.2 mm，先端急尖，具 3 脉，与中萼片相靠合；唇瓣线形，肉质，长 5 ～ 5.5 mm，宽约 1 mm，先端钝，在基部距口的前方具 1 枚凸出的胼胝体；距下垂，棒状，长 5 ～ 6 mm，短于子房，常仅为子房长的一半或更短；蕊柱短，直立；花药短而宽，药室平行，药隔顶部稍凹陷；花粉团近球形，具极短的柄和大、圆形的黏盘；退化雄蕊小，椭圆形；蕊喙小，直立；柱头 2 个，隆起，短棒状或狭长圆形，并行伸出至唇瓣基部两边。花期 8 ～ 9 月。

棒距舌唇兰

Platanthera roseotincta

产于西藏波密、察隅、墨脱；区外见于云南。生于海拔 3400 ～ 3800 m 的高山草地。缅甸北部也有分布。模式标本采自西藏察隅察瓦龙。

植株高 9 ～ 15 cm。根状茎细，圆柱形，肉质，伸长，指状。茎纤细，直立或近直立，在中部或下部具 1 枚大叶，上部有时还有 1 枚苞片状小叶，基部有 1 枚筒状鞘。叶片线形或舌状，长 3 ～ 4 cm，宽 4 ～ 10 mm，先端钝尖或急尖，基部成抱茎的鞘。总状花序长 2 ～ 5 cm，具 3 ～ 10 余朵小花，较密生；花苞片披针形，先端渐尖，下部的与子房等长或稍长；子房纺锤形，扭转，连花梗长约 6 mm；花白色，萼片近等长，边缘几无睫毛状细齿；中萼片直立，长圆形，长 5 ～ 6 mm，宽约 2 mm，先端急尖，具 1 脉；侧萼片张开，长圆形，宽 1.8 mm，先端急尖，具 1 脉；花瓣直立，卵形至卵状披针形，较萼片稍短，外侧部分稍增厚，先端急尖，具 1 脉，与中萼片相靠合；唇瓣舌状披针形，厚肉质，长 5 ～ 6 mm，宽约 2 mm，先端急尖；距棒状纺锤形，长 3 mm，下垂，颈部收狭，末端圆钝，短于子房；蕊柱短；药室近并行，药隔顶部微凸；花粉团倒卵形，具短柄和黏盘；黏盘小，椭圆形；退化雄蕊 2 个，近半圆形；蕊喙小；柱头 2 个，隆起，圆球形，位于距口之前方两侧。花期 7 ～ 8 月。

二叶舌唇兰

Platanthera chlorantha

产于西藏东南部；区外见于黑龙江、吉林、辽宁、内蒙古、河北、山西、陕西、甘肃、青海、四川、云南。生于海拔400～3300 m 的山坡林下或草丛中。欧洲至亚洲广布。

块茎卵状纺锤形，肉质，上部收狭细圆柱形，细长。茎直立，无毛，近基部具2枚彼此紧靠、近对生的大叶，在大叶之上具2～4枚变小的披针形苞片状小叶。基部大叶片椭圆形或倒披针状椭圆形，先端钝或急尖，基部收狭成抱茎的鞘状柄。总状花序具12～32朵花；花苞片披针形，先端渐尖。最下部的长于子房；花较大，绿白色或白色；中萼片直立，舟状，圆状心形，先端钝，基部具5脉；侧萼片张开，斜卵形，先端急尖，具5脉；花瓣直立，偏斜，狭披针形，不等侧，弯的，逐渐收狭成线形，具1～3脉，与中萼片相靠合呈兜状；唇瓣向前伸，舌状，肉质，先端钝；距棒状圆筒形，稍微钩曲或弯曲，向末端明显增粗，末端钝；蕊柱粗，药室明显叉开；药隔颇宽；花粉团椭圆形，具细长的柄和近圆形的黏盘；退化雄蕊显著；蕊喙宽，带状；柱头1个，凹陷，位于蕊喙之下穴内。花期6～8月。

白鹤参

Platanthera latilabris

产于西藏察隅、墨脱、波密、亚东、樟木、吉隆；区外见于四川、云南。生于海拔 1600 ～ 3500 m 的山坡林下、灌丛下或草地。印度东北部、不丹、尼泊尔至克什米尔地区也有分布。

块茎椭圆形或卵球形，肉质。茎伸长，圆柱形，粗壮，直立，具 3 ～ 6 枚叶，基部具 2 ～ 3 枚筒状鞘。叶互生，叶片卵形或长圆形，先端渐尖，基部成抱茎的鞘。总状花序具数朵至 40 余朵花，稀疏或密集，圆柱状；花苞片披针形或卵状披针形，先端渐尖，下部的较子房长或等长；子房圆柱状纺锤形，扭转，稍弓曲；花中等大或较大，带黄绿色，萼片被短柔毛，边缘具睫毛状细齿，具 3 脉；中萼片直立，舟状，宽卵形或近圆形，先端圆钝；侧萼片反折或张开，稍偏斜的卵形，先端钝；花瓣直立，稍偏斜的半卵形或卵形，肉质，先端钝或稍尖，与中萼片相靠合；唇瓣线形或披针形，肉质，先端钝；距圆筒状，粗壮或细长；蕊柱短，直立；花药短而宽，药室平行，药隔顶部稍凹陷；花粉团倒卵形，具很短的柄和小、近圆形的黏盘；退化雄蕊小，近方形；蕊喙矮，直立；柱头 2 个，隆起，长圆形或狭长圆形，并行伸出至唇瓣基部两边。花期 7 ～ 8 月。

弓背舌唇兰

Platanthera curvata

产于西藏东南部墨脱；区外见于四川、云南。生于海拔 1900 ～ 3600 m 的山坡林下或灌丛草地。模式标本采自四川（泸定）。

植株高 24 ～ 32 cm。根状茎匍匐，圆柱形，指状，肉质。茎细长，圆柱形直立或近直立，基部具 1 ～ 2 枚筒状鞘，中部以下常具 2 枚大叶。大叶直立伸展，叶片椭圆形或倒卵形，长 5 ～ 8 cm，宽 2 ～ 3.5 cm，先端急尖或渐尖，基部成抱茎的鞘。总状花序长 5.5 ～ 12 cm，具 4 ～ 10 余朵花；花苞片披针形，先端渐尖或急尖，下部的常较子房长，甚至长于花；子房圆柱状纺锤形，扭转，强烈弓曲，连花梗长 12 mm；花黄绿色，中等大，较疏生；萼片边缘具睫毛状细齿，先端钝，具 3 脉，中萼片宽卵形，直立，舟状，长 7 mm，宽 5 mm；侧萼片斜披针形，反折，长 9 mm，宽 3 mm；花瓣狭的镰状披针形，直立，长 8 mm，宽 2 mm，先端急尖，具 1 ～ 3 脉，与中萼片相靠合；唇瓣舌状披针形，向前伸展，长 11 mm，宽 2.3 mm，稍肉质，先端钝，具 3 脉；距圆筒状棒形，向后平展或上举，长 18 mm，较子房长近 1 倍，向末端稍增粗，末端钝；蕊柱短，直立；花药较短而宽，药室稍叉开，药隔顶部稍凹陷；花粉团椭圆形，具细长的柄和大、圆形的黏盘；退化雄蕊小，方形；蕊喙短，直立；柱头 2 枚，大，棒状，从蕊喙下沿距口的两侧向前斜伸。花期 7 ～ 8 月。

条瓣舌唇兰

Platanthera stenantha

产于西藏墨脱、亚东；区外见于云南。生于海拔 1500 ～ 3100 m 的常绿阔叶林下及铁杉、冷杉林下。尼泊尔、不丹、缅甸北部也有分布。模式标本采自印度锡金邦。

植株高 25 ～ 32 cm。根状茎细圆柱形，肉质，伸长。茎直立，具多枚叶。叶互生，下部的 2 枚叶最大，叶片椭圆形或宽椭圆形，长 7 ～ 13 cm，宽 3.5 ～ 4.5 cm，先端急尖或近急尖，基部收狭成抱茎的鞘，中、上部的叶渐变小成苞片状。总状花序长 6 ～ 15 cm，具 7 ～ 17 朵较疏生的花；花苞片线状披针形，先端渐尖，最下部的与花近等长；子房圆柱状，扭转，弧曲，连花梗长约 1 cm；花黄绿色，萼片绿色，具 3 脉，边缘具睫毛状细齿；中萼片卵形，直立，舟状，长 4 ～ 5 mm，宽 2 ～ 2.6 mm，先端钝；侧萼片反折，偏斜的长圆形，长 5 ～ 6 mm，宽 1.5 ～ 1.7 mm，先端钝；花瓣黄色，线形，偏斜，稍肉质，长 4 ～ 5 mm，宽约 1 mm，先端钝，具 1 脉，直立，与中萼片靠合呈兜状；唇瓣黄色，长卵形或舌状披针形，肉质，长 5 ～ 6 mm，宽 2 ～ 2.5 mm，先端钝，具 3 脉；距细圆筒状，下垂，略外弯，下部略膨大呈棒状，通常较子房长；蕊柱短；药室稍叉开，药隔顶部稍凹陷；花粉团倒卵形，具较长的柄和黏盘；黏盘较大，狭披针形；退化雄蕊 2 个，小，近半圆形；蕊喙较大；柱头 1 个，隆起凸出，椭圆形位于距口之后缘。花期 8 ～ 9 月。

条叶舌唇兰

Platanthera leptocaulon

产于西藏东南部至南部；区外见于四川、云南。生于海拔 3000 ～ 4000 m 的山坡林下或草地。尼泊尔至不丹、印度东北部也有分布。

植株高 19 ～ 25 cm。根状茎匍匐，圆柱形，指状，肉质。茎细长，圆柱形，直立，基部具 1 ～ 2 枚鞘，下部具 1 ～ 2 枚大叶，叶之上常具 1 ～ 3 枚线状披针形、渐尖的苞片状小叶。大叶直立伸展，叶片线形或线状长圆形，长 3.5 ～ 8.5 cm，宽 0.7 ～ 1.4 cm，先端急尖或稍钝，基部成抱茎的鞘。总状花序长 4.5 ～ 9 cm，具 3 ～ 6 朵较疏生的花；花苞片披针形或卵状披针形，直立，长 1 ～ 1.2 cm，先端渐尖，下部的常长于子房；子房圆柱状纺锤形，稍扭转，连花梗长 1 cm；花带黄绿色，萼片边缘具睫毛状细齿；中萼片近披针形，直立，长 6 mm，宽 2 ～ 2.2 mm，先端钝，具 3 脉；侧萼片披针形，反折，稍偏斜，长 6 mm，宽 2 ～ 2.1 mm，先端钝，具 3 脉；花瓣直立，肉质，较萼片厚，偏斜，三角状披针形，长 6 mm，基部宽 2 mm，先端急尖，具 1 脉，与中萼片相靠合呈兜状；唇瓣伸出，舌状披针形，长 8 mm，宽 1 ～ 1.3 mm，肉质，厚，先端钝，基部无胼胝体；距细长，圆筒状，长达 2 cm，较子房长 1 倍多；蕊柱短，直立；花药较狭长，药室平行，药隔顶部稍凹陷；花粉团近椭圆形，具较短的柄和小、近团形的黏盘；退化雄蕊小，近椭圆形；蕊喙矮，直立；柱头 2 个，隆起，较大，椭圆形，位于唇瓣基部距口前方两侧。花期 8 ～ 10 月。

察瓦龙舌唇兰

Platanthera chiloglossa

产于西藏察隅察瓦龙；区外见于四川、云南。生于海拔 2500 ～ 3250 m 的山坡林下、沟边或草地。模式标本采自西藏察隅察瓦龙。

根状茎细长，圆柱形，肉质，匍匐。茎直立或近直立，圆柱形，稍粗壮，基部具 1 ～ 2 枚筒状鞘，中部以下常具 1 枚大叶，中部以上有时具 1 枚小很多的苞片状小叶。大叶直立伸展，叶片椭圆形或长圆形，先端急尖，基部成抱茎的鞘。总状花序具 3 ～ 10 朵花，密集或疏散；花苞片披针形，先端渐尖，下部的长于花；子房纺锤形，扭转，稍弓曲；花淡黄绿色，较小，萼片边缘具睫毛状细齿；中萼片直立，狭椭圆形，凹陷，先端钝，具 3 脉；侧萼片反折，斜披针形，先端近渐尖，具 1 脉；花瓣直立，斜三角形，先端钝，具 1 脉，与中萼片相靠合；唇瓣舌状，向前伸出，稍弧曲，先端钝；距圆筒状，下垂，末端钝，较子房长；蕊柱短；花粉团椭圆形，具较长的柄和狭长圆形的黏盘；退化雄蕊 2 个，小，长方形；蕊喙矮，直立；柱头 2 个，大，隆起，椭圆形，位于唇瓣基部距口的前方两侧。花期 8 月。

高原舌唇兰

Platanthera exelliana

产于西藏亚东；区外见于四川、云南。生于海拔 3300 ～ 4500 m 的亚高山至高山灌丛草甸中。尼泊尔、印度也有分布。模式标本采自印度锡金邦。经标本鉴定，本次采集于亚东的种为产于印度东北部的 *Platanthera pachycaulon*，但本种已被归并至高原舌唇兰，因此本书中采用其归并后的学名 *Platanthera exelliana*.

植株高 5 ～ 25 cm。根状茎圆柱形或圆柱状纺锤形，肉质，匍匐。茎纤细或较粗壮，直立或近直立，中部以下常具 1 枚大叶，上部有时具 1 ～ 2 枚小很多的苞片状小叶。大叶片椭圆形或长圆形，先端钝或急尖，基部收狭成抱茎的鞘。总状花序具 3 ～ 10 朵花，密集或疏散；花苞片披针形，先端渐尖。下部的长于花；子房圆柱状纺锤形，扭转，稍弧曲；花淡黄绿色，较小；萼片边缘具睫毛状细齿，中萼片狭长圆形，直立，先端钝，具 1 ～ 3 脉；侧萼片反折，斜狭长圆形，先端稍钝，具 1 ～ 3 脉；花瓣偏斜，狭三角状披针形，肉质，先端钝，直立，与中萼片靠合呈兜状；唇瓣舌状或舌状披针形，肉质，厚，伸出，稍弓曲，先端钝；距圆筒状，下垂，稍弓曲，向末端略增粗，末端钝，与子房等长或长于子房；蕊柱短；药室平行，较长，药隔很窄；花粉团倒长卵形，具较短的柄和黏盘，黏盘狭长圆形；退化雄蕊 2 个，小，近半圆形；蕊喙较小；柱头 2 个，隆起，椭圆形，位于距口之前方两侧。花期 8 ～ 9 月。

滇藏舌唇兰

Platanthera bakeriana

产于西藏东南部墨脱；区外见于四川、云南。生于海拔 2200 ～ 4000 m 的山坡林下或灌丛草甸中。尼泊尔、印度也有分布。模式标本采自印度（锡金拉成河谷）。

植株高 40 ～ 58 cm。根状茎粗壮，圆柱形，肉质，长 3 ～ 4 cm，粗 0.8 ～ 1 cm。茎粗壮，直立，下部具 2 ～ 3 枚大叶，中上部具 2 ～ 4 枚苞片状小叶。大叶片椭圆形，长 12 ～ 13 cm，宽 4.5 ～ 5.5 cm，先端急尖，基部收狭成抱茎的鞘。总状花序长 15 ～ 25 cm，具多数较疏生的花；花苞片线状披针形，长 2 ～ 2.5 cm，先端渐尖，下部的较花长多；子房圆柱状纺锤形，先端稍弓曲，扭转，连花梗长达 14 mm；花黄绿色，或绿色；萼片近等长，边缘具睫毛状细齿，具 3 脉，中萼片长圆状卵形，直立，舟状，长 5 mm，宽 2.2 mm，先端钝；侧萼片反折。长圆状披针形，宽 2 mm，先端钝；花瓣黄色，斜卵形，长 5 mm，宽 2.2 mm，先端钝，直立，与中萼片靠合呈兜状；唇瓣黄色，线形，舌状，长 6 mm，近基部宽 1.5 mm，向前伸出，稍弓曲，先端钝；距细圆筒状，下垂，弯曲，长，较子房长 1 倍多，末端细尖；蕊柱短；药室稍叉开，药隔顶部平的；花粉团长倒卵形，具较长的柄和黏盘，黏盘线形；退化雄蕊 2 个，小，近半圆形；蕊喙较大；柱头 1 个，隆起凸出，横椭圆形，上部 2 深裂，基部还稍合生呈马鞍形，位于唇瓣基部距口之前方。花期 7 ～ 8 月。

贡山舌唇兰

Platanthera handel-mazzettii

产于西藏波密（西藏新记录）；区外见于云南。生于海拔 3600 ～ 3800 m 的山坡林下或草地上。模式标本采自云南（贡山）。

根状茎纤细。叶 2 枚，基部的 1 枚叶大，抱茎，叶片长圆形；上面的 1 枚叶较小很多，变为苞片状。总状花序具 8 ～ 9 朵疏生的花；花苞片披针形，最下面的较花长；子房长圆形，扭转；花小；中萼片狭卵形，先端钝，具 1 脉；侧萼片稍反折，斜狭卵形，先端钝，具 1 脉；花瓣斜正三角形，先端钝，具 2 脉，与中萼片靠合呈兜状；唇瓣轻微的反折，狭的三角形，先端钝，具 3 脉；距棒状；蕊喙很发育，凸出于药室之间；柱头 1 枚，正三角形，平的。花期 8 月。

巧花舌唇兰

Platanthera nematocaulon

产于西藏南部和东南部，亚东、墨脱。生于海拔 3500 ～ 3750 m 的山坡高山灌丛草甸中。印度也有分布。

植株高 7.5 ～ 25 cm。根状茎指状，肉质。茎纤细，近直立，近基部具 1 枚叶。叶片椭圆形至长圆状披针形，长 1.2 ～ 8 cm，宽 0.7 ～ 2 cm，先端急尖，基部收狭成抱茎的鞘，基生叶之上的茎上具 2 枚、疏生、线状披针形的小叶。总状花序细，长 1.2 ～ 10 cm，具少数或多数疏生的花；花苞片卵形或三角形，长 4 ～ 5 mm，通常长于花；子房圆柱状纺锤形，具细而短的梗和轻微的喙，连花梗长 2 ～ 2.8 mm；花小，长 3 ～ 4 mm，绿色；萼片卵状披针形，长约 1.5 mm，先端急尖，具 1 脉，中萼片较侧萼片稍宽；侧萼片稍张开；花瓣狭长圆形，长约 1.5 mm，先端稍钝，具 1 脉，直立，与中萼片靠合呈兜状；唇瓣与萼片等长，卵状披针形，先端近急尖；距短，圆筒状，弯曲，较唇瓣稍短，较子房短很多；蕊柱中部在柱头和并行的药室之下内弯的；柱头 1 个，大，近圆形，位于距口之上方；退化雄蕊大，卵球形。花期 7 ～ 8 月。

尖药兰属
Diphylax

地生草本。植株矮小。根状茎细圆柱形，肉质。茎短，基部具筒状鞘，鞘之上具叶。叶在最下面的1枚常最大，形状各样，往上具2至几枚苞片状小叶，叶片上面常具黄色或白色网脉。花序顶生，总状，具几朵至20余朵花，花常偏向一侧，与兜被兰属 *Neottianthe* 的花序相似；花苞片卵形或披针形；花绿白色或粉红色，倒置（唇瓣位于下方）；萼片近等大，相靠合成兜状；花瓣线状长圆形或披针形，与萼片等长或稍短，且紧贴于中萼片与侧萼片相靠处之内侧上；唇瓣和萼片近等长，通常向前伸展且向下弯，线状披针形或线状舌形，不裂，基部稍凹陷，中部以上增厚，先端渐尖，基部具距，距短于子房，向内弯，颈部缢缩，向下膨大呈囊状、纺锤状或圆锥状；蕊柱极短；花药直立，2室，药室紧靠，贴生，并行，药隔顶部具凸出尖头或微凸；蕊喙极短小，很不明显；花粉团2个为具小团块的粒粉质，具短的花粉团柄和小的黏盘，黏盘椭圆形，裸露；柱头1个大，隆起；退化雄蕊2个，具长柄，线形、长方形、卵圆形或倒卵形，大，位于花药的基部两侧，通常与药室等高或过之，或较药室稍低。

本属全球3种，分布于我国西南部，其中1种经缅甸北部、印度东北部至尼泊尔。我国西南部3种均产，横断山脉地区是本属现代的分布中心。西藏记录有2种，现收录2种。

本属检索表

1　退化雄蕊线形，具长柄，与药室顶部等高或过之；药隔顶部的凸出部分为披针形的尖头；叶片长圆形或长圆状披针形；花苞片与子房近等长。……………………………………………………尖药兰 *D. urceolata*

1　退化雄蕊卵形或倒卵形；较药室顶部稍低；药隔顶部微凸；叶1～2枚，叶片椭圆形至卵形，长3～6 cm；花苞片短于花或有时甚至短于子房。……………………………西南尖药兰 *D. uniformis*

尖药兰

Diphylax urceolata

产于西藏东南部至南部；区外见于四川、云南。生于海拔 1900 ～ 3800 m 的山坡林下。尼泊尔、不丹、印度东北部、缅甸北部也有分布。照片拍摄于嘎隆拉山。

植株高 8 ～ 10 cm。无块茎，具肉质，细圆柱形的根状茎。茎纤细，圆柱形，常稍弯曲，近基部具 1 枚大叶，大叶之上具 1 ～ 2 枚很小的苞片状小叶。大叶片近基生，长圆形或长圆状披针形，鲜时上面具白色细脉纹，长 3 ～ 3.5 cm，宽 1 ～ 1.2 cm，先端急尖，基部收狭并抱茎。总状花序具数朵紧密排列并偏向一侧的花，长 2.5 ～ 3 cm；花苞片卵形或披针形，与子房等长；子房纺锤形，扭转，连花梗长 4 ～ 5 mm；花小，绿白色、白色或粉红色，花被片靠合成兜状；萼片和花瓣近等长，萼片披针形，长 5 mm，宽 1.5 mm，先端急尖，具 1 脉；花瓣线状长圆形，长 4.5 mm，宽 1.5 mm，与萼片紧贴，先端钝，具 1 脉；唇瓣向前伸，和花瓣等长，线状披针形，不裂，向下弯，基部凹陷，具距，在中部以上增厚，近圆柱形，先端渐尖；距下垂，颈部缢缩，后膨大呈囊状、纺锤状或圆锥状，长 2.5 ～ 3 mm，较子房短；药隔顶部凸出，凸出部分为披针形的尖头；退化雄蕊线形，具长柄，与药室等高或过之。花期 8 ～ 10 月。

西南尖药兰

Diphylax uniformis

产于西藏墨脱；区外见于贵州、四川、云南。生于海拔 1800 ～ 2900 m 的山坡密林下阴处或覆土的岩石上。

植株高 10 ～ 18.5 cm。无块茎，具细长圆柱状、肉质的根状茎。茎直立或近直立，基部具 1 ～ 2 枚筒状鞘，鞘之上具 1 ～ 2 枚大叶，大叶之上具约 4 枚小的苞片状小叶。大叶直立伸展，叶片椭圆形至卵形，长 3 ～ 6 cm，宽 1.5 ～ 3 cm，先端急尖，基部收狭成抱茎的鞘，苞片状小叶披针形，先端渐尖。总状花序具几朵至 20 余朵花，长 3 ～ 7 cm，偏向一侧；花苞片直立伸展，披针形，先端渐尖，短于花，下部的稍长于子房，上部的短于或等长于子房；子房纺锤形，扭转，连花梗长约 7 mm；花在属中属于较大的，白色，花被片近相似，上举，靠合呈兜状；中萼片线状披针形，长 8 mm，中部以下宽 2 mm，先端稍钝，基部扩展，凹陷，具 1 脉；侧萼片近镰状的线状披针形，长 7 mm，宽 1.5 mm，先端钝，基部扩展，具 1 脉；花瓣与萼片紧贴生，从稍偏斜的基部略微下延而膨大，向上逐渐变狭为披针形，与侧萼片近等长，先端钝，具 1 脉；唇瓣向前伸，稍向下弯，线状长圆形，长 8 mm，宽 1.5 mm，向基部稍微膨大，上部至先端逐渐变狭，先端稍钝；距下垂，卵状圆筒形，颈部缢缩，颈部之下膨大，末端钝，长 4.5 mm，中部之下宽 2.5 mm；蕊柱较短，长 2 mm；花药直立，长 1 mm，药隔顶部微凸；蕊喙极小；柱头 1 个，大，隆起；退化雄蕊颇大，卵圆形或倒卵形，较药室顶稍低。花期 8 ～ 9 月。

手参属
Gymnadenia

地生草本。块茎1或2枚，肉质，下部成掌状分裂，裂片细长，颈部生几条细长、稍肉质的根。茎直立，具3～6枚互生的叶。叶片从线状舌形、长圆形至椭圆形，基部收狭成抱茎的鞘。花序顶生，具多数花，总状，常呈圆柱形；花较小，常密生，红色、紫红色或白色，罕为淡黄绿色，倒置（唇瓣位于下方）；萼片离生，中萼片凹陷呈舟状；侧萼片反折；花瓣直立，较萼片稍短，与中萼片多少靠合；唇瓣宽菱形或宽倒卵形，明显3裂或几乎不裂，基部凹陷，具距，距长于或短于子房，多少弯曲，末端钝尖或具2个角状小凸起；蕊柱短；花药长圆形或卵形，先端钝或微凹，2室，花粉团2个，为具小团块的粒粉质，具花粉团柄和黏盘，黏盘裸露，分离，条形或椭圆形；蕊喙小，无臂，位于两药室中间的下面；柱头2个，较大，贴生于唇瓣基部；退化雄蕊2个，小，位于花药基部两侧，近球形。蒴果直立。

本属全球约16种，分布于欧洲与亚洲温带及亚热带山地。我国产5种，含3个特有种；多分布于西南部，其中2种较为广布。西藏记录有4种，现收录4种。

本属检索表

1 花淡黄绿色；唇瓣基部距的末端中部凹陷呈2个角状小凸起。……角距手参 *G. bicornis*

1 花紫红色、粉红色或白色；唇瓣基部距的末端渐狭、钝，不具2个角状小凸起。……(2)

2 唇瓣基部距短于子房，长仅为子房长的1/2；花瓣较侧萼片宽。唇瓣宽倒卵形，前部明显3裂；花粉红色，罕带白色；中萼片卵状披针形；花瓣宽卵形。……短距手参 *G. crassinervis*

2 唇瓣基部距长于或等长于子房；花瓣与侧萼片等宽或较狭。……(3)

3 叶片狭长，线状披针形、狭长圆形或带形，宽1～2.5 cm；中萼片宽椭圆形或宽椭圆状卵形；花苞片先端长渐尖成尾状。……手参 *G. conopsea*

3 叶片宽短，椭圆形或椭圆状长圆形，宽2.5～4.5 cm；中萼片卵形；花苞片先端渐尖，不成尾状。……西南手参 *G. orchidis*

角距手参

Gymnadenia bicornis

产于西藏波密古乡至墨脱。生于海拔 3250 ～ 3600 m 的山坡灌丛下。

块茎椭圆形，肉质，下部成掌状分裂，裂片细长。茎直立，较粗壮，圆柱形，近基部具 2 ～ 3 枚筒状鞘，其上疏生 6 ～ 8 枚叶。叶片椭圆形、狭椭圆形或披针形，先端渐尖，基部收狭成抱茎的鞘。总状花序具多数密生的花，圆柱状；花苞片卵状披针形至披针形，先端渐尖或长渐尖，最下面的长于花；子房纺锤形；花淡黄绿色，较小；萼片宽卵形，稍凹陷，先端钝，具 3 脉，中萼片直立，较侧萼片稍窄；侧萼片基部反折，下弯；花瓣菱状卵形，偏斜。前侧边缘明显臌出，先端钝，具 3 脉；唇瓣菱状卵形，几乎不裂，先端钝；距细圆筒状，下垂，末端中部凹陷呈 2 个角状小凸起；蕊柱短，花药 2 室；花粉团具柄和黏盘，黏盘裸露；蕊喙小，菱状四方形；柱头 2 个，棍棒状。花期 7 ～ 8 月。

短距手参

Gymnadenia crassinervis

产于西藏东部至南部；区外见于四川、云南。生于海拔 3500 ～ 3800 m 的山坡杜鹃林下或山坡岩石缝隙中。模式标本采自云南（马耳山）。

植株高 23 ～ 55 cm。块茎椭圆形，长 2 ～ 4 cm，肉质，下部掌状分裂，裂片细长。茎直立，较粗壮，圆柱形，基部具 2 ～ 3 枚筒状鞘，其上具 3 ～ 5 枚叶，上部常具 1 ～ 2 枚苞片状小叶。叶片椭圆状长圆形，长 4.5 ～ 10 cm，宽 1.2 ～ 2.3 cm，先端急尖，基部收狭成抱茎的鞘。总状花序具多数密生的花，圆锥状卵形或圆柱形，长 4 ～ 7 cm；花苞片披针形或卵状披针形，直立伸展，先端渐尖，较子房长很多；子房纺锤形，连花梗长约 7 mm；花粉红色，罕带白色；中萼片直立，舟状，卵状披针形，长 3.5 mm，宽 2 mm，先端急尖，具 3 脉；侧萼片张开，斜卵状披针形，长 4.5 mm，宽 2 ～ 2.2 mm，先端急尖，具 3 脉；花瓣直立，宽卵形，长 3.5 mm，宽 2.5 mm，与中萼片相靠合，且较侧萼片稍宽，边缘具细锯齿，先端急尖，具 2 脉，脉上具支脉；唇瓣向前伸展，宽倒卵形，长 3.5 mm，宽 2.5 mm，上面被短柔毛，前部 3 裂，中裂片三角形，较侧裂片长，先端钝；距圆筒状，下垂，长为子房长的 1/2，末端钝；花粉团球形，具细长的柄和黏盘，黏盘披针形。花期 6 ～ 7 月。果期 8 ～ 9 月。

手参

Gymnadenia conopsea

产于西藏东南部察隅；区外见于黑龙江、吉林、辽宁、云南等地。生于海拔 265 ～ 4700 m 的山坡林下、草地或砾石滩草丛中。日本，朝鲜半岛、西伯利亚至欧洲一些国家也有分布。

植株高 20 ～ 60 cm。块茎椭圆形，肉质，下部掌状分裂，裂片细长。茎直立，圆柱形，基部具 2 ～ 3 枚筒状鞘，其上具 4 ～ 5 枚叶，上部具 1 至数枚苞片状小叶。叶片线状披针形、狭长圆形或带形，先端渐尖或稍钝，基部收狭成抱茎的鞘。总状花序具多数密生的花，圆柱形，长 5.5 ～ 15 cm；花苞片披针形，直立伸展，先端长渐尖成尾状，长于或等长于花；子房纺锤形，顶部稍弧曲，连花梗长约 8 mm；花粉红色，罕为粉白色；中萼片宽椭圆形或宽卵状椭圆形，先端急尖，略呈兜状，具 3 脉；侧萼片斜卵形，反折，边缘向外卷，较中萼片稍长或几等长，先端急尖，具 3 脉，前面的 1 条脉常具支脉；花瓣直立，斜卵状三角形，与中萼片等长，与侧萼片近等宽，边缘具细锯齿，先端急尖，具 3 脉，前面的 1 条脉常具支脉，与中萼片相靠；唇瓣向前伸展，宽倒卵形，长 4 ～ 5 mm，前部 3 裂，中裂片较侧裂片大，三角形，先端钝或急尖；距细而长，狭圆筒形，下垂，长约 1 cm，稍向前弯，向末端略增粗或略渐狭，长于子房；花粉团卵球形，具细长的柄和黏盘，黏盘线状披针形。花期 6 ～ 8 月。

西南手参

Gymnadenia orchidis

产于西藏东部至南部；区外见于陕西、甘肃、青海、湖北、四川、云南。生于海拔 2800 ～ 4100 m 的山坡林下、灌丛下和高山草地中。克什米尔地区至不丹、印度东北部也有分布。模式标本采自印度（库茂恩）。

块茎卵状椭圆形，肉质，下部掌状分裂，裂片细长。茎直立，较粗壮，圆柱形，基部具 2 ～ 3 枚筒状鞘，其上具 3 ～ 5 枚叶，上部具 1 至数枚苞片状小叶。叶片椭圆形或椭圆状长圆形，先端钝或急尖，基部收狭成抱茎的鞘。总状花序具多数密生的花，圆柱形；花苞片披针形，直立伸展，先端渐尖，不成尾状，最下部的明显长于花；子房纺锤形，顶部稍弧曲；花紫红色或粉红色，极罕为带白色；中萼片直立，卵形，先端钝，具 3 脉；侧萼片反折，斜卵形，较中萼片稍长和宽，边缘向外卷，先端钝，具 3 脉，前面 1 条脉常具支脉；花瓣直立，斜宽卵状三角形，与中萼片等长且较宽，较侧萼片稍狭，边缘具波状齿，先端钝，具 3 脉，前面的 1 条脉常具支脉；唇瓣向前伸展，宽倒卵形，前部 3 裂，中裂片较侧裂片稍大或等大，三角形，先端钝或稍尖；距细而长，狭圆筒形，下垂，稍向前弯，向末端略增粗或稍渐狭，通常长于子房或等长；花粉团卵球形，具细长的柄和黏盘，黏盘披针形。花期 7 ～ 9 月。

角盘兰属
Herminium

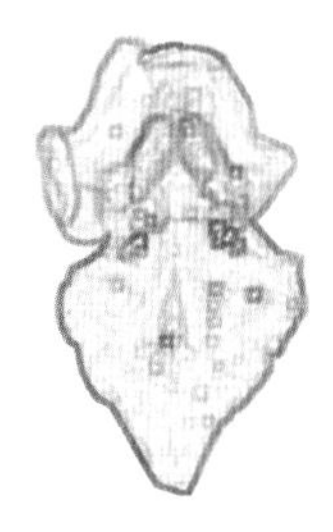

地生草本。块茎球形或椭圆形，1～2枚，肉质，不分裂，颈部生几条细长根。茎直立，具1至数枚叶。花序顶生，具多数花，总状或似穗状；花小，密生，通常为黄绿色，常呈钩手状，倒置（唇瓣位于下方）或罕为不倒置（唇瓣位于上方）的；萼片离生，近等长；花瓣通常较萼片狭小，一般增厚而带肉质；唇瓣贴生于蕊柱基部，前部3裂（罕5裂）或不裂，基部多少凹陷，通常无距，少数具短距者其黏盘卷成角状；蕊柱极短；花药生于蕊柱顶端，2室，药室并行或基部稍叉开；花粉团2个，为具小团块的粒粉质，具极短的花粉团柄和黏盘，黏盘常卷成角状，裸露；蕊喙较小；柱头2个，隆起而向外伸，分离，几为棍棒状；退化雄蕊2个，较大，位于花药基部两侧。蒴果长圆形，通常直立。

本属全球约25种，主要分布于东亚，少数种也见于欧洲和东南亚。我国有18种，含10个特有种；主要分布于西南部，云南、四川和西藏是其现代的分布中心和分化中心；西藏有13种；现收录8种，其余5种仅收录在检索表中。

本属检索表

1　唇瓣不裂。……（2）
1　唇瓣 3 裂或 5 裂。…………………………………………………………………………………………………（3）
2　花不偏向 1 侧，唇瓣无距，基部膨大并稍凹；花绿色至黄绿色。…………………宽卵角盘兰 *H. josephii*
2　花偏向一侧；唇瓣有短距，距圆锥形；花绿色，有白色花纹。……………………西藏角盘兰 *H. orbiculare*
3　植株具 1 叶；花不翻转，子房不扭曲。…………………………………………雅致角盘兰 *H. glossophyllum*
3　植株具 2～4 枚叶（矮角盘兰除外）。………………………………………………………………………（4）
4　花梗狭翼型；唇瓣 5 裂。……………………………………………………………秀丽角盘兰 *H. quinquelobum*
4　花梗圆柱形；唇瓣 3 裂。……………………………………………………………………………………（5）
5　唇瓣 3 裂的不明显；唇瓣侧裂片卵状三角形至三角形。……………………………………………………（6）
5　唇瓣明显 3 裂；唇瓣侧裂片线形。…………………………………………………………………………（7）
6　中萼片约 3.2 mm；花瓣菱形至椭圆形。…………………………………………矮角盘兰 *H. chloranthum*
6　中萼片 0.8～1.5 mm；花瓣卵形至卵状披针形；叶基部簇生；花黄绿色，唇瓣具短距。…………………
　…………………………………………………………………………………………耳片角盘兰 *H. macrophyllum*
7　翼瓣菱形；中裂片长 1.5～3.2 mm，长于侧裂片。………………………………………角盘兰 *H. monorchis*
7　翼瓣卵状披针形至线性；中裂片长 0.5～1.5 mm，短于侧裂片。………………………………………（8）
8　翼瓣卵状披针形，上部变狭，顶端具尖；唇瓣有短距。…………………………裂瓣角盘兰 *H.alaschanicum*
8　翼瓣线形，筒短圆钝；唇瓣几乎无距。……………………………………………………………………（9）
9　唇瓣长 4～10 mm；侧萼片长 2～7 mm。……………………………………………叉唇角盘兰 *H.lanceum*
9　唇瓣长 3.2～4.5 mm；侧萼片长 1～2 mm。…………………………………………宽萼角盘兰 *H.souliei*

宽卵角盘兰

Herminium josephii

产于西藏南部和东南部；区外见于四川、云南等地。生于海拔 1900 ～ 4000 m 的冷杉林林缘、灌丛、高山草甸等。

植株高 11 ～ 27 cm。块茎卵球形或椭圆形，长 10 ～ 20 cm，宽 7 ～ 10 cm。茎基部具 2 或 3 管状的鞘，叶片 2 枚，在基部近对生，线状长圆形到长圆形椭圆形，长 3.5 ～ 10 cm，宽 0.5 ～ 1.5 cm，先端锐尖。花序 9 ～ 24 cm；花梗圆柱状的，无苞片；密被多花；花苞片卵状披针形到披针形，长约 3 mm，短于子房，先端锐尖。花芳香，绿色到黄绿色；子房 7 ～ 8 mm。中萼片近直立，宽卵形，具 1 脉，先端钝；侧面萼片稍展开，卵状披针形，稍斜，具 1 脉，先端钝。花瓣卵状披针形；唇瓣下垂，宽卵形，稍肉质，基部浅凹，全缘；花柱约 1.5 mm；花粉块倒卵球形。

秀丽角盘兰
Herminium quinquelobum

产于西藏陈塘（西藏新记录）；区外见于云南。生于海拔 2200 m 的常绿阔叶林下，尼泊尔、印度也有分布。

植株高 25 ～ 29 cm。块茎长圆形或近圆球形，长 1.5 ～ 2 cm，直径 1.5 cm，肉质。茎直立，无毛，基部具 2 枚筒状鞘。叶 3 枚，下面的 2 枚较大，叶片线状披针形，直立伸展，长 13 ～ 18 cm，宽 1.5 ～ 2 cm，先端急尖或渐尖，基部成筒状抱茎的鞘，上面的 1 枚叶较小多。总状花序具多数较密生的花，长 8 ～ 15 cm，无毛；花苞片披针形，直立伸展，先端渐尖，与子房等长；子房圆柱状纺锤形，具短的喙，扭转，无毛，连花梗长 3 ～ 4 mm；花较小，绿色；萼片等长，卵状长圆形，张开，先端近急尖，具 1 脉，侧萼片较中萼片略宽；花瓣线形，与萼片等长，宽 0.3 mm，先端急尖或渐尖，具 1 脉；唇瓣轮廓长圆形，较萼片长，基部无距，其两侧各具 1 枚小的三角形的耳，在中部之上两侧突然缢缩呈小的三角形侧裂片，中裂片狭三角形，先端渐尖；蕊柱粗短；药室并行；花粉团倒卵圆形，具短而粗的花粉团柄和黏盘；黏盘小，圆盘形；蕊喙小；柱头 2 个，隆起，横长圆形；退化雄蕊 2 个，小，长圆形。花期 8 ～ 9 月。

矮角盘兰

Herminium chloranthum

产于西藏东南部至南部；区外见于云南。生于海拔 2500 ～ 4020 m 的山坡高山草甸或山坡草地中。

植株高 4 ～ 15 cm。块茎椭圆形或圆球形，长 1 ～ 2 cm，直径 1 ～ 1.5 cm，肉质。茎直立，较粗壮，直径达 2 mm，无毛，基部具 2 ～ 3 枚筒状鞘，其上具叶。叶 1 ～ 2 枚，极罕为 3 枚，近对生，直立伸展，叶片长圆形、椭圆形、匙形或狭长圆形，长 3 ～ 7 cm，宽 0.6 ～ 2 cm，先端圆形、钝或急尖，基部收狭成抱茎的鞘。总状花序具几朵至 20 余朵花，圆柱状，长 2 ～ 5 cm；花苞片很小，近卵形，先端钝，较子房短很多；子房圆柱状椭圆形，扭转，顶部强烈钩曲，无毛，连花梗长 3 ～ 5 mm；花中等大，淡绿色，垂头钩曲；中萼片直立，凹陷呈舟状，阔卵形，长 3.2 mm，宽 2.5 mm，先端钝，具 3 脉；侧萼片向前伸展，较中萼片狭，偏斜椭圆形，长 3 mm，宽 1.25 mm。先端钝，具 1 脉；花瓣直立，长菱形或狭菱状椭圆形，长 4 mm，中部宽 1.8 mm，近中部向先端渐狭，且肉质增厚，先端钝，基部渐狭，具 2 脉；唇瓣向前伸展，轮廓近提琴形，肉质，长 3.2 mm，两侧裂片之间宽约 2.8 mm，基部凹陷，从基部增宽，尔后缢缩，中部 3 浅裂，裂片近相似，侧裂片为钝的三角形，叉开，中裂片前伸，较侧裂片狭而稍较长；蕊柱短；花药较小，药室并行；花粉团球形，具极短的花粉团柄和黏盘，黏盘卷曲呈角状；蕊喙小；柱头 2 个，隆起，棒状，从蕊喙下向外伸出；退化雄蕊 2 个，较大，椭圆形，显著。花期 7 ～ 8 月。

耳片角盘兰

Herminium macrophyllum

产于西藏南部聂拉木、吉隆。生于海拔 2400 ～ 4050 m 的山坡高山栎与冷杉混交林下，乔松林间空地、山坡灌丛草地中。巴基斯坦、印度、不丹、尼泊尔，克什米尔地区也有分布。

植株高 6 ～ 22 cm。块茎卵球形或椭圆形，肉质。茎直立，纤细或粗壮，基部具 2 ～ 3 枚筒状鞘，其上具 2 ～ 3 枚叶，在叶之上有时还具 1 枚苞片状小叶。叶紧靠，近集生，直立伸展，叶片狭椭圆形或长圆状披针形，先端近急尖或钝，基部收狭成抱茎的鞘。总状花序具几朵至 30 余朵花，圆柱状，长 1.5 ～ 8 cm；花苞片极小，卵形，先端锐尖，较子房短很多；子房纺锤形，扭转，无毛，连花梗长约 5 mm；花小，密生，黄绿色，垂头，钩手状；中萼片卵形，稍张开，先端钝，具 1 脉；侧萼片稍张开，长圆状披针形，与中萼片等长，但稍较狭，先端渐尖，具 1 脉；花瓣斜卵状披针形，稍张开，上部稍肉质增厚，与中萼片近等宽且稍较长，先端渐尖，具 1 脉；唇瓣卵状披针形，肉质增厚，较萼片长，呈不明显 3 裂；蕊柱粗短，长约 1 mm；药室倒卵形，基部略叉开；花粉团近球形。花期 6 ～ 8 月。

角盘兰

Herminium monorchis

西藏广布；区外见于黑龙江、吉林、辽宁、内蒙古、四川、云南等地。生于海拔 600 ～ 4500 m 的山坡阔叶林至针叶林下、灌丛下、山坡草地或河滩沼泽草地中。日本、蒙古，欧洲、亚洲中部至西部、喜马拉雅地区、朝鲜半岛、西伯利亚也有分布。

块茎球形，肉质。茎直立，无毛，基部具 2 枚筒状鞘，下部具 2 ～ 3 枚叶，在叶之上具 1 ～ 2 枚苞片状小叶。叶片狭椭圆状披针形或狭椭圆形，直立伸展，先端急尖，基部渐狭并略抱茎。总状花序具多数花，圆柱状；花苞片线状披针形，先端长渐尖，尾状，直立伸展；子房圆柱状纺锤形，扭转，顶部明显钩曲，无毛；花小，黄绿色，垂头，萼片近等长，具 1 脉；中萼片椭圆形或长圆状披针形，先端钝；侧萼片长圆状披针形，较中萼片稍狭，先端稍尖；花瓣近菱形，上部肉质增厚，较萼片稍长，向先端渐狭，或在中部多少 3 裂，中裂片线形，先端钝，具 1 脉；唇瓣与花瓣等长，肉质增厚，基部凹陷呈浅囊状，近中部 3 裂，中裂片线形，侧裂片三角形，较中裂片短很多；蕊柱粗短；药室并行；花粉团近圆球形，具极短的花粉团柄和黏盘，黏盘较大，卷成角状；蕊喙矮而阔；柱头 2 个，隆起，叉开，位于蕊喙之下；退化雄蕊 2 个，近三角形，先端钝，显著。花期 6 ～ 8 月。

裂瓣角盘兰

Herminium alaschanicum

产于西藏东南部至南木林；区外见于内蒙古、河北、山西、陕西、宁夏、甘肃、青海、云南等地。生于海拔 1800 ～ 4500 m 的山坡草地、高山栎林下或山谷峪坡灌丛草地。模式标本采自西藏东部。

植株高 15 ～ 60 cm。块茎圆球形，直径约 1 cm，肉质。茎直立，无毛，基部具 2 ～ 3 枚筒状鞘，其上具 2 ～ 4 枚较密生的叶，在叶之上有 3 ～ 5 枚苞片状小叶。叶片狭椭圆状披针形，直立伸展，先端急尖或渐尖，基部渐狭并抱茎。总状花序具多数花，圆柱状；花苞片披针形，直立伸展，先端尾状，下部的长于子房；子房圆柱状纺锤形，扭转，无毛；花小，绿色，中萼片卵形，先端钝，具 3 脉；侧萼片卵状披针形至披针形，先端近急尖，具 1 脉；花瓣直立，中部骤狭呈尾状且肉质增厚，或多或少呈 3 裂，中裂片近线形，先端钝，具 3 脉；唇瓣近长圆形，基部凹陷具距，前部 3 裂至近中部，侧裂片线形，先端微急尖，中裂片线状三角形，先端急尖，稍较侧裂片短而宽，距长圆状，向前弯曲，末端钝；蕊柱粗短；花粉团倒卵形，具极短的花粉团柄和黏盘；蕊喙小；柱头 2 个，隆起，椭圆形，位于唇瓣基部两侧；退化雄蕊 2 个，小，椭圆形。花期 6 ～ 9 月。

叉唇角盘兰

Herminium lanceum

产于西藏陈塘；区外见于陕西、甘肃、云南等地。生于海拔 730 ～ 3400 m 的山坡杂木林至针叶林下、竹林下、灌丛下或草地中。日本，朝鲜半岛南部、中南半岛至喜马拉雅地区也有分布。

植株高 10 ～ 83 cm。块茎圆球形或椭圆形，肉质。茎直立，常细长，无毛，基部具 2 枚筒状鞘，中部具 3 ～ 4 枚疏生的叶。叶互生，叶片线状披针形，直立伸展，先端急尖或渐尖，基部渐狭并抱茎。总状花序具多数密生的花，圆柱形；花苞片小，披针形，直立伸展，先端急尖，短于子房；子房圆柱形，扭转，无毛；花小，黄绿色或绿色；中萼片卵状长圆形或长圆形，直立，凹陷呈舟状，先端钝，具 1 脉；侧萼片张开，长圆形或卵状长圆形，先端稍钝或急尖，具 1 脉；花瓣直立，线形，较萼片狭很多，与中萼片相靠，先端钝或近急尖，具 1 脉；唇瓣轮廓为长圆形，常下垂，基部扩大，凹陷，无距，3 裂；蕊柱粗短；药室并行；花粉团球形，具极短的花粉团柄和黏盘，黏盘圆形；蕊喙小；柱头 2 个，横椭圆形，隆起；退化雄蕊 2 个，常较长，长圆形，顶部稍扩大，较花药低，近等长，罕稍过之。花期 6 ～ 8 月。

宽萼角盘兰

Herminium souliei

产于西藏东南部；区外见于四川、云南。生于海拔 1400 ～ 4200 m 的山坡阔叶林至针叶林下或山坡草地中。模式标本采自四川（康定）。

植株高 12 ～ 40 cm。块茎长圆形或卵球形，长 1 ～ 2 cm，直径 1 ～ 1.5 cm，肉质。茎直立，无毛，基部具 2 ～ 3 枚筒状鞘，下部具 2 ～ 4 枚叶，在叶之上具 1 ～ 2 枚苞片状小叶。叶下部的最大，往上渐变小；下部叶片狭长圆形，长 5.5 ～ 20 cm，宽 1 ～ 2 cm，先端急尖，基部渐狭并抱茎。总状花序具多数花；圆柱状，长 4 ～ 20 cm；花苞片卵状披针形，先端渐尖，短于子房；子房圆柱形，扭转，无毛，连花梗长约 5 mm；花小，淡绿色；中萼片卵形，直立，凹陷呈舟状，长 3 mm，宽约 2 mm，先端钝，具 3 脉；侧萼片偏斜的卵形，向前伸展，张开，较中萼片稍长和宽，先端钝，具 1 脉；花瓣线状披针形，直立，长 2.7 mm，宽 0.6 mm，与中萼片相靠，先端钝，较萼片薄，具 1 脉；唇瓣下垂，长达 4.5 mm，基部无距，几乎不凹陷，中部缢缩，前部 3 裂；侧裂片镰状线形，长 2 mm，先端钝，向内弯曲；中裂片披针形或钝三角形，较侧裂片短近 1 倍，先端钝；蕊柱粗短，长约 1 mm；药室并行；花粉团卵圆形，具极短的花粉团柄和黏盘，黏盘卵圆形；退化雄蕊 2 个，长圆形，具短柄，较花药矮多。花期 7 ～ 8 月。

兜蕊兰属

Androcorys

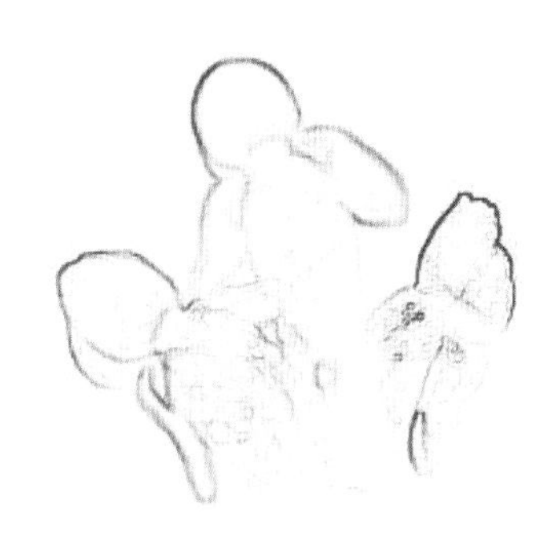

地生矮小草本。块茎球形，小，肉质。茎直立，纤细，具 1 枚叶。叶较小，通常为匙形或狭椭圆形，具柄。总状花序顶生，具几朵至 10 余朵花；花苞片极小，通常为鳞片状；花小，黄绿色或绿色，较疏生，在花序轴上呈螺旋状排生，倒置；萼片离生，边缘全缘或具细锯齿，中萼片直立，常宽阔，凹陷，与花瓣靠合呈兜状，盖住花药，侧萼片较中萼片长而狭；花瓣直立，凹陷呈舟状，常向内弧曲；唇瓣较小，舌状或线形，不裂，反折，基部多少扩大，罕呈匕首状，无距；花药直立，具宽阔兜状的药隔，药室 2，位于花药左右两侧的下部，彼此远离；花粉团 2 个，为具小团块的粒粉质，具短的花粉团柄和黏盘，黏盘被蕊喙的边缘包着；蕊喙三角形，位于两药室之间；柱头 2 个，隆起，或多或少具柄，柄贴生于蕊喙的基部；子房扭转，通常具短柄或无柄。蒴果直立。

本属全球约 6 种，分布于克什米尔地区、喜马拉雅地区、我国至日本。我国有 5 种，含 3 个特有种；西藏有 4 种；现收录 3 种，尖萼兜蕊兰仅收录于检索表中。

本属检索表

1　萼片边缘具细齿；侧萼片狭长圆形或狭长圆状披针形；花苞片宽卵形，长 0.8 mm；中萼片三角状心形，先端渐尖；侧萼片长圆状披针形，先端渐尖且增厚；花瓣长圆状卵形，凹陷舟状，先端不呈兜状，边缘全缘；唇瓣线状披针形，基部明显扩大。……………………尖萼兜蕊兰 *A. oxysepalus*

1　萼片边缘全缘；侧萼片卵状椭圆形或长圆形。……………………（2）

2　花苞片宽卵形，不作螺旋状卷曲；中萼片卵形，先端圆钝；花瓣斜卵形或长圆状卵形，先端钝而不呈兜状。……………………剑唇兜蕊兰 *A. pugioniformis*

2　花苞片线形，作螺旋状卷曲；中萼片宽卵形，先端常具凸尖；花瓣长圆形，舟状，先端兜状。……………………蜀藏兜蕊兰 *A. spiralis*

剑唇兜蕊兰

Androcorys pugioniformis

产于西藏那曲；区外见于云南。生于海拔 3900 ～ 4500 m 的草甸上。模式标本采自云南（中甸天宝山）。

植株高 6 ～ 7 cm。块茎圆球形，肉质，直径约 5 mm。茎纤细，直立或近直立，无毛，基部具 2 枚筒状鞘，近基部具 1 枚叶。叶片椭圆形或长椭圆形，长 1.5 ～ 1.7 cm，宽 8 ～ 9 mm，先端钝，基部收狭并抱茎。总状花序具 6 ～ 7 朵花，长 1.8 ～ 2 cm；花苞片宽卵形，长 0.8 mm，先端急尖，较子房短多；子房纺锤形，扭转，无毛，连花梗长 3 mm；花小，绿色；中萼片直立，凹陷，长 1.6 mm，宽 1.2 mm，先端渐尖，边缘具细齿，具 1 脉，与花瓣靠合呈兜状；侧萼片反折，狭长圆状披针形，长 3 mm，宽约 1 mm，先端渐尖且增厚，具 1 脉，边缘具细齿；花瓣偏斜的长圆状卵形，直立，凹陷呈舟状，长 2 mm，宽 0.8 mm，先端钝，具 1 脉，边缘全缘；唇瓣反折，下垂，线状披针形，肉质，长 1.5 mm，先端钝，基部扩大，宽约 0.6 mm；蕊柱短；花药直立，药隔宽，顶部钝；蕊喙大，宽三角形；柱头 2 个，隆起，具柄。

蜀藏兜蕊兰

Androcorys spiralis

产于西藏察隅；区外见于四川、云南等地。生于海拔 2800 ～ 3500 m 的林下。模式标本采自西藏察瓦龙。

植株高 5 ～ 12 cm。块茎圆球形，肉质，直径 5 ～ 8 mm。茎纤细，直立或近直立，无毛，基部具 2 枚筒状鞘，近基部具 1 枚叶。叶片长圆形，先端钝，基部收狭并抱茎。总状花序具 3 ～ 8 朵花；花苞片线形，呈螺旋状卷曲，先端渐尖，较子房短；子房纺锤形，扭转，无毛；花小，绿色；中萼片直立，宽卵形，先端圆钝，中间具 1 小凸尖，凹陷，具 1 脉，与花瓣靠合呈兜状；侧萼片反折，长圆形，先端钝，具 1 脉；花瓣直立，斜长圆形，凹陷呈舟状，先端钝或稍尖且兜状，具 1 脉；唇瓣反折，线状舌形，肉质，先端钝，基部扩大；蕊柱短，宽约 0.5 mm；花药直立，药隔极宽，兜状，先端钝；蕊喙大，三角形，位于药室之间；柱头 2 个，隆起，具柄。花期 9 月。

兜蕊兰

Androcorys ophioglossoides

产于西藏波密嘎龙拉山（西藏新记录）；区外见于陕西、甘肃、青海、贵州。生于海拔 1600 ～ 3900 m 的高山林下或草地、河滩草地。模式标本采自贵州。

植株高 8 ～ 21 cm。块茎圆球形、肉质，直径 5 ～ 8 mm。茎直立，纤细，无毛，基部具 2 枚筒状鞘，近基部具 1 枚叶。叶片长椭圆形至长椭圆状匙形，长 3 ～ 9 cm，宽 0.8 ～ 2 cm，先端钝，基部渐狭成抱茎的鞘状柄。总状花序具 6 ～ 20 余朵花，长 2.5 ～ 9 cm；花苞片小，鳞片状，长约 1 mm，先端近截平，中部常 2 浅裂；子房纺锤形，扭转，无毛，连花梗长 4 ～ 4.5 mm；花小，黄绿色或绿色；中萼片宽卵形，直立，凹陷，长 1 ～ 1.2 mm，宽 0.9 ～ 1.1 mm，先端钝或稍尖，具 1 脉，边缘全缘，与花瓣靠合呈兜状；侧萼片斜长椭圆形，长 2 mm，宽 1 mm，先端钝，边缘全缘，具 1 脉，向前反折，平行，边缘彼此相靠；花瓣甚大，直立，斜宽卵形，不等侧，凹陷且向内弧弯，呈斧头状，长 1.5 mm，展平后宽 1.3 mm，先端钝；唇瓣小，反折，线状舌形，长 1.2 ～ 1.8 mm，基部稍扩大，宽约 0.7 mm，先端钝；蕊柱短；花药直立，药隔宽，宽达 1 mm，呈兜状；蕊喙三角形，位于药室之间；柱头 2 个，隆起，具柄。花期 7 ～ 8 月，果期 9 月。

阔蕊兰属
Peristylus

地生草本。块茎肉质，圆球形或长圆形，不裂，颈部生几条细长的根。茎直立，具1至多枚叶，无毛或被毛。叶散生或集生于茎上或基部，基部具2～3枚圆筒状鞘。总状花序顶生，常具多数花，有时密生呈穗状，罕近头状；花苞片直立，伸展，罕无；子房扭转，无毛或被毛；花小，绿色或绿白色至白色，直立，子房与花序轴紧靠，倒置；萼片离生，中萼片直立，侧萼片伸展张开，罕反折；花瓣不裂，稍肉质，直立与中萼片相靠呈兜状，常较萼片稍宽；唇瓣3深裂或3齿裂，罕为不裂，基部具距；距常很短，囊状或圆球形，罕为圆筒状，常短于萼片和较子房短很多；蕊柱很短；花药位于蕊柱的顶端，2室，药室并行，下部几乎不延伸成沟；花粉团2个，为具小团块的粒粉质，具短的花粉团柄和黏盘，黏盘常小，裸露，椭圆形、卵形至近圆形，不卷曲成角状，附于蕊喙的短臂上；蕊喙小，其臂很短或不甚明显；柱头2个，隆起而凸出，圆球形或近棒状，从蕊喙下向外伸出，常贴生于唇瓣基部；退化雄蕊2个，大或小，直立或向前伸展，位于花药基部两侧。蒴果长圆形，常直立。

本属全球约70种，分布于亚洲热带和亚热带地区至太平洋一些岛屿。我国有19种，含5个特有种；主要分布于长江流域和其以南诸省区，尤以西南地区为多。西藏记录有7种，现收录5种；其余仅收录在检索表中。

本属检索表

1 唇瓣不裂，舌状或舌状披针形。…………………………………………………………………………………（2）

1 唇瓣 3 裂。……………………………………………………………………………………………………（4）

2 茎被短柔毛；子房微被柔毛。……………………………………………………………一掌参 *P. forceps*

2 茎和子房无毛。………………………………………………………………………………………………（3）

3 花苞片长于子房；花瓣斜卵状披针形；唇瓣舌状，后部深陷，距细圆筒状，弯曲，长 4 mm。……………………………………………………………………………………………………条唇阔蕊兰 *P. forrestii*

3 花苞片长于子房；唇瓣与萼片等长，卵状披针形，先端近急尖。……………小巧阔蕊兰 *P. nematocaulon*

4 唇瓣的唇盘上具 1 枚明显高出的胼胝体；胼胝体位于沿距口处，半球形；叶基生或近基生；花白色；中萼片阔卵形，长 2 ～ 2.2 mm；花瓣斜卵形，前部稍增厚。………………………凸孔阔蕊兰 *P. coeloceras*

4 唇瓣的唇盘上无胼胝体。……………………………………………………………………………………（5）

5 叶片狭窄，线形，宽不超过 5 mm。距囊状圆球形，长 1 ～ 1.5 mm，较子房短多；唇瓣的 3 裂仅至全长的 1/4 ～ 1/2；中萼片明显较花瓣宽多。…………………………………………………纤茎阔蕊兰 *P. mannii*

5 叶片较宽，狭长圆形、披针形或卵形，宽 10 mm 以上。………………………………………………（6）

6 叶 2 ～ 3 枚，叶片长圆形至披针形；花较小，中萼片长 2 mm；唇瓣的中裂片与侧裂片等长或稍短；距倒卵形，长约 1 mm。……………………………………………………………西藏阔蕊兰 *P. elisabethae*

6 叶 1 枚，叶片狭长圆形；花较大，中萼片长 4 mm；唇瓣的中裂片较侧裂片长多；距长圆形，长 1.5 mm。………………………………………………………………………………………………盘腺阔蕊兰 *P. fallax*

绿春阔蕊兰

Peristylus biermannianus

产于西藏南部陈塘（西藏新记录）；区外见于四川、云南。生于海拔 1700 ～ 3900 m 的山坡林下或山坡草地。

植株高 10 ～ 30 cm，干后变为黑色。块茎长圆形至卵状。茎直立，具 4 ～ 5 枚叶，叶片披针形，长 2 ～ 5 cm，宽 0.8 ～ 2 cm，先端急尖或渐尖，基部收狭成抱茎的鞘。总状花序具 5 ～ 10 朵花；花苞片线状披针形，长 5 ～ 9 mm，先端渐尖；子房圆柱状纺锤形，扭转；花小，直立，绿色，唇瓣略黄绿色；萼片相似，卵形至披针形，相互靠合，长 3 ～ 4 mm，宽 1 ～ 1.5 mm；花瓣三角状披针形，近直立，狭卵状长圆形，与中萼片相靠；唇瓣基部 3 裂，长 2.5 ～ 3 mm；中裂片直，线形或线状按针形；侧裂片小；距近棒形，向外弯曲，长约 4 mm；柱头 2 个，棒状，从蕊喙下向前伸出。

凸孔阔蕊兰

Peristylus coeloceras

产于西藏东部至东南部；区外见于四川、云南。生于海拔 2000 ～ 3900 m 的山坡针阔叶混交林下、山坡灌丛下和高山草地。缅甸北部也有分布。

植株高 9 ～ 35 cm。块茎卵球形，直径约 1 cm。茎直立，无毛，下部具 2 ～ 4 枚叶，在叶之上具 1 ～ 5 枚苞片状小叶。叶片狭椭圆状披针形或椭圆形，直立伸展，长 4 ～ 10 cm，宽 1 ～ 2 cm，先端钝或急尖，基部渐狭并抱茎。总状花序具多数花，圆柱状，长 2 ～ 10 cm；花苞片披针形，先端渐尖，均较子房稍长；子房圆柱状纺锤形，扭转，无毛，连花梗长约 5 mm；花小，较密集，白色；中萼片阔卵形，直立，凹陷，长 2 ～ 2.2 mm，宽 1.8 ～ 2 mm，先端钝，具 1 脉；侧萼片楔状卵形，较中萼片稍长而狭，先端钝，具 1 脉；花瓣直立，斜卵形，先端渐尖或钝，前部稍增厚，有时前面具 2 或 3 齿裂，与中萼片等长，但较狭，具 3 脉；唇瓣楔形，前伸，基部具距，前部 3 裂；裂片半广椭圆形，先端急尖，侧裂片较中裂片稍短；唇盘上具明显隆起的胼胝体；胼胝体半球形，围绕距口，顶部向后钩曲，无毛；距圆球状；蕊柱粗短；药室并行，下部不延长成沟；花粉团具极短的花粉团柄和黏盘，黏盘椭圆形；蕊喙小，三角形，具短臂；柱头 2 个，隆起而凸出，贴生于唇瓣基部两侧；退化雄蕊圆形，明显。花期 6 ～ 8 月。

纤茎阔蕊兰
Peristylus mannii

产于西藏南部陈塘（西藏新记录）；区外见于四川、云南。生于海拔 1800 ～ 2900 m 的山坡疏林中、灌丛下或山坡草地中。印度也有分布。

植株高 15 ～ 40 cm。块茎长圆形或圆球形，长 1 ～ 2 cm，直径 1 ～ 1.5 cm，肉质。茎直立，纤细，无毛，基部具 2 枚筒状鞘，近基部具 2 ～ 3 枚叶，在叶之上具 1 ～ 3 枚苞片状小叶。叶片线形，直立伸展，长 5 ～ 15 cm，宽 2 ～ 4 mm，先端渐尖，基部成抱茎的鞘。总状花序具少数至多数疏生的花，稍旋卷，长 7 ～ 20 cm；花苞片小，卵形，先端渐尖，短于子房，长为子房的 1/2；子房圆柱状纺锤形，扭转，无毛，连花梗长 5 mm；花小，绿色或淡黄色；中萼片直立，卵形，凹陷，长 2.5 mm，宽 1.3 mm，先端钝，具 1 脉；侧萼片舌状或狭长圆形，长 2.5 mm，宽 1 mm，先端钝，具 1 脉；花瓣直立，狭卵状披针形，上半部向先端变狭且肉质增厚，长 2.5 mm，下半部宽 1 mm，先端钝，具 2 脉；唇瓣与萼片等长或稍较短，向前伸展，前部肉质增厚，3 裂，裂片线形，先端钝，中裂片较侧裂片宽且较长，后部凹陷，几不增厚，质地薄，具 3 脉，基部具距，距极短，囊状，长 1 ～ 1.5 mm；蕊柱粗短，长约 1 mm；药室近并行，下部不伸长成沟；花粉团圆球形，几乎无柄和具黏盘，黏盘大，椭圆形；蕊喙小；柱头 2 个，近棒状，从蕊喙下伸出，位于唇瓣的基部两侧；退化雄蕊 2 个，倒卵形。花期 9 ～ 10 月。

西藏阔蕊兰

Peristylus elisabethae

产于西藏工布江达、林芝、拉萨、隆子、错那、亚东、吉隆。生于海拔 3100 ～ 4100 m 的山坡针阔叶混交林下、林间空地草丛中及河滩草地上。尼泊尔、印度也有分布。

植株高 9 ～ 28 cm。块茎椭圆形或卵球形，长 1.5 ～ 2 cm，直径 1 ～ 1.5 cm，肉质。茎直立，较粗壮，无毛，基部具 1 ～ 2 枚筒状鞘，下部具 2 ～ 3 枚叶，在叶之上具 1 ～ 2 枚苞片状小叶。叶较密集，叶片椭圆状披针形或线状披针形，长 4.5 ～ 12 cm，宽 7 ～ 20 mm，先端急尖或渐尖，基部收狭成抱茎的鞘。总状花序具多数花，长 2.5 ～ 14 cm；花苞片披针形，直立伸展，先端渐尖，下部的和子房等长或较长，上部的较短；子房圆柱状纺锤形，扭转，无毛，连花梗长 6 ～ 8 mm；花小，黄绿色、绿色或绿带紫色；中萼片宽卵形，直立，凹陷，长 2 mm，宽 1.8 mm，先端钝，具 1 脉；侧萼片卵形，张开，偏斜，长 2 mm，宽 1.5 mm，先端急尖，具 1 脉；花瓣斜卵状披针形，直立，肉质，较萼片稍短而狭，长 1.5 mm，近基部宽 1.2 mm，先端钝，具 1 脉；唇瓣肉质，长 3 mm，中部以下凹陷呈舟状，基部具距，中部 3 裂，中裂片狭长圆形，较侧裂片稍宽，与侧裂片等长或稍较短，直的，侧裂片线形，张开；距倒卵形，长约 1 mm，为子房长的 1/5；蕊柱粗短，长不及 1 mm；药室卵圆形，近并行；花粉团圆球形，具极短的花粉团柄和黏盘，黏盘椭圆形；蕊喙小；柱头 2 个，棍棒状，从蕊喙穴下伸出；退化雄蕊 2 个，椭圆形。花期 7 ～ 9 月。

盘腺阔蕊兰

Peristylus fallax

产于西藏吉隆、亚东、错那；区外见于四川、云南。生于海拔 3000 ～ 3300 m 的山坡林下、林缘草丛中或山坡高山草地中。尼泊尔、印度也有分布。模式标本采自尼泊尔。

植株高 14 ～ 28 cm。块茎圆球形或长圆形，长 1 ～ 1.5 cm，肉质。茎直立，无毛，基部具 2 ～ 3 枚筒状鞘，下部具叶，在叶之上有时具 1 枚苞片状小叶。叶 1 枚，直立伸展，叶片狭长圆形或长圆形，长 6 ～ 13 cm，宽 1 ～ 2 cm，先端急尖，基部成抱茎的鞘。总状花序具多数花，圆柱状，长 5 ～ 14 cm；花苞片披针形，先端长渐尖，最下部的较花长或与花等长；子房纺锤形，扭转，无毛，连花梗长 6 ～ 7 mm；花小，密集，黄绿色；中萼片长圆形，直立，凹陷，长 4 mm，宽约 2 mm，先端钝，具 1 脉；侧萼片向前伸展，斜卵状披针形，稍凹陷，长 4.5 mm，宽约 1.5 mm，先端近急尖，具 1 脉；花瓣直立，较萼片短而狭，卵状披针形，长 3.2 mm，近基部宽约 1.5 mm，先端急尖，具 1 脉；唇瓣较萼片长，肉质增厚，上面具多数细乳突，近中部 3 裂，中裂片长圆形，先端钝，侧裂片较中裂片短很多，长圆形，先端钝；基部具短距，距长圆形，长 1.5 mm，末端圆钝；蕊柱粗壮，直立，长约 2 mm；花药 2 室，药室并行，下部几不伸长成沟；花粉团椭圆形，具短的花粉团柄和黏盘，黏盘大，圆盘形；蕊喙阔，具短的臂；柱头 2 个，隆起，横长圆形；退化雄蕊 2 个，显著，椭圆形。花期 7 ～ 9 月。

高山兰属
Bhutanthera

地生矮小草本；粗或细；块茎球形至卵圆形；肉质上部具纤维状根；茎直立，较短，基部具管状叶鞘；无毛；叶片 2 枚或更多；叶对生或簇生在茎的尖端；卵圆形，椭圆形至披针形；基部变窄成为抱茎叶鞘；总状花序顶生，生 1～20 朵花；无毛；花反转，倒置；子房扭曲，纺锤形至卵形；萼片离生，相同；花瓣通常小于萼片，唇瓣 3 裂；唇瓣 3 裂，侧裂片有时不明显；基部有距；距圆锥形至圆柱形；花柱粗短；柱头 2 裂，连合；花粉粒 2 个，颗粒状至粉末状，小喙较大。

本属全球约 5 种，分布于东南亚至热带喜马拉雅。FOC 记录我国有 1 种；产于南方省区。西藏记录有 2 种，现收录 1 种；高山兰未见到图片，因此未收录。

白边高山兰
Bhutanthera albomarginata

产于西藏南部亚东。印度、尼泊尔也有分布。

植株高 4.5～7 cm。块茎卵形，直径 0.7～1.2 cm。茎圆柱形，高 2.5～5 cm，细长，从基部生根。叶披针形或倒披针形，长 2～3.5 cm，无梗，先端锐弯。花梗具肋；花苞片披针形，远比子房短；萼片长 0.7～1.2 cm，宽 1～1.5 cm，先端钝；卵形背侧卵形披针形。花瓣长圆形倒卵形到长圆形斜形，长 0.5～1 cm，宽 0.7～1 cm，先端钝。唇瓣等长于萼片；3 裂；侧裂片长圆形披针形，先端钝。蕊柱圆柱状，先端钝。

玉凤花属

Habenaria

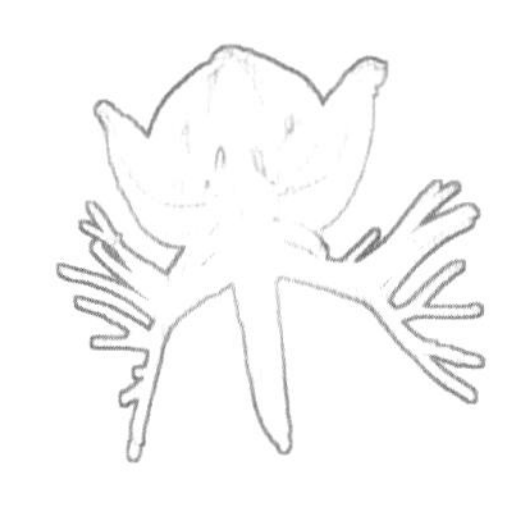

地生草本。块茎肉质，椭圆形或长圆形，不裂，颈部生几条细长的根。茎直立，基部常具 2～4 枚筒状鞘，鞘以上具 1 至多枚叶，向上有时还有数枚苞片状小叶。叶散生或集生于茎的中部、下部或基部，稍肥厚，基部收狭成抱茎的鞘。花序总状，顶生，具少数或多数花；花苞片直立，伸展；子房扭转，无毛或被毛；花小、中等大或大，倒置；萼片离生；中萼片常与花瓣靠合呈兜状，侧萼片伸展或反折；花瓣不裂或分裂；唇瓣一般 3 裂，基部通常有长或短的距，有时为囊状或无距；蕊柱短，两侧通常有耳；花药直立，2 室，药隔宽或窄，药室叉开，基部延长成短或长的沟；花粉团 2 个，为具小团块的粒粉质，通常具长的花粉团柄，柄的末端具黏盘；黏盘裸露，较小；柱头 2 个，分离，凸出或延长，位于蕊柱前方基部；蕊喙有臂，通常厚而大，臂伸长的沟与药室伸长的沟相互靠合呈管围抱着花粉团柄。

本属全球约 600 种，分布于全球热带、亚热带至温带地区。我国现知有 54 种，含 19 个特有种；除新疆外，南北各省均产，主要分布于长江流域和其以南，以西南部，特别是横断山脉地区为多。西藏记录有 13 种，现收录 9 种；二叶玉凤花、西藏玉凤花、川滇玉凤花、大花玉凤花未见到图片，因此仅出现在检索表中。

本属检索表

1 叶基生，叶片平展于地面上，多为2枚，少1枚或3～6枚，多为心形、圆形、卵圆形、卵形或卵状长圆形，少为椭圆形至长圆形。…………(2)

1 叶散生于茎上或集生于茎的中部、下部或基部，叶片不平展于地面上，形状种种，但绝不为心形、圆形、卵圆形、卵形或卵状长圆形。…………(5)

2 花瓣不裂；花绿白色；中萼片卵形；唇瓣长13～15 mm，从基部3深裂，裂片丝状，侧裂片较中裂片长；距长7 mm。…………二叶玉凤花 *H.diphylla*

2 花瓣2裂；近对生；10叶片上面无黄白色斑纹。…………(3)

3 花较小，中萼片长3～6 mm；花瓣边缘无缘毛；唇瓣的中裂片线形，侧裂片线形、近钻形、镰状，背折具向上翘；叶片上面的5条脉有时带黄白色；距短于子房。…………落地金钱 *H. aitchisonii*

3 花较大，中萼片长7～13 mm；花瓣边缘具缘毛；唇瓣的侧裂片与中裂片并行或稍叉开，侧裂片狭线状披针形，渐尖呈丝状而拳卷；叶片上面的5～7条脉绿色或白色。…………(4)

4 叶片上面粉绿色，背面带灰白色，叶脉绿色；花大，中萼片长10～13 mm；花瓣2深裂，上裂片匙状长圆形，长10～13 mm，距与子房近等长。…………粉叶玉凤花 *H.glaucifolia*

4 叶片上面绿色，具5～7条白色脉；花较小，中萼片长7～9 mm；花瓣2浅裂，上裂片斜长圆状披针形或卵状披针形，长7～9 mm；距长于子房。…………西藏玉凤花 *H.tibetica*

5 花瓣2裂；唇瓣3裂，每裂片不再分裂；花瓣上裂片线形，下裂片狭镰状，长2.5 mm，较上裂片短多；唇瓣的侧裂片较中裂片短或短多；中萼片卵状椭圆形，长14～16 mm。…………狭瓣玉凤花 *H. stenopetala*

5 花瓣不裂。…………(6)

6 唇瓣侧裂片外侧无深裂条，边缘有时具锯齿。…………(7)

6 唇瓣侧裂片的外侧几乎至基部具多数深的裂条。…………(8)

7 侧萼片极偏斜，向下弯；唇瓣的侧裂片钻形，较中裂片短多，与中裂片几垂直；距长10～17 mm，短于子房；花瓣长圆形，长3～4 mm。…………凸孔坡参 *H. acuifera*

7 侧萼片非极偏斜；唇瓣侧裂片宽，近菱形或近半圆形，宽4～8 mm，前部边缘具锯齿；距长达4 cm，较子房长；花瓣镰状披针形。…………鹅毛玉凤花 *H. dentata*

8 花瓣外侧边缘不臌出，长圆形或披针形，宽4～5 mm。…………(9)

8 花瓣外侧边缘极臌出，半卵状镰形，宽8 mm。…………(11)

9 柱头凸起约为药室长的2倍；药隔窄，宽2 mm；侧萼片斜长圆形；距较子房短；叶片长圆形至线状披针形，剑状。…………剑叶玉凤花 *H. pectinata*

9 柱头凸起与药室等长；药隔较宽，宽4～5 mm；侧萼片卵状披针形；距较子房长或较短；叶片非剑状。…………(10)

10 花瓣披针形，先端急尖；距较子房长很多，甚至长达1倍；药隔顶部截平。…………长距玉凤花 *H. davidii*

10 花瓣长圆形，先端钝；距与子房等长或较短；药隔顶部凹陷。…………棒距玉凤花 *H. mairei*

11 萼片的边缘无毛；药隔宽8 mm；退化雄蕊匙形，长2 mm；距较子房短。…………川滇玉凤花 *H. yuana*

11 萼片边缘具缘毛；药隔宽2～4 mm；退化雄蕊椭圆形，长1 mm；距与子房等长或较长。…………(12)

12 花序具多朵花；距长3.5～4 cm，与子房等长或稍长，药隔宽3～4 mm。……毛瓣玉凤花 *H. arietina*

12 花序具1～4朵花；距长7～8.5 cm，较子房长多，近长出1倍；药隔窄，宽2 mm。…大花玉凤花 *H.intermedia*

落地金钱

Habenaria aitchisonii

产于西藏东南部至南部；区外见于青海、四川、贵州、云南。生于海拔 2100 ～ 4300 m 的山坡林下、灌丛下或草地上。阿富汗、克什米尔地区至不丹、印度东北部也有分布。

植株高 12 ～ 33 cm。块茎肉质，长圆形或椭圆形，长 1 ～ 2.5 cm，直径 0.8 ～ 1.5 cm。茎直立，圆柱形，被乳突状柔毛，基部具 2 枚近对生的叶，在叶之上无或具 1 ～ 5 枚鞘状苞片。叶片平展，卵圆形或卵形，长 2 ～ 5 cm，宽 1.5 ～ 4 cm，先端急尖，基部圆钝，收狭并抱茎，稍肥厚，绿色，上面 5 条脉有时稍带黄白色。总状花序具几朵至多数密生或较密生的花，花序轴被乳突状毛，长 5 ～ 15 cm；花苞片卵状披针形，先端渐尖，与子房等长或较短；子房圆柱形，扭转，被乳突状毛，连花梗长 7 ～ 10 mm；花较小，黄绿色或绿色；中萼片直立，卵形，凹陷呈舟状，长 3 ～ 5 mm，宽 2.5 ～ 3.5 mm，先端钝或急尖，具 3 脉，与花瓣靠合呈兜状；侧萼片反折，斜卵状长圆形，长 3.5 ～ 5.5 mm，宽 2 ～ 3 mm，先端钝或急尖，具 3 脉；花瓣直立，2 裂，上裂片斜镰状披针形，长 3 ～ 5 mm，宽 1.5 ～ 2 mm，先端稍钝，具 1 脉，基部前侧具 1 枚齿状、小的下裂片；唇瓣较萼片长，基部之上 3 深裂；中裂片线形，反折，直的，长 5 ～ 9 mm，宽 1 ～ 1.2 mm，先端钝；侧裂片近钻形，镰状向上弯曲，角状，长 6 ～ 12 mm，先端稍钩曲；距圆筒状棒形，下垂，下部稍膨大且向前弯，长 6 ～ 9 mm，较子房短；药隔较窄，顶部凹陷，药室伸长的沟短且向上弯；柱头的凸起向前伸，近棒状，粗短。花期 7 ～ 9 月。

粉叶玉凤花

Habenaria glaucifolia

产于西藏东南部；区外见于陕西、甘肃、四川、贵州、云南。生于海拔 2000 ～ 4300 m 的山坡林下、灌丛下或草地上。模式标本采自四川康定。

植株高 15 ～ 50 cm。块茎肉质，长圆形或卵形。茎直立，圆柱形，被短柔毛，基部具 2 枚近对生的叶。叶片平展，近圆形或卵圆形，先端骤狭具短尖或近渐尖，基部圆钝，骤狭并抱茎，上面 5 ～ 7 条脉绿色。总状花序具 3 ～ 10 余朵花，花序轴被短柔毛；花苞片直立伸展，披针形或卵形，先端渐尖，较子房短；子房圆柱形，扭转，被短柔毛；花较大，白色或白绿色；中萼片卵形或长圆形，直立，凹陷呈舟状，先端钝，具 5 脉，与花瓣靠合呈兜状；侧萼片反折，斜卵形或长圆形，先端急尖，具 5 脉；花瓣直立，2 深裂，匙状长圆形，先端钝，具 3 脉；唇瓣反折，基部具短爪，基部之上 3 深裂；侧裂片叉开，线状披针形，向先端渐狭，前部拳卷状，先端渐尖；中裂片线形，直的，先端钝，较侧裂片稍宽；距下垂，近棒状，末端稍钝，与子房近等长；药隔极宽；柱头的凸起长，披针形，伸出，并行。花期 7 ～ 8 月。

西藏玉凤花

Habenaria tibetica

产于西藏东南部；区外见于甘肃、青海、四川、云南。生于海拔 2300 ～ 4300 m 的林下、灌丛下或草地中。

植株高 18 ～ 35 cm。块茎肉质，长 2 ～ 3 cm，直径 2 ～ 2.5 cm。茎直立，圆柱形，和花序轴均被乳突状毛，基部具 2 枚近对生的叶。叶片平展，卵形或近圆形，长 3 ～ 6.5 cm，宽 2.5 ～ 7 cm，先端锐尖、短尖或钝，基部圆钝，骤狭并抱茎，叶上面绿色具 5 ～ 7 条白色脉，显著。总状花序具 3 ～ 8 朵较疏生的花；花苞片披针形或线状披针形，先端渐尖；子房狭的纺锤形，被细乳突状毛；花较大，黄绿色至近白色；中萼片直立，卵形，凹陷呈舟状，先端稍钝；侧萼片反折，斜卵形，先端近急尖，具 3 ～ 5 脉；花瓣直立，2 浅裂；唇瓣较萼片长，近基部 3 深裂，裂片反折；距细圆筒状棒形；花药直立；柱头的凸起向前伸，肉质，舌状，几与药室的沟槽等长。花期 7 ～ 8 月。

狭瓣玉凤花

Habenaria stenopetala

产于西藏东南部墨脱；区外见于台湾、贵州。生于海拔 300 ～ 1750 m 的阔叶林下或林缘。尼泊尔、印度、越南、泰国、菲律宾，克什米尔地区、琉球群岛也有分布。模式标本采自印度。

植株高 40 ～ 89 cm。块茎肉质，长圆形或长椭圆形，长 2 ～ 5 cm，直径 1 ～ 2 cm。茎粗壮，直立，圆柱形，近中部具 5 ～ 8 枚叶，向上具多枚苞片状小叶。叶片椭圆形、长圆形至长圆状披针形，先端急尖或渐尖，基部收狭并抱茎。总状花序具多数密生的花，花茎无毛；花苞片披针形或卵状披针形，先端渐尖或长渐尖呈芒状，常长于花；子房圆柱状纺锤形，扭转，无毛，连花梗长 1.5 ～ 2.2 cm；花中等大，绿色或绿白色；中萼片卵状椭圆形，直立，凹陷呈舟状，先端长渐尖呈丝状或芒状弯曲的尖尾，具 3 脉；侧萼片反折，斜卵形，先端具渐尖呈丝状或芒状弯曲的尖尾，具 3 脉；花瓣较中萼片稍短而狭窄，2 裂；上裂片与中萼片相靠，线形，具 1 脉，先端渐尖；下裂片较小，狭镰形；唇瓣带褐色，基部 3 深裂，裂片均为线形，或中裂片为舌状，较侧裂片宽，侧裂片较中裂片短，或短很多，钻状；距细圆筒状，下垂，与子房等长或较长，末端钝；柱头 2 个，隆起，长圆状棒形。花期 8 ～ 10 月。

凸孔坡参

Habenaria acuifera

产于西藏墨脱；区外见于广西、四川和云南也有分布。生于海拔 200 ～ 2000 m 的山坡林下、灌丛或草地。印度东北部、缅甸、越南、泰国、老挝、马来西亚也有分布。模式标本采自缅甸。

块茎肉质，长圆形或狭椭圆形。茎直立，圆柱形，无毛，具 3 ～ 4 枚疏生叶。叶之下具 2 ～ 3 枚筒状鞘，向上具多枚披针形、长渐尖、边缘具缘毛的苞片状小叶。叶片长圆形或长圆状披针形，基部抱茎。总状花序具 8 ～ 20 余朵密生的花；花苞片披针形，先端长渐尖，边缘具缘毛，长于子房；子房细圆柱状纺锤形，扭转，无毛，上部收狭，弧状；花小，黄色；中萼片宽卵形，直立，凹陷，先端钝，具 3 脉，与花瓣靠合呈兜状；侧萼片反折，斜卵状椭圆形，先端钝，具 3 脉；花瓣直立，斜长圆形，不裂，先端稍钝，具 1 脉；唇瓣向前伸展，基部 3 裂；中裂片线形，先端钝；侧裂片钻状，稍叉开，先端渐尖；距细圆筒状棒形，下垂，末端钝，短于子房；蕊柱短；花药直立，药隔狭，顶部凹陷；花粉团狭椭圆形。花期 6 ～ 8 月。

鹅毛玉凤花

Habenaria dentata

产于西藏东南部；区外见于安徽、浙江、江西、福建、台湾、湖北、湖南、广东、广西、四川、贵州、云南。生于海拔 190 ～ 2300 m 的山坡林下或沟边。尼泊尔、印度、缅甸、越南、老挝、泰国、柬埔寨、日本也有分布。

植株高 35 ～ 87 cm。块茎肉质，长圆状卵形至长圆形，长 2 ～ 5 cm，直径 1 ～ 3 cm。茎粗壮，直立，圆柱形，具 3 ～ 5 枚疏生的叶，叶之上具数枚苞片状小叶。叶片长圆形至长椭圆形，长 5 ～ 15 cm，宽 1.5 ～ 4 cm，先端急尖或渐尖，基部抱茎，干时边缘常具狭的白色镶边。总状花序常具多朵花，长 5 ～ 12 cm，花序轴无毛；花苞片披针形，长 2 ～ 3 cm，先端渐尖，下部的与子房等长；子房圆柱形，扭转，无毛，连花梗长 2 ～ 3 cm，先端渐狭，具喙；花白色，较大，萼片和花瓣边缘具缘毛；中萼片宽卵形，直立，凹陷，长 10 ～ 13 mm，宽 7 ～ 8 mm，先端急尖，具 5 脉，与花瓣靠合呈兜状；侧萼片张开或反折，斜卵形，长 14 ～ 16 mm，先端急尖，具 5 脉；花瓣直立，镰状披针形，不裂，长 8 ～ 9 mm，宽 2 ～ 2.5 mm，先端稍钝，具 2 脉；唇瓣宽倒卵形，长 15 ～ 18 mm，宽 12 ～ 16 mm，3 裂；侧裂片近菱形或近半圆形，宽 7 ～ 8 mm，前部边缘具锯齿；中裂片线状披针形或舌状披针形，长 5 ～ 7 mm，宽 1.5 ～ 3 mm，先端钝，具 3 脉；距细圆筒状棒形，下垂，长达 4 cm，中部稍向前弯曲，向末端逐渐膨大，末端钝，较子房长，中部以下绿色；距口周围具明显隆起的凸出物；柱头 2 个，隆起呈长圆形，向前伸展，并行。花期 8 ～ 10 月。

剑叶玉凤花

Habenaria pectinata

产于西藏南部陈塘（西藏新记录）；区外见于云南。生于海拔约 1800 m 的山坡林下。印度的西姆拉至锡金邦也有分布。

植株高 55 ～ 70 cm，干后变成黑色。块茎肉质，长圆形，长 2 ～ 3 cm，直径 1 ～ 1.5 cm。茎粗壮，圆柱形，直立，无毛，下部具几枚长筒状鞘，上部具多枚叶。叶片长圆形至线状披针形，剑状，长 6 ～ 15 cm，宽 1.5 ～ 2 cm，先端渐尖，基部抱茎，具 3 条粗脉，向上叶逐渐变小。总状花序具 6 ～ 13 朵花，长 10 ～ 20 cm；花苞片披针形至线状披针形，长 2.5 ～ 3.2 cm，先端渐尖，较子房长很多；子房圆柱形，扭转，稍弓曲，无毛，连花梗长 1.8 ～ 2 cm；花较大，绿白色；萼片淡绿色，先端常外弯，前部边缘具缘毛，具 5 脉；中萼片直立，凹陷呈舟状，披针形，长 1.7 cm，宽 5 mm，先端近急尖；侧萼片张开，斜长圆形，近镰状，长 1.9 cm，宽 5 mm，先端急尖；花瓣直立，淡绿色或白色，斜镰形，不裂，长 1.7 cm，宽 3 mm，先端急尖，内侧具毛和边缘具缘毛，与中萼片靠合呈兜状；唇瓣白色，较萼片稍长，基部不裂而在其上方 3 深裂，侧裂片线形，长 2 cm，外侧边缘为蓖齿状深裂，细裂片 6 ～ 7 条，丝状；中裂片线形，长 1.8 cm；距圆筒状棒形，长 17 ～ 18 mm，下垂，向末端稍膨大；花药直立，药隔凹缺，宽约 2 mm，药室叉开，伸长；花粉团狭椭圆形，具近等长、细长而弯曲的柄，黏盘小，盘状；柱头隆起呈细棒状，较药室长 1 倍，前部常呈镰状膨大且向上弯曲；退化雄蕊狭椭圆形，长 1 mm。花期 8 月。

长距玉凤花

Habenaria davidii

产于西藏东部至南部；区外见于湖北、湖南、四川、贵州、云南。生于海拔 800 ～ 3200 m 的山坡林下、灌丛下或草地。

植株高 65 ～ 75 cm，干后变成黑色。块茎肉质，长圆形，长 2 ～ 5 cm，直径 0.8 ～ 1.5 cm。茎粗壮，直立，圆柱形，直径 4 ～ 6 mm，具 5 ～ 7 枚叶。叶片卵形、卵状长圆形至长圆状披针形，长 5 ～ 12 cm，宽 1.5 ～ 4.5 cm，先端渐尖，基部抱茎，向上逐渐变小。总状花序具 4 ～ 15 朵花，长 4 ～ 21 cm；花苞片披针形，长达 4.5 cm，宽约 1 cm，先端渐尖，下部的长于子房；子房圆柱形，扭转，无毛，连花梗长 2.5 ～ 3.5 cm；花大，绿白色或白色；萼片淡绿色或白色，边缘具缘毛，中萼片长圆形，直立，凹陷呈舟状，长 1.5 ～ 1.8 mm，宽 6 ～ 7 mm，先端钝，具 5 脉；侧萼片反折，斜卵状披针形，长 1.7 ～ 2 cm，宽 6 ～ 8 mm，先端渐尖，具 5 ～ 7 脉；花瓣白色，直立，斜披针形，近镰状，不裂，长 1.4 ～ 1.7 cm，宽 3 ～ 4 mm，先端近急尖，具 3 ～ 5 脉，边缘具缘毛，与中萼片靠合呈兜状；唇瓣白色或淡黄色，长 2.5 ～ 3 cm，基部不裂，在基部以上 3 深裂，裂片具缘毛；中裂片线形，长 20 ～ 25 mm，先端急尖，与侧裂片近等长；侧裂片线形，外侧边缘为蓖齿状深裂，细裂片 7 ～ 10 条，丝状； 距细圆筒状，下垂，长 4.5 ～ 6.5 cm，稍弯曲，末端稍膨大而钝，较子房长，甚至超出近 1 倍；花药直立；药隔顶部截平，宽 4 mm，药室叉开，伸长；花粉团狭椭圆形，长 4 mm，具线形、长 5 mm 且向上弯的柄和黏盘，黏盘小，近圆形；退化雄蕊小，长椭圆形。花期 6 ～ 8 月。

棒距玉凤花

Habenaria mairei

产于西藏察隅；区外见于四川、云南。生于海拔 2400 ～ 3400 m 的林下或灌丛草地。模式标本采自云南西北部。

块茎肉质，长圆形或卵形。茎较粗壮，直立，圆柱形，在叶之下具 2 ～ 3 枚长的筒状鞘，其上具 5 ～ 6 枚叶。叶片椭圆状舌形或长圆状披针形，直立伸展，先端渐尖，基部抱茎，向上逐渐变小。总状花序具 4 ～ 19 朵较密生的花；花苞片椭圆状披针形，先端渐尖；子房圆柱形，扭转，无毛；花较大，绿白色；萼片黄绿色，边缘具缘毛，中萼片狭卵形，直立，先端钝，具 5 脉；侧萼片张开，稍斜卵状披针形，先端急尖，具 5 脉；花瓣白色，直立，斜长圆形，不裂，先端钝，具 3 脉，边缘具缘毛，内侧边缘不臌出，与中萼片靠合呈兜状；唇瓣白色或黄白色，在基部以上才 3 深裂，裂片近等长，具缘毛；距圆筒状棒形，下垂；花药直立；花粉团狭椭圆形；柱头凸起 2 个，伸长，棒状，与药室等长，前部呈镰状膨大，且稍向上弯曲；退化雄蕊小，卵形。花期 7 ～ 8 月。

毛瓣玉凤花

Habenaria arietina

产于西藏墨脱、错那。生于海拔 2300 ～ 2400 m 的山坡草丛中。尼泊尔、不丹、印度东北部至西北部也有分布。模式标本采自印度。

植株高 57 ～ 65 cm，干后变成黑色。块茎肉质，长圆形，长 3 ～ 5 cm，直径 1 ～ 2 cm。茎较粗壮，直立，圆柱形，具 5 ～ 7 枚疏生的叶。叶片卵状披针形或长圆状披针形，长 5.5 ～ 10 cm，宽 2 ～ 3 cm，先端渐尖，基部抱茎。总状花序具多数较密生的花，长达 30 cm；花苞片卵状披针形，长 1.8 ～ 2 cm，宽 7 ～ 8 mm，先端渐尖，与子房近等长；子房圆柱形，扭转，无毛，连花梗长 3 ～ 3.5 cm；花较大，白色或绿白色，萼片边缘具缘毛，具 5 脉；中萼片长圆形，直立，凹陷呈舟状，长 19 mm，宽 6 mm，先端急尖；侧萼片反折，斜镰状披针形，长 20 mm，宽 6 mm，先端急尖；花瓣直立，斜半卵状镰形，不裂，长 19 mm，具 5 脉，内侧有柔毛，边缘具缘毛，与中萼片靠合呈兜状；唇瓣较萼片长，长约 3 cm，基部不裂，在基部以上才 3 深裂，裂片近等长，边缘具缘毛；侧裂片线形，外侧边缘为蓖齿状深裂，其细裂片约 10 条，丝状；中裂片线形，长 22 mm，宽约 2 mm；距圆筒状棒形，下垂，长 3.5 ～ 4 cm，中部以下稍膨大，末端钝；花药直立；柱头的凸起并伸长，棒状，较药室长，前部镰状膨大且向上弯曲。花期 8 月。

合柱兰属
Diplomeris

地生草本。植株矮小，具块茎，块茎 1 或 2 枚，肉质，不裂，颈部具几条细长根。叶 1 ～ 2 枚，叶片剑形、线状披针形或长圆形。花葶顶生 1 ～ 2 朵花；花大，倒置；花苞片绿色，宽卵形，短于子房或与子房等长，被毛或无毛；萼片近等大，离生，披针形，张开；花瓣较萼片长而宽；唇瓣张开，极宽；蕊柱极短；蕊喙大，直立；花粉团 2；子房被毛或无毛。

本属全球约 4 种，分布于尼泊尔、不丹、印度东北部、缅甸和我国。我国有 2 种，产于西藏东南部、云南西北部、四川西南部和贵州西南部。西藏记录有 1 种，现收录 1 种。

合柱兰
Diplomeris pulchella

产于西藏东南部墨脱；区外见于贵州、四川、云南。生于海拔 650 ～ 2600 m 的山坡林下草地。缅甸、印度东北部、越南沙坝也有分布。

植株全体无毛。块茎椭圆形，肉质，不裂。叶通常 2 枚，基生，直立伸展，1 枚大，另 1 枚小很多，叶片剑形或线状披针形，大叶先端渐尖，基部收狭成抱茎的鞘，叶之上有时具 1 枚苞片状小叶。花 1 ～ 2 朵，大，生于茎的顶端，白色；花苞片宽卵形，无毛，略长于子房或与子房等长，先端急尖；子房圆柱状纺锤形，扭转，无毛；萼片长圆状披针形或卵状披针形，张开，背面中脉具褶片状脊，先端急尖或渐尖；花瓣张开，较萼片大很多，宽倒卵形或卵状长圆形，先端钝尖；唇瓣张开，宽倒心形，顶部凹处具 1 小尖头；距细，圆筒状，下垂，向前或向上弯曲，在中部以下向末端稍增粗，末端稍尖或钝。花期 7 ～ 9 月。

鸟足兰属

Satyrium

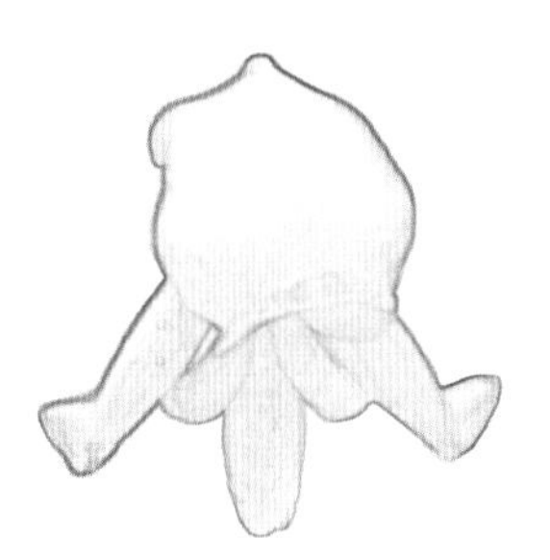

地生草本，地下具块茎。块茎肉质，通常近椭圆形，2 个。茎直立，通常具少数叶，基部有 2～3 枚鳞片状鞘。叶生于茎下部或近基部，草质或稍肥厚，基部下延为抱茎的鞘。总状花序顶生，通常具多花；花苞片常多少叶状，较大，反折；花梗极短；花两性或罕有单性，不扭转；萼片与花瓣离生，花瓣常略小于萼片；唇瓣位于上方，贴生于蕊柱基部，兜状，基部有 2 个距或囊状距，极罕距或囊完全消失；蕊柱较长或短，向后弯曲；花药生于蕊柱背侧，基部与蕊柱完全合生，由于花不扭转而处于下方；花粉团 2 个，粒粉质，由小团块组成，每个花粉团具 1 个花粉团柄和 1 个黏盘；柱头大，伸出；蕊喙较大，平展或下弯。

本属全球约 90 种，主要分布于非洲，特别南部非洲，仅 3 种见于亚洲；我国有 2 种，含 1 特有种；西藏记录有 1 种，1 变种，现均收录。

本属检索表

1　唇瓣的距一般长不超过 6 mm，短于子房，至多与花被片等长。……缘毛鸟足兰 *S. nepalense* var. *ciliatum*

1　唇瓣的距长可达 1 cm，通常与子房等长，至少亦明显长于花被片。……………………鸟足兰 *S.nepalense*

缘毛鸟足兰

Satyrium nepalense var. *ciliatum*

产于西藏亚东、错那、米林、工布江达、察瓦龙；区外见于湖南、四川、贵州、云南。生于海拔 1800 ～ 4100 m 的草坡上、疏林下或高山松林下。不丹、尼泊尔也有分布。

植株高 14 ～ 32 cm，地下具块茎；块茎长圆状椭圆形或椭圆形，长 1 ～ 5 cm，宽 0.5 ～ 2 cm。茎直立，基部具 1 ～ 3 枚膜质鞘，鞘的上方具 1 ～ 2 枚叶和 1 ～ 2 枚叶状鞘。叶片卵状披针形至狭椭圆状卵形，下面的 1 枚长 6 ～ 15 cm，宽 2 ～ 5 cm，上面的较小，先端渐尖或急尖，边缘略皱波状，基部的鞘抱茎。总状花序长 3 ～ 13 cm，密生 20 余朵或更多的花；花苞片卵状披针形，反折，在花序下部的长 1.5 ～ 2 cm；花梗和子房长 6 ～ 8 mm；花粉红色，通常两性，较少雄蕊退化而成为雌性（雌性植株）；中萼片狭椭圆形，长 5 ～ 6 mm，宽约 1.3 mm，近先端边缘具细缘毛；侧萼片长圆状匙形，与中萼片等长，宽约 1.8 mm，亦具类似细缘毛；花瓣匙状倒披针形，长 4 ～ 5 mm，宽约 1.2 mm，先端常有不甚明显的齿缺或裂缺；唇瓣位于上方，兜状，半球形，宽约 6 mm，先端急尖并具不整齐齿缺，背面有明显的龙骨状凸起；距 2 个，通常长 4 ～ 6 mm，较少缩短而成囊状或完全消失（在无距或短距的花中，雄性器官均有不同程度的退化，在极端的类型中蕊柱变成花柱，甚至唇瓣也不见了）；蕊柱长约 5 mm，向后弯曲；柱头唇近方形；蕊喙唇 3 裂。蒴果椭圆形，长 5 ～ 6 mm，宽 3 ～ 4 mm。花果期 8 ～ 10 月。本种现已归并至鸟足兰，但根据差异，本书依旧将其列出。

鸟足兰

Satyrium nepalense

产于西藏南部和东南部；区外见于贵州、云南。生于海拔 1000 ～ 3200 m 的草坡上、林间空地或林下。尼泊尔、印度、缅甸和斯里兰卡也有分布。

植株高 30 ～ 45 cm，具块茎；块茎长圆状椭圆形，长 2 ～ 3 cm，宽 1 ～ 1.5 cm。茎无毛，基部具膜质鞘，在鞘的上方有 2 ～ 3 枚叶和 2 ～ 4 枚叶状鞘。叶片椭圆形、卵形或卵状披针形，下面的 1 枚长 7 ～ 10 cm，宽 3.5 ～ 5.5 cm，向上渐小，先端急尖，边缘多少呈皱波状，基部的鞘抱茎。总状花序长 8 ～ 9 cm，宽 1 ～ 2 cm，密生 20 余朵或更多的花；花苞片卵状披针形，反折，在花序下部的长 1.5 ～ 2 cm，宽约 8 mm，上部的较小；花梗和子房长 6 ～ 8 mm；花粉红色；中萼片狭椭圆形，长 4 ～ 5 mm，宽 1 ～ 1.4 mm，先端钝；侧萼片长圆状半卵形，稍斜歪，长约 4 mm，宽达 2 mm，近先端边缘具细缘毛；花瓣狭长圆形或狭椭圆形，长约 3.5 mm，宽约 1 mm，背面有龙骨状凸起；唇瓣位于上方，兜状，近半球形，宽约 5 mm，先端钝并外折，背面有龙骨状凸起；距 2 个，纤细，下垂，长可达 1 cm，通常与子房等长；蕊柱长约 4 mm，向后弯曲；柱头唇近圆形；蕊喙唇 3 裂。花期 9 ～ 12 月。

山珊瑚属

Galeola

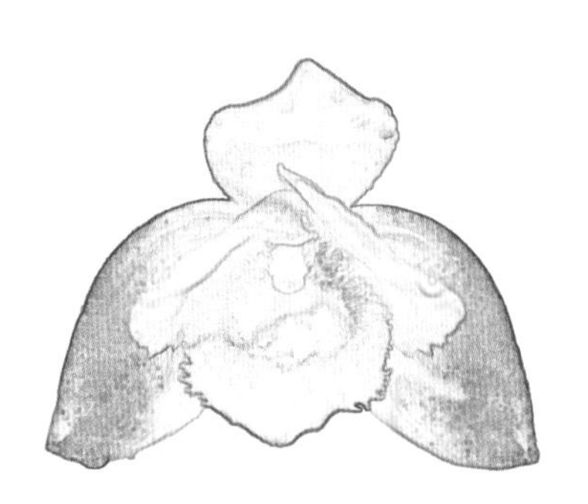

腐生草本或半灌木状，常具较粗厚的根状茎。茎常较粗壮，直立或攀援，稍肉质，黄褐色或红褐色，无绿叶，节上具鳞片。总状花序或圆锥花序顶生或侧生，具多数稍肉质的花；花序轴被短柔毛或粃糠状短柔毛；花苞片宿存；花中等大，通常黄色或带红褐色；萼片离生，背面常被毛；花瓣无毛，略小于萼片；唇瓣不裂，通常凹陷成杯状或囊状，多少围抱蕊柱，明显大于萼片，基部无距，内有纵脊或胼胝体；蕊柱一般较为粗短，上端扩大，向前弓曲，无蕊柱足；花药生于蕊柱顶端背侧；花粉团2个，每个具裂隙，粒粉质，无附属物；柱头大，深凹陷；蕊喙短而宽，位于柱头上方。果实为荚果状蒴果，干燥，开裂。种子具厚的外种皮，周围有宽翅。

本属全球约10种，主要分布于亚洲热带地区，从中国南部和日本至新几内亚岛，以及非洲马达加斯加岛均可见到。我国产4种，含1特有种；西藏记录有2种，现收录2种。

本属检索表

1 花苞片背面无毛；唇瓣上散生褶片状附属物。……………………………………………………山珊瑚 *G. faberi*

1 花苞片背面明显具毛；唇瓣上无褶片状附属物。………………………………………毛萼山珊瑚 *G. lindleyana*

山珊瑚

Galeola faberi

产于西藏墨脱；区外见于四川西南部峨眉山、贵州中部息烽和云南西北部至东南部维西、腾冲、建水、金平、勐腊。生于海拔 1800 ～ 2300 m 的疏林下或竹林下多腐殖质和湿润处。模式标本采自四川（峨眉山）。

高大植物，半灌木状。根状茎粗壮，横走，疏被宽卵形鳞片。茎直立，红褐色，基部多少木质化，高 1 ～ 2 m，仅上部疏被锈色短绒毛。圆锥花序由顶生和侧生的总状花序组成；侧生总状花序通常具 4 ～ 7 朵花；总状花序基部的不育苞片披针形，无毛；花苞片披针形或卵状披针形，背面无毛；花梗和子房多少被锈色短绒毛；花黄色；萼片狭椭圆形或近长圆形，先端钝，背面稍被极短的锈色绒毛；花瓣与萼片相似，无毛；唇瓣倒卵形，不裂，下部凹陷，两侧边缘内弯，边缘具不规则缺刻并多少波状，内面具多条粗厚的纵脉，脉上生有不规则的褶片或圆齿，尤以上部为多；蕊柱长 8 ～ 10 mm。花期 5 ～ 7 月。

毛萼山珊瑚

Galeola lindleyana

产于西藏通麦、墨脱；区外见于陕西、安徽、河南、云南等地。印度也有分布。生于海拔 740 ～ 2200 m 的疏林下、稀疏灌丛中、沟谷边腐殖质丰富、湿润、多石处。模式标本采自印度。

高大植物，半灌木状。根状茎粗厚，直径可达 2 ～ 3 cm，疏被卵形鳞片。茎直立，红褐色，基部多少木质化，高 1 ～ 3 m，多少被毛或老时变为秃净，节上具宽卵形鳞片。圆锥花序由顶生与侧生总状花序组成；侧生总状花序一般较短，具数朵至 10 余朵花；花苞片卵形；花梗和子房密被锈色短绒毛；花黄色；萼片椭圆形至卵状椭圆形，背面密被锈色短绒毛并具龙骨状凸起。花瓣宽卵形至近圆形，无毛；唇瓣凹陷成杯状，近半球形，不裂，边缘具短流苏，内面被乳突状毛，近基部处有 1 个平滑的胼胝体；蕊柱棒状；药帽上有乳突状小刺。果实近长圆形；种子周围有宽翅。花期 5 ～ 8 月。

头蕊兰属
Cephalanthera

地生或腐生草本，通常具缩短的根状茎和成簇的肉质纤维根，腐生种类则具较长的根状茎和稀疏的肉质根。茎直立，不分枝，通常中部以上具数枚叶，下部有若干近舟状或圆筒状的鞘。叶互生，折扇状，基部近无柄并抱茎，腐生种类则退化为鞘。总状花序顶生，通常具数朵花，较少减退为单花或达 10 朵以上；花苞片通常较小，有时最下面 1 ～ 2 枚近叶状，极罕全部叶状；花两侧对称，近直立或斜展，多少扭转，常不完全开放；萼片离生，相似；花瓣常略短于萼片，有时与萼片多少靠合成筒状；唇瓣常近直立，3 裂，基部凹陷成囊状或有短距；侧裂片较小，常多少围抱蕊柱；中裂片较大，上面有 3 ～ 5 条褶片；蕊柱直立，近半圆柱形；花药生于蕊柱顶端背侧，直立，2 室；花丝明显；退化雄蕊 2 个，白色而有银色斑点；花粉团 2 个，每个稍纵裂为 2，粒粉质，不具花粉团柄，亦无黏盘；柱头凹陷，位于蕊柱前方近顶端处；蕊喙短小，不明显。

全属约 15 种，主要产于欧洲至东亚，北美也有分布，个别种类向南可分布到北非、缅甸和老挝。我国有 9 种，含 4 个特有种；主要产于亚热带地区。西藏记录有 2 种，现收录 1 种；银兰未拍摄到照片，因此仅收录于检索表中。

本属检索表

1　唇瓣基部无明显的距，但有浅囊，囊藏于侧萼片基部之内。································头蕊兰 *C. longifolia*

1　唇瓣基部的距明显伸出侧萼片基部之外。距近圆锥形，末端锐尖。·····························银兰 *C. erecta*

头蕊兰
Cephalanthera longifolia

产于西藏南部至东南部；区外见于山西、陕西、云南等地。生于海拔 1000 ～ 3300 m 的林下、灌丛中、沟边或草丛中。广泛分布于欧洲、北非至喜马拉雅地区。模式标本采自欧洲。

高 20 ～ 47 cm。茎直立，下部具 3 ～ 5 枚排列疏松的鞘。叶 4 ～ 7 枚；叶片披针形、宽披针形或长圆状披针形，先端长渐尖或渐尖，基部抱茎。总状花序长 1.5 ～ 6 cm，具 2 ～ 13 朵花；花苞片线状披针形至狭三角形；花白色，稍开放或不开放；萼片狭菱状椭圆形或狭椭圆状披针形；花瓣近倒卵形；唇瓣 3 裂，基部具囊；唇瓣基部的囊短而钝，包藏于侧萼片基部之内。蒴果椭圆形。花期 5 ～ 6 月，果期 9 ～ 10 月。

竹茎兰属

Tropidia

地生草本，具短的根状茎和成簇纤维根。茎单生或丛生，常较坚挺，状如细竹茎，直立，分枝或不分枝，下部节上具鞘，上部具数枚或多枚叶。叶疏散地生于茎上或较密集地聚生于茎上端，基部收狭为抱茎的鞘，折扇状。花序顶生或从茎上部叶腋发出，通常较短，不分枝，具数朵或 10 余朵花；花通常二列互生，较少近簇生；萼片离生或侧萼片多少合生并围抱唇瓣；花瓣离生，与萼片相似或略小；唇瓣通常不裂，略短于萼片，基部凹陷成囊状或有距，多少围抱蕊柱；蕊柱较短；花药直立，生于背侧，短于蕊喙；花粉团 2 个，粒粉质，由许多可分的小团块组成，具细长的花粉团柄和盾状黏盘；蕊喙直立，较长，先端 2 裂（黏盘脱出后）。

全属约有 20 种，分布于亚洲热带地区至太平洋岛屿，也见于中美洲与北美东南部。我国有 7 种，含 3 个特有种。西藏记录 2 种，现收录 2 种。

本属检索表

1　叶 2 枚，生于茎顶端，近对生状；唇瓣基部有距，距长达 4 mm。………………阔叶竹茎兰 *T. angulosa*

1　叶 2 至多枚，互生于茎或分枝上，绝不为对生状；唇瓣基部无距；侧萼片仅基部合生；通常具侧生花序。……………………………………………………………………………………短穗竹茎兰 *T. curculigoides*

阔叶竹茎兰

Tropidia angulosa

产于西藏东南部墨脱；区外见于台湾、广西、云南。生于海拔 100 ～ 1800 m 的林下或林缘。印度、缅甸、越南、泰国、马来西亚、印度尼西亚和日本也有分布。模式标本采自印度东北部。

茎直立，单生或 2 个生于同一根状茎上，不分枝或有 1 个分枝，节间长 3 ～ 6.5 cm，下部具圆筒状鞘，大部分裸露，上部为鞘所包。叶 2 枚，生于茎顶端，近对生状；叶片椭圆形或卵状椭圆形，纸质或坚纸质，先端长渐尖，基部收狭为抱茎的鞘。总状花序生于茎顶端，具 10 余朵或更多的花；花苞片狭披针形，中脉明显；花梗和子房长 6 ～ 9 mm；花绿白色；中萼片线状披针形，先端渐尖或急尖；侧萼片合生，近长圆形，仅先端 2 浅裂，围抱唇瓣并与唇瓣基部的距连成一体；花瓣线状披针形；唇瓣近长圆形，中部至基部有 2 条略肥厚的纵脊，基部有圆筒状距；蕊柱长约 6 mm；花药直立，卵状披针形，长约 3.5 mm；蕊喙披针形，直立，长约 5 mm。蒴果长圆状椭圆形，长 1 ～ 1.5 cm，宽 6 ～ 7 mm。花期 9 月，果期 12 月至次年 1 月。

短穗竹茎兰

Tropidia curculigoides

产于西藏东南部墨脱；区外见于台湾、海南、香港、广西、云南。生于海拔 250 ～ 1000 m 的林下或沟谷旁阴处。印度等国也有分布。模式标本采自印度东北部。

植株具粗短、坚硬的根状茎。茎直立，常数个丛生，不分枝或偶见分枝，下部在叶鞘枯萎后常裸露，上部为叶鞘所包。叶通常有 10 枚以上，疏松地生于茎上；叶片狭椭圆状披针形至狭披针形，纸质或坚纸质，先端长渐尖或尾状，基部收狭为抱茎的鞘。总状花序生于茎顶端和茎上部叶腋，具数朵至 10 余朵花；花苞片披针形，具明显的纵脉；花绿白色，密集；萼片披针形或长圆状披针形，先端长渐尖；侧萼片仅基部合生；花瓣长圆状披针形；唇瓣卵状披针形或长圆状披针形，基部凹陷，舟状，先端渐尖。花期 6 ～ 8 月，果期 10 月。

无叶兰属
Aphyllorchis

腐生草本，无绿叶，地下具缩短的根状茎和肉质的、伸展的根。茎直立，肉质，不分枝，常呈浅褐色，中下部具数枚膜质、舟状或圆筒状的鞘，上部具数枚鳞片状不育苞片，向上逐渐过渡为花苞片。总状花序顶生，疏生少数或多数花；花苞片膜质，长或短于花梗和子房；花小或中等大，扭转，常具较长的花梗和子房；萼片相似，离生，常多少凹陷而呈舟状；花瓣与萼片相似或稍短小，质地较薄；唇瓣常可分为上下唇；下唇常较小，凹陷，基部两侧一般有一对耳；上唇不裂或 3 裂；唇瓣极罕不分前后唇并与花瓣相似；蕊柱较长，向前弯曲；花丝极短；退化雄蕊 2 个，生于蕊柱顶端两侧，白色并具银白色斑点；花粉团 2 个，每个又多少纵裂为 2，粒粉质，不具花粉团柄，亦无黏盘；柱头凹陷，位于前方近顶端处；蕊喙很小。果实为蒴果，常下垂。

本属全球约 30 种，分布于亚洲热带地区至澳大利亚，向北可到喜马拉雅地区、我国亚热带南缘以及日本。我国有 5 种，含 1 特有种；产于南部和西南部。西藏记录有 2 种，现收录 1 种；高山无叶兰采集到的照片，仅收录于检索表中。

本属检索表

1　花黄绿色；花苞片线形或线状披针形，宽 3～4 mm；唇瓣在中部上方缢缩成上下唇。…高山无叶兰 *A. alpina*

1　花淡紫褐色；花苞片卵形至椭圆状披针形，宽 6～8 mm；唇瓣在中部下方或近基部处绕缩成上下唇。……
……………………………………………………………………………………大花无叶兰 *A. gollanii*

大花无叶兰
Aphyllorchis gollanii

产于西藏波密、聂拉木。据记录生于海拔 2200～2400 m 的常绿阔叶林下，照片拍摄于海拔近 3000 m 的岗云杉林。印度也有分布。

植株高 40～50 cm。根状茎近圆柱状，疏生粗厚的肉质根。茎较粗壮。直立，带紫色，中部以下具多枚鞘，上部具少数鳞片状不育苞片；鞘抱茎，膜质，长 1.5～3.5 cm。总状花序较粗壮，长 6 cm 以上，具 10 余朵花；花苞片较大，近直立，卵形至椭圆状披针形，长 1.5～2.5 cm，宽 6～8 mm，明显长于花梗和子房；花淡紫褐色，近直立；萼片卵状披针形，长可达 3 cm，宽 6～7 mm，先端渐尖；花瓣稍短于萼片；唇瓣近长圆状倒卵形，与花瓣近等长，在下部或接近基部处稍缢缩而形成不甚明显的上下唇，基部稍凹陷，前部近卵形；蕊柱长约 1 cm。花期 6～7 月。

火烧兰属

Epipactis

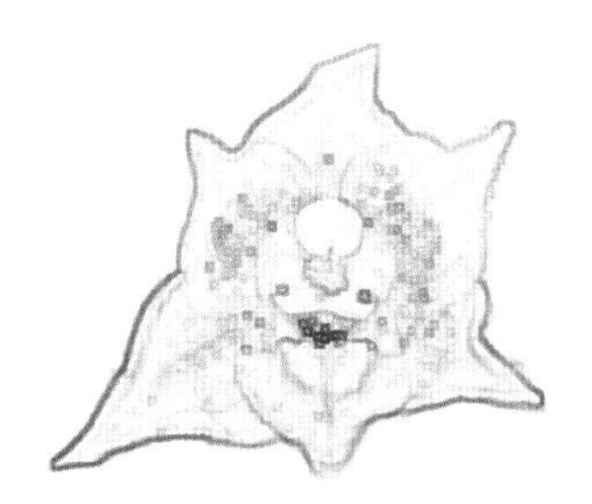

地生植物，通常具根状茎。茎直立，近基部具2～3枚鳞片状鞘，其上具3～7枚叶。叶互生；叶片从下向上由具抱茎叶鞘逐渐过渡为无叶鞘，上部叶片逐渐变小而成花苞片。总状花序顶生，花斜展或下垂，多少偏向一侧；花被片离生或稍靠合；花瓣与萼片相似，但较萼片短；唇瓣着生于蕊柱基部，通常分为2部分，即下唇（近轴的部分）与上唇（或称前唇，远轴的部分）；下唇舟状或杯状，较少囊状，具或不具附属物；上唇平展，加厚或不加厚，形状各异；上、下唇之间缢缩或由一个窄的关节相连；蕊柱短；蕊喙常较大，光滑，有时无蕊喙；雄蕊无柄；花粉团4个，粒粉质，无花粉团柄，亦无黏盘。蒴果倒卵形至椭圆形，下垂或斜展。

本属全球约20种，主要产于欧洲和亚洲的温带及高山地区，北美也有分布。我国有10种，含2个特有种；西藏记录有4种，现收录4种。

本属检索表

1　唇瓣后部呈兜状，长3～4 mm，无侧瓣；叶片无毛。……火烧兰 *E.helleborine*
1　唇瓣后部呈舟型，有侧瓣。……(2)
2　叶大，有毛；具10～20朵花。……大叶火烧兰 *E. mairei*
2　叶片无毛；花序轴2～8朵花。……(3)
3　叶6～9片；唇瓣粉色到紫色。……卵叶火烧兰 *E. royleana*
3　叶3～5片；唇瓣白色到棕色。……疏花火烧兰 *E. veratrifolia*

火烧兰

Epipactis helleborine

产于西藏山南、日喀则、林芝、昌都；区外见于辽宁、河北、山西、云南等地。生于海拔 250 ～ 3600 m 的山坡林下、草丛或沟边。不丹、尼泊尔、阿富汗、伊朗、北非、俄罗斯、欧洲以及北美（引入后自然扩散，如野生状）也有分布。

地生草本，高 20 ～ 70 cm；根状茎粗短。茎上部被短柔毛，下部无毛，具 2 ～ 3 枚鳞片状鞘。叶 4 ～ 7 枚，互生；叶片卵圆形、卵形至椭圆状披针形，罕有披针形，长 3 ～ 13 cm，宽 1 ～ 6 cm，先端通常渐尖至长渐尖；向上叶逐渐变窄而成披针形或线状披针形。总状花序长 10 ～ 30 cm，通常具 3 ～ 40 朵花；花苞片叶状，线状披针形，下部的长于花 2 ～ 3 倍或更多，向上逐渐变短；花梗和子房长 1 ～ 1.5 cm，具黄褐色绒毛；花绿色或淡紫色，下垂，较小；中萼片卵状披针形，较少椭圆形，舟状，长 8 ～ 13 mm，宽 4 ～ 5 mm，先端渐尖；侧萼片斜卵状披针形，长 9 ～ 13 mm，宽约 4 mm，先端渐尖；花瓣椭圆形，长 6 ～ 8 mm，宽 3 ～ 4 mm，先端急尖或钝；唇瓣长 6 ～ 8 mm，中部明显缢缩；下唇兜状，长 3 ～ 4 mm；上唇近三角形或近扁圆形，长约 3 mm，宽约 3 ～ 4 mm，先端锐尖，在近基部两侧各有一枚长约 1 mm 的半圆形褶片；蕊柱长约 2 ～ 5 mm（不包括花药）。蒴果倒卵状椭圆状，长约 1 cm，具极疏的短柔毛。花期 7 月，果期 9 月。

大叶火烧兰

Epipactis mairei

产于藏东南部林芝；区外见于陕西、甘肃、湖北、湖南、四川、云南。生于海拔 1200 ～ 3200 m 的山坡灌丛中、草丛中、河滩阶地或冲积扇等地。

高 30 ～ 70 cm；根状茎粗短，有时不明显，具多条细长的根；茎直立，上部和花序轴被锈色柔毛，下部无毛，基部具 2 ～ 3 枚鳞片状鞘。叶 5 ～ 8 枚，互生，中部叶较大；叶片卵圆形、卵形至椭圆形，长 7 ～ 16 cm，宽 3 ～ 8 cm，先端短渐尖至渐尖，基部延伸成鞘状，抱茎，茎上部的叶多为卵状披针形，向上逐渐过渡为花苞片。总状花序长 10 ～ 20 cm，具 10 ～ 20 朵花，有时花更多；花苞片椭圆状披针形，下部的等于或稍长于花，向上逐渐变为短于花；子房和花梗长 1.2 ～ 1.5 cm，被黄褐色或绣色柔毛；花黄绿带紫色、紫褐色或黄褐色，下垂；中萼片椭圆形或倒卵状椭圆形，舟形，先端渐尖，背面疏被短柔毛或无毛；侧萼片斜卵状披针形或斜卵形，先端渐尖并具小尖头；花瓣长椭圆形或椭圆形，先端渐尖；唇瓣中部稍缢缩而成上下唇；下唇两侧裂片近斜三角形，近直立，顶端钝圆，中央具 2 ～ 3 条鸡冠状褶片；褶片基部稍分开且较低，往上靠合且逐渐增高。蒴果椭圆状，长约 2.5 cm，无毛。花期 6 ～ 7 月，果期 9 月。

卵叶火烧兰

Epipactis royleana

分布于西藏南部和东南部；生于海拔 2900 ～ 3000 m 沿着溪流的潮湿土壤或草原。

植株高 30 ～ 80 cm。茎直径 3 ～ 5 mm；通常被微柔毛或在上部脱落。叶 6 ～ 9，卵状披针形到披针形，偶有椭圆形或卵形，长 7 ～ 12 cm，宽 2.5 ～ 4 cm，无毛，基部抱茎，先端渐尖。花序轴 5 ～ 10 cm，被棕色短柔毛，松散分布 5 ～ 8 花；花苞片长 15 ～ 40 mm，宽 5 ～ 10 mm，下面的超过花。花倒置；萼片和花瓣淡绿色，唇紫色或粉红色具紫色或深红色脉序；花梗和子房 13 ～ 16 mm，被棕色短柔毛。萼片卵形到椭圆形卵形，长 15 ～ 18 mm，宽 5 ～ 7 mm，外表面龙骨状，先端短渐尖；侧萼片斜，稍宽于背萼片。花瓣卵状椭圆形，长 13 ～ 16 mm，宽 6 ～ 8 mm，先端钝；唇瓣 14 ～ 18 mm。

疏花火烧兰

Epipactis veratrifolia

产于西藏波密；区外见于云南、四川。生于海拔 2700 ～ 3400 m 的林中或林缘。模式标本采自尼泊尔。

植株高 30 ～ 40 cm；根状茎不明显，具长根；根被密或疏的黄棕色柔毛。茎直立，无毛，基部具 2 ～ 4 枚鞘。叶 3 ～ 5 枚，互生，斜展；叶片长卵形至卵状披针形，先端渐尖或长渐尖，基部抱茎，纸质，两面无毛，茎上部叶窄小，逐渐过渡为花苞片。总状花序 3 ～ 6 朵偏向一侧的花；花序轴疏被黄棕色短柔毛；花苞片叶状，斜展，卵状披针形，下面的远长于花，上面的则近等长于花；花梗和子房密被灰白色绒毛；萼片背面均疏被灰白色绒毛，具 5 条脉，中脉明显；中萼片椭圆形，先端急尖；侧萼片斜卵状披针形，稍长于中萼片，先端急尖；花瓣卵状椭圆形，与中萼片近等长，宽 6 mm，先端急尖；唇瓣近等长于中萼片，无毛；下唇扁圆形；上唇宽卵形，稍短于下唇，顶端钝；花药圆柱状。花期 5 月。

天麻属
Gastrodia

腐生草本，地下具根状茎；根状茎块茎状、圆柱状或有时多少呈珊瑚状，通常平卧，稍肉质，具节，节常较密。茎直立，常为黄褐色，无绿叶，一般在花后延长，中部以下具数节，节上被筒状或鳞片状鞘。总状花序顶生，具数花至多花，较少减退为单花；花近壶形、钟状或宽圆筒状，不扭转或扭转；萼片与花瓣合生成筒，仅上端分离；花被筒基部有时膨大成囊状，偶见两枚侧萼片之间开裂；唇瓣贴生于蕊柱足末端，通常较小，藏于花被筒内，不裂或3裂；蕊柱长，具狭翅，基部有短的蕊柱足；花药较大，近顶生；花粉团2个，粒粉质，通常由可分的小团块组成，无花粉团柄和黏盘。

全属约20种，分布于东亚、东南亚至大洋洲。我国有5种，含9个特有种。西藏记录1种，现收录1种。

天麻
Gastrodia elata

产于西藏察隅、波密、林芝；区外见于吉林、辽宁、内蒙古、河北、山西、陕西、甘肃、江苏、安徽、浙江、江西、台湾、河南、湖北、湖南、四川、贵州、云南。生于海拔400～3200 m的疏林下，林中空地、林缘，灌丛边缘。尼泊尔、不丹、印度、日本，以及朝鲜半岛至西伯利亚也有分布。

植株高30～100 cm，有时可达2 m；根状茎肥厚，块茎状，椭圆形至近哑铃形，肉质，具较密的节，节上被许多三角状宽卵形的鞘。茎直立，橙黄色、黄色、灰棕色或蓝绿色，无绿叶，下部被数枚膜质鞘。总状花序长5～50 cm，通常具30～50朵花；花扭转，橙黄、淡黄、蓝绿或黄白色，近直立；萼片和花瓣合生成的花被筒长约1 cm，直径5～7 mm，近斜卵状圆筒形，顶端具5枚裂片；唇瓣长圆状卵圆形，长6～7 mm，宽3～4 mm，3裂，基部贴生于蕊柱足末端与花被筒内壁上并有一对肉质胼胝体，上部离生，上面具乳突，边缘有不规则短流苏；蕊柱长5～7 mm，有短的蕊柱足。蒴果倒卵状椭圆形，长1.4～1.8 cm，宽8～9 mm。花果期5～7月。

双唇兰属

Didymoplexis

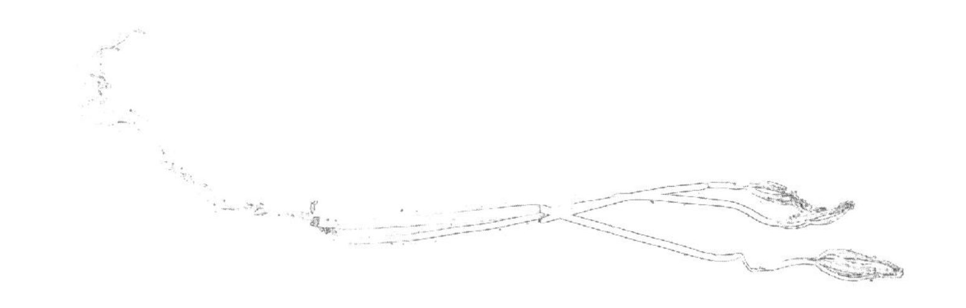

腐生草本，通常较矮小，地下具根状茎。茎纤细，直立，无绿叶，被少数鳞片状鞘。总状花序顶生，具 1 花或数朵较密集的花；花梗在果期常延长；花小，扭转；萼片和花瓣在基部合生成浅杯状；唇瓣不裂或 3 裂，常有疣状凸起或胼胝体；蕊柱长，上端有时扩大而具 2 个短耳，但无向上的臂状物；花药生于顶端背侧，有短的花丝；花粉团 4 个，成 2 对。

全属约 20 种，分布于非洲、亚洲和大洋洲。我国有 1 种，现收录西藏新记录 1 种。

双唇兰

Didymoplexis pallens

产于西藏墨脱县（西藏新记录）；区外见于台湾南部。生于灌丛中。印度、孟加拉国、泰国等也有分布。模式标本采自印度。

植株矮小，高 6 ～ 8 cm；根状茎梭形或多少念珠状，淡褐色，向末端逐渐变为细长。茎直立，淡褐色至近红褐色，无绿叶，有 3 ～ 5 枚鳞片状鞘。总状花序较短，具 4 ～ 8 朵花；花苞片卵形；花梗在果期明显延长；花白色；萼片离生部分卵形，凹陷，先端圆钝；唇瓣倒三角状楔形，先端近截形并多少呈啮蚀状；唇盘上有许多褐色疣状凸起；蕊柱稍向前弯，顶端扩大，蕊柱足稍弯曲。蒴果圆柱形。花果期 4 ～ 5 月。

鸟巢兰属

Neottia

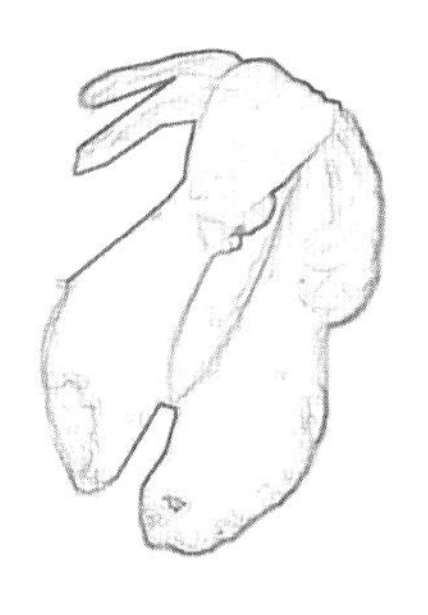
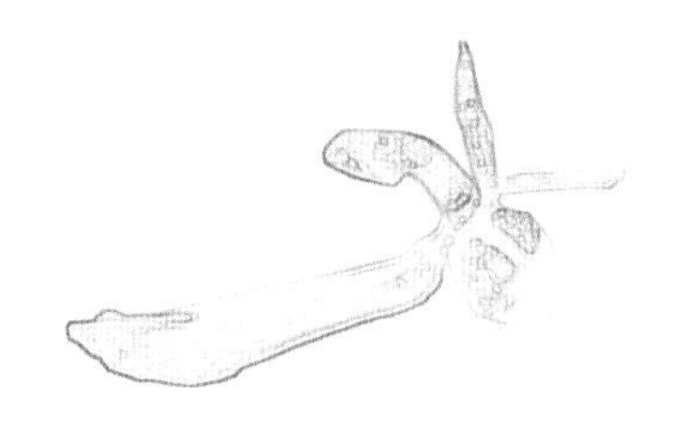
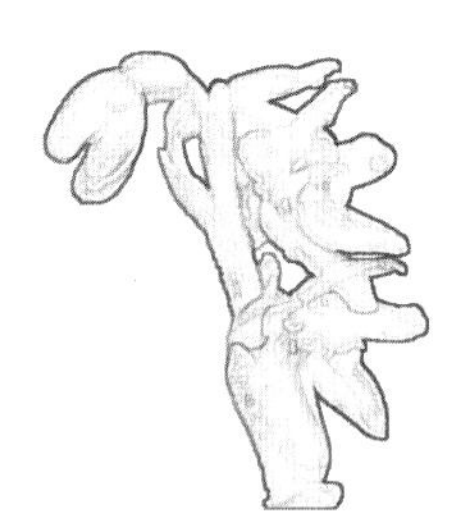

陆生小草本，自养或腐生。根状茎短，浓密拥挤，簇生，纤维状或肉质，有时珊瑚状根。茎直立，基部具若干鞘苞片，绿色，浅黄色，或红棕色，有或没有绿叶。叶不存在，或存在时2对生或近对生，通常沿茎中部生，无柄或近无柄，绿色，有时具白色脉序，卵形，三角状卵形，卵形心形，或心形，基部浅心形，截形，或宽楔形。花序顶生，总状和多花或很少退化为单生花；花梗无毛或短柔毛；花苞片宿存，通常短于子房，膜质。花小，常为倒立，膜质或肉质，绿色，紫色，淡黄棕色，或淡红；花梗纤细，子房椭球状。萼片离生；花瓣通常狭窄和短于萼片；唇通常比萼片和花瓣大得多，有时具一对耳廓在基部；花盘有时具腺的短柔毛。花柱近直立，或稍弓状；花丝极短，不显眼；柱头顶生；蒴果。

本属全球约70种。产于亚洲东部和北部，欧洲和北美洲，少数种延伸到亚洲热带；中国35种，含23个特有种；西藏记录有9种，现收录5种；叉唇对叶兰、大花对叶兰、高山对叶兰未见图片，仅收录于检索表中；察隅对叶兰未收录。

本属检索表

1 异养植物，无绿叶。……(2)

1 自养植物，至少具2片绿叶。……(3)

2 唇瓣不裂，花柱短于0.5 mm；花倒置，花轴无毛。……尖唇鸟巢兰 *N. acuminata*

2 唇瓣先端2裂；花柱长度超过1.5 mm；唇瓣狭倒卵形到长圆形。……高山鸟巢兰 *N. listeroides*

3 唇瓣基部有凸起，唇瓣顶端裂片发散。……叉唇对叶兰 *N. divaricata*

3 唇瓣基部无凸起。……(4)

4 唇瓣裂片5～7 mm。……(5)

4 唇瓣裂片不超过3 mm。……(6)

5 唇瓣3～5 mm宽，无褶。……西藏对叶兰 *N. pinetorum*

5 唇瓣7～13 mm宽，有2条纵向褶。……大花对叶兰 *N. wardii*

6 叶着生在植株中部以上；唇瓣宽椭圆形或长圆状椭圆形，上面脉上疏生短柔毛。…毛脉对叶兰 *N. longicaulis*

6 叶着生在或在植株中部以下；唇瓣上无短柔毛；顶端裂片发散，狭线形。……高山对叶兰 *N. bambusetorum*

尖唇鸟巢兰

Neottia acuminata

产于西藏林芝；区外见于吉林、内蒙古、河北、山西、陕西、甘肃、青海、湖北、四川、云南。生于海拔1500～4100 m 的林下或荫蔽草坡上。日本、俄罗斯远东地区、朝鲜半岛、印度锡金邦也有分布。模式标本采自四川。

茎直立，无毛，中部以下具3～5枚鞘，无绿叶。总状花序顶生，通常具20余朵花；花序轴无毛；花苞片长圆状卵形，先端钝，无毛；花小，黄褐色，常3～4朵聚生而呈轮生状；中萼片狭披针形，先端长渐尖，具1脉，无毛；侧萼片与中萼片相似；花瓣狭披针形；唇瓣形状变化较大，通常卵形、卵状披针形或披针形，先端渐尖或钝，边缘稍内弯，具1或3脉；蕊柱极短，明显短于着生于其上的花药或蕊喙；花药直立，近椭圆形；柱头横长圆形，直立，左右两侧内弯，围抱蕊喙，2个柱头面位于内弯边缘的内侧；蕊喙舌状，直立。蒴果椭圆形。花果期6～10月。

高山鸟巢兰

Neottia listeroides

产于西藏错那、米林、亚东；区外见于山西、甘肃、四川、云南等地。生于海拔 1500 ～ 3900 m 的林下或荫蔽草坡上。尼泊尔、不丹、印度和巴基斯坦也有分布。模式标本采自印度。

植株高 15 ～ 35 cm。茎直立，上部具乳突状短柔毛，中部以下具 3 ～ 5 枚鞘，无绿叶；鞘膜质，下半部抱茎。总状花序顶生，具 10 ～ 20 朵或更多的花；花序轴具乳突状短柔毛；花苞片近长圆状披针形，向上渐短，但均明显长于花梗；花梗长 6 ～ 8 mm，被短柔毛；子房棒状，密被短柔毛；花小，淡绿色；萼片长圆状卵形，先端钝，具 1 脉，背面疏被短柔毛；侧萼片斜歪；花瓣近线形或狭长圆形，无毛，亦具 1 脉；唇瓣狭倒卵状长圆形，先端 2 深裂；裂片近卵形或卵状披针形，向前伸展，彼此近平行，边缘具细缘毛，两裂片间的凹缺具细尖；蕊柱长 2.5 ～ 3 mm，稍向前倾斜；花药俯倾，紧靠蕊喙，长约 0.7 mm；柱头凹陷，近半圆形，有狭窄的边缘；蕊喙近宽卵状舌形，水平伸展，几与花药等长。花期 7 ～ 8 月。

西藏对叶兰

Neottia pinetorum

产于西藏吉隆、定结、米林、波密、易贡、察隅；区外见于云南。生于海拔 2200 ～ 3600 m 的山坡密林下或云杉及冷杉林下。也分布于尼泊尔、不丹和印度。模式标本采自印度锡金邦。

植株高 6 ～ 33 cm。茎近基部处具 1 枚鞘，中部或中部以上 2/3 ～ 3/4 处具 2 枚对生叶，叶以上部被短柔毛，并常有一枚苞片状小叶。叶片宽卵形至卵状心形，先端急尖，基部浅心形至近宽楔形，无柄。总状花序长 3 ～ 12 cm，具 2 ～ 14 朵花；花序轴被短柔毛；花苞片卵状披针形或卵形，绿色，与花梗近等长或短，自下向上渐变小；花梗长 4.6 mm，近无毛；子房无毛；花绿黄色；中萼片狭椭圆形或近长圆形，先端钝，具 1 脉；侧萼片斜狭椭圆形，多少弯曲，与中裂片近等长；花瓣线形，与中萼片等长或略短；唇瓣形状变化较大，先端 2 裂；两裂片平行向前伸或叉开，在裂片间具细尖头或不明显凸起，基部明显收狭或稍收狭；蕊柱稍向前倾；蕊喙大，与花药近等长，并与花药保持一定距离。花期 6 ～ 7 月。

毛脉对叶兰
Neottia longicaulis

产于西藏定结、吉隆、林芝。生于海拔 2800 m 的乔松林下。也分布于印度锡金邦。

植株高 12 ～ 14 cm。茎纤细，中部或中部以上 3/5 处具 2 枚对生叶，叶以上部分被短柔毛，并具 1 枚苞片状小叶。叶片宽卵状心形，长约 2.5 cm，宽约 3 cm，先端急尖或钝，基部浅心形；苞片状小叶卵状披针形，长 4 ～ 6 mm。总状花序长 3 ～ 4 cm，具 5 ～ 6 朵花；花序轴被短柔毛；花苞片卵状披针形，短于花梗；花梗长 4 ～ 5 mm，近无毛；子房长 2 ～ 3 mm，无毛；花略大，黄绿色；中萼片长圆状卵形，长约 4 mm，宽约 1.7 mm，先端钝，具 1 脉；侧萼片稍厚，镰状披针形，较中萼片稍长，宽 1.5 mm，先端钝；花瓣线状披针形，略比中萼片短，宽仅 1 mm 左右，先端钝，具 1 脉；唇瓣近长圆形或倒卵状长圆形，长约 1.2 cm，中部宽约 7 mm，先端 2 叉裂，基部与上部近等宽或上部略宽，边缘具睫毛；中脉粗厚宽大，上面有许多细小乳突状腺点，其余脉上有疏生乳突状短柔毛；裂片宽卵形，向前伸，近于平行或略叉开，长约 3 mm，先端钝；蕊柱长约 2.7 mm，向前倾；花药位于药床之中，向前俯倾；蕊喙大，位于花药下方。花期 7 月。

互生对叶兰

Neottia alternifolia

产于西藏波密嘎隆拉山（西藏新记录）；区外见于云南。生长于海拔 3500 ～ 3700 m 湿润的苔藓中。印度、尼泊尔也有分布。

叶 2 枚，生于茎上部，明显互生，无柄，椭圆形至卵形，先端钝或亚急性，边缘全缘，基部截形，侧脉和中脉在顶点汇聚，形成一个坚固的点。花序轴密被短柔毛，疏生约 6 花。花苞片椭圆披针形，先端钝或亚急性，具 1 脉。花梗和子房无毛。中萼片椭圆状披针形，先端钝，1 脉；侧萼片椭圆状披针形，先端钝，1 脉；花瓣椭圆状披针形，先端钝，1 脉；唇瓣倒卵形，有一条从基部到先端的脊，先端短 2 裂，边缘略微波状，3 脉，每个侧脉在中间细分为 2 脉，唇瓣基两侧各有两个小凸起；蕊柱顶部略微弯曲并膨胀；具卵形的喙；蒴果近球形。花期 7 ～ 8 月。

芋兰属
Nervilia

地生植物。块茎圆球形或卵圆形，肉质。叶1枚，在花凋谢后长出，心形、圆形或肾形，质地厚或薄，被毛或无毛，先端急尖或钝，基部心形，边缘全缘、波状或具角状齿，具柄。花先于叶，生于无叶、通常细长、具筒状鞘的花葶顶端，1朵，或多朵排成顶生的总状花序；花苞片通常小或细长；花中等大，具细的花梗，常下垂，唇瓣位于下方或上方；萼片和花瓣相似，狭长，张开、半张开或不张开；唇瓣近直立，基部无距，不裂或2～3裂；蕊柱细长，棍棒状，无翅；药床多少凸出，全缘或具锯齿；花药具不明显2室；花粉团2个，2裂或4裂，粒粉质，由可分的小团块组成；花粉团柄极短或无，无黏盘；蕊喙短；柱头1个，位于蕊喙之下。

本属全球约65种，分布于亚洲、大洋洲和非洲的热带与亚热带地区。我国有9种，含3个特有种；主要分布于西南部至南部，其中毛叶芋兰分布北至甘肃东南部。西藏记录有2种；现收录一种；广布芋兰未见图片，仅收录在检索表中。

本属检索表

1　萼片和花瓣近等大，线状长圆形。……………………广布芋兰 *N. aragoana*

1　花瓣短于萼片，镰刀形。……………………巨舌芋兰 *N. macroglossa*

巨舌芋兰（新拟）
Nervilia macroglossa

产于西藏墨脱（中国新记录）。生于海拔600～900 m的林下或沟谷阴湿处。尼泊尔、印度也有分布[6]。

地生草本。植株高7～13 cm。块茎球形，直径1.2～1.5 cm，包裹在细毛状的根中。果后出叶，叶卵形，长1.5～2.7 cm，宽1.2～2 cm，边缘3～5褶，基部心形，具叶柄状管状鞘，先端锐尖，具短尖。花序具2个苞片；花顶生。花苞片长圆形披针形，短于子房。萼片披针形，长1.3～1.8 cm，宽0.3～0.5 cm，先端锐尖。花瓣椭圆状披针形，短于萼片，具镰刀形，先端锐尖。唇等长于萼片；3裂；侧裂片线形长圆形，狭窄，先端锐尖；中裂片卵圆形，先端锐尖或钝。

铠兰属
Corybas

地生小草本，极罕附生，地下有块茎和细长根状茎。茎纤细，直立，部分位于地下，常有棱或翅，基部有薄膜质筒状鞘。叶 1 枚，叶片通常心形或宽卵形，常接近地面，较少生于上部，具 1 ～ 3 条主脉和网状侧脉。花单朵，顶生，扭转，近似直立于叶的基部；花苞片较小，花梗不明显；子房常有 6 条纵肋；中萼片有爪，爪的边缘内卷并围抱唇瓣基部，形成管状结构；侧萼片和花瓣狭小或丝状，离生或有不同程度的合生；唇瓣基部有深槽并与中萼片联合成管状，上部扩大，展开或反折，内表面常有小乳突或毛；距 2 个，角状，或无距而具 2 个开启的耳状物；蕊柱较短；花药直立；花粉团 4 个或 2 个而又 2 裂，粒粉质，无花粉团柄，有黏质物或黏盘。

全属约有 100 种，主要分布于大洋洲和热带亚洲，向北可达我国南部。我国有 4 种，含 3 个特有种。西藏记录有 2 种，现收录 1 种；大理铠兰仅收录于检索表中。

本属检索表

1　唇瓣近倒卵圆形，下部直立，上部外弯。……………………………………………………大理铠兰 *C. taliensis*

1　唇瓣先端边缘齿蚀状花瓣与侧萼片在基部贴生，长 7 ～ 8 mm。………………………高山铠兰 *C. himalaicus*

高山铠兰
Corybas himalaicus

产于西藏定结、墨脱；印度东北部、不丹等地也有分布。模式标本采自印度锡金邦。

植株高 4 ～ 7.5 cm，块茎球状，直径 5 ～ 8 mm；茎纤细，近基部有 1 枚叶鞘。叶生于茎近顶端，无柄，基部心形，先端急尖，长 0.6 ～ 1.2 cm，网脉白色；花梗和子房粗大，苞片线状披针形，常稍长于子房；花单生直立，白色带红色，长约 1.5 cm；中萼片匙形，先端圆，有细尖，长 1.3 ～ 1.4 cm，宽 0.4 ～ 0.5 cm；侧萼片基部合生，丝状，位于两距之间，长 8 ～ 9 mm，宽 0.6 ～ 0.8 mm；花瓣与侧萼片在基部贴生，长 7 ～ 8 mm，宽 0.3 ～ 0.5 mm；唇瓣有深色条纹，条纹前端多少呈虚线状前伸，倒卵形，从中部下弯，先端边缘齿蚀状，余全缘，长 1 ～ 1.2 cm；蕊柱前方有一个胼胝体；唇瓣基部形成 2 个短距，常呈暗红色，长 2.5 ～ 3.5 mm；蕊柱 2 ～ 3 mm，柱头球形，花药直立。花期 6 ～ 7 月。据报告杉林溪铠兰形态上因唇瓣先端边缘齿蚀状花瓣与侧萼片在基部贴生，长 7 ～ 8 mm；距暗红色而区别于铠兰属其他种。

虎舌兰属

Epipogium

腐生草本，地下具珊瑚状根状茎或肉质块茎。茎直立，有节，肉质，无绿叶，通常黄褐色，疏被鳞片状鞘。总状花序顶生，具数朵或多数花；花苞片较小；子房膨大；花常多少下垂；萼片与花瓣相似，离生，有时多少靠合；唇瓣较宽阔，3裂或不裂，肉质，凹陷，基部具宽大的距；唇盘上常有带疣状凸起的纵脊或褶片；蕊柱短，无蕊柱足；花药向前俯倾，肉质；花粉团2个，有裂隙，松散的粒粉质，由小团块组成，各具1个纤细的花粉团柄和1个共同的黏盘；柱头生于蕊柱前方近基部处；蕊喙较小。

全属全球3种，分布于欧洲、亚洲温带与热带地区、大洋洲与非洲热带地区，我国3种均产。西藏记录有2种，现增加1个西藏新记录种，收录3种。

本属检索表

1 地下具珊瑚状根状茎；唇瓣近基部3裂，距的长度不到宽度的1倍。………………裂唇虎舌兰 *E. aphyllum*

1 地下具近椭圆形块茎；唇瓣不裂，基部的距长度为宽度1倍以上。

2 块茎近椭圆形，茎白色，距圆筒状。………………虎舌兰 *E. roseum*

2 块茎椭圆形，茎棕黄色，距圆锥形。………………日本虎舌兰 *E. japonicum*

虎舌兰

Epipogium roseum

产于西藏墨脱、察隅；区外见于台湾、广东、海南、云南。生于海拔500～1600 m的林下或沟谷边荫蔽处。越南、老挝、泰国、印度、尼泊尔、斯里兰卡、马来西亚、印度尼西亚、菲律宾、日本，大洋洲和非洲热带地区也有分布。模式标本采自尼泊尔。

植株地下具块茎。茎直立，白色，肉质，无绿叶。总状花序顶生，具6～16朵花；花苞片膜质，卵状披针形；花梗纤细；花白色，不甚张开，下垂；萼片线状披针形或宽披针形，先端近急尖；花瓣与萼片相似，常略短而宽于萼片；唇瓣凹陷，不裂，卵状椭圆形，略长于萼片，唇盘上常有2条密生小疣的纵脊，较少纵脊不明显；距圆筒状，明显短于唇瓣；蕊柱短而粗；花药近球形。蒴果宽椭圆形。花期9月。

裂唇虎舌兰

Epipogium aphyllum

产于西藏林芝、米林、穷结、察瓦龙；区外见于黑龙江、吉林、辽宁、内蒙古、云南等地。生于海拔 1200 ～ 3600 m 的林下、岩隙或苔藓丛生之地。日本、印度西北部，克什米尔地区、朝鲜半岛、西伯利亚、欧洲也有分布。

植株高 10 ～ 30 cm，地下具分枝的、珊瑚状的根状茎。茎直立，淡褐色，肉质，无绿叶，具数枚膜质鞘；鞘抱茎。总状花序顶生，具 2 ～ 6 朵花；花苞片狭卵状长圆形，长 6 ～ 8 mm；花梗纤细；子房膨大；花黄色而带粉红色或淡紫色晕，多少下垂；萼片披针形或狭长圆状披针形，先端钝；花瓣与萼片相似，常略宽于萼片；唇瓣近基部 3 裂；侧裂片直立，近长圆形或卵状长圆形；中裂片卵状椭圆形，凹陷，先端急尖，边缘近全缘并多少内卷，内面常有 4 ～ 6 条紫红色的纵脊，纵脊皱波状；距粗大，末端浑圆；蕊柱粗短。花期 8 ～ 9 月。

日本虎舌兰
Epipogium japonicum

产于西藏墨脱（西藏新记录）；区外见于台湾、四川。生于海拔 2700 m 的林下或沟谷边荫蔽处。日本也有分布。模式标本采自日本。

腐生草本，地下具块茎；块茎近椭圆形，密生环状节，肉质横卧或斜下。茎直立黄褐色，遍布淡紫色斑点。叶具1～3枚鞘；鞘膜质，黄褐色，抱茎。总状花序顶生2～6朵花；花苞片膜质，黄褐色，直立；中萼片宽披针形，具3脉先端渐尖；侧萼片披针形，较中萼片稍窄，中脉显著，先端渐尖；花瓣卵状披针形，稍偏斜，中脉显著，先端渐尖；唇瓣位于下方，心形或宽卵形不裂，具明显紫色斑点，仅唇瓣顶端不反折，除基部外，唇瓣上面具明显的乳状凸起；距扁圆筒状，弯曲，与唇瓣平行向前伸展；蕊柱宽扁，上部膨大成杯状；花粉团近纺锤形。

宽距兰属
Yoania

腐生草本，地下具肉质根状茎；根状茎分枝或有时呈珊瑚状。茎肉质，直立，稍粗壮，无绿叶，具多枚鳞片状鞘。总状花序顶生，疏生或稍密生数朵至10余朵花；花梗与子房较长；花中等大，肉质；萼片与花瓣离生，花瓣常较萼片宽而短；唇瓣凹陷成舟状，基部有短爪，着生于蕊柱基部；距向前方伸展，与唇瓣前部平行，顶端钝；蕊柱宽阔，直立；花粉团4个，具1个黏盘；柱头凹陷，宽大；蕊喙不明显。

全属全球4种，分布于日本、我国至印度北部。我国产2种。该属为西藏新记录，现收录1种。

印度宽距兰
Yoania prainii

产于西藏陈塘（西藏新记录）；区外见于云南。腐生于海拔2700 m的竹林下。

腐生草本，高10～20 cm；根状茎分枝，无绿叶；茎直立，基部具数枚褐色鞘；总状花序具3～5朵花；花苞片卵形，长6 mm；萼片等长，白色带紫色条纹，长卵形或宽卵形，长约2 cm，宽约1 cm；花瓣宽卵形，长约2 cm，宽约1.5 cm；唇瓣凹成舟形，长约2 cm，宽约1 cm，具紫色斑块，基部具爪，在唇瓣前部平行的位置有宽阔的距；蕊柱白色，具4个花药，花药淡黄色；花期7～8月。

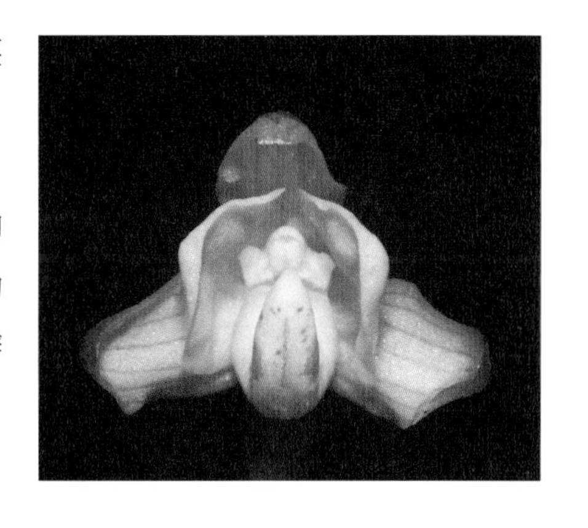

羊耳蒜属
Liparis

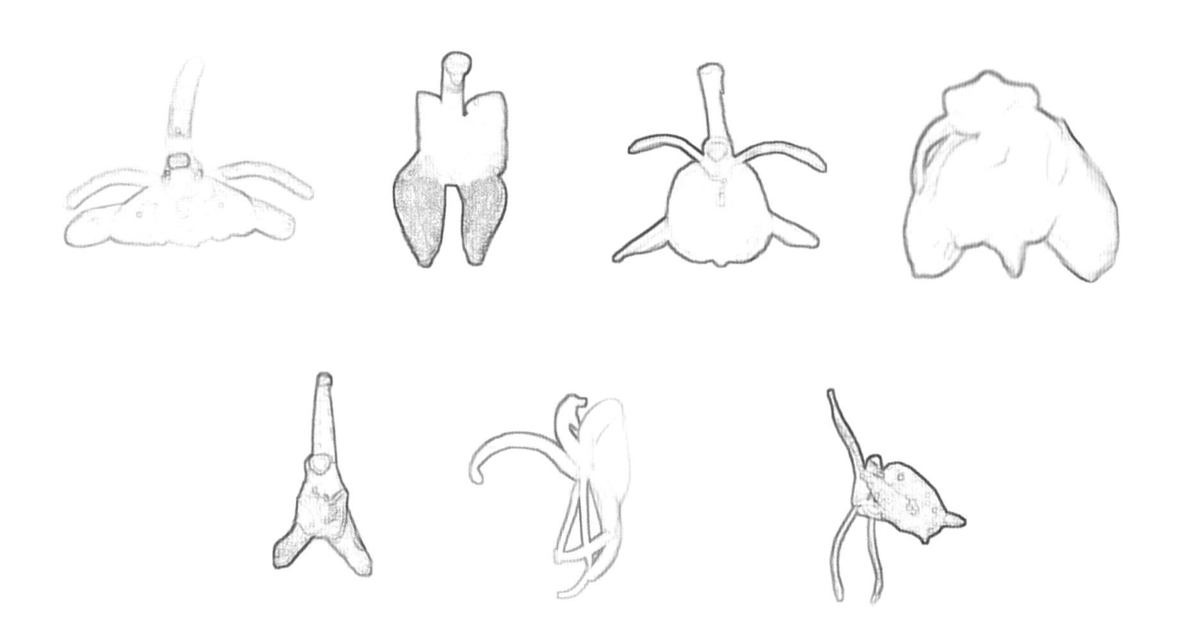

地生或附生草本，通常具假鳞茎或有时具多节的肉质茎。假鳞茎密集或疏离，外面常被有膜质鞘。叶 1 至数枚，基生或茎生（地生种类），或生于假鳞茎顶端或近顶端的节上（附生种类），草质、纸质至厚纸质，多脉，基部多少具柄，具或不具关节。花葶顶生，直立、外弯或下垂，常稍呈扁圆柱形并在两侧具狭翅；总状花序疏生或密生多花；花苞片小，宿存；花小或中等大，扭转；萼片相似，离生或极少两枚侧萼片合生，平展，反折或外卷；花瓣通常比萼片狭，线形至丝状；唇瓣不裂或偶见 3 裂，有时在中部或下部缢缩，上部或上端常反折，基部或中部常有胼胝体，无距；蕊柱一般较长，多少向前弓曲，罕有短而近直立的，上部两侧常多少具翅，极少具 4 翅或无翅，无蕊柱足；花药俯倾，极少直立；花粉团 4 个，成 2 对，蜡质，无明显的花粉团柄和黏盘。蒴果球形至其他形状，常多少具 3 钝棱。

全属全球约有 320 种，广泛分布于全球热带与亚热带地区，少数种类也见于北温带。我国有 63 种；含 20 个特有种。西藏记录有 26 种，现收录 23 种；秉滔羊耳蒜、高山羊耳蒜、扁茎羊耳蒜未见，因此仅收录于检索表中。

本属检索表

1 叶草质或膜质；叶柄无关节；通常为地生兰。……………………………………………………………………(2)

1 叶纸质至厚纸质，在叶柄与假鳞茎连接处具关节；通常为附生兰。………………………………………………(9)

2 叶仅 1 枚。……(3)

2 叶 2 至多枚。………………………………………………………………………………………………………(4)

3 花苞片披针形，长 6 ～ 9 mm；叶长圆形或椭圆状长圆形，短于鞘状叶柄或近等长；唇瓣上无褶片或胼胝体。…………………………………………………………………………方唇羊耳蒜 *L. glossula*

3 花苞片三角形或三角状披针形，长 0.5 ～ 1 mm；叶大，长 6 ～ 17 cm，基部心形；明显长于鞘状叶柄；唇瓣有褶片、凹穴或胼胝体；总状花序具多朵花。………………………………………心叶羊耳蒜 *L. cordifolia*

4 植株具细长的根状茎，每相隔 2 ～ 4 cm 具假鳞茎。………………………………………柄叶羊耳蒜 *L. petiolata*

4 植株不具细长的根状茎。…………………………………………………………………………………………(5)

5 植株具圆筒状、多节的肉质茎。……………………………………………………………………………………(6)

5 植株不具圆筒状、多节的肉质茎，仅在基部具卵形或其他形状的假鳞茎；假鳞茎完全包藏于叶鞘之内。(7)

6 花小，唇瓣长约 6 mm，中萼片长 8 ～ 10 mm。………………………………………………见血清 *L.nervosa*

6 花大，唇瓣长 1 ～ 1.5 cm，中萼片长 1.6 ～ 2 cm。………………………………………紫花羊耳蒜 *L. nigra*

7 叶通常 3 ～ 6 枚，线形或线状披针形，长度为宽度的 3 ～ 10 倍。12 花瓣具 1 脉；唇瓣上无乳头状凸起。13 叶长度为宽度的 3 ～ 5 倍。…………………………………………………………………香花羊耳蒜 *L.odorata*

7 叶通常 2 枚，极罕 3 枚，卵形、长圆形、椭圆形或其他形状，长度为宽度的 1 ～ 2 倍。………………(8)

8 蕊柱近基部具 2 枚肥厚的齿状凸起。……………………………………………………………齿突羊耳蒜 *L. rostrata*

8 蕊柱不具上述齿状凸起。21 叶较大，长 6 ～ 16 cm，宽 2 ～ 7 cm；花通常黄绿色，有时带淡紫色或粉红色；唇瓣近全缘。…………………………………………………………………………………羊耳蒜 *L.campylostalix*

9 每个假鳞茎具 1 枚叶。……………………………………………………………………………………………(10)

9 每个假鳞茎具 2 ～ 5 枚叶。………………………………………………………………………………………(15)

10 唇瓣明显 3 裂。…………………………………………………………………………………三裂羊耳蒜 *L.mannii*

10 唇瓣绝非明显的 3 裂。……………………………………………………………………………………………(11)

11 假鳞茎平卧或近平卧，彼此相连接，近长圆形，长约 5 mm；新假鳞茎发自老假鳞茎近顶端处；萼片具 3 脉；唇瓣近倒卵状长圆形，中部不皱缩。………………………………………………………平卧羊耳蒜 *L. chapaensis*

11 假鳞茎直立或斜立，着生于根状茎上。…………………………………………………………………………(12)

12 花梗和子房长 1.5 ～ 2.2 cm，明显长于花苞片。……………………………………………………………(13)

12 花梗和子房长 3 ～ 5 mm，短于或等长于花苞片。……………………………………………………………(14)

13 花较小，萼片长 3.5 ～ 6 mm。……………………………………………………………镰翅羊耳蒜 *L. bootanensis*

13 花较大，萼片长 9 ～ 11 mm。假鳞茎密集地着生于根状茎上，彼此相距不到 1 cm；花绿色；唇瓣基部有 2 个胼胝体。………………………………………………………………………………圆唇羊耳蒜 *L. balansae*

14 花很小，萼片长 1.5 ～ 1.8 mm；蕊柱上部不具钩状翅。…………………………………丛生羊耳蒜 *L.cespitosa*

14 花稍大，萼片长 3.5 ～ 6 mm；蕊柱上部的翅多少呈钩状，罕有由于翅狭而不为钩状；叶长 8 ～ 22 cm；花梗和子房明显长于花苞片；唇瓣基部有 2 个胼胝体。……………………………镰翅羊耳蒜 *L. bootanensis*

15 每个假鳞茎具 3 ～ 5 枚叶。………………………………………………………………………………………(16)

15 每个假鳞茎具 2 枚叶。……………………………………………………………………………………………(19)

16 蕊柱具一对半圆形的宽翅，每个翅的前方有 1 个下垂的丝状体；唇瓣先端圆钝。………蕊丝羊耳蒜 *L. resupinata*

16 蕊柱上部前方以及中部的两侧各具一对翅，翅上无丝状物；唇瓣先端截形，微凹或具短尖，绝非圆钝。… (17)

17 唇瓣的上半部（前唇）的基部两侧有短耳，但不为胼胝体状；下半部（后唇）有 4 个胼胝体。……小花羊耳蒜 *L. platyrachis*

17 唇瓣的上半部（前唇）的基部两侧增厚成胼胝体状；下半部（后唇）具 1 个中央凹陷的胼胝体。…… (18)

18 唇瓣先端截形并在中央微凹；萼片长 4 ～ 4.5 mm。………………………………扁茎羊耳蒜 *L. assamica*

18 唇瓣先端具短尖；萼片长 2.5 ～ 3.5 mm。……………………………………………小巧羊耳蒜 *L. delicatula*

19 花大，萼片长 0.8 ～ 1.6 cm；蒴果长 1.5 ～ 1.8 cm。………………………………大花羊耳蒜 *L. distans*

19 花小，萼片长 2 ～ 6 mm；蒴果长 4 ～ 8 mm。…………………………………………………………… (20)

20 假鳞茎圆柱形至狭圆锥状圆柱形，长在 5 cm 以上。………………………………………………… (21)

20 假鳞茎长圆形、卵形或其他形状，长不及 5 cm。……………………………………………………… (22)

21 假鳞茎长于叶；叶的长度为宽度的 3 ～ 4 倍。………………………………………折唇羊耳蒜 *L.bistriata*

21 假鳞茎短于叶；叶的长度超过宽度的 5 倍。…………………………………………长茎羊耳蒜 *L. viridiflora*

22 唇瓣上不具胼胝体或肥厚的纵褶片。假鳞茎扁球形（两侧压扁）。…………………扁球羊耳蒜 *L.elliptica*

22 唇瓣上有胼胝体或肥厚的纵褶片。……………………………………………………………………… (23)

23 植株矮小，叶长 1.2 ～ 4.5 cm；花梗和子房长 3 ～ 5 mm；唇瓣强烈反折。…小巧羊耳蒜 *L. delicatula*

23 植株较大，叶长 4 ～ 14 cm；花梗和子房长 7 ～ 14 mm；唇瓣不强烈反折，近扇形或倒三角形，最宽处为基部宽的 2 ～ 3 倍。……………………………………………………扇唇羊耳蒜 *L. stricklandiana*

方唇羊耳蒜

Liparis glossula

产于西藏吉隆；区外见于云南。生于海拔 2200 ～ 3150 m 的林下、林缘或山坡灌丛中。尼泊尔、印度东北部也有分布。模式标本采自印度。

地生草本。假鳞茎聚生、密集，卵形，长约 1 cm，直径 6 ～ 8 mm，外被白色的薄膜质鞘。叶 1 枚，长圆形或椭圆状长圆形，膜质或草质，长 8 ～ 15 cm，宽 2 ～ 5 cm，先端钝或近急尖，基部近楔形并下延为鞘状柄，无关节；鞘状柄长 4.5 ～ 12 cm，通常与叶片近等长或略短，少有比叶片长 3 ～ 4 倍，下半部或 2/3 围抱花葶基部。花葶长 12 ～ 22 cm；花序柄略压扁，两侧具狭翅；总状花序长 3 ～ 12 cm，具数朵至 20 余朵花；花序轴上的翅干后与轴近等宽；花苞片披针形，长 6 ～ 9 mm；花梗和子房长 1 ～ 1.6 cm；花紫红色，稍疏离；萼片线状披针形，长 1 ～ 1.3 cm，宽约 3 mm，先端近急尖，边缘外卷，具 3 脉，仅中脉较明显；花瓣丝状或狭线形，长 1 ～ 1.2 cm，宽约 0.7 mm，具 1 脉；唇瓣近方形或宽长圆形，长约 1 cm，宽 8 ～ 9 mm，先端近截形并具短尖，边缘有极细小的缘毛，基部略收狭，中央有 1 条深色的纵带，无胼胝体；蕊柱长 4 ～ 5 mm，稍向前弯曲，上端略具翅，基部有 2 个胼胝体状的肥厚凸起；药帽前方有喙。花期 7 月。

心叶羊耳蒜

Liparis cordifolia

产于西藏墨脱；区外见于台湾、广西，云南东南部。生于海拔 1000 ～ 2000 m 的林中腐殖土丰富的地方，也见于岩缝或树杈积土之处。尼泊尔、印度东北部也有分布。模式标本采自尼泊尔。

地生草本。假鳞茎聚生，密集，卵形，稍压扁。叶 1 枚，卵形至心形，绿色或偶见白斑，膜质或草质，先端渐尖；花序柄略扁，两侧有狭翅；总状花序通常具 10 余朵花；花苞片三角状披针形；花绿色或淡绿色，常较密集；萼片线状披针形或近线形，先端钝或急尖，具 3 脉；花瓣丝状或狭线形，具 1 脉；唇瓣倒卵状三角形，两侧边缘多少皱波状；蕊柱向前弯曲，上部有宽翅，基部膨大、肥厚；翅近方形。花期 10 ～ 12 月。

柄叶羊耳蒜

Liparis petiolata

产于西藏波密；区外见于江西、湖南、广西和云南。生于海拔 1100 ～ 2900 m 的林下、溪谷旁或阴湿处。尼泊尔、不丹、印度、泰国和越南也有分布。模式标本采自尼泊尔。

地生草本，具细长的根状茎，每相隔 2 ～ 4 cm 具假鳞茎。假鳞茎卵形，外被白色的薄膜质鞘。叶 2 枚，宽卵形，膜质或草质，先端近渐尖或骤然收狭成短尾状，边缘略有不规则钝圆齿或近全缘，基部近截形或浅心形，有鞘状柄，无关节；鞘状柄长 5 ～ 11 cm，围抱花葶基部。花葶下部具棱，上部具狭翅；总状花序具数朵至 10 余朵花；花苞片披针形；花梗和子房长 6 ～ 8 mm；花绿白色，仅唇瓣带紫绿色；萼片线状披针形，先端钝，具不明显的 3 脉；侧萼片略斜歪；花瓣狭线形，具 1 脉；唇瓣椭圆形至近圆形，先端具短尖，边缘常略有不甚整齐的缺刻，近基部有 2 个胼胝体；蕊柱长约 4 mm，向前弯曲，顶端稍扩大并有狭翅，基部肥厚。蒴果近倒卵状长圆形。花期 5 ～ 6 月，果期 9 ～ 10 月。

见血清

Liparis nervosa

产于西藏墨脱；区外见于浙江、江西、福建、台湾、湖南、广东、广西、四川、贵州、云南。生于海拔 1000～2100 m 的林下、溪谷旁、草丛阴处或岩石覆土上；广泛分布于全世界热带与亚热带地区。模式标本采自日本。

地生草本。茎（或假鳞茎）圆柱状，肥厚，肉质，有数节。叶卵形至卵状椭圆形，膜质或草质，先端近渐尖，全缘，基部收狭并下延成鞘状柄，无关节。花葶发自茎顶端；总状花序通常具数朵至 10 余朵花；花序轴有时具很狭的翅；花苞片很小，三角形；花紫色；中萼片线形或宽线形，先端钝，边缘外卷，具不明显的 3 脉；侧萼片狭卵状长圆形，稍斜歪，长先端钝，亦具 3 脉；花瓣丝状，亦具 3 脉；唇瓣长圆状倒卵形，先端截形并微凹，基部收狭并具 2 个近长圆形的胼胝体；蕊柱较粗壮，上部两侧有狭翅。蒴果倒卵状长圆形或狭椭圆形。花期 2～7 月，果期 10 月。

紫花羊耳蒜

Liparis nigra

产于西藏墨脱；区外见于台湾、广东、海南、广西、贵州、云南。生于海拔 500 ～ 1700 m 的常绿阔叶林下或阴湿的岩石覆土上或地上。泰国和越南也有分布。

地生草本，较高大。茎（或假鳞茎）圆柱状，肥厚，肉质，有数节，长 8 ～ 20 cm，直径可达 1 cm，绿色，下部被数枚薄膜质鞘。叶 3 ～ 6 枚，椭圆形、卵状椭圆形或卵状长圆形，膜质或草质，常稍斜歪，长 9 ～ 17 cm，宽 3.5 ～ 9 cm，先端渐尖、短尾状或近急尖，基部斜歪并收狭成鞘状柄，无关节；鞘状柄长 2 ～ 5 cm，初时几乎全部抱茎，老鞘仅基部抱茎。花葶生于茎顶端，长 18 ～ 45 cm；总状花序长 6 ～ 16 cm，具数朵至 20 余朵花；花序轴具很狭的翅；花苞片很小，卵形，长 1 ～ 2 mm；花梗和子房长 1.6 ～ 1.8 cm；花深紫红色，较大；中萼片线状披针形，长 1.6 ～ 2 cm，宽 2.5 ～ 3 mm，先端钝，具 3 脉；侧萼片卵状披针形，长 1.5 ～ 1.7 cm，宽 4 ～ 5 mm，先端钝，具 5 脉；花瓣线形或狭线形，长 1.6 ～ 1.8 cm，宽约 0.8 mm，具 1 脉；唇瓣倒卵状椭圆形或宽倒卵状长圆形，长 1 ～ 1.5 cm，宽 1.2 ～ 1.8 cm，先端截形或有时有短尖，边缘有明显的细齿，基部骤然收狭并有一对向后方延伸的耳，近基部有 2 个胼胝体；胼胝体三角形，高 0.8 ～ 1 mm；蕊柱长 6 ～ 8 mm，两侧有狭翅；药帽长约 2 mm。蒴果倒卵状长圆形，长约 2.8 cm，宽约 1 cm；果梗长 6 ～ 9 mm。花期 2 ～ 5 月，果期 11 月。

香花羊耳蒜

Liparis odorata

产于西藏吉隆、陈塘；区外见于江西、台湾、湖北、湖南、广东、海南、广西、四川、贵州、云南。生于海拔600～3100 m的林下、疏林下或山坡草丛中。尼泊尔、印度、缅甸、老挝、越南、泰国和日本也有分布。

地生草本。假鳞茎近卵形，有节，外被白色的薄膜质鞘。叶2～3枚，狭椭圆形、卵状长圆形、长圆状披针形或线状披针形，膜质或草质，先端渐尖，全缘，基部收狭为鞘状柄，无关节；花葶明显高出叶面；总状花序疏生数朵至10余朵花；花苞片披针形，常平展；花绿黄色或淡绿褐色；中萼片线形，先端钝，具不明显的3脉，边缘外卷；侧萼片卵状长圆形，稍斜歪，具3～4脉；花瓣近狭线形，向先端渐宽，边缘外卷，具1脉；唇瓣倒卵状长圆形，先端近截形并微凹，上部边缘有细齿，近基部有2个三角形的胼胝体；两胼胝体基部多少相连；蕊柱长约4.5 mm，稍向前弯曲，两侧有狭翅，向上翅渐宽。蒴果倒卵状长圆形或椭圆形。花期4～7月，果期10月。

齿突羊耳蒜

Liparis rostrata

产于西藏吉隆。生于海拔 2650 m 的沟边铁杉林下石上覆土中。尼泊尔和印度西北部也有分布。模式标本采自印度。

地生草本。假鳞茎很小，卵形，外被白色的薄膜质鞘。叶 2 枚，卵形，膜质或草质，先端急尖或钝，全缘，基部收狭并下延成鞘状柄，无关节；鞘状柄长 1 ～ 2 cm 或更长，围抱花葶下部。花序柄圆柱形，略扁，两侧有狭翅；总状花序具数朵花；花苞片卵形；花绿色或黄绿色；萼片狭长圆状披针形或狭长圆形，先端钝，具 3 脉；侧萼片略斜歪；花瓣丝状或狭线形，具 1 脉；唇瓣近倒卵形，先端具短尖，边缘有不规则齿，基部收狭，无胼胝体；蕊柱长 3 ～ 3.5 mm，稍向前弯曲，顶端有翅，基部扩大，在前方有 2 个肥厚的齿状凸起。花期 7 月。

羊耳蒜

Liparis campylostalix

产于西藏波密、米林、隆子；区外见于云南。生于林下岩石积土上或松林下草地上，海拔 2650 ～ 3400 m。印度也有分布。

地生草本。假鳞茎宽卵形，较小，外被白色的薄膜质鞘。叶 2 枚，卵形至卵状长圆形，先端急尖或钝，近全缘，基部收狭成鞘状柄，无关节。总状花序具数朵至 10 余朵花；花苞片卵状披针形；花淡紫色；中萼片线状披针形，具 3 脉；侧萼片略斜歪，亦具 3 脉；花瓣丝状；唇瓣近倒卵状椭圆形，从中部多少反折，先端近浑圆并有短尖，边缘具不规则细齿，基部收狭，无胼胝体；蕊柱稍向前弯曲，顶端具钝翅，基部多少扩大、肥厚。花期 7 月。

三裂羊耳蒜

Liparis mannii

产于西藏墨脱；区外见于云南。生于海拔 750 ～ 1200 m 的林中树上；印度和越南也有分布。模式标本采自印度阿萨姆。

附生草本。假鳞茎狭卵形、卵形至近长圆形，顶端具 1 叶。叶狭长圆形至狭长圆状倒披针形，纸质，先端渐尖，基部收狭成短柄，有关节。花葶长 9 ～ 13 cm；花序柄略压扁，两侧有很狭的翅，下部无不育苞片；总状花序具 10 余朵至数十朵花；花苞片狭披针形；花很小；萼片近狭卵状椭圆形；花瓣狭线形；唇瓣近卵形，3 裂；侧裂片近卵形，先端钝；中裂近扁圆形或宽菱状扁圆形，先端近急尖，前方边缘有不规则细齿缺；无胼胝体；蕊柱长约 1.2 mm，稍向前弯曲，基部扩大、肥厚。蒴果椭圆形或宽倒卵状椭圆形；果梗长 1.5 ～ 2 mm。花期 10 ～ 11 月，果期次年 3 月。

平卧羊耳蒜

Liparis chapaensis

产于西藏墨脱；区外见于广西、贵州和云南。生于海拔 800 ～ 2000 m 的石灰岩山坡常绿阔叶树林中的树上或岩石上。越南、缅甸也有分布。模式标本采自越南。

附生草本，较小。假鳞茎密集，多少平卧，近卵状长圆形，顶端具 1 叶。叶狭椭圆形至长圆形，纸质或薄革质，先端渐尖，基部收狭成明显的柄，有关节。花葶长 4 ～ 7 cm；花序柄扁圆柱形，两侧具狭翅，下部无不育苞片；总状花序疏生数朵花；花苞片狭披针形；花梗和子房长 8 ～ 10 mm；花淡黄绿色或变为橘黄色，但蕊柱白色；中萼片近狭长圆状披针形，先端渐尖，边缘外卷，具 3 脉；侧萼片狭长圆状披针形，稍斜歪，略宽于中萼片；花瓣狭线形；唇瓣近倒卵状长圆形，先端近截形并在中央具短尖，近基部具 1 个 2 裂的胼胝体；蕊柱长约 3 mm，稍向前弯曲，上部具狭翅。花期 10 月。

镰翅羊耳蒜

Liparis bootanensis

产于西藏墨脱；区外见于江西、福建、台湾、广东、海南、广西、四川、贵州、云南。生于海拔 800 ～ 2300 m 的林缘、林中或山谷阴处的树上或岩壁上。不丹、印度、缅甸、越南、泰国、马来西亚、印度尼西亚、菲律宾和日本也有分布。

附生草本。假鳞茎密集，卵形、卵状长圆形或狭卵状圆柱形，长 0.8 ～ 3 cm，直径 4 ～ 8 mm，顶端生 1 叶。叶狭长圆状倒披针形、倒披针形至近狭椭圆状长圆形，纸质或坚纸质，长 5 ～ 22 cm，宽 5 ～ 33 mm，先端渐尖，基部收狭成柄，有关节；叶柄长 1 ～ 10 cm。花葶长 7 ～ 24 cm；花序柄略压扁，两侧具很狭的翅，下部无不育苞片；总状花序外弯或下垂，长 5 ～ 12 cm，具数朵至 20 余朵花；花苞片狭披针形，长 3 ～ 13 mm；花梗和子房长 4 ～ 15 mm；花通常黄绿色，有时稍带褐色，较少近白色；中萼片近长圆形，长 3.5 ～ 6 mm，宽 1.3 ～ 1.8 mm，先端钝；侧萼片与中萼片近等长，但略宽；花瓣狭线形，长 3.5 ～ 6 mm，宽 0.4 ～ 0.7 mm；唇瓣近宽长圆状倒卵形，长 3 ～ 6 mm，上部宽 2.5 ～ 5.5 mm，先端近截形并有凹缺或短尖，通常整个前缘有不规则细齿，基部有 2 个胼胝体，有时 2 个胼胝体基部合生为一；蕊柱长约 3 mm，稍向前弯曲，上部两侧各有 1 翅；通常在前部下弯成钩状或镰状，较少钩或镰不甚明显。蒴果倒卵状椭圆形，长 8 ～ 10 mm，宽 5 ～ 6 mm；果梗长 8 ～ 10 mm。花期 8 ～ 10 月，果期 3 ～ 5 月。

圆唇羊耳蒜

Liparis balansae

产于西藏墨脱；区外见于海南、广西、四川和云南。生于海拔 500 ～ 1600 m 的林中或溪谷旁的树上或岩石上。越南、泰国也有分布。模式标本采自越南。

附生草本。假鳞茎密集，近狭卵形或卵形，顶端具 1 叶。叶倒披针形或狭椭圆状倒披针形，坚纸质，先端渐尖，基部收狭成柄，有关节；花序柄扁圆柱形，两侧具狭翅，下部无不育苞片；总状花序疏生 3 ～ 5 朵花；花苞片狭披针形；花绿色，疏离；中萼片长圆状披针形，先端钝；侧萼片披针形，略比中萼片宽；花瓣近丝状或狭线形；向先端渐狭，先端钝或略有不规则缺刻；唇瓣扇状扁圆形或宽倒卵状圆形，先端浑圆或近截形，具短尖，边缘有不规则细齿，基部收狭，有 2 个胼胝体；蕊柱长约 5 mm，稍向前弯曲，上端在柱头两侧具翅，翅下弯成长约 1.1 mm 的钩；药帽较长，近长圆形。蒴果倒卵形；果梗长 9 ～ 15 mm。花期 9 ～ 11 月，果期次年春季。

丛生羊耳蒜
Liparis cespitosa

产于西藏波密、墨脱；区外见于台湾、海南、云南。生于林中或荫蔽处的树上、岩壁上或岩石上，海拔 500 ～ 2400 m。广泛分布于自非洲至亚洲和太平洋的热带地区。

附生草本，较矮小。假鳞茎密集，卵形、狭卵形至近圆柱形，长 8 ～ 30 mm，宽 2 ～ 6 mm，顶端具 1 叶。叶倒披针形或线状倒披针形，纸质，先端渐尖，基部逐渐收狭成柄，连柄长 5 ～ 17 cm，中部宽 5 ～ 15 mm，有关节。花葶长 5 ～ 16 cm；花序柄稍扁的圆柱形，两侧具很狭的翅，下部无不育苞片；总状花序具 7 ～ 40 余朵花；花苞片钻形，长 3 ～ 5 mm，在花序基部的有时长可达 8 mm；花梗和子房长 3 ～ 4 mm；花绿色或绿白色，很小；中萼片近长圆形，长 1.5 ～ 1.8 mm，宽约 0.7 mm，先端钝，具 1 脉；侧萼片卵状长圆形，略斜歪，长 1.3 ～ 1.5 mm，宽 0.9 ～ 1 mm，亦具 1 脉；花瓣狭线形，长 1.5 ～ 1.8 mm，宽约 0.3 mm，先端钝；唇瓣近宽长圆形，有时中部或下部略宽于上部，长约 1.8 mm，宽约 1.2 mm，先端近截形而有短尖，边缘有时稍呈波状，基部有一对向后延伸的耳，无明显的胼胝体；蕊柱长 0.8 ～ 1.2 mm，稍向前弯曲，顶端扩大，有宽阔的药床。蒴果近椭圆形，长 3 ～ 4 mm，宽约 3 mm；果梗长 4 ～ 5 mm。花期 6 ～ 10 月，果期 10 ～ 11 月。

蕊丝羊耳蒜

Liparis resupinata

产于西藏东南部墨脱；区外见于云南。生于山坡密林中或河谷阔叶林中的树上，海拔 1300 ～ 2500 m。尼泊尔、不丹、印度也有分布。

附生草本。假鳞茎密集，近圆柱形或多少梭形，通常在上部具 3 ～ 4 枚近于互生的叶。叶狭长圆形或近线状披针形，纸质，先端渐尖，边缘稍具细齿，基部稍收狭，有关节，具或不具短柄。花葶外弯或下垂，近无翅；总状花序具 10 ～ 50 朵花；花苞片披针形；花淡绿色或绿黄色；中萼片长圆形或椭圆状长圆形，先端钝或急尖，具 1 脉，背面有龙骨状凸起，侧萼片无龙骨状凸起；花瓣狭线形，先端钝；唇瓣或宽卵状长圆形，先端钝；上唇基部有耳而呈箭形，下唇两侧的裂片半圆形，中央有 1 个 2 裂的肥厚胼胝体；蕊柱直立，两侧有半圆形的宽翅，每侧翅的前方有 1 个下垂的丝状体。蒴果倒卵状长圆形。花果期 10 ～ 12 月。

小花羊耳蒜

Liparis platyrachis

产于西藏东南部墨脱；区外见于云南。生于海拔 1200 m 林中树干上。印度锡金邦也有分布。

附生草本。假鳞茎密集，近圆柱形，向顶端渐狭，稍压扁，长约 1 cm，具 3 ～ 5 枚近互生的叶。叶线状披针形，长 1.5 ～ 3 cm，先端渐尖或急尖，基部收狭成短柄，有关节。花葶多少下弯，长达 8 cm，多少具狭翅；总状花序具 10 ～ 20 朵花；花苞片钻形，明显短于花梗和子房；花白色；萼片椭圆形、卵状椭圆形或长圆形，长 2 ～ 3 mm，先端急尖；侧萼片略斜歪；花瓣线形，与萼片近等长；唇瓣近方形，明显短于萼片，先端浑圆而有凹缺或具细尖，在下部 1/4 处明显皱缩并扭曲，貌似有 2 个耳状物，近基部有 4 个胼胝体，前方 2 个较大，后方 2 个较小；蕊柱直立，上部有一对三角形小翅，下部侧面也有一对翅。花期 9 月。

小巧羊耳蒜

Liparis delicatula

产于西藏墨脱；区外见于海南、云南。生于海拔 500 ～ 2900 m 的山坡或河谷林中树上。印度和老挝也有分布。

附生草本，很小，近丛生。假鳞茎密集，长圆形或近圆柱状梭形，顶端或近顶端处具 2 ～ 3 枚叶。叶匙状长圆形至长圆状披针形，纸质，先端急尖并具短尖，基部收狭成短柄，有关节。总状花序具数朵至 10 余朵花；花苞片卵状披针形；花橙色；中萼片卵状长圆形，先端钝，背面有龙骨状凸起；侧萼片卵形或卵状椭圆形，稍斜歪，背面无龙骨状凸起；花瓣狭线披针形；唇瓣宽椭圆形或近圆形，先端近截形或浑圆并有短尾，中部以下两侧明显皱缩并扭曲，使上部强烈外折，基部两侧各有 1 个圆形的耳状皱褶，貌似胼胝体，近基部中央有 1 个中央凹陷的胼胝体；蕊柱长约 2.2 mm，直立，前面上部有 2 翅，两侧下部又有 2 翅。蒴果三棱状倒卵形；果梗长约 2 mm。花期 10 月，果期次年 1 月。

大花羊耳蒜

Liparis distans

产于西藏东南部墨脱；区外见于台湾、海南、广西、四川、贵州、云南。生于海拔 1000 ～ 2400 m 的林中或沟谷旁树上或岩石上，喜阴。印度、泰国、老挝、越南也有分布。

附生草本，较高大。假鳞茎密集，近圆柱形或狭卵状圆柱形，顶端或近顶端具2叶。叶倒披针形或线状倒披针形，纸质，先端渐尖，基部收狭成柄，有关节。花序柄略压扁，两侧有狭翅近花序下方具 2 ～ 3 枚钻形的不育苞片；总状花序具数朵至 10 余朵花；花苞片近钻形；花黄绿色或橘黄色；萼片线形，先端钝，边缘常外卷；侧萼片常略短于中萼片；花瓣近丝状，先端钝；唇瓣宽长圆形、宽椭圆形至圆形，先端浑圆或钝，边缘略有不规则细齿，基部收狭成很短的柄并有 1 个具槽的胼胝体；蕊柱稍向前弯曲，上部具狭翅，基部稍扩大。蒴果狭倒卵状长圆形。花期 10 月至次年 2 月，果期 6 ～ 7 月。

折唇羊耳蒜

Liparis bistriata

产于西藏墨脱；区外见于云南。生于海拔 800 ～ 2000 m 的林中或山坡路旁树上或岩石上。印度、缅甸和泰国也有分布。

附生草本。假鳞茎密集，圆柱形，长 9 ～ 12 cm，直径 5 ～ 7 mm，顶端具 2 叶。叶近椭圆形或椭圆状披针形，近革质，长 6.5 ～ 9 cm，宽 2.6 ～ 3.4 cm，先端渐尖，基部收狭成短柄，有关节。花葶长 18 ～ 24 cm；花序柄近圆柱形，几无翅，下部无不育苞片；总状花序具 20 余朵花；花苞片披针形，长 3 ～ 4 mm；花梗和子房长约 1 cm；花淡绿色；萼片近狭长圆形，长 5 ～ 5.5 mm，宽约 1.5 mm，先端钝，边缘外卷，具 3 脉；花瓣线形，长 4.5 ～ 5 mm，宽约 0.5 mm，先端钝，具 1 脉；唇瓣近长圆形，长 4.5 ～ 5 mm，宽约 2.5 mm，先端近截形并呈啮蚀状，中央微缺，由于中部或中部以下皱缩而使上部外折，基部有 1 个多少 2 裂的胼胝体；蕊柱长约 3.5 mm，稍向前弯曲，上部有狭翅，基部扩大且肥厚。蒴果倒卵状椭圆形，长 8 ～ 10 mm，宽 5 ～ 6 mm；果梗长 8 ～ 10 mm。花期 6 ～ 7 月，果期 8 ～ 9 月。

长茎羊耳蒜

Liparis viridiflora

产于西藏墨脱；区外见于台湾、广东、海南、广西、四川、云南。生于海拔 200 ～ 2300 m 的林中或山谷阴处的树上或岩石上。尼泊尔、不丹、印度、缅甸、孟加拉国、越南、老挝也有分布。

附生草本，较高大。假鳞茎稍密集，上部直立，顶端具 2 叶。叶线状倒披针形或线状匙形，纸质，先端渐尖并有细尖，基部收狭成柄，有关节；花序柄略压扁，两侧有很狭的翅，上部靠近花序下方有 1 ～ 2 枚不育苞片；总状花序长具数十朵小花；花苞片狭披针形，薄膜质；花绿白色或淡绿黄色，较密集；中萼片近椭圆状长圆形，先端钝，边缘外卷；侧萼片卵状椭圆形，略宽于中萼片；花瓣狭线形，先端浑圆；唇瓣近卵状长圆形，先端近急尖或具短尖头，边缘略呈波状，从中部向外弯，无胼胝体；蕊柱长 1.5 ～ 2 mm，稍向前弯曲，顶端有翅，基部略扩大。蒴果倒卵状椭圆形。花期 9 ～ 12 月，果期次年 1 ～ 4 月。

扁球羊耳蒜

Liparis elliptica

产于西藏墨脱；区外见于台湾、四川、云南。生于海拔 200 ～ 1500 m 的林中树上。印度、越南、泰国、印度尼西亚和斯里兰卡也有分布。

附生草本。假鳞茎密集，长圆形或椭圆形，压扁，长 1 ～ 3 cm，直径 6 ～ 15 mm，顶端具 2 叶。叶狭椭圆形或狭卵状长圆形，纸质，长 4 ～ 12 cm，宽 1.2 ～ 2.8 cm，先端急尖至短渐尖，基部收狭成短柄，有关节。花葶长 7 ～ 17 cm，下弯或下垂；花序柄略压扁，花序下方有时有少数不育苞片；总状花序长 4 ～ 8 cm，具数朵至数十朵花；花苞片披针形，薄膜质，长 1.5 ～ 3 mm；花梗和子房长约 4.5 mm；花淡黄绿色；萼片长圆状披针形，长 4 ～ 5 mm，宽 1.5 ～ 1.8 mm，先端钝；花瓣狭线形或近丝状，长 3.5 ～ 4.5 mm，宽约 0.5 mm；唇瓣近圆形或近宽卵圆形，先端长渐尖或为稍外弯的短尾状，全长 4 ～ 5 mm，边缘（特别是前部边缘）多少皱波状，由于中部或上部两侧常有耳状皱折而貌似 3 裂，无胼胝体；蕊柱长 1.5 ～ 2 mm，无翅。蒴果狭倒卵形，长 5 ～ 6 mm，宽 2 ～ 2.5 mm；果梗长约 2 mm。花期 11 月至次年 2 月，果期 5 月。

扇唇羊耳蒜

Liparis stricklandiana

产于西藏东南部；区外见于广东、海南、广西、贵州、云南。生于海拔 1000 ～ 2400 m 的林中树上或山谷阴处石壁上。不丹、印度也有分布。

附生草本，较高大。假鳞茎密集，近长圆形，顶端或近顶端具 2 叶。叶倒披针形或线状倒披针形，纸质，先端渐尖，基部收狭成柄，有关节。花序柄扁圆柱形，两侧具翅，近花序下方具 1 ～ 2 枚钻形不育苞片；总状花序具 10 余朵花；花苞片钻形；花绿黄色；萼片狭倒卵形、长圆形至长圆状倒卵形，先端钝，边缘外卷；侧萼片常略宽于中萼片；花瓣近丝状，向上端稍变宽；唇瓣扇形，先端近截形并具短尖，前部边缘具不规则细齿，基部收狭，近基部有 1 个扁圆形的胼胝体；胼胝体中央贴生于唇瓣上并向前延伸而成宽阔、粗短的肥厚中脉；蕊柱纤细，近直立或稍向前弯曲，顶端具狭翅，基部稍扩大。蒴果倒卵状椭圆形。花期 10 月至次年 1 月，果期 4 ～ 5 月。

狭叶羊耳蒜

Liparis perpusilla

分布于西藏墨脱，区外见于云南。生于海拔约 2800 m 的林中树干上。不丹、印度和尼泊尔也有分布。

附生草本，假鳞茎簇生，卵形或椭圆形，长 2 ～ 3 cm，宽 0.1 ～ 0.2 cm。叶 4 ～ 5 枚，线形，长 1 ～ 1.5 cm，宽 0.1 ～ 0.2 cm。花序直立、长 2 ～ 4 cm，具 5 ～ 10 朵花。花黄色；中萼片近长圆形，长 1.1 ～ 1.3 mm、宽 0.4 ～ 0.5 mm；侧萼片椭圆状长方形，长 1 ～ 1.2 mm，宽 0.6 ～ 0.7 mm；花瓣线形或窄的披针形，长 1 ～ 1.1 mm，宽 0.1 ～ 0.2 mm；唇瓣略反折，近圆形，长约 1.1 mm，基部边缘卷曲，先端钝圆形或稍具短尖；唇盘近基部具 1 枚马蹄形胼胝体，马蹄形胼体基部还具有 2 枚分离的胼胝体。蕊柱长约 0.1 cm，具 2 个翅。花期 7 月。

长唇羊耳蒜

Liparis pauliana

产于西藏波密（西藏新记录）；区外见于浙江、江西、湖北、湖南、广东北部、广西和贵州。生于海拔 600 ～ 1200 m 的林下阴湿处。模式标本采自湖南。

地生草本。假鳞茎卵形或卵状长圆形，外被多枚白色的薄膜鞘。叶通常 2 枚，极少为 1 枚（仅见于假鳞茎很小的情况下），卵形至椭圆形，膜质或草质，先端急尖或短渐尖，边缘皱波状并具不规则细齿，基部收狭成鞘状柄，无关节；花序柄扁圆柱形，两侧有狭翅；总状花序通常疏生数朵花，较少多花或减退为 1 ～ 2 朵花；花苞片卵形或卵状披针形；花淡紫色，但萼片常为淡黄绿色；萼片线状披针形，先端渐尖，具 3 脉；侧萼片稍斜歪；花瓣近丝状，具 1 脉；唇瓣倒卵状椭圆形，先端钝或有时具短尖，近基部常有 2 条短的纵褶片，有时纵褶片似皱褶而不甚明显；蕊柱向前弯曲，顶端具翅，基部扩大、肥厚。蒴果倒卵形，上部有 6 条翅，向下翅渐狭并逐渐消失。花期 5 月，果期 10 ～ 11 月。

原沼兰属
Malaxis

地生，较少为半附生或附生草本，通常具多节的肉质茎或假鳞茎，外面常被有膜质鞘。叶通常2～8枚，较少1枚；叶柄常多少抱茎，无关节。花葶顶生，通常直立，无翅或罕具狭翅；总状花序具数朵或数十朵花；花苞片宿存；花一般较小；萼片离生；花瓣一般丝状或线形；唇瓣通常位于上方，不裂或2～3裂；蕊柱一般很短，直立，顶端常有2齿。

全属全球约有300种，广泛分布于全球热带与亚热带地区，少数种类也见于北温带。我国有1种。西藏记录有1种，现收录1种。

原沼兰
Malaxis monophyllos

产于西藏林芝、陈塘、亚东；区外见于黑龙江、甘肃、台湾、云南。生于2500～4100 m林下、灌丛中或草坡上。日本，朝鲜半岛、西伯利亚地区、欧洲和北美也有分布。

地生草本。假鳞茎卵形，较小，外被白色的薄膜质鞘。叶通常1枚，较少2枚，斜立，卵形、长圆形或近椭圆形，先端钝或近急尖，基部收狭成柄；叶柄多少鞘状，抱茎或上部离生。花葶直立，除花序轴外近无翅；总状花序具数十朵或更多的花；花苞片披针形；花小，较密集，淡黄绿色至淡绿色；中萼片披针形或狭卵状披针形，先端长渐尖，具1脉；侧萼片线状披针形，略狭于中萼片，亦具1脉；花瓣近丝状或极狭的披针形，先端骤然收狭而成线状披针形的尾；唇盘近圆形、宽卵形或扁圆形，中央略凹陷，两侧边缘变为肥厚并具疣状凸起，基部两侧有一对钝圆的短耳；蕊柱粗短。蒴果倒卵形或倒卵状椭圆形。花果期7～8月。

沼兰属
Crepidium

地生草本，很少附生或石生。茎圆筒状甚至缩短为假鳞茎，肉质。叶 2 枚到多枚，具褶，具叶柄，在基部具鞘。花序顶生，直立，无分枝；花苞片宿存，通常弯曲或反折，披针形。花通常不重生，绿色，棕色，黄色，粉红色或紫色。中萼片，离生；侧萼片离生或融合，散开。花瓣通常比萼片窄，离生；唇瓣直立，扁平，通常在基部凹陷，整个到浅裂，基部为耳形或缺乏耳廓，顶缘全缘或具齿。无蕊柱足；花药帽背侧变平，由细长的细丝附连，花粉 4，几乎相等，成对，具棒状；柱头椭圆形到横向椭圆形。

本属全球约 280 种，遍及亚洲热带和亚热带，与少数物种在温带；中国有 17 种，含 5 种特有种。西藏记录有 3 种，现收录 2 种；无叶沼兰未收录。

本属检索表

1　唇瓣长 1 ～ 1.1 cm；花瓣长 8 ～ 9 mm。……………………………………………………浅裂沼兰 *C. acuminatum*

1　唇瓣长 5 ～ 8 mm；花瓣长 2.5 ～ 4.5 mm；唇瓣中部两侧边缘内卷而形成缺刻。…细茎沼兰 *C. khasianum*

浅裂沼兰
Crepidium acuminatum

产于西藏波密；区外见于台湾、广东、贵州、云南。生于海拔 300 ～ 2100 m 的林下、溪谷旁或荫蔽处的岩石上。尼泊尔、印度、缅甸、越南、老挝、泰国、印度尼西亚、菲律宾和澳大利亚也有分布。

地生或半附生草本，具肉质茎。肉质茎圆柱形，具数节，大部分包藏于叶鞘之内。叶 3 ～ 5 枚，斜卵形、卵状长圆形或近椭圆形，先端渐尖，基部收狭成柄；叶柄鞘状，下半部抱茎。花葶直立，无翅；总状花序具 10 余朵或更多的花；花苞片披针形；花紫红色，为属中较大者；中萼片狭长圆形或宽线形，先端钝，两侧边缘外卷，具 3 脉；侧萼片长圆形，先端钝，边缘亦外卷；花瓣狭线形，边缘外卷；唇瓣位于上方，整个轮廓为卵状长圆形或倒卵状长圆形，由前部和一对向后方延伸的尾组成；前部中央有凹槽，先端 2 浅裂，裂口深 1 ～ 2 mm；耳近狭卵形；蕊柱粗短。蒴果倒卵状长圆形。花果期 5 ～ 7 月。

细茎沼兰

Crepidium khasianum

产于西藏墨脱[7]；区外见于云南腾冲、勐腊。生于海拔 1000 ～ 1100 m 的林下岩石缝中。尼泊尔、印度、泰国也有分布。模式标本采自印度。

地生草本，具肉质茎。肉质茎圆柱形，具数节，常多少裸露。叶斜卵形或狭卵状披针形，先端渐尖或长渐尖，基部收狭成柄。总状花序具 20 余朵或更多的花；花苞片狭披针形，花黄绿色，较小；萼片长圆状椭圆形或卵状椭圆形，先端钝；侧萼片略斜歪；花瓣狭线形，先端钝；唇瓣位于上方，整个轮廓为近宽长圆形，由前部和一对向后延伸的耳组成；耳近卵形或长圆状卵形；蕊柱直立。花期 7 月。

无耳沼兰属

Dienia

地生草本，很少附生；茎圆柱形，肉质，基部生根，假鳞茎增厚至圆柱形或圆锥形；有时具膜质叶鞘，叶 2 片，厚薄不均匀，有褶，基部被叶鞘。总状花序直立，顶生，不分枝；花薄片宿存，披针形，具刚毛。中萼片平展，离生；侧萼片离生或合生，平展；花瓣离生，窄于萼片；唇瓣平行于花柱，基部变凹，全缘或裂；无距；无胼胝体，具不明显的脊；花粉粒 4 个，成对生长，棒状；柱头半圆形或狭横向椭圆形；顶端有钝喙。

本属全球约 19 种，遍布亚洲热带和亚热带及澳大利亚。中国分布有 2 种。西藏记录 1 种，现收录 1 种。

筒穗无耳沼兰

Dienia cylindrostachya

产于西藏察隅；不丹、印度、尼泊尔也有分布。

地生植物，假鳞茎圆锥形；茎由假鳞茎基部生出，具鞘。叶片 1 个，具长柄；叶柄管状，具鞘；叶片椭圆形至圆形，或近匙形；具细网状纹理，顶端圆钝。总状花序圆柱形，花排列紧密。花苞片披针形先端圆钝。花黄绿色；花梗与子房线性，不扭曲。萼片卵圆形，先端锐尖。花瓣线性至披针形，先端锐尖；唇瓣肉质，宽卵形，边缘增厚，具小齿；中间具凸起的脊，基部具不明显的囊，顶端具尖。

鸢尾兰属

Oberonia

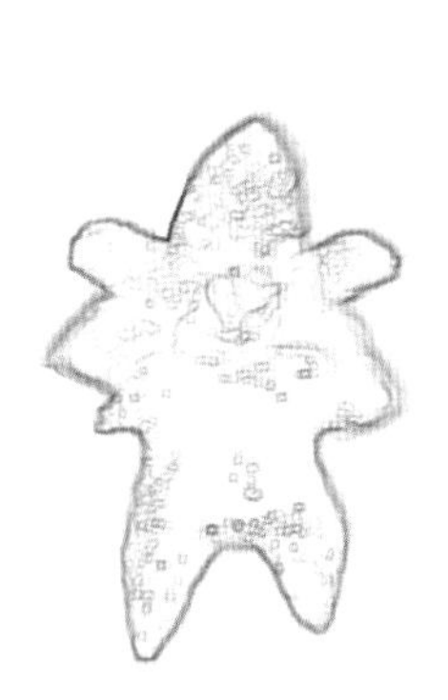

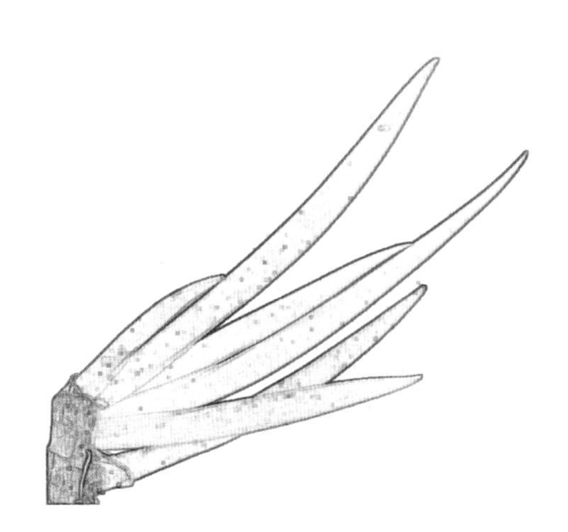

附生草本，常丛生，直立或下垂。茎短或稍长，常包藏于叶基之内。叶二列，近基生或紧密地着生于茎上，通常两侧压扁，极少近圆柱形，稍肉质，近基部常稍扩大成鞘而彼此套叠，叶脉不明显或干后多少可见，基部具或不具关节。花葶从叶丛中央或茎的顶端发出，下部常多少具不育苞片，较少花葶下部与叶合生而扁化成叶状；总状花序一般具多数或极多数花；花苞片小，边缘常多少呈啮蚀状或有不规则缺刻；花很小，直径仅 1 ～ 2 mm，常多少呈轮生状；萼片离生，相似；花瓣通常比萼片狭，少有大于萼片者，边缘有时啮蚀状；唇瓣通常 3 裂，少有不裂或 4 裂，边缘有时呈啮蚀状或有流苏；侧裂片常围抱蕊柱；蕊柱短，直立，无蕊柱足，近顶端常有翅状物；花药顶生，俯倾，顶端加厚而成帽状；花粉团 4 个，成 2 对，蜡质，无花粉团柄，基部有一小团的黏性物质；柱头凹陷，位于前上方；蕊喙小。

本属全球约有 150 ～ 200 种，主要分布于热带亚洲，也见于热带非洲至马达加斯加、澳大利亚和太平洋岛屿。我国有 33 种，含 1 特有种；产于南部诸省区。西藏记录有 19 种。长苞鸢尾兰、长裂鸢尾兰、扁莛鸢尾兰、短耳鸢尾兰、广西鸢尾兰未见图片，仅列入检索表中。

本属检索表

1 叶基部不具关节。……………………………………………………………………………………………………（2）
1 叶基部具关节。………………………………………………………………………………………………………（6）
2 花葶下部与叶合生，貌似从叶片上部内侧发出。…………………………………橘红鸢尾兰 *O. obcordata*
2 花葶不与叶合生。……………………………………………………………………………………………………（3）
3 唇瓣中裂片先端不裂或浅裂，裂口深度不到唇瓣长度的 1/6；小裂片先端钝。…………………………（4）
3 唇瓣中裂片先端 2 深裂，裂口达唇瓣全长的 1/5 以上；小裂片先端渐尖至长渐尖。………………………（5）
4 花苞片长 4 ～ 5 mm，为花梗和子房长度的 3 倍以上。………………………长苞鸢尾兰 *O. longibracteata*
4 花苞片长 1 ～ 2 mm，不到花梗和子房长度的 3 倍；唇瓣侧裂片与中裂片近等大或略大于中裂片；侧裂片边缘呈啮蚀状、有不规则条裂或有流苏。……………………………………………条裂鸢尾兰 *O. jenkinsiana*
5 叶宽 3 ～ 5 mm；花淡红色；花瓣与萼片近等长。……………………………长裂鸢尾兰 *O.anthropophora*
5 叶宽 1 ～ 3 mm；花绿黄色或浅黄色；花瓣略长于萼片。………………………………小花鸢尾兰 *O.mannii*
6 叶近圆柱形。…………………………………………………………………………………棒叶鸢尾兰 *O. cavaleriei*
6 叶两侧压扁。……（15）
7 花葶在花序以下的部分叶状，扁平，绿色，多少与叶合生；唇瓣不裂。 ……扁葶鸢尾兰 *O. pachyrachis*
7 花葶圆柱形或扁圆柱形，绝不与叶合生。……………………………………………………………………（16）
8 花瓣明显大于唇瓣，宽达 2 mm。……………………………………………………………阔瓣鸢尾兰 *O. latipetala*
8 花瓣比唇瓣小或近等大，宽不到 1 mm。………………………………………………………………………（18）
9 花苞片先端有长芒，连芒长 3 ～ 4 mm，明显长于花梗和子房。……………………短耳鸢尾兰 *O.falconeri*
9 花苞片先端无长芒，通常长 1 ～ 2.5 mm。……………………………………………………………………（19）
10 花葶下部或近基部呈扁圆柱形，两侧有狭翅；叶宽 1 ～ 2.1 cm；唇瓣中裂片先端 2 裂；总状花序具稀疏的花；花数百朵，花间距离超过 1 mm。………………………………………………齿瓣鸢尾兰 *O. gammiei*
10 花葶下部近圆柱形，无翅或近无翅，粗 2 ～ 3 mm；叶宽 2 ～ 10 mm。…………………………………（11）
11 唇瓣中裂片先端 2 枚小裂片近方形或宽长圆形，宽与长近相等，边缘有啮蚀状缺刻；唇瓣基部的侧裂片很小或不明显；叶长 13 cm，宽约 6 mm；花排列成轮。……………………………广西鸢尾兰 *O. kwangsiensis*
11 唇瓣中裂片先端 2 枚小裂片长圆形、三角形至披针形，长度超过宽度，近全缘。……………………（12）
12 叶最长不超过 6 cm，极罕可达 8 cm，叶宽 2 ～ 4 mm；总状花序长 2 ～ 8 cm；唇瓣侧裂片明显可见；茎明显，比叶长。…………………………………………………………………………………狭叶鸢尾兰 *O.caulescens*
12 叶长可达 8 cm，至少每个植株中有 1 枚叶如此，叶宽 7 ～ 10 mm，干后脉较明显；总状花序长 10 cm 以上；唇瓣侧裂片不明显。………………………………………………………………显脉鸢尾兰 *O. acaulis*

橘红鸢尾兰

Oberonia obcordata

产于西藏墨脱；生于海拔 1800 m 林下石上。不丹、印度、泰国也有分布。

茎短，长约 1 cm。叶近基生或生于短茎上，2 ～ 3 枚，二列套叠，肥厚，两侧压扁，近线形，稍镰曲，长 3 ～ 10 cm，宽 5 ～ 8 mm，先端渐尖，干后脉明显，基部无关节。花葶发自茎顶端，由于下部与叶合生，貌似从叶的上部内侧发出，在花序下方有 2 轮不育苞片；不育苞片披针形，长约 2 mm；总状花序长约 4 cm，具多数近轮生的花；花苞片披针形，长 2 ～ 3 mm，先端长渐尖或近尾状，边缘略呈啮蚀状；花梗和子房长 1 ～ 1.5 mm，明显短于花苞片；花橘红色或红色，直径 1 ～ 1.5 mm；中萼片卵形，长约 0.9 mm，宽约 0.6 mm，先端急尖；侧萼片宽卵形，与中萼片等长，宽约 0.8 mm，先端钝；花瓣长圆状卵形，长约 0.8 mm，宽约 0.4 mm，先端短渐尖；唇瓣轮廓为卵形，略比萼片长，3 裂；侧裂片位于唇瓣基部两侧，狭卵圆形，长约 0.4 mm；中裂片近倒心形或扁圆形，长约 0.5 mm，宽约 0.8 mm，先端微凹；蕊柱粗短，近直立。花期 10 月。

条裂鸢尾兰

Oberonia jenkinsiana

产于西藏墨脱；区外见于云南。生于海拔 1200 ～ 1500 m 的林中树上。印度、缅甸、泰国也有分布。模式标本采自印度阿萨姆。

茎一般长 1 ～ 2 cm。叶 4 ～ 6 枚，二列互生，两侧压扁，肥厚，线状披针形，略镰曲，先端渐尖或钝，基部逐渐收狭，下部内侧具宽阔的干膜质边缘，脉略可见，基部无关节。花葶从茎顶端叶间抽出，下部多少与叶的内缘合生，近圆柱形，近无翅，下部有多枚不育苞片；不育苞片钻形或狭披针形，先端芒状；总状花序密生百余朵小花；花苞片狭披针形至披针形；花黄色；中萼片卵状椭圆形，先端钝；侧萼片宽卵形，多少舟状，略较中萼片宽，先端近急尖；花瓣近卵形，明显短于萼片，近全缘或上部边缘不明显的啮蚀状；唇瓣 3 裂，边缘具不规则的流苏或条裂；蕊柱粗短。花果期 9 ～ 10 月。

裂唇鸢尾兰

Oberonia pyrulifera

产于西藏墨脱；区外见于云南西北部至东南部（贡山、景东、凤庆、镇康、勐腊、勐海、金平）。生于海拔1700～2500 m 的林中树上。印度、泰国也有分布。模式标本采自印度东北部。

茎通常较短。叶 3～5 枚，近基生或茎生，两侧压扁，肥厚，通常稍镰曲，先端渐尖，边缘（尤其上部）干后常呈皱波状，下部内侧具干膜质边缘，脉略可见，基部具关节。花葶从茎顶端叶间抽出，近圆柱形，无翅，在花序下方有多枚不育苞片；不育苞片狭披针形或近钻形，具数十朵至百余朵花；花苞片披针形，先端渐尖，边缘多少具不规则齿缺；花黄色；中萼片卵状长圆形，先端钝；侧萼片宽卵形，与中萼片近等长但略宽；花瓣近长圆形；唇瓣轮廓为倒卵形或倒卵状长圆形，基部两侧各有 1 个钝耳或耳不明显，先端 2 深裂；先端小裂片宽披针形，略叉开或近平行，先端钝；蕊柱粗短，直立。蒴果倒卵状长圆形。花果期 9～11 月。

小花鸢尾兰

Oberonia mannii

产于西藏墨脱；区外见于云南镇康、屏边，福建崇安。生于海拔 1500 ～ 2700 m 的林中树上。印度也有分布。模式标本采自印度东北部。

茎较长，长 1.5 ～ 7 cm。叶 5 ～ 9 枚，二列互生于茎上，两侧压扁，肥厚，线形，多少镰曲，长 1 ～ 3 cm，宽 1 ～ 3 mm，先端渐尖，下部内侧有较宽的干膜质边缘，脉不明显，基部无关节。花葶生于茎顶端，长 2.5 ～ 6.7 cm，近圆柱形，无翅，近花序下方疏生数枚不育苞片；不育苞片卵状披针形，长约 1 mm；总状花序长 2 ～ 5.5 cm，直径约 1.5 mm，具数十朵花；花苞片卵状披针形，长约 0.8 mm，先端长渐尖，边缘略有钝齿；花梗和子房长 1 ～ 1.2 mm，略长于花苞片；花绿黄色或浅黄色，直径约 1 mm；中萼片卵形，长约 0.8 mm，宽约 0.4 mm，先端钝；侧萼片与中萼片相似，但略宽；花瓣近长圆形，略长于萼片，宽约 0.3 mm，边缘多少呈不甚明显的啮蚀状；唇瓣轮廓近长圆形，长约 1.7 mm，3 裂而中裂片再度深裂；侧裂片位于唇瓣基部两侧，卵形，长约 0.3 mm，先端钝；中裂片先端深裂成叉状；小裂片披针形或狭披针形，长约 0.8 mm；蕊柱粗短，直立。蒴果椭圆形，长 1.8 ～ 3 mm，宽 1.2 ～ 1.7 mm；果梗长 0.7 ～ 1 mm。花果期 3 ～ 6 月。

棒叶鸢尾兰

Oberonia cavaleriei

产于西藏墨脱（西藏新记录）；区外见于贵州、广西、云南。生于海拔 1200 ～ 1500 m 的林下或灌丛中的树木枝条上。尼泊尔、印度、缅甸、泰国也有分布。

植株常倒悬，具短茎。叶近基生，4 ～ 5 枚，近圆柱形或扁圆柱形，但基部多少两侧压扁并互相套叠，肉质，常稍弯曲，先端渐尖，基部一侧有白色透明的干膜质边缘，脉不明显，基部具关节。花葶从叶丛中抽出，圆柱形，无翅，在花序下方具多枚不育苞片；不育苞片狭披针形；总状花序下垂，圆柱形，具密集的小花；花苞片披针形，膜质，先端长渐尖，边缘有不规则的齿裂；萼片近椭圆形或长圆状卵形，先端钝，背面近先端处常有刺毛状凸起，脉不明显；侧萼片常略宽于中萼片；花瓣狭长圆形，与萼片近等长，先端钝，背面近先端处亦具刺毛状小凸起；唇瓣近长圆形，长不明显 3 裂；侧裂片边缘有数个不规则的流苏状裂条；中裂片边缘也有数条不规则的流苏状裂条；中央的裂条长可达 1 mm 以上，两侧的较短；蕊柱粗短。蒴果近椭圆形，宽 2.5 ～ 3 mm；果梗很短，长不到 0.5 mm。花期果 8 ～ 10 月。

阔瓣鸢尾兰

Oberonia latipetala

产于西藏墨脱；区外见于云南。生于海拔 1900 ～ 2100 m 的林中树上。模式标本采自云南腾冲。

茎短，不甚明显。叶近基生，5 ～ 7 枚，二列套叠，两侧压扁，肥厚，宽线形，稍镰曲，先端渐尖，下部内侧具干膜质边缘，脉略可见，基部有关节。花葶从叶丛中央抽出，近圆柱形，无翅；不育苞片钻形或刚毛状，具数十朵或百余朵花；花苞片卵状披针形，先端具芒；花黄色，较密集；中萼片卵状长圆形，先端急尖或钝，背面具刺毛状小凸起，边缘有不明显的啮蚀状齿缺；侧萼片卵形，常略短于中萼片，背面亦有刺毛状小凸起，边缘也略有啮蚀状齿缺；花瓣宽大，宽椭圆形或近圆形，先端急尖或近浑圆，边缘（尤其上部）有不明显啮蚀状细齿，背面近边缘也有刺毛状小凸起；唇瓣轮廓近宽倒卵形，先端具短尖，边缘有啮蚀状细齿，基部收狭成短爪；蕊柱粗短，直立。蒴果倒卵状椭圆形，具极短的果梗。花期 9 ～ 10 月，果期次年 3 ～ 4 月。

拟阔瓣鸢尾兰

Oberonia langbianensis

产于西藏墨脱；区外见于云南。生于海拔 1900 ～ 2100 m 的林中树上。泰国和越南也有分布。

叶近圆柱形，具凹槽，基部具关节。花序长可达 15 cm，花红褐色。花瓣卵形，边缘齿状，长 1.5 ～ 2 cm；萼片全缘，强烈反折，小于花瓣，长于 1 mm。唇瓣 3 裂；中裂片先端 2 裂，边缘波状。

齿瓣鸢尾兰

Oberonia gammiei

产于西藏墨脱（西藏新记录）；区外见于海南和云南。生于海拔 500 ～ 900 m 的林中树上或岩石上。孟加拉国、缅甸、老挝、越南、泰国也有分布。模式标本采自孟加拉国。

茎短，长 1 ～ 2 cm。叶近基生，3 ～ 7 枚，二列套叠，两侧压扁，肥厚，有时稍镰曲，剑形，长 5 ～ 15 cm，宽 1 ～ 2 cm，先端短渐尖或钝，下部内侧有时有干膜质边缘，脉略可见，基部有关节。花葶从叶丛中央抽出，长 10 ～ 28 cm，近圆柱形或略扁，下部两侧有狭翅，连翅宽 2.5 ～ 4 mm，在花序下方有数枚或多枚很小的不育苞片；总状花序长 7 ～ 18 cm，具数十朵或百余朵花；花苞片近长圆状卵形，长 1.4 ～ 1.8 mm，边缘有不规则齿缺或呈啮蚀状；花梗和子房长 1.2 ～ 1.4 mm；花疏生，彼此相距 2 ～ 3 mm，白绿色；中萼片宽卵形，长 1 ～ 1.3 mm，宽约 1 mm，先端钝；侧萼片卵形，略狭于中萼片；花瓣近卵形，与萼片近等长，宽约 0.8 mm，边缘具啮蚀状齿；唇瓣轮廓近卵形，长约 1.5 mm，不明显的 3 裂；侧裂片位于唇瓣基部两侧，边缘具啮蚀状齿或不规则裂缺；中裂片先端 2 裂；小裂片近长圆形，长约 0.6 mm，边缘与先端有不规则齿缺；蕊柱短，直立。蒴果倒卵状椭圆形，长约 4 mm，宽约 2.5 mm；果梗长约 1.5 mm。花果期 10 ～ 12 月。

狭叶鸢尾兰

Oberonia caulescens

产于西藏波密、察隅；区外见于台湾、广东、四川、云南。生于海拔 700 ～ 1800 m 的林中树上或岩石上，但在西藏可上升至 3700 m。尼泊尔、印度、越南也有分布。

茎明显，二列互生于茎上，两侧压扁，肥厚，线形，常多少镰曲，先端渐尖或急尖，边缘在干后常呈皱波状，下部内侧具干膜质边缘，脉略可见，基部有关节。花葶生于茎顶端，近圆柱形，无翅，在花序下方有数枚不育苞片；不育苞片披针形；总状花序具数十朵或更多的花；花序轴较纤细；花苞片披针形，先端渐尖或钝，边缘有不规则的缺刻或近全缘；花淡黄色或淡绿色，较小；中萼片卵状椭圆形，先端钝；侧萼片近卵形，稍凹陷，大小与中萼片相近；花瓣近长圆形，先端近浑圆或多少截形；唇瓣轮廓为倒卵状长圆形或倒卵形，先端 2 深裂；蕊柱粗短，直立。蒴果倒卵状椭圆形。花果期 7 ～ 10 月。

显脉鸢尾兰

Oberonia acaulis

产于西藏墨脱；区外见于云南。生于海拔 1000 m 的林中树上。印度、缅甸、泰国、越南也有分布。

茎较短，不明显。叶近基生，3～4 枚，二列套叠，两侧压扁，略肥厚，剑形，稍镰曲，先端长渐尖，下部内侧多少具膜质边缘，脉较明显，基部有关节。花葶从叶丛中央抽出，超出叶之上，近圆柱形，几无翅，通常在下部疏生少数很小的不育苞片，有时还有 1 枚较大的绿色叶状苞片；总状花序较密集地生有数百朵小花；花苞片披针形，先端长渐尖，边缘具不规则锐齿；花绿黄白色；中萼片卵状椭圆形，先端钝；侧萼片宽卵形，与中萼片等长但较宽；花瓣长圆形，先端浑圆；唇瓣轮廓近长圆状卵形，3 裂；蕊柱很短，直立。蒴果近椭圆形。花果期 11 月至次年 1 月。

镰叶鸢尾兰

Oberonia falcata

产于西藏通麦、墨脱；区外见于云南。生于海拔 1700 ～ 2100 m 的林中树干上。印度东北部也有分布。

茎伸长。叶镰刀状，膨大的基部成扁平的叶鞘，在正面具狭窄的膜质边缘。花序几乎无柄，下垂，具密集的花。花微黄发绿。花苞片卵形；萼片相似，宽卵形，全缘，反折；花瓣线形长圆形，等长于萼片，先端钝，全缘。唇瓣淡绿色，宽长圆形，3 裂，侧裂片三角形；中裂片渐尖，约占唇瓣的 1/3，在顶端稍分叉。蕊柱圆柱状，有两个肉质的翅。花药帽心形。花粉叶 4 个，卵形。花期 8 ～ 9 月。

锯瓣鸢尾兰

Oberonia prainiana

产于西藏墨脱（西藏新记录）；之前仅见收录于《云南野生兰花》一书[8]。生于海拔 700 ～ 1000 m 的林中树干上。印度东北部也有分布。

茎极短，叶明显肉质、椭圆形、略镰状形、近尖形，长 1.27 ～ 2 cm，宽 0.38 ～ 0.64 cm。具细长并直条形的穗状花序并多数长于叶；花梗具稀疏的苞片，2 倍长于其顶部并生的叶；花序轴远长于花梗，花密集地排列在花序轴下部 2/3 处，稀松的排列于上部 1/3 处；植株具等长，具鞘，椭圆形，近全缘的苞片并紧贴于子房；微小的花暖棕色，长 0.13 cm 轮生；萼片椭圆形圆钝且全缘，反卷；侧瓣狭椭圆形，近尖形，粗糙且具不等锯齿，呈分散状。唇瓣远短于萼片，呈矛尖形，圆钝，没有明显的裂片但每处都具不规则的小裂片；基部截形并且在蕊柱下方具圆形蜜凹。花粉块橙色。

红唇鸢尾兰

Oberonia rufilabris

产于西藏墨脱（西藏新记录）；区外见于海南省。生于海拔 1000 m 的林中树干上。尼泊尔、印度和马来西亚等地也有分布。

茎短，不明显。叶近基生，二列套叠，3～4 枚，两侧压扁，线形或线状披针形，先端急尖或钝，向基部渐狭，下部内侧具膜质边缘，干后可见 3～5 条脉，中央 1 条较粗，基部有关节。花葶从叶丛中央抽出，近圆柱形，无翅，近花序下方具多枚钻形或狭披针形的不育苞片；总状花序具数十朵至百余朵花；花苞片狭披针形，先端长渐尖或芒状，明显超出花之上，常可达花的 1 倍；花赤红色；萼片卵形，多少舟状，先端急尖或钝；花瓣近长圆形，明显短于萼片，先端钝，边缘略呈不明显的啮蚀状；唇瓣 3 裂而中裂片再度深裂；唇盘上近基部有 1 枚胼胝体；蕊柱粗壮，顶端有 2 枚直立的翅。蒴果倒卵状椭圆形。花果期 11 月至次年 1 月。

宽瓣显脉鸢尾兰（新拟）

Oberonia acaulis var. *latipetala*

产于西藏墨脱（中国新记录）。生于海拔 1000～1300 m 的林中树干上。印度东北部也有分布[9]。

茎长 3～7 mm，被包围于叶基部。叶长 8～20 cm，宽 0.3～0.7 cm，二列套叠，两侧压扁，略肥厚，基部有关节，剑形，渐尖，稍镰曲。花葶从叶丛中央抽出，长 20～30 cm，超出叶之上，近圆柱形，细长，明显下弯；总状花序长 18.5～28 cm，较密集地生有数百朵小花；花梗子房长 1～1.7 mm，绿色；花苞片披针形，渐尖，边缘啮蚀状，黄绿色。花 1.5～1.7 mm 宽，绿色。萼片近等长；中萼片披针状椭圆形，先端钝；侧萼片披针状椭圆形，锐尖。侧瓣略尖，绿色具腺点，边缘略有锯齿。唇瓣 1.2～1.3 mm×1 mm，绿色，3 裂；侧裂片矩形，截断；中裂片 0.6 mm 长，中间下陷而分成两个小裂片。花药帽乳白色，2 室。花粉长 0.15 mm，黄色，近球形。蒴果近椭圆形。

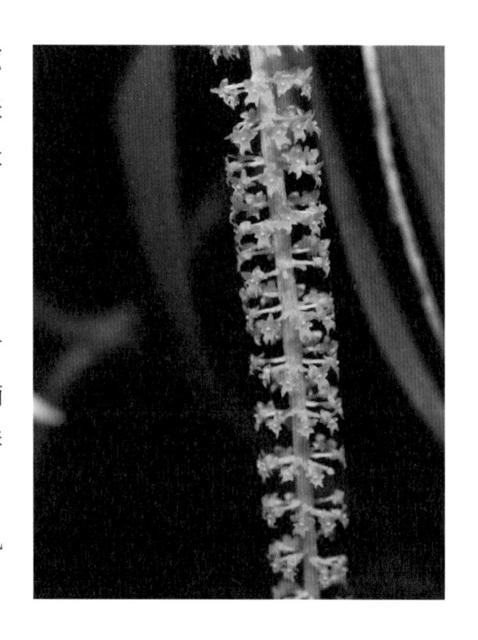

山兰属

Oreorchis

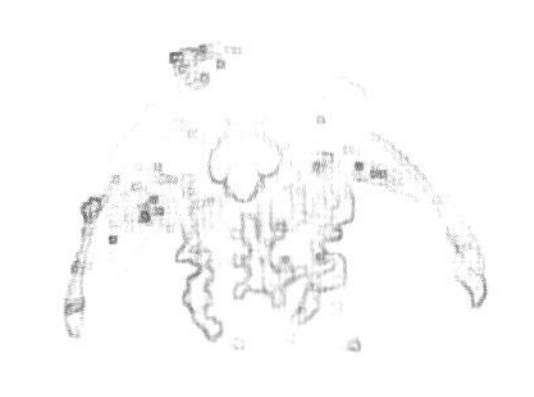
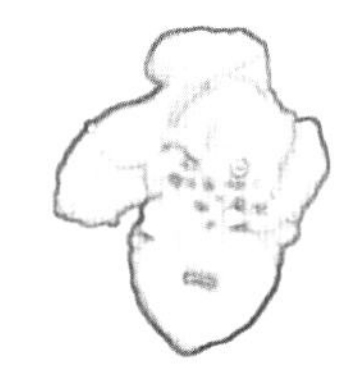

地生草本，地下具纤细的根状茎；根状茎上生有球茎状的假鳞茎；假鳞茎具节，基部疏生纤维根。叶 1 ～ 2 枚，生于假鳞茎顶端，线形至狭长圆状披针形，具柄，基部常有 1 ～ 2 枚膜质鞘。花葶从假鳞茎侧面节上发出，直立；花序不分枝，总状，具数花至多花；花苞片膜质，宿存；花小至中等大；萼片与花瓣离生，相似或花瓣略狭小，展开；两枚侧萼片基部有时多少延伸成浅囊状；唇瓣 3 裂、不裂或仅中部两侧有凹缺（钝 3 裂），基部有爪，无距，上面常有纵褶片或中央有具凹槽的胼胝体；蕊柱一般稍长，略向前弓曲，基部有时膨大并略凸出而呈蕊柱足状，但无明显的蕊柱足；花药俯倾；花粉团 4 个，近球形，腊质，具 1 个共同的黏盘柄和小的黏盘。

本属全球约 16 种，分布于喜马拉雅地区至日本和西伯利亚；我国有 11 种，含 7 个特有种；西藏记录有 7 种；现收录 4 种，少花山兰、大花山兰、山兰未见图片，仅列入检索表中。

本属检索表

1　叶较小，长 2 ～ 4 cm，长度为宽度的 2 ～ 4 倍；花序松散，具 1 ～ 3 朵花；萼片 12 ～ 15 mm；唇长 8 ～ 10 mm，白色到淡紫色，有紫色斑点。……………………………………少花山兰 *O. oligantha*

1　叶较大，长达 5 cm 以上，长度为宽度的 5 ～ 20 倍或过之。………………………………………………（2）

2　花大，中萼片长达 1.5 cm 以上；蕊柱长达 8 mm 以上。…………………………大花山兰 *O.nepalensis*

2　花较小，中萼片长 5 ～ 11 mm；蕊柱长 3 ～ 5 mm。……………………………………………………………（3）

3　叶狭椭圆形至狭长圆状披针形，长度为宽度的 5 ～ 10 倍。…………………………………………………（4）

3　叶线形至狭披针形，长度为宽度的 15 ～ 20 倍或过之。………………………………………………………（5）

4　唇瓣中部两侧有裂缺或钝 3 裂（侧裂片圆钝，非耳状）；唇盘上无褶片，亦无胼胝体。…囊唇山兰 *O. foliosa*

4　唇瓣 3 裂，侧裂片明显耳状；唇盘上有纵褶片；唇瓣上的 2 条纵褶片位于中部，很短，长不及 1 mm。…………………………………………………………………………………………短梗山兰 *O. erythrochrysea*

5　叶通常 1 枚，较少 2 枚；唇瓣上的纵褶片从基部延伸至中部。……………………………山兰 *O.patens*

5　叶通常 2 枚，少有 1 枚；唇瓣上的褶片或胼胝体仅见于下部至基部，不延伸到中部；花序不缩短，具疏生的花；叶宽 5 ～ 7 mm。………………………………………………………狭叶山兰 *O. micrantha*

囊唇山兰

Oreorchis foliosa

产于西藏朗县、亚东、林芝；区外见于四川、云南。生于海拔 2500 ～ 3400 m 的林下或高山草甸上。尼泊尔、不丹、印度北部也有分布。

假鳞茎卵球形或近椭圆形，长 7 ～ 10 mm，宽 5 ～ 7 mm，具 2 ～ 3 节，多少被撕裂成纤维状的鞘。叶 1 枚，生于假鳞茎顶端，狭椭圆形或狭椭圆状披针形，长 12 ～ 13 cm，宽约 2.4 cm，基部具短柄；叶柄长 2 ～ 2.5 cm。花葶从假鳞茎侧面发出，直立，长 20 ～ 36 cm，中下部有 2 ～ 3 枚筒状鞘；总状花序长 5 ～ 9.5 cm，具 4 ～ 9 朵花；花苞片长圆状披针形，长 2 ～ 3 mm；花梗和子房长 5 ～ 7 mm；花直径约 1.5 cm；萼片与花瓣暗黄色而有大量紫褐色脉纹和斑，唇瓣白色而有紫红色斑；萼片狭长圆形，长 8 ～ 9 mm，宽 1 ～ 1.5 mm，先端急尖；侧萼片略斜歪；花瓣狭卵形或狭卵状披针形，长 6 ～ 7 mm，下部宽约 2 mm，先端渐尖；唇瓣轮廓为倒卵状长圆形或宽长圆形，长 6 ～ 7 mm，宽约 4 mm，在中部至上部 1/3 处略 3 裂或仅两侧有裂缺，基部具爪并有明显的囊状短距，上半部（或中裂片）边缘波状，先端多少有不规则缺刻，唇盘上无褶片；蕊柱细长，长 5 ～ 6 mm，基部肥厚并略扩大。花期 6 月。

短梗山兰

Oreorchis erythrochrysea

产于西藏色季拉山、察隅；区外见于四川、云南。生于海拔 2900 ～ 3600 m 的林下、灌丛中和高山草坡上。

假鳞茎宽卵形至近长圆形，长 0.8 ～ 2 cm，宽 0.7 ～ 1.3 cm，具 2 ～ 3 节，以短的根状茎相连接，多少被撕裂成纤维状的鞘。叶 1 枚，生于假鳞茎顶端，狭椭圆形至狭长圆状披针形，长 6 ～ 13 cm，宽 1.2 ～ 2.3 cm，长度为宽度的 5 ～ 10 倍或偶尔超过，先端渐尖，基部常骤然收狭成柄，叶柄长 2 ～ 4.5 cm。花葶自假鳞茎侧面发出，长 13 ～ 27 cm，近直立，中下部有 2 ～ 3 枚筒状鞘；总状花序长 5 ～ 11 cm，具 10 ～ 20 朵或更多的花；花苞片卵状披针形，长约 2 mm；花梗和子房长 3 ～ 5 mm；花黄色，唇瓣有栗色斑；萼片狭长圆形，长 6 ～ 8 mm，宽 1.5 ～ 2 mm，先端钝或急尖；侧萼片略小于中萼片，常稍斜歪；花瓣狭长圆状匙形，长 5.5 ～ 6.5 mm，宽约 1.5 mm，常多少弯曲，先端钝；唇瓣轮廓近长圆形，长约 5 mm，近中部或下部 2/5 处 3 裂；侧裂片半卵形至近线形，长 0.8 ～ 1 mm，宽约 0.7 mm；中裂片近方形或宽椭圆形，边缘略呈波状，长约 2.5 mm；唇盘上在两枚侧裂片之间有 2 条很短的纵褶片；蕊柱较粗，长约 3 mm。花期 5 ～ 6 月。

狭叶山兰

Oreorchis micrantha

产于西藏聂拉木、林芝、波密、察隅。生于海拔 2500 ～ 3000 m 的林下。尼泊尔、不丹、印度、缅甸也有分布。

假鳞茎卵球形或长圆形，长 1 ～ 1.3 cm，直径约 1 cm，彼此较密接，具节，多少具撕裂成纤维状的残留鞘。叶 2 枚，生于假鳞茎顶端，线状披针形或狭披针形，基部收狭成柄，连柄长达 17 cm，上部宽 5 ～ 7 mm。花葶从假鳞茎侧面或近顶端处发出，长 20 ～ 30 cm，中下部有 2 ～ 3 枚筒状鞘；总状花序长 4 ～ 6 cm，具 8 ～ 12 朵花；花苞片卵状披针形，长 1.5 ～ 3 mm；花梗和子房长 6 ～ 9 mm；花白色；萼片长圆状披针形，长 5.5 ～ 6 mm，宽 1.5 ～ 2 mm，先端近急尖；侧萼片略斜歪；花瓣披针形或线状披针形，长 5 ～ 5.5 mm，宽约 1.2 mm，先端短渐尖；唇瓣轮廓近长圆状倒卵形，长约 5 mm，近基部 3 裂，基部有短爪，无囊；侧裂片近线形，长约 1.5 mm；中裂片倒卵形或宽倒卵形，边缘有不规则缺刻，略呈皱波状，有时先端有凹缺；唇盘上在两枚侧裂片之间有 1 枚线形的、中央有纵槽的胼胝体，延伸到中裂片下部；蕊柱长约 2.5 mm，略向前弯。蒴果椭圆形，下垂，长 1 ～ 1.2 cm，宽约 5 mm。花期 6 月，果期 8 月。

雅长山兰

Oreorchis yachangensis

产于西藏墨脱（西藏新记录）；区外见于广西雅长兰科植物国家级自然保护区；生于海拔 1650 ～ 1680 m 的亚热带阔叶落叶林下。

植株高达 30 cm；叶单生，具叶柄，先端渐尖；总状花序花序长 25 ～ 67 mm；花小，长不超过 9.4 mm，宽不超过 6.3 mm；萼片黄色；外侧萼片与花瓣均为黄色；唇瓣有紫色斑点，中裂椭圆形，先端 2 裂。该种主要以花形较小，花瓣与萼片黄色，唇瓣具紫色斑点及中裂片先端 2 裂区分于本属其他种。

珊瑚兰属

Corallorhiza

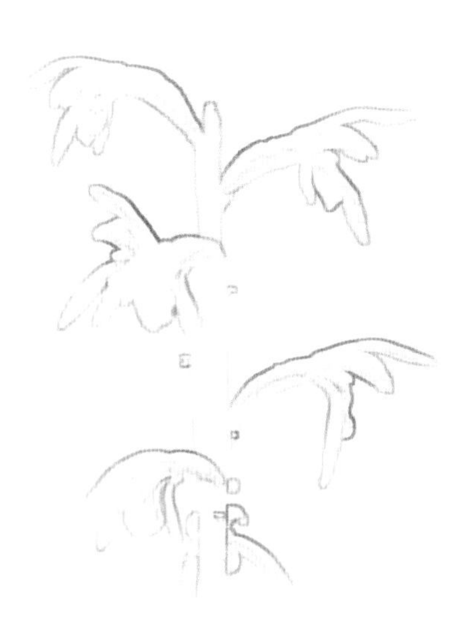

腐生草本；肉质根状茎通常呈珊瑚状分枝。茎直立，圆柱形，常黄褐色或淡紫色，无绿叶，被3～5枚筒状鞘。总状花序顶生，通常疏生或稍密生数朵至10余朵花；花苞片膜质，很小；花小；萼片相似；侧萼片稍斜歪；花瓣常略短于萼片，有时较宽；唇瓣贴生于蕊柱基部，不裂或3裂，唇盘中部至基部常具有2条肉质纵褶片，无距。

全属约14种，主要分布于北美洲和中美洲，个别种类也见于欧亚温带地区。我国产1种。西藏此前无记录，此为西藏新记录属，同时珊瑚兰为西藏新记录种。

珊瑚兰

Corallorhiza trifida

产于西藏波密（西藏新记录）；区外见于吉林、内蒙古、新疆和四川等地。生于林下或灌丛中，海拔2000～2700 m。广泛分布于北美、欧洲和亚洲北部。模式标本采自欧洲北部。

腐生小草本；根状茎肉质，多分枝，珊瑚状。茎直立，圆柱形，红褐色，无绿叶。总状花序具3～7朵花；花苞片很小，通常近长圆形；花淡黄色或白色；中萼片狭长圆形或狭椭圆形，先端钝或急尖，具1脉；侧萼片与中萼片相似，略斜歪；花瓣近长圆形，多少与中萼片靠合成盔状；唇瓣近长圆形或宽长圆形，3裂；唇盘上有2条肥厚的纵褶片从下部延伸到中裂片基部；蕊柱较短，两侧具翅。花果期6～8月。

杜鹃兰属

Cremastra

地生草本。假鳞茎球茎状或近块茎状，基部密生多数纤维根。叶 1 ～ 2 枚，生于假鳞茎顶端，通常狭椭圆形，有时有紫色粗斑点，基部收狭成较长的叶柄。花葶从假鳞茎上部一侧节上发出，直立或稍外弯，较长，中下部具 2 ～ 3 枚筒状鞘；总状花序具多朵花；花苞片较小，宿存；萼片与花瓣离生；唇瓣下部或上部 3 裂；蕊柱较长；花粉团 4 个，成 2 对。

本属全球仅 4 种，分布于印度北部、尼泊尔、不丹、泰国、越南、日本和我国秦岭以南地区。我国有 3 种，含 1 特有种；西藏记录有 1 种，现收录 1 种。

杜鹃兰

Cremastra appendiculata

产于西藏通麦、墨脱；区外见于山西、陕西、云南。生于海拔 500 ～ 2900 m 的林下湿地或边湿地上。尼泊尔、不丹、印度、越南、泰国和日本也有分布。

假鳞茎卵球形或近球形，密接，有关节，外被撕裂成纤维状的残存鞘。叶通常 1 枚，生于假鳞茎顶端，狭椭圆形、近椭圆形或倒披针状狭椭圆形，先端渐尖，基部收狭，近楔形。花葶从假鳞茎上部节上发出；总状花序具 5 ～ 22 朵花；花苞片披针形至卵状披针形；花常偏花序一侧，多少下垂，不完全开放，有香气，狭钟形，淡紫褐色；萼片倒披针形，从中部向基部骤然收狭而成近狭线形，先端急尖或渐尖；侧萼片略斜歪；花瓣倒披针形或狭披针形，向基部收狭成狭线形，先端渐尖；唇瓣与花瓣近等长，线形，3 裂；蕊柱细长，顶端略扩大，腹面有时有很狭的翅。蒴果近椭圆形，下垂。花期 5 ～ 6 月，果期 9 ～ 12 月。

筒距兰属
Tipularia

地生草本，地下具假鳞茎。假鳞茎球茎状或圆筒状，后者貌似肉质根状茎。叶 1 枚，生于假鳞茎顶端，通常卵形至卵状椭圆形，有时有紫斑，基部骤然收狭成柄，花期有叶或叶已凋萎。花葶亦发自假鳞茎近顶端处，直立，明显长于叶，基部有鞘；总状花序疏生多朵花；花苞片很小或早落；花较小；萼片与花瓣离生，相似或花瓣略小，展开；唇瓣从下部或近基部处 3 裂，有时唇盘上有小的肉质凸起，基部有长距；距圆筒状，较纤细，常向后平展或向上斜展；蕊柱近直立，中等长；花粉团 4 个，蜡质，有明显的黏盘柄和不甚明显的黏盘。

本属全球有 7 种，分布于北美、日本、印度锡金邦和我国的台湾、四川和西藏。我国有 4 种，含 2 个特有种；西藏记录有 1 种，现收录 1 种。

短柄筒距兰
Tipularia josephii

产于西藏陈塘、波密。生于海拔 2800 m 的林下。印度锡金邦也有分布。

假鳞茎长圆形，长 5 ～ 15 mm，宽 4 ～ 6 mm，近直立，密接，中部有 2 节。叶未见，已凋萎。花葶长 20 cm 以上。花较小；萼片狭长圆状披针形，长约 4 mm，宽约 1.5 mm，先端钝；花瓣近线形或狭长圆形，与萼片近等长，宽约 1 mm，先端钝；唇瓣长约 3.5 mm，从基部 3 裂；侧裂片近宽卵形，长约 1 mm，宽约 1.2 mm，边缘多少具不规则齿缺；中裂片舌状，长 2 ～ 2.2 mm；距纤细，长约 7 mm，粗约 0.4 mm；蕊柱长约 2.2 mm。花期 8 月。

美冠兰属

Eulophia

地生草本或极罕腐生。茎膨大成球茎状、块状或其他形状假鳞茎，位于地下或地上，通常具数节，疏生少数较粗厚的根。叶数枚，基生，有长柄，腐生种类无绿叶。花葶从假鳞茎侧面节上发出，直立；总状花序极少减退为单花；萼片离生；花瓣与中萼片相似或略宽；唇瓣通常 3 裂并以侧裂片围抱蕊柱；蕊柱长或短，常有翅；蕊柱足有或无；花粉团 2 个，多少有裂隙，蜡质，具短而宽阔的黏盘柄和圆形黏盘。

本属全球约 200 种，主要分布于非洲，其次是亚洲热带与亚热带地区，美洲和澳大利亚也有分布。我国有 13 种，含 2 个特有种；西藏记录有 1 种，现收录 1 种。

无叶美冠兰

Eulophia zollingeri

产于西藏察隅，墨脱；区外见于江西、福建、台湾、广东、广西、云南。生于海拔 400 ～ 1300 m 的疏林下、竹林或草坡上。斯里兰卡、印度也有分布。

腐生植物，无绿叶。假鳞茎块状，近长圆形，淡黄色，有节，位于地下。花葶粗壮，褐红色，自下至上有多枚鞘；总状花序直立，疏生数朵至 10 余朵花；花苞片狭披针形或近钻形；花褐黄色；中萼片椭圆状长圆形，先端渐尖；侧萼片近长圆形，明显长于中萼片，稍斜歪，基部着生于蕊柱足上；花瓣倒卵形，先端具短尖；唇瓣生于蕊柱足上，近倒卵形或长圆状倒卵形，3 裂；唇盘上其他部分亦疏生乳突状腺毛，中央有 2 条近半圆形的褶片。花期 4 ～ 6 月。

兰属
Cymbidium

附生或地生草本，罕有腐生，通常具假鳞茎；假鳞茎卵球形、椭圆形或梭形，较少不存在或延长成茎状，通常包藏于叶基部的鞘之内。叶数枚至多枚，通常生于假鳞茎基部或下部节上，二列，带状或罕有倒披针形至狭椭圆形，基部一般有宽阔的鞘并围抱假鳞茎，有关节。花葶侧生或发自假鳞茎基部，直立、外弯或下垂；总状花序具数花或多花，较少减退为单花；花苞片长或短，在花期不落；花较大或中等大；萼片与花瓣离生，多少相似；唇瓣 3 裂，基部有时与蕊柱合生达 3 ～ 6 mm；侧裂片直立，常多少围抱蕊柱，中裂片一般外弯；唇盘上有 2 条纵褶片，通常从基部延伸到中裂片基部，有时末端膨大或中部断开，较少合而为一；蕊柱较长，常多少向前弯曲，两侧有翅，腹面凹陷或有时具短毛，花粉团 2 个，有深裂隙，或 4 个而形成不等大的 2 对，蜡质，以很短的、弹性的花粉团柄连接于近三角形的黏盘上。

本属全球约全属约 55 种，分布于亚洲热带与亚热带地区，向南到达新几内亚岛和澳大利亚。我国有 49 种，含 19 个特有种；广泛分布于秦岭山脉以南地区。西藏记录有 16 种；现收录 14 种；斑舌兰、冬风兰未见，因此仅收录于检索表中。

本属检索表

1　花期无绿叶；根小于 1 cm 或无典型根。……………………大根兰 *C. macrorhizon*
1　花期有绿叶。……………………(2)
2　叶狭椭圆形或狭椭圆形倒披针形，在基部收缩成柄状。……………………(3)
2　叶带状或近带状，基部通常不收缩。……………………(5)
3　花序具花 20～40 朵；唇瓣不裂，或不明显 3 裂。……………………福兰 *C. devonianum*
3　花序具花 1～9 朵；唇瓣明显 3 裂。……………………(4)
4　假鳞茎长与宽近相等；唇瓣与花柱在基部融合 2～3 mm；花粉粒 2。……………………斑舌兰 *C.tigrinum*
4　假鳞茎长是宽的 2 倍，双侧扁平；唇瓣与花柱基部不融合；花粉粒 4；花序具花 2～6 朵。……………………兔耳兰 *C. lancifolium*
5　唇瓣与花柱在基部融合 2～10 mm。……………………(6)
5　唇瓣与花柱基部不融合。……………………(12)
6　花序下垂，具花 13～35 朵；花奶油黄至黄绿色；叶片 1～2 cm 宽。……………………莎草兰 *C. elegans*
6　花序直立或拱起，具花 1～15 朵。……………………(7)
7　花序自叶腋伸出；叶通常 10～18，在先端二裂。……………………(8)
7　花序自假鳞茎的基部生出；叶通常 3～9，先端无裂片；萼片和花瓣绿色，橄榄绿色，苹果绿色，黄绿色，或棕黄色。……………………(9)
8　假鳞茎伸长，可延伸至 10～30 cm。……………………大雪兰 *C. mastersii*
8　假鳞茎通常小于 10 cm；花序通常为 1 朵花，少数 2～3 朵。……………………独占春 *C. eburneum*
9　唇瓣中裂片上有 2～3 行长毛，长毛从褶片末端延伸至中裂片中部。……………………(10)
9　唇瓣中裂片上不具长毛。……………………(11)
10　唇瓣侧裂片散生短毛；唇盘上 2 条褶片之间不具 1 行长毛；花瓣狭卵形，不扭曲；蕊柱长 2.5～2.9 cm。……………………黄蝉兰 *C. iridioides*
10　唇瓣侧裂片仅脉上有毛；唇盘上 2 条褶片之间有 1 行长毛；花瓣镰刀状，多少扭曲；蕊柱长 3.4～4.4 cm。……………………西藏虎头兰 *C. tracyanum*
11　萼片与花瓣密生许多红褐色纵条纹和斑点；蕊柱长 2.3～3.2 cm。……………………长叶兰 *C.erythraeum*
11　萼片与花瓣绿色，不具红褐色纵条纹；唇瓣侧裂片脉上有暗红褐色斑点。……………………虎头兰 *C. hookerianum*
12　花粉团 2 个，有深裂隙。……………………(13)
12　花粉块 4 个，成 2 对。……………………(14)
13　花葶近直立或稍外弯，通常密生 10～50 朵花；叶较窄，宽 8～120 mm；鞘绿色；蕊柱基部无耳。……………………多花兰 *C. floribundum*
13　花葶下弯或下垂，疏生 5～9 朵花；蕊柱长 9～10 mm，为萼片长度的 1/2～3/5。……冬凤兰 *C. dayanum*
14　叶基部不具节；唇瓣明显 3 裂；假鳞茎不明显。……………………蕙兰 *C. faberi*
14　叶基部具节；多数假鳞茎上具叶。……………………(15)
15　在花序中部的花苞片长度超过花梗和子房长度的 1/2 或至少为 1/3 以上。……………………寒兰 *C. kanran*
15　在花序中部的花苞片长度不及花梗和子房长度的 1/3，至多不到 1/2。……………………建兰 *C. ensifolium*

大根兰

Cymbidium macrorhizon

产于西藏墨脱；区外见于四川（米易、美姑、南川）、贵州（兴义）、云南（东川）。生于海拔 700 ～ 1500 m 的河边林下、马尾松林缘或开旷山坡上。尼泊尔、巴基斯坦、印度北部、缅甸、越南、老挝、泰国、日本也有分布。模式标本采自印度。

腐生植物，无绿叶，亦无假鳞茎，地下有根状茎；根状茎肉质，白色，斜生或近直立，常分枝，具节，具不规则疣状凸起，末端偶见短生。花葶直立，紫红色，中部以下具数枚圆筒状的鞘；总状花序具 2 ～ 5 朵花；花苞片线状披针形；花白色带黄色至淡黄色，萼片与花瓣常有 1 条紫红色纵带，唇瓣上有紫红色斑；萼片狭倒卵状长圆形；花瓣狭椭圆形；唇瓣近卵形；蕊柱稍向前弯曲，两侧具狭翅；花粉团 4 个，成 2 对，宽卵形。花期 6 ～ 8 月。

福兰

Cymbidium devonianum

产于西藏墨脱（西藏新记录）；区外见于云南东南部。不丹、印度、尼泊尔、泰国东北部、越南北部等也有分布。生于在岩石和树木的阴凉处。

假鳞茎近圆柱形，包藏于叶基之内，具粗短的根状茎。叶近直立，2～4枚，革质，坚挺，倒披针形，在中部以下收狭成柄，连柄长37～50 cm；先端急尖或钝，具明显的中脉；叶柄纤细，具槽，具浮凸的纵脉，有关节。花葶从假鳞茎基部发出，近直立或稍外弯，下部和基部具多枚鞘；鞘基部抱轴；花序具20～40朵花；花苞片卵状披针形；花紫色；中萼片狭卵状披针形，先端渐尖；侧萼片与中萼片相似；花瓣略小于萼片，狭椭圆状披针形，先端渐尖；唇瓣近菱形或近倒卵状菱形，不裂或有时有不明显3裂，先端钝，近先端的边缘多少皱波状，在中央具2枚肉质的胼胝体；蕊柱稍弧曲。花期4～5月。

兔耳兰

Cymbidium lancifolium

产于西藏通麦、墨脱、察隅；区外见于浙江、福建、台湾、湖南、云南等地。生于海拔 300 ～ 2200 m 的疏林下、竹林下、林缘、阔叶林下或溪谷旁的岩石上、树上或地上。从喜马拉雅地区至东南亚，以及日本南部和新几内亚岛均有分布。

假鳞茎近扁圆柱形或狭梭形，有节，多少裸露，顶端聚生 2 ～ 4 枚叶。叶倒披针状长圆形至狭椭圆形，先端渐尖，上部边缘有细齿，基部收狭为柄；叶柄长 3 ～ 18 cm。花葶从假鳞茎下部侧面节上发出，直立；花序具 2 ～ 6 朵花，较少减退为单花或具更多的花；花苞片披针形；花通常白色至淡绿色，花瓣上有紫栗色中脉，唇瓣上有紫栗色斑；萼片倒披针状长圆形，长 2.2 ～ 3 cm，宽 5 ～ 7 mm；花瓣近长圆形，长 1.5 ～ 2.3 cm，宽 5 ～ 7 mm；唇瓣近卵状长圆形，长 1.5 ～ 2 cm，稍 3 裂；侧裂片直立，多少围抱蕊柱；中裂片外弯；唇盘上 2 条纵褶片从基部上方延伸至中裂片基部，上端向内倾斜并靠合，多少形成短管；蕊柱长约 1.5 cm；花粉团 4 个，成 2 对。蒴果狭椭圆形，长约 5 cm，宽约 1.5 cm。花期 5 ～ 8 月。

莎草兰

Cymbidium elegans

产于西藏墨脱；区外见于四川、云南。生于海拔 1700 ～ 2800 m 的林中树上或岩壁上。尼泊尔、不丹、印度、缅甸也有分布。

附生草本；假鳞茎近卵形，包藏于叶基之内。叶 6 ～ 13 枚，二列，带形，先渐尖或钝，通常略 2 裂。花葶从假鳞茎下部叶腋内长出，下弯；总状花序下垂，具 20 余朵花；花苞片小；花下垂，狭钟形，几不开放，有香气，奶油黄色至淡黄绿色，有时有淡粉红色晕或唇瓣上偶见少数红斑点，褶片亮橙黄色；萼片狭倒卵状披针形；花瓣宽线状倒披针形；唇瓣倒披针状三角形，3 裂；唇盘上的 2 条纵褶片从基部延伸至中裂片基部，在近末端处汇合并具短毛；蕊柱腹面下部疏生微毛；花粉团 2 个，棒状。花期 10 ～ 12 月。

大雪兰

Cymbidium mastersii

产于西藏墨脱（西藏新记录）；区外见于云南南部。生于海拔 1600 ～ 1800 m 的林中树上或岩石上。印度、缅甸、泰国也有分布。

附生植物；假鳞茎延长成茎状，不断延长，最长可达 1 m 以上，完全包藏于两列排列的叶基之中，在下部叶基附近发出根，偶尔在近基部处可见小植株。叶随茎的延长而不断长出，可达 15 ～ 17 枚或更多，带形，近革质，先端不等的 2 裂，裂口中央有 1 尖凸。花葶 1 ～ 2 个，从下部叶腋发出，近直立；总状花序具 2 ～ 5 朵或更多的花；花苞片三角形；花不完全开放，有香气，白色，外面稍带淡紫红色，唇瓣中裂片中央有一黄色斑块连接于亮黄色的褶片，偶见紫红色斑点；萼片狭椭圆形或宽披针状长圆形，先端常渐尖；花瓣宽线形；唇瓣长圆状卵形，3 裂；侧裂片直立，稍围抱蕊柱，上面有微毛；中裂片较小，中央至基部有一密生短毛的斑块，边缘波状；唇盘上 2 条纵褶片下部分离，上端汇合为一；花粉团 2 个。花期 10 ～ 12 月。

独占春

Cymbidium eburneum

产于西藏墨脱（西藏新记录）；区外见于海南、广西和云南西。生于溪谷旁岩石上。尼泊尔、印度、缅甸也有分布。

附生植物；假鳞茎近梭形或卵形，长 4 ~ 8 cm，宽 2.5 ~ 3.5 cm，包藏于叶基之内，基部常有由叶鞘撕裂后残留的纤维状物。叶 6 ~ 11 枚，每年继续发出新叶，多者可达 15 ~ 17 枚，长 57 ~ 65 cm，宽 1.4 ~ 2.1 cm，带形，先端为细微的不等的 2 裂，基部二列套叠并有褐色膜质边缘，边缘宽 1 ~ 1.5 mm，关节位于距基部 4 ~ 8 cm 处。花葶从假鳞茎下部叶腋发出，直立或近直立，长 25 ~ 40 cm；总状花序具 1 ~ 3 朵花；花苞片卵状三角形，长 6 ~ 7 mm；花梗和子房长 2.5 ~ 3.5 cm；花较大，不完全开放，稍有香气；萼片与花瓣白色，有时略有粉红色晕，唇瓣亦白色，中裂片中央至基部有一黄色斑块，连接于黄色褶片末端，偶见紫粉红色斑点，蕊柱白色或稍带淡粉红色，有时基部有黄色斑块；萼片狭长圆状倒卵形，长 5.5 ~ 7 cm，宽 1.5 ~ 2 cm，先端常略钝；花瓣狭倒卵形，与萼片等长，宽 1.3 ~ 1.8 cm；唇瓣近宽椭圆形，略短于萼片，3 裂，基部与蕊柱合生达 3 ~ 5 mm；侧裂片直立，略围抱蕊柱，有小乳突或短毛，边缘不具缘毛；中裂片稍外弯，中部至基部有密短毛区，其余部分有细毛，边缘波状；唇盘上 2 条纵褶片汇合为一，从基部延伸到中裂片基部，上面生有小乳突和细毛；蕊柱长 3.5 ~ 4.5 cm，两侧有狭翅；花粉团 2 个，四方形；黏盘基部两侧有丝状附属物。蒴果近椭圆形，长 5 ~ 7 cm，宽 3 ~ 4 cm。花期 2 ~ 5 月。

黄蝉兰

Cymbidium iridioides

产于西藏通麦、墨脱；区外见于四川、云南。生于海拔 900 ～ 2800 m 的林中或灌木林中的乔木上或岩石上，也见于岩壁上。尼泊尔、不丹、印度、缅甸也有分布。

附生植物；假鳞茎椭圆状卵形至狭卵形，大部或全部包藏于叶基之内。叶 4 ～ 8 枚，带形，先端急尖。花葶从假鳞茎基部穿鞘而出，近直立或水平伸展；总状花序具 3 ～ 17 朵花；花苞片近三角形；花较大，有香气；萼片与花瓣黄绿色，有 7 ～ 9 条淡褐色或红褐色粗脉，唇瓣淡黄色并在侧裂片上具类似的脉，中裂片上有红色斑点和斑块，褶片黄色并在前部具栗色斑点；萼片狭倒卵状长圆形，侧萼片稍扭转；花瓣狭卵状长圆形，略镰曲；唇瓣近椭圆形，略短于花瓣，3 裂；侧裂片边缘具短缘毛，上面有短毛；中裂片中央有 2 ～ 3 行长毛，连接于褶片顶端并延伸至中裂片上部，其余部分疏生短毛，边缘啮蚀状并呈波状；唇盘上 2 条纵褶片自上部延伸至中部，但向基部迅速变为狭小，顶端较肥厚，中上部生有长毛；蕊柱向前弯曲，腹面基部具短毛；花粉团 2 个，近三角形。蒴果近椭圆形。花期 8 ～ 12 月。

西藏虎头兰

Cymbidium tracyanum

产于西藏东南部；区外见于贵州、云南。生于海拔 1200 ～ 1900 m 的林中大树干上或树杈上，也见于溪谷旁岩石上。缅甸、泰国也有分布。

附生植物；假鳞茎椭圆状卵形或长圆状狭卵形，长 5 ～ 11 cm，宽 2 ～ 5 cm，大部分包藏于叶鞘之内。叶 5 ～ 8 枚或更多，带形，先端急尖，关节位于距基部 7 ～ 14 cm 处。花葶从假鳞茎基部穿鞘而出，外弯或近直立；总状花序通常具 10 余朵花；花苞片卵状三角形，长 3 ～ 5 mm；花大，有香气；萼片与花瓣黄绿色至橄榄绿色，有多条不甚规则的暗红褐色纵脉，脉上有点，唇瓣淡黄色并在侧裂片上具类似色泽的脉，中裂片上则具短条纹与斑点，褶片淡黄色并有红点；萼片狭椭圆形；侧萼片稍斜歪并扭曲；花瓣镰刀形，下弯并扭曲；唇瓣卵状椭圆形，长 4.5 ～ 6 cm，3 裂，基部与蕊柱合生达 4 ～ 5 mm；侧裂片直立，边缘有长 0.5 ～ 1.5 mm 的缘毛，上面脉上有红褐色毛；中裂片明显外弯，上面有 3 行长毛连接于褶片顶端，并有散生的短毛；唇盘上 2 条纵褶片上亦密生长毛，在两褶片之间尚有 1 行长毛，但明显短于褶片；蕊柱长 3.5 ～ 4.3 cm，向前弯曲，两侧具翅，腹面下部有短毛；花粉团 2 个，三角形，长 3 ～ 4 mm。蒴果椭圆形，长 8 ～ 9 cm，宽 4.5 ～ 5 cm。花期 9 ～ 12 月。

长叶兰

Cymbidium erythraeum

产于西藏波密、察隅、墨脱；区外见于四川、云南。生于海拔 1400 ～ 2800 m 的林中或林缘树上或岩石上。尼泊尔、不丹、印度、缅甸也有分布。

附生植物；假鳞茎卵球形，包藏于叶基之内。叶 5 ～ 11 枚，二列，带形，从中部向顶端渐狭，基部紫色。花葶较纤细，近直立或外弯；总状花序具 3 ～ 7 朵或更多的花；花苞片近三角形；花有香气；萼片与花瓣绿色，但由于有红褐色脉和不规则斑点而呈红褐色，唇瓣淡黄色至白色，侧裂片上有红褐色脉，中裂片上有少量红褐色斑点和 1 条中央纵线；萼片狭长圆状倒披针形；花瓣镰刀状，斜展；唇瓣近椭圆状卵形，3 裂；侧裂片直立，被短毛，上部较多，边缘有时有短缘毛；中裂片心形至肾形，上面有小乳突，多少散生短毛；唇盘上 2 条褶片自下部延伸到中裂片基部；褶片上面密生短毛，顶端肥厚；蕊柱两侧具翅，下部有疏毛；花粉团 2 个，近三角形。花期 10 月至次年 1 月。

虎头兰

Cymbidium hookerianum

产于西藏墨脱、察隅；区外见于广西、四川、贵州、云南。生于海拔 1100 ～ 2700 m 的林中树上或溪谷旁岩石上。尼泊尔、不丹、印度东北部也有分布。

附生草本；假鳞茎狭椭圆形至狭卵形，长 3 ～ 8 cm，宽 1.5 ～ 3 cm，大部分包藏于叶基之内。叶 4 ～ 8 枚，长 35 ～ 80 cm，宽 1.4 ～ 2.3 cm，带形，先端急尖，关节位于距基部 4 ～ 10 cm 处。花葶从假鳞茎下部穿鞘而出，外弯或近直立，长 45 ～ 70 cm；总状花序具 7 ～ 14 朵花；花苞片卵状三角形，长 3 ～ 4 mm；花梗和子房长 3 ～ 5 cm；花大，直径达 11 ～ 12 cm，有香气；萼片与花瓣苹果绿或黄绿色，基部有少数深红色斑点或偶有淡红褐色晕，唇瓣白色至奶油黄色，侧裂片与中裂片上有栗色斑点与斑纹，在授粉后整个唇瓣变为紫红色；萼片近长圆形，长 5 ～ 5.5 cm，宽 1.5 ～ 1.7 cm；花瓣狭长圆状倒披针形，与萼片近等长，宽 1 ～ 1.3 cm；唇瓣近椭圆形，长 4.5 ～ 5 cm，3 裂，基部与蕊柱合生达 4 ～ 4.5 mm；侧裂片直立，多少有小乳突或短毛，尤其接近顶端处，边缘有缘毛；中裂片外弯，亦具小乳突，有时散生有短毛，边缘啮蚀状并呈波状；唇盘上 2 条纵褶片从基部延伸至中裂片基部以上，沿褶片生有短毛；蕊柱长 3.3 ～ 4 cm，向前弯曲，腹面近基部有乳突或少数短毛；花粉团 2 个，近三角形。蒴果狭椭圆形，长 9 ～ 11 cm，宽约 4 cm。花期 1 ～ 4 月。

多花兰

Cymbidium floribundum

产于西藏墨脱；区外见于浙江、江西、福建、台湾、湖北、湖南、广东、广西、贵州、四川东部、云南西北部至东南部。生于海拔 100 ～ 3300 m 的林中或林缘树上，或溪谷旁透光的岩石上或岩壁上。

附生植物；假鳞茎近卵球形，稍压扁，包藏于叶基之内。叶通常 5 ～ 6 枚，带形，坚纸质，先端钝或急尖，中脉与侧脉在背面凸起（通常中脉较侧脉更为凸起，尤其在下部），关节在距基部 2 ～ 6 cm 处。花葶自假鳞茎基部穿鞘而出，近直立或外弯；花序通常具 10 ～ 40 朵花；花苞片小；花较密集，直径 3 ～ 4 cm，一般无香气；萼片与花瓣红褐色或偶见绿黄色，极罕灰褐色，唇瓣白色而在侧裂片与中裂片上有紫红色斑，褶片黄色；萼片狭长圆形；花瓣狭椭圆形，萼片近等宽；唇瓣近卵形，3 裂；侧裂片直立，具小乳突；中裂片稍外弯，亦具小乳突；唇盘上有 2 条纵褶片，褶片末端靠合；蕊柱略向前弯曲；花粉团 2 个，三角形。蒴果近长圆形。花期 4 ～ 8 月。

蕙兰

Cymbidium faberi

产于西藏东南部通麦；区外见于陕西、甘肃、安徽、浙江、江西、福建、台湾、河南、湖北、湖南、广东、广西、四川、贵州、云南。生于海拔 700 ～ 3000 m 湿润但排水良好的透光处。尼泊尔、印度北部也有分布。

地生草本；假鳞茎不明显。叶 5 ～ 8 枚，带形，直立性强，基部常对折而呈 V 形，叶脉透亮，边缘常有粗锯齿。花葶从叶丛基部最外面的叶腋抽出，近直立或稍外弯，被多枚长鞘；总状花序具 5 ～ 11 朵或更多的花；花苞片线状披针形，最下面的 1 枚长于子房，约为花梗和子房长度的 1/2，至少超过 1/3；花常为浅黄绿色，唇瓣有紫红色斑，有香气；萼片近披针状长圆形或狭倒卵形；花瓣与萼片相似，常略短而宽；唇瓣长圆状卵形，3 裂；侧裂片直立，具小乳突或细毛；中裂片较长，强烈外弯，有明显、发亮的的乳突，边缘常皱波状；唇盘上 2 条纵褶片从基部上方延伸至中裂片基部，上端向内倾斜并汇合，多少形成短管；蕊柱稍向前弯曲，两侧有狭翅；花粉团 4 个，成 2 对，宽卵形。蒴果近狭椭圆形。花期 3 ～ 5 月。

寒兰

Cymbidium kanran

产于西藏墨脱；区外见于安徽、浙江、江西、福建、台湾、湖南、广东、海南、广西、四川、贵州和云南。生于海拔 400 ～ 2400 m 的林下、溪谷旁或稍荫蔽、湿润、多石之土壤上。

地生植物；假鳞茎狭卵球形，包藏于叶基之内。叶 3 ～ 7 枚，带形，薄革质，暗绿色，略有光泽，前部边缘常有细齿，关节位于距基部 4 ～ 5 cm 处。花葶发自假鳞茎基部，直立；总状花序疏生 5 ～ 12 朵花；花苞片狭披针形，最下面 1 枚长可达 4 cm，中部与上部的长 1.5 ～ 2.6 cm，一般与花梗和子房近等长；花常为淡黄绿色而具淡黄色唇瓣，也有其他色泽，常有浓烈香气；萼片近线形或线状狭披针形，先端渐尖；花瓣常为狭卵形或卵状披针形；唇瓣近卵形，不明显的 3 裂，长 2 ～ 3 cm；侧裂片直立，多少围抱蕊柱，有乳突状短柔毛；中裂片较大，外弯，上面亦有类似的乳突状短柔毛，边缘稍有缺刻；唇盘上 2 条纵褶片从基部延伸至中裂片基部，上部向内倾斜并靠合，形成短管；蕊柱长 1 ～ 1.7 cm，稍向前弯曲，两侧有狭翅；花粉团 4 个，成 2 对，宽卵形。蒴果狭椭圆形，长约 4.5 cm，宽约 1.8 cm。花期 8 ～ 12 月。

建兰

Cymbidium ensifolium

产于西藏墨脱；区外见于安徽、浙江、江西、福建、台湾、湖南、广东、海南、广西、和云南等地。生于海拔 600 ～ 1800 m 的疏林下、灌丛中、山谷旁或草丛中。广泛分布于东南亚和南亚各国，北至日本。模式标本采自广东。

地生植物；假鳞茎卵球形包藏于叶基之内。叶 2 ～ 6 枚，带形，有光泽，前部边缘有时有细齿。花葶从假鳞茎基部发出，直立，一般短于叶；总状花序具 3 ～ 13 朵花；花常有香气，色泽变化较大，通常为浅黄绿色而具紫斑；萼片近狭长圆形或狭椭圆形；侧萼片常向下斜展；花瓣狭椭圆形或狭卵状椭圆形，近平展；唇瓣近卵形略 3 裂；蕊柱稍向前弯曲，两侧具狭翅；花粉团 4 个，成 2 对，宽卵形。花期通常为 6 ～ 10 月。

吻兰属

Collabium

地生草本，具匍匐根状茎和假鳞茎。假鳞茎细圆柱形或貌似叶柄，具 1 个节，被筒状鞘，顶生 1 枚叶。叶纸质，先端锐尖，基部收狭为长或短的柄，具关节。花葶从根状茎末端近假鳞茎基部发出，直立；总状花序疏生数朵花；花序柄纤细，基部被膜质鞘；花中等大；萼片相似，狭窄；侧萼片基部彼此连接，并与蕊柱足合生而形成狭长的萼囊或距；花瓣常较狭；唇瓣具爪，贴生于蕊柱足末端，3 裂；蕊柱细长，稍向前弯，基部具长的蕊柱足，两侧具翅；翅常在蕊柱上部扩大成耳状或角状，向蕊柱基部的萼囊内延伸；蕊喙短，先端平截；花粉团 2 个，蜡质，近圆锥形，附着于较松散的黏质物上。

本属全球约 11 种，分布于从喜马拉雅山到中国东南部、马来西亚、印度尼西亚和菲律宾，到新几内亚和太平洋岛屿；我国有 3 种，含 1 特有种，产于南方诸省区。西藏记录 1 种，现收录 1 种。

吻兰

Collabium chinense

产于西藏墨脱；区外见于福建（南靖）、台湾、广东（英德、肇庆、大埔）、海南（保亭、白沙）、广西（十万大山）、云南（屏边）。生于海拔 600 ～ 1000 m 的山谷密林下阴湿处或沟谷阴湿岩石上。越南、泰国也有分布。模式标本采自广东（鼎湖山）。

假鳞茎细圆柱形，被鞘。叶纸质，具多数弧形脉。总状花序疏生 4 ～ 7 朵花；花苞片卵状披针形，先端渐尖；中萼片长圆状披针形，先端渐尖，具 5 条脉；侧萼片多少镰刀状长圆形，先端渐尖，具 5 条脉；花瓣长圆形，先端渐尖；唇瓣白色，倒卵形，3 裂；距圆筒形；蕊柱黄色，基部具蕊柱足；花期 7 ～ 11 月。

密花兰属

Diglyphosa

地生草本，具匍匐根状茎和假鳞茎。假鳞茎狭长，顶生 1 枚叶。叶大，纸质，具长柄和折扇状的脉。花葶生于假鳞茎基部，直立，不分枝或有时分枝，无毛; 总状花序长，密生许多花; 花苞片狭长，反折; 花中等大，不甚张开；中萼片比侧萼片长；侧萼片下弯，基部贴生于蕊柱足而形成明显或很不明显的萼囊；花瓣相似于侧萼片而较宽；唇瓣稍肉质，以 1 个活动关节与蕊柱足末端连接，不裂，中部以上反折，中部以下两侧边缘上举，具 2 条褶片或龙骨状凸起；蕊柱纤细，向前弯，两侧具翅，基部具弯曲的蕊柱足；蕊喙短而宽，不裂；药帽顶端呈圆锥状凸起，前缘先端 2 尖裂；花粉团 2 个，蜡质，压扁的三角形，无附属物。

全属仅 2 种，分布于热带喜马拉雅区域至东南亚和新几内亚岛。我国仅有 1 种。西藏记录有 1 种，现收录 1 种。

密花兰

Diglyphosa latifolia

产于云南屏边。生于海拔 1200 m 的沟谷林下阴湿处。分布于马来西亚、印度尼西亚、菲律宾和新几内亚岛。模式标本产于印度尼西亚。2020 年报道发现于西藏墨脱 [10]。

假鳞茎圆柱形，顶生 1 枚叶。叶宽椭圆形，先端渐尖。总状花序密生许多花；花苞片狭披针形，先端渐尖；中萼片狭长圆形，先端渐尖，具 3 条主脉；侧萼片镰刀状长圆形，先端渐尖，具 3 条主脉；花瓣基部大部分贴生于蕊柱足上；唇瓣近肉质，不裂，蕊柱长约 5 mm；蕊喙厚，近方形。花期 6 月。

带唇兰属
Tainia

地生草本。根状茎横生，被覆瓦状排列的鳞片状鞘，具密布灰白色长绒毛的肉质根。假鳞茎肉质，卵球形、狭卵状圆柱形，长纺锤形或长圆柱形，具单节间，罕有多节间的，幼时被鞘，顶生 1 枚叶。叶大，纸质，折扇状，具长柄；叶柄具纵条棱，无关节或在远离叶基处具 1 个关节，基部被筒状鞘。花葶侧生于假鳞茎基部，直立，不分枝，被少数筒状鞘；总状花序具少数至多数花；花苞片膜质，披针形，比花梗和子房短；花梗和子房直立，伸展，无毛；花中等大，开展；萼片和花瓣相似，侧萼片贴生于蕊柱基部或蕊柱足上；药帽半球形，顶端两侧具或不具隆起的附属物；花粉团 8 个，蜡质，倒卵形至压扁的哑铃形，每 4 个为一群，等大或其中 2 个较小，无明显的花粉团柄和黏盘。

全属约 15 种，分布从热带喜马拉雅东至日本南部，南至东南亚和其邻近岛屿。我国有 11 种，产于长江以南各省区。西藏记录有 1 种，现收录 1 种。

滇南带唇兰
Tainia minor

产于西藏墨脱；区外见于云南。生于海拔 1920 m 附近的山坡林下阴湿处。不丹、印度东北部也有分布。

假鳞茎斜生于根状茎上，彼此靠近，圆柱状长卵形，被膜质筒状鞘，顶生 1 枚叶。叶长圆形，长 18 ～ 20 cm，宽 5 ～ 5.5 cm，先端急尖，基部楔形或近圆形，具 3 条脉；叶柄纤细，长 7 ～ 8 cm。花葶直立，远比叶长；花序轴淡紫褐色，疏生少数花；花苞片狭卵状披针形，长 3 ～ 5 mm；花梗和子房淡紫褐色，比花苞片短；花近直立，萼片和花瓣淡紫褐色带暗紫色斑点；中萼片狭长圆形，长约 1.5 cm，宽 2 mm，先端稍钝，具 3 条脉；侧萼片狭镰刀状长圆形，约与中萼片等大，基部贴生于蕊柱足上而形成短钝的萼囊；花瓣狭镰刀状长圆形，长约 1.5 cm，宽约 2.5 mm，先端锐尖，具 3 条脉；唇瓣的整体轮廓为椭圆形，长 1.2 cm，3 裂；侧裂片白色带淡紫褐色，直立，狭三角形，先端牙齿状，摊平后两侧裂片先端之间相距 7 mm；中裂片白色，近圆形，宽 5 mm，先端近圆形并微凹；唇盘在两侧裂片之间具 3 条褶片，其两侧的褶片弧形，较宽，延伸至中裂片上则有 4 ～ 5 条褶片；蕊柱长约 7 mm，基部具长约 1 mm 的蕊柱足；药帽绿色；花粉团 8 个，其中 4 个较小。花期 5 月。

苞舌兰属
Spathoglottis

地生草本，无根状茎，具卵球形或球状的假鳞茎，顶生 1 ～ 5 枚叶。叶狭长，先端渐尖；叶柄之下具鞘。花葶生于假鳞茎基部；总状花序疏生少数花；花苞片比花梗和子房短；花中等大，逐渐开放；萼片相似，背面被毛；花瓣与萼片相似而常较宽；唇瓣无距，贴生于蕊柱基部，3 裂；蕊柱半圆柱形，细长，向前弯，无蕊柱足；蕊喙不裂；花粉团 8 个，蜡质，狭倒卵形，近等大，每 4 个为一群，共同附着于 1 个三角形的黏盘上。

本属全球约 46 种，分布于热带亚洲至澳大利亚和太平洋岛屿。我国有 3 种，分布于南方各省区。西藏记录有 1 种，现收录 1 种。

少花苞舌兰
Spathoglottis ixioides

产于西藏陈塘、聂拉木、错那、吉隆。生于海拔 2300 ～ 2800 m 的山坡岩石上。尼泊尔、不丹也有分布。

假鳞茎近球形，具 2 枚叶。叶狭披针形或长圆形，先端渐尖；叶柄细，彼此包卷而形成假茎，基部具鞘。花葶直立，纤细，基部具 2 枚筒状鞘，顶生 1 朵花，疏被柔毛；花苞片卵状披针形，先端锐尖，疏被柔毛；中萼片椭圆形，先端急尖，具 5 ～ 6 条脉，背面疏被柔毛；侧萼片卵状披针形或长圆状披针形，与中萼片近等大；花瓣相似于侧萼片，先端稍钝，具 7 条主脉，外侧的主脉分枝，无毛；唇瓣直立，3 裂；唇盘在中裂片与侧裂片相连接处具一对纵向的半月形附属物；蕊柱向上扩大。花期 8 ～ 9 月。

黄兰属

Cephalantheropsis

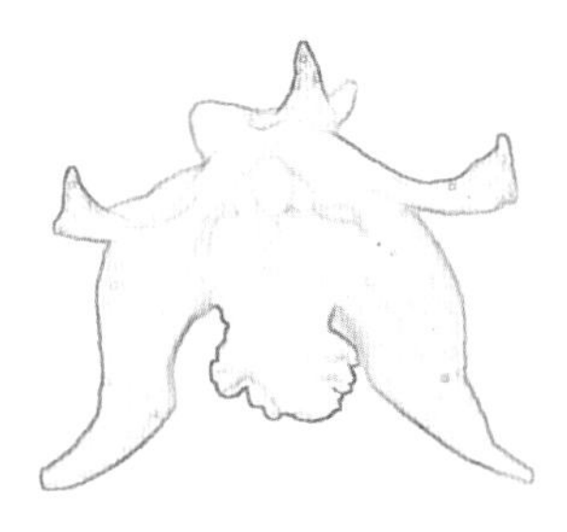

地生草本，具多数细长、被绒毛的根。茎丛生，直立，圆柱形，具多数节，基部或下部被筒状鞘。叶多数，互生，基部收狭并下延为抱茎的鞘，与叶鞘相连接处具 1 个关节，具折扇状脉，干后呈靛蓝色。花葶 1～3 个，侧生于茎中部以下的节上，直立或斜立，常不分枝，具多数花；花序柄基部被数枚鞘；花苞片早落；花中等大，上举，平展或下垂，张开或不甚张开；萼片和花瓣多少相似，离生，伸展或稍反折；花瓣有时较宽；唇瓣贴生于蕊柱基部，与蕊柱完全分离，基部浅囊状或凹陷，无距，上部 3 裂；侧裂片直立，多少围抱蕊柱；中裂片具短爪，向先端扩大，边缘皱波状，上面具许多泡状的小颗粒；蕊柱粗短，两侧具翅，基部稍扩大，顶端截形；蕊喙短小，卵形，先端尖；柱头顶生，近圆形；药床狭小；药帽卵状心形；花粉团 8 个，蜡质，狭倒卵形，等大，每 4 个为一群，共同附着于 1 个盾状的黏盘上。

全属约 5 种，主要分布于日本、我国到东南亚。我国记录有 3 种，产于南部；西藏记录有 2 种，现收录 2 种。

本属检索表

1　花白色，俯垂，钟形，不甚张开；唇瓣侧裂片先端近截形，具不整齐的缺刻，两侧裂片先端之间的宽大于中裂片的宽；花水平开展。……………………………………………………………白花黄兰 *C. longipes*

1　花青绿色或黄绿色，伸展而张开；唇瓣侧裂片先端急尖，两侧裂片先端之间的宽等于中裂片的宽。……………………………………………………………………………………………… 黄兰 *C. obcordata*

白花黄兰

Cephalantheropsis longipes

产于西藏墨脱；区外见于台湾、广西、云南。生于海拔 1250 m 的密林下阴湿处。尼泊尔、印度东北部也有分布。

茎直立，圆柱形，具数个疏离的节间；被筒状鞘。叶通常 5 枚，互生于茎的上部，长圆形，先端短渐尖，基部收狭并下延为鞘。花葶侧生于茎的下部，直立或斜立，纤细，疏生 3 ～ 4 枚鞘，密布细毛；总状花序通常疏生 10 余朵花；花苞片早落；花白色，后来转变为桔黄色，俯垂，多少呈钟状，不甚张开；萼片相似，卵状披针形，先端渐尖，具 3 条脉，背面被毛；花瓣卵状长圆形，先端锐尖，具 3 条脉，无毛；唇瓣淡黄色，贴生于蕊柱足基部，无距，3 裂；侧裂片直立，长圆形，先端近斜截形并具不整齐的缺刻；中裂片从基部向先端扩大而成横长圆形，先端稍凹缺，边缘具波状皱褶，上面具 2 条褶片，褶片之间具许多土黄色的泡状小颗粒；蕊柱稍向前弯曲。

黄兰

Cephalantheropsis obcordata

产于西藏墨脱（背崩乡）；区外见于福建、台湾、广东、香港和海南。常生于海拔约 450 ～ 1700 m 的密林下。也分布于印度东北部、缅甸、老挝、越南、泰国、马来西亚、菲律宾以及琉球群岛。

植株高达 1 m。茎直立, 圆柱形, 具多数节, 被筒状膜质鞘。叶 5 ～ 8 枚, 互生于茎上部, 纸质, 长圆形或长圆状披针形, 先端急尖或渐尖, 基部收狭为短柄。花葶 2 ～ 3 个, 从茎的中部以下节上发出, 直立, 细圆柱形, 不分枝或少有在基部具 1 ～ 2 个分枝；花序疏生多数花；花苞片膜质, 狭披针形, 比花梗和子房长, 先端渐尖；花青绿色或黄绿色, 伸展；萼片和花瓣反折；中萼片和侧萼片相似, 椭圆状披针形或卵状披针形, 背面密布短毛, 内面无毛或疏生毛, 具 3 ～ 5 条脉；花瓣卵状椭圆形, 先端稍钝并具短尖凸, 两面或仅背面被毛, 具 3 条脉；唇瓣的轮廓近长圆形, 几乎平伸, 比萼片短, 但较宽, 基部贴生于蕊柱基部, 中部以上 3 裂, 中部以下稍凹陷, 无距；蕊柱长基部常扩大, 无蕊柱足, 中部以下两侧具翅, 被毛；柱头近顶生。花期 9 ～ 12 月, 果期 11 月至次年 3 月。

坛花兰属
Acanthephippium

地生草本。假鳞茎肉质，卵形或卵状圆柱形。叶大，先端急尖或渐尖，基部收狭为短柄并具 1 个关节，两面无毛。花葶侧生于近假鳞茎顶端，通常粗短，肉质，直立，不分枝，远比叶短，被数枚覆瓦状排列的大型膜质鞘；总状花序具少数花；花苞片大，凹陷；花梗和子房粗厚，肉质，近直立；花大，稍肉质，不甚张开；花瓣藏于萼筒内，较萼片狭；唇瓣具狭长的爪，以 1 个活动关节与蕊柱足末端连接，3 裂；蕊柱长，上部扩大，具翅，基部具长而弯曲的蕊柱足；蕊喙不裂。

全属全球约 11 种，分布于热带亚洲至新几内亚岛和太平洋岛屿。我国有 3 种，产于南方诸省区。西藏记录 1 种，现收录 1 种。

锥囊坛花兰
Acanthephippium striatum

产于西藏墨脱；区外见于福建、台湾、广西和云南。生于海拔 400 ～ 1350 m 的沟谷、溪边或密林下阴湿处。广泛分布于尼泊尔、不丹、印度东北部、越南、泰国、马来西亚和印度尼西亚。模式标本产于尼泊尔。

植株丛生。假鳞茎长卵形，被膜质鞘，顶生 1 ～ 2 枚叶。叶椭圆形，先端急尖，两面无毛，具 5 条在背面隆起的折扇状脉。花葶 1 ～ 2 个，被数枚鳞片状鞘；鞘膜质，宽卵形，大型；总状花序稍弯垂，具 4 ～ 6 朵花；花苞片大，膜质，舟状，比花梗和子房长；花白色带红色脉纹；中萼片椭圆形，先端钝，具 7 条脉；侧萼片较大，先端近急尖，基部歪斜并贴生在蕊柱足上，具 6 ～ 7 条脉；萼囊向末端延伸而呈距状的狭圆锥形；花瓣藏于萼筒内，近长圆形先端钝；唇瓣在与蕊柱足末端连接处具 1 个关节，前端骤然扩大，3 裂。花期 4 ～ 6 月。

鹤顶兰属

Phaius

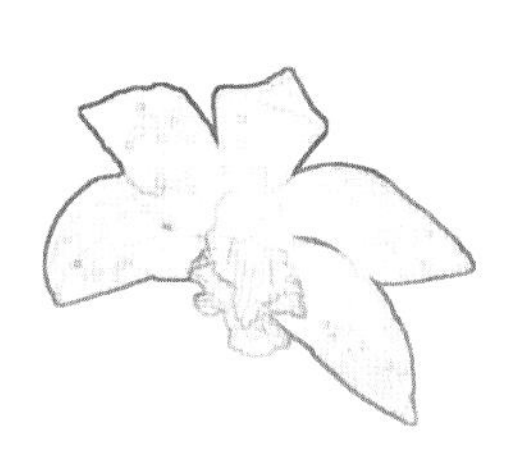

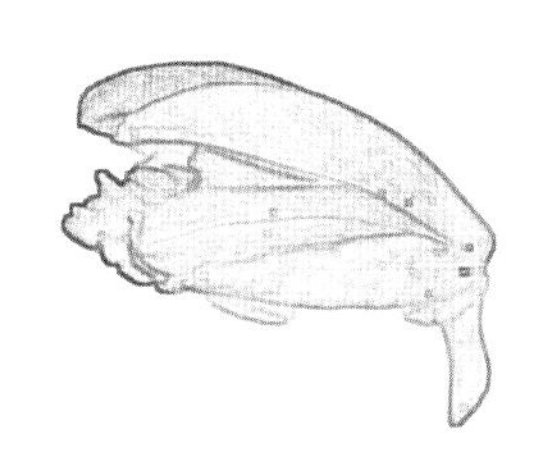

地生草本。根圆柱形，粗壮，长而弯曲，密被淡灰色绒毛。假鳞茎丛生，长或短，具少至多数节，常被鞘。叶大，数枚，互生于假鳞茎上部，基部收狭为柄并下延为长鞘，具折扇状脉，干后变靛蓝色；叶鞘紧抱于茎或互相套叠而形成假茎。花葶 1 ～ 2 个，侧生于假鳞茎节上或从叶腋中发出，高于或低于叶层；花序柄疏被少数鞘；总状花序疏生少数或密生多数花；花苞片大，早落或宿存；花通常大，美丽；萼片和花瓣近等大；唇瓣基部贴生于蕊柱基部，与蕊柱分离或与蕊柱基部上方的蕊柱翅多少合生，具短距或无距，近 3 裂或不裂，两侧围抱蕊柱；蕊柱长而粗壮，上端扩大，两侧具翅；蕊喙大或有时不明显，不裂；柱头侧生；花药 2 室；花粉团 8 个，蜡质，每 4 个为一群，附着于 1 个黏质物上。

全属全球约 40 种，广布于非洲热带地区、亚洲热带和亚热带地区至大洋洲。我国有 9 种，含 4 个特有种；产于南方诸省区，尤其盛产于云南南部。西藏记录有 5 种，现收录 5 种。

本属检索表

1 假鳞茎长圆柱形；花紫红色或粉红色；唇瓣中裂片上面中央具密布白色长毛的龙骨脊。…………………………………………………………紫花鹤顶兰 *P. mishmensis*

1 假鳞茎短圆锥形或卵球形。……………………………………………… (2)

2 花葶不高出叶层之外；花黄色。……………………………………黄花鹤顶兰 *P.flavus*

2 花葶高出叶层之外。……………………………………………… (7)

3 植株高 25 ～ 30 cm；萼片和花瓣约 1.5 ～ 2.2 cm。……………………少花鹤顶兰 *P. delavayi*

3 植株高 100 cm；萼片和花瓣 4 ～ 7 cm。……………………………… (8)

4 萼片背面浅黄绿色，内面浅棕红色；花瓣在背面黄绿色带棕红色斑点，内面浅棕红色；唇瓣白色，唇盘玫瑰红色带黄色脉纹。……………………………………大花鹤顶兰 *P. wallichii*

4 萼片和花瓣背面象牙白色，内面暗赭色或棕色；唇瓣背面白色，前端边缘茄紫色，唇盘茄紫色带白色条纹。……………………………………鹤顶兰 *P. tankervilleae*

紫花鹤顶兰

Phaius mishmensis

产于西藏墨脱；区外见于台湾、广东、广西、云南。生于海拔高达 1400 m 的常绿阔叶林下阴湿处。也分布于不丹、缅甸、越南、老挝、泰国、菲律宾、印度东北部以及琉球群岛。

植株高达 80 cm。假鳞茎直立，圆柱形，长 30 ～ 80 cm，粗 6 ～ 15 mm，下部被 3 ～ 4 枚长 4 ～ 6 cm 的筒状鞘，上部互生 5 ～ 6 枚叶，具多数节；节间长 2 ～ 10 cm。叶椭圆形或倒卵状披针形，长 10 ～ 30 cm，宽 4 ～ 8 cm，先端急尖，基部收狭为抱茎的鞘，边缘多少波状，干后变靛蓝色；叶鞘互相套叠而形成假茎。花序侧生于茎的中部节上或中部以上的叶腋，长约 30 cm，具 2 枚长 1.5 ～ 2.5 cm 的鳞片状鞘，无毛；花序轴纤细，多少曲折，长约 9 cm，疏生少数花；花苞片长圆状披针形，凹陷，约等长于花梗和子房，无毛，早落；花梗和子房长 2 ～ 3 cm；子房稍扩大，无毛；花淡紫红色，不甚开放；萼片近相似，椭圆形，长 3 ～ 3.5 cm，宽 8 ～ 12 mm，先端稍钝，具 5 条脉，无毛；花瓣倒披针形，长 3 ～ 3.5 cm，近先端处宽 5 ～ 7 mm，先端钝，具 1 条主脉和多数侧脉，无毛；唇瓣密布红褐色斑点，贴生于蕊柱基部，轮廓为倒卵状三角形，约等长于萼片，3 裂；侧裂片直立，围抱蕊柱，先端钝或圆形；中裂片近方形或宽倒卵形，先端微凹并具 1 短尖，边缘波状；唇盘具 3 ～ 4 条密布白色长毛的脊突；距细圆筒形，长 1 ～ 1.6 cm，粗约 2 mm，末端钝，中部以下稍弯曲；蕊柱细长，长 2.2 cm，上端扩大，基部两侧密被长毛；蕊喙三角形，不裂，长约 1.5 mm，先端钝；药帽前端收狭，呈喙状，上面疏被短毛；花粉团宽倒卵形，长约 1.5 mm。花期 10 月至次年 1 月。

黄花鹤顶兰

Phaius flavus

产于西藏墨脱；区外见于长江以南诸省区。生于海拔 300 ～ 2500 m 的山坡林下阴湿处。也分布于斯里兰卡、尼泊尔、印度等地。

假鳞茎卵状圆锥形，通常长 5 ～ 6 cm，粗 2.5 ～ 4 cm，具 2 ～ 3 节，被鞘。叶 4 ～ 6 枚，紧密互生于假鳞茎上部，通常具黄色斑块，长椭圆形或椭圆状披针形，长 25 cm 以上，宽 5 ～ 10 cm，先端渐尖或急尖，基部收狭为长柄，具 5 ～ 7 条在背面隆起的脉，两面无毛，叶柄以下为互相包卷而形成假茎的鞘。花葶从假鳞茎基部或基部上方的节上发出，1 ～ 2 个，直立，粗壮，圆柱形或多少扁圆柱形，不高出叶层之外，长达 75 cm，不分枝或偶尔基部具分枝，无毛，疏生数枚长约 3 cm 的膜质鞘；总状花序长达 20 cm，具数朵至 20 朵花；花苞片宿存，大而宽，披针形，长达 3 cm，先端钝，膜质，无毛；花梗和子房长约 3 cm；花柠檬黄色，上举，不甚张开，干后变靛蓝色；中萼片长圆状倒卵形，长 3 ～ 4 cm，宽 8 ～ 12 mm，先端钝，基部收狭，具 7 条脉，无毛；侧萼片斜长圆形，与中萼片等长，但稍狭，先端钝，具 7 条脉，无毛；花瓣长圆状倒披针形，约等长于萼片，比萼片狭或有时稍宽，先端钝，具 7 条脉，无毛；唇瓣贴生于蕊柱基部，与蕊柱分离，倒卵形，长 2.5 cm，宽约 2.2 cm，前端 3 裂，两面无毛；侧裂片近倒卵形，围抱蕊柱，先端圆形；中裂片近圆形，稍反卷，宽约 1.2 cm，先端微凹，前端边缘褐色并具波状皱褶；唇盘具 3 ～ 4 条多少隆起的脊突；脊突褐色；距白色，长 7 ～ 8 mm，粗约 2 mm，末端钝；蕊柱白色，纤细，长约 2 cm，上端扩大，正面两侧密被白色长柔毛；蕊喙肉质，半圆形，宽 2 ～ 2.5 mm；药帽白色，在前端不伸长，先端锐尖；药床宽大；花粉团卵形，近等大，长 2 mm。花期 4 ～ 10 月。

少花鹤顶兰
Phaius delavayi

产于西藏墨脱、察隅；区外见于甘肃南部、四川、云南西南部至西部。生于海拔 2700 ～ 3450 m 的山谷溪边和混交林下。模式标本采自云南。

植株无明显的根状茎。假鳞茎近球形。叶在花期几乎全部展开，椭圆形或倒卵状披针形，先端锐尖或急尖，两面无毛。花葶从叶丛中抽出，稍高出叶层之外；花苞片宿存，披针形，近等长于花梗和子房，先端稍钝；花紫红色或浅黄色，萼片和花瓣边缘带紫色斑点，无毛；萼片近相似，长圆状披针形，先端渐尖，具 5 条脉；花瓣狭长圆形至倒卵状披针形，先端渐尖，具 5 条脉，中央 3 条较长；唇瓣基部稍与蕊柱基部的蕊柱翅合生，近菱形，前端边缘啮蚀状；唇盘上具 3 条龙骨脊，脊上被短毛；距圆筒形，劲直，末端钝，无毛或疏被毛；蕊柱细长，上端扩大，两侧具翅，腹面被短毛；蕊喙近方形，不裂，先端截形并具细尖；药帽先端截形；花粉团稍扁的卵球形或梨形，等大，具短的花粉团柄；黏盘小，近圆形。花期 6 ～ 9 月。

大花鹤顶兰

Phaius wallichii

产于西藏墨脱；区外见于云南勐腊。生于海拔 750 ～ 1000 m 的林下或沟谷阴湿处。模式标本采自云南勐腊。

植株高大。假鳞茎纺锤形或近圆柱形，具数节，常具 4 枚叶和 2 ～ 3 枚鞘，鞘被稀疏的深褐色绒毛。叶长椭圆形，先端渐尖。花葶从假鳞茎的下部节上发出，直立，无毛；花序被数枚筒状鞘，鞘两面疏被深褐色刚毛；总状花序具 10 余朵花；花苞片卵状披针形，先端急尖，早落，无毛；中萼片和侧萼片背面浅黄绿色，内面浅褐红色，近相似，长圆状披针形，先端浅黄绿色、短渐尖；花瓣背面黄绿色带棕红色，中部以上密布棕红色斑点，内面和先端与萼片同色，先端短渐尖；唇瓣白色，贴生于蕊柱基部至基部上方，宽卵状三角形，3 裂；侧裂片围抱蕊柱，边缘略不整齐；中裂片卵状三角形，先端骤尖；唇盘从基部至中部玫瑰红色，脉纹黄色；距黄色，向前弯曲；蕊柱浅黄绿色，背面上方被短柔毛；蕊喙浅绿色，舌状；药帽浅黄白色，半球形。花期 5 ～ 6 月。

鹤顶兰

Phaius tankervilleae

产于西藏东南部墨脱；区外见于台湾、福建、广东、云南等地。生于海拔 700 ～ 1800 m 的林缘、沟谷或溪边阴湿处。广布于亚洲热带和亚热带地区以及大洋洲。

植物体高大。假鳞茎圆锥形，长约 6 cm 或更长，基部粗 6 cm，被鞘。叶 2 ～ 6 枚，互生于假鳞茎的上部，长圆状披针形，长达 70 cm，宽达 10 cm，先端渐尖，基部收狭为长达 20 cm 的柄，两面无毛。花葶从假鳞茎基部或叶腋发出，直立，圆柱形，长达 1 m，粗约 1 cm，疏生数枚大型的鳞片状鞘，无毛；总状花序具多数花；花苞片大，膜质，通常早落，舟形，比花梗和子房长，先端急尖，无毛；花梗和子房长 3 ～ 4 cm；子房稍扩大，无毛；花大，美丽，背面白色，内面暗赭色或棕色，直径 7 ～ 10 cm；萼片近相似，长圆状披针形，长 4 ～ 6 cm，宽约 1 cm，先端短渐尖，具 7 条脉，无毛；花瓣长圆形，与萼片等长而稍狭，先端稍钝或锐尖，具 7 条脉，但近边缘的脉分枝，无毛；唇瓣贴生于蕊柱基部，背面白色带茄紫色的前端，内面茄紫色带白色条纹，摊平后整个轮廓为宽菱形或倒卵形，比萼片短，宽 3 ～ 5 cm，中部以上浅 3 裂；侧裂片短而圆，围抱蕊柱而使唇瓣呈喇叭状；中裂片近圆形或横长圆形，先端截形而微凹或圆形而具短尖头，边缘稍波状；唇盘密被短毛，通常具 2 条褶片；距细圆柱形，长约 1 cm，呈钩状弯曲，末端稍 2 裂或不裂；蕊柱白色，细长，长约 2 cm，上端扩大，正面两侧多少具短柔毛；蕊喙大，近舌形，宽约 2.5 mm；药帽前端收狭而呈喙状，外表面具细乳突状毛；花粉团卵形，近等大。花期 3 ～ 6 月。

虾脊兰属
Calanthe

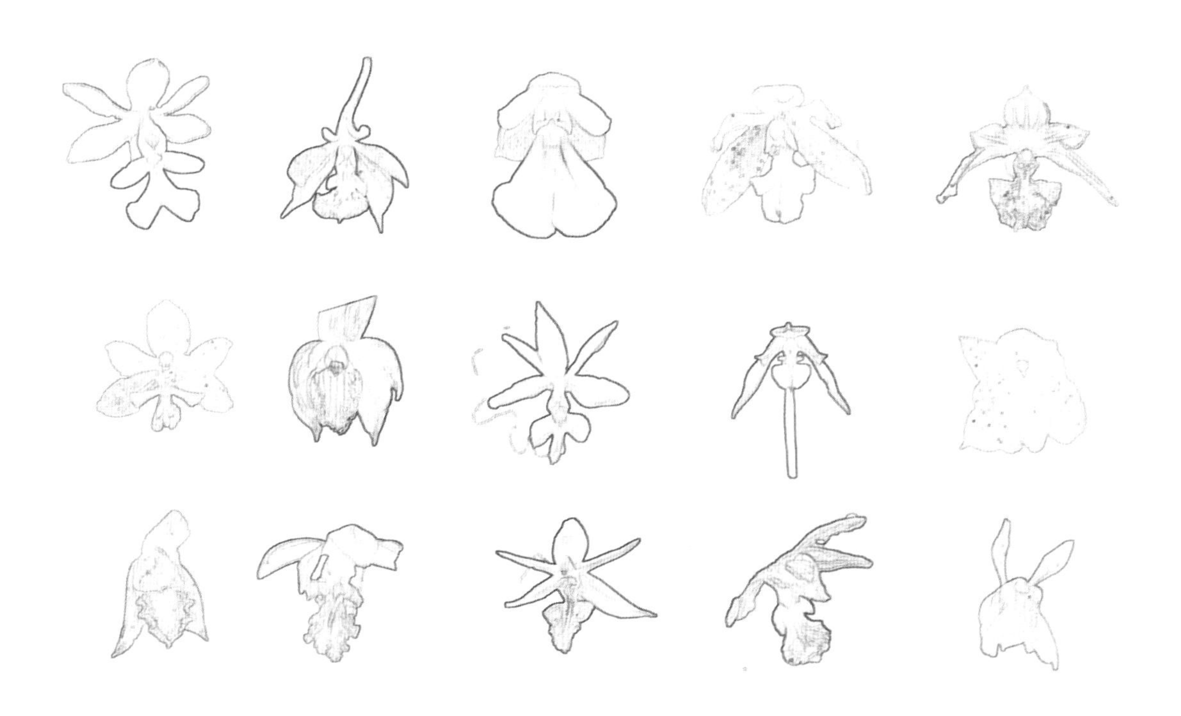

地生草本。根圆柱形，细长而密被淡灰色长绒毛。根状茎有或无。假鳞茎通常粗短，圆锥状，很少不明显或伸长为圆柱形的。叶少数，常较大，少有狭窄而呈剑形或带状，幼时席卷，全缘或波状，基部收窄为长柄或近无柄，柄下为鞘，在叶柄与鞘相连接处有一个关节或无，无毛或有毛，花期通常尚未全部展开或少有全部展开的。花葶出自当年生由低出叶和叶鞘所形成的假茎上端的叶丛中，或侧生于茎的基部，少有从去年生无叶的茎端发出，直立，不分枝，下部具鞘或鳞片状苞片，通常密被毛，少数无毛；总状花序具少数至多数花；花苞片小或大，宿存或早落；花通常张开，小至中等大；萼片近相似，离生；花瓣比萼片小；唇瓣常比萼片大而短，基部与部分或全部蕊柱翅合生而形成长度不等的管，少有贴生在蕊柱足末端而与蕊柱分离的，分裂或不裂，有距或无距；唇盘具附属物（胼胝体、褶片或脊突）或无附属物；蕊柱通常粗短，无足或少数具短足，两侧具翅，翅向唇瓣基部延伸或不延伸；蕊喙分裂或不分裂；柱头侧生；花粉团蜡质，8 个，每 4 个为一群，近相等或不相等；花粉团柄明显或不明显，共同附着于 1 个黏质物上。

本属全球约 150 种，分布于亚洲热带和亚热带地区、新几内亚岛、澳大利亚、热带非洲以及中美洲。我国有 51 种，含 21 个特有种；主要产于长江流域及其以南各省区。西藏有 19 种，现收录 17 种；棒距虾脊兰、戟形虾脊兰未见图片，仅收录于检索表中。

本属检索表

1 花苞片早落；叶柄在与叶鞘相连接处具 1 个关节；蕊喙不裂。……………………………………(2)

1 花苞片宿存；叶柄在与叶鞘相连接处无关节；蕊喙 2 ～ 3 裂。……………………………………(3)

2 距圆筒形；总状花序球形，由许多放射状排列的花所组成；唇瓣基部稍与蕊柱翅的基部（约占整个蕊柱翅长的 1/4 处）合生；蕊柱细长，长 1.2 cm。……………………密花虾脊兰 *C. densiflora*

2 距棒状；花序在幼时为狭长的膜质苞片所包而呈球形，后来由于总状花序的花序轴伸长而呈圆筒状；唇瓣基部与整个蕊柱翅合生而形成管；蕊柱粗短，长不及 1 cm；唇瓣中裂片近圆形，基部无爪。…………………………………………………………………………棒距虾脊兰 *C. clavata*

3 唇瓣无距，3 裂。……………………………………………………………………………(4)

3 唇瓣具距。………………………………………………………………………………(6)

4 萼片和花瓣浅黄色，唇瓣红褐色；唇瓣侧裂片很小，耳状或半圆形；中裂片近肾形，具 3 ～ 5 条鸡冠状褶片，边缘皱波状。……………………………………………三棱虾脊兰 *C. tricarinata*

4 萼片和花瓣粉红色，唇瓣粉红色；唇瓣侧裂片镰状长圆形；中裂片菱状椭圆形或菱状三角形至倒卵状楔形，无褶片，边缘常具不整齐的细齿。……………………………………………………(5)

5 花开放后萼片和花瓣不反折。……………………………………………镰萼虾脊兰 *C.puberula*

5 花开放后萼片和花瓣反折。………………………………………………反瓣虾脊兰 *C. reflexa*

6 唇瓣前缘具流苏。…………………………………………………………流苏虾脊兰 *C. alpina*

6 唇瓣边缘无流苏。……………………………………………………………………………(7)

7 花苞片反折；花开放后萼片和花瓣反折，干后变黑色；叶剑状或狭长圆状倒披针形，宽 2.5 ～ 4.5 cm。…………………………………………………………………………四川虾脊兰 *C. whiteana*

7 花苞片不反折；花开放后萼片和花瓣不反折，干后不变黑色。……………………………………(8)

8 距长 1 ～ 4 mm。………………………………………………………………………………(9)

8 距长 4 mm 以上。……………………………………………………………………………(12)

9 花小，萼片长不及 1 cm；唇瓣中裂片先端微凹并具短尖。…………………细花虾脊兰 *C. mannii*

9 花大，萼片长 1 cm 以上。……………………………………………………………………(10)

10 叶宽 1.5 ～ 3.5 cm；花瓣线形，宽 2 ～ 3 mm；唇瓣中裂片椭圆状菱形，先端急尖，边缘波状并具不整齐的齿；距长 4 mm。…………………………………………………弧距虾脊兰 *C.arcuata*

10 叶宽 5 cm 以上；花瓣非线形，中部宽 4 ～ 6 mm。…………………………………………(11)

11 唇盘中央具 1 枚近三角形的褶片。…………………………………………通麦虾脊兰 *C. griffithii*

11 唇盘上具 3 条褶片；唇瓣与蕊柱中部以下的蕊柱翅合生；中裂片肾形或近圆形，与两侧裂片先端之间的宽近相等或稍大，先端通常微凹。…………………………肾唇虾脊兰 *C. brevicornu*

12 叶剑形或带状，宽 1.5 ～ 4.5 cm；花苞片狭披针形，反折；花小，萼片长不及 1 cm。…剑叶虾脊兰 *C. davidii*

12 叶椭圆形、椭圆状披针形、狭披针形至倒卵状披针形，宽 5.5 cm 以上；花苞片不反折；花大，萼片长 1 cm 以上。………………………………………………………………………………(13)

13 花紫红色或玫瑰色；唇瓣中裂先端浅 2 裂；叶仅在背面疏被毛；唇瓣侧裂片镰状披针形；距圆筒状。…………………………………………………………………………长距虾脊兰 *C. sylvatica*

13 花白色、黄绿色或淡黄色；唇瓣中裂片深 2 裂。……………………………………………(14)

14 唇瓣侧裂片线形或狭长圆形，比中裂片的小裂片狭的多；中裂片深 2 裂；叶骤然收窄为细长的柄；萼片背面被黑褐色糙伏毛；唇瓣近扇形，基部具长爪。…………………泽泻虾脊兰 *C. alismatifolia*

14 唇瓣侧裂片长圆状椭圆形、卵状椭圆形或倒卵状楔形，与中裂片的小裂片近等大；叶基部通常渐狭为长

柄或短柄。……………………………………………………………………………………………（15）

15 花瓣线形或狭倒卵状披针形，中部宽 2 ～ 2.5 mm，基部无爪。…………………西南虾脊兰 *C. herbacea*

15 花瓣匙形或倒卵状披针形，中部宽 3 ～ 4.5 mm，基部具爪。……………………………………………（16）

16 叶狭窄，宽 1.5 ～ 2 cm；花瓣线形，宽约 2 mm；唇瓣中裂片近长圆形，先端骤尖，唇盘上具 3 条褶片。……………………………………………………………………………………戟形虾脊兰 *C. nipponica*

16 叶宽大，宽 4 ～ 11.5 cm，花瓣通常宽 2 mm 以上。……………………………………………………（17）

17 唇瓣基部具短爪；侧裂片基部不合生于蕊柱翅的外侧边缘；蕊柱翅不下延到唇瓣基部；唇瓣侧裂片卵状三角形，前端边缘疏生齿，两侧裂片先端之间的宽度大于中裂片的宽度；中裂片倒卵状楔形，边缘具流苏；唇盘无附属物；花瓣线形，宽约 2 mm。…………………………………………墨脱虾脊兰 *C. metoensis*

17 唇瓣基部无爪；侧裂片基部不同程度地合生于蕊柱翅的外侧边缘；蕊柱翅延伸到唇瓣基部；唇瓣 3 裂；侧裂片与中裂片交成锐角伸展或向中裂片内弯；唇瓣侧裂片的基部仅部分与蕊柱翅的外侧边缘合生；唇盘上具 2 ～ 7 条脊突；唇瓣中裂片先端渐尖、稍钝或微凹并具短尖；唇瓣中裂片近长圆形，向先端扩大为圆形或扁圆形，边缘全缘；唇盘上通常具 3 条脊突，其中央 1 条常呈褶片状。……车前虾脊兰 *C. plantaginea*

密花虾脊兰

Calanthe densiflora

产于西藏墨脱；区外见于台湾、广东、海南、广西、四川、云南。生于海拔 1000 ～ 2600 m 的混交林下和山谷溪边。不丹、越南、印度东北部也有分布。

根状茎匍匐，长而粗壮，被覆鳞片状鞘。假茎细长，具 3 枚鞘和 3 枚折扇状叶。叶披针形或狭椭圆形，先端急尖，基部收窄为柄。花葶 1 ～ 2 个，从假茎的基部侧面发出，直立；总状花序呈球状，由许多放射状排列的花所组成；花苞片早落，狭披针形；萼片相似，长圆形，具 3 ～ 5 条脉；花瓣近匙形，与萼片等长，但稍狭，先端锐尖，具 3 条脉；唇瓣基部合生于蕊柱基部上方的蕊柱翅上，中上部 3 裂；蕊柱细长多少弧曲，基部扩大。花期 8 ～ 9 月，果期 10 月。

三棱虾脊兰

Calanthe tricarinata

产于西藏陈塘、波密、排龙、米林；区外见于陕西、甘肃、云南等地。生于海拔 1600 ～ 3500 m 的山坡草地上或混交林下。也分布于尼泊尔、不丹、日本、克什米尔地区、印度东北部。笔者在考察中发现，采集于西藏定结陈塘的标本更接近模式标本，其与通麦标本不同之处在于本种唇瓣边缘白色，波浪状明显，花不开展；而后者唇瓣边缘红棕色，波浪状不明显，花完全开展。两者相关性有待进一步研究。

根状茎不明显。假鳞茎圆球状，粗约 2 cm，具 3 枚鞘和 3 ～ 4 枚叶。假茎粗壮；鞘大型，先端钝，最下 1 枚最小，向上逐渐变长。叶薄纸质，椭圆形或倒卵状披针形，先端锐尖或渐尖，基部收狭为鞘状柄，边缘波状，具 4 ～ 5 条两面隆起的主脉，背面密被短毛。花葶从假茎顶端的叶间发出，直立，粗壮，高出叶层外，被短毛，花序之下具 1 至多枚膜质、卵状披针形的苞片状叶；总状花序疏生少数至多数花；花苞片宿存，膜质，卵状披针形，无毛，先端渐尖；花梗和子房密披短毛，子房棒状；花张开，质地薄，萼片和花瓣浅黄色；萼片相似，长圆状披针形，先端渐尖或有时稍钝，基部收狭，具 5 ～ 8 条脉，背面基部疏生毛；花瓣倒卵状披针形，先端锐尖或稍钝，基部收狭为爪，具 3 条脉，无毛；唇瓣红褐色，基部合生于整个蕊柱翅上，3 裂；侧裂片小，耳状或近半圆形；中裂片肾形，先端微凹并具短尖，边缘强烈波状；唇盘上具 3 ～ 5 条鸡冠状褶片，无距；蕊柱粗短，腹面疏生毛；药帽在前端收狭呈喙状；花粉团狭倒卵状球形，具明显的柄；黏盘小，椭圆形。花期 5 ～ 6 月。

镰萼虾脊兰

Calanthe puberula

产于西藏察隅、波密、林芝；区外见于云南。生于海拔 1250 ～ 2450 m 的常绿阔叶林下。越南、印度东北部也有分布。

假鳞茎长圆柱形。叶在花期全部展开，椭圆形或椭圆状长圆形，先端急尖或渐尖，具 5 条主脉，两面无毛或在背面脉上疏生毛。花葶 1 ～ 2 个，从茎上端抽出，略纤细，直立，通常高出叶层外，花序之下具 1 ～ 2 枚紧贴花序柄的筒状鞘和数枚披针形的苞片状叶；总状花序疏生少数至 10 余朵花；花苞片宿存，草质，披针形，短于或有时等长于花梗和子房，先端长渐尖，背面被短毛；花梗和子房密布短毛，子房稍扩大；花粉红色，张开；中萼片卵状披针形，先端急尖并呈尾状，具 5 条脉，背面被毛；侧萼片斜卵状披针形，与中萼片等大，先端急尖并呈尾状，具 5 条脉，背面被短毛；花瓣线形，短于或等长于萼片，先端渐尖，具 1 ～ 3 条脉，无毛；唇瓣基部与蕊柱中部以下的蕊柱翅合生，比萼片稍短，3 裂；侧裂片长圆状镰刀形，与中裂片近等宽，全缘，先端钝；中裂片菱状椭圆形至倒卵状楔形，先端锐尖；蕊柱长无毛。花期 7 ～ 8 月。

反瓣虾脊兰

Calanthe reflexa

产于西藏通麦[7]，区外见于安徽、浙江、江西、湖北、湖南、广东北部、广西北部、四川、贵州和云南东部。生于海拔 600 ～ 2500 m 的常绿阔叶林下、山谷溪边或生有苔藓的湿石上。日本和朝鲜半岛南部也有分布。模式标本产于日本。

假鳞茎粗短，粗约 1 cm，或有时不明显。假茎长 2 ～ 3 cm，具 1 ～ 2 枚鞘和 4 ～ 5 枚叶。叶椭圆形，通常长 15 ～ 20 cm，宽 3 ～ 6.5 cm，先端锐尖，基部收狭为长 2 ～ 4 cm 的柄，两面无毛，花时全体展开。花葶 1 ～ 2 个，直立，远高出叶层之外，被短毛；总状花序长 5 ～ 20 cm，疏生许多花；花苞片狭披针形，长 1.8 ～ 2.4 cm，先端渐尖，无毛；花梗纤细，连同棒状的子房长约 2 cm，无毛；花粉红色，开放后萼片和花瓣反折并与子房平行；中萼片卵状披针形，长 15 ～ 20 mm，宽约 5 mm，先端呈尾状急尖，具 5 条脉，背面被毛；侧萼片斜卵状披针形，与中萼片等大，先端尾状急尖，具 5 条脉，背面被毛；花瓣线形，短于或约等长于萼片，宽 1 ～ 3 mm，先端渐尖，具 1 ～ 3 条脉，无毛；唇瓣基部与蕊柱中部以下的翅合生，3 裂，无距；侧裂片长圆状镰刀形，两侧裂片先端之间相距约 8 mm，与中裂片近等宽，全缘，先端钝；中裂片近椭圆形或倒卵状楔形，先端锐尖，前端边缘具不整齐的齿。花期 5 ～ 6 月。

流苏虾脊兰

Calanthe alpina

产于西藏察隅、吉隆、聂拉木；区外见于陕西、云南等地。生于海拔 1500 ～ 3500 m 的山地林下和草坡上。也分布于印度锡金邦、日本。

植株高达 50 cm。假鳞茎短小，狭圆锥状，粗约 7 mm，去年生的假鳞茎密被残留纤维。假茎不明显或有时长达 7 cm，具 3 枚鞘。叶 3 枚，在花期全部展开，椭圆形或倒卵状椭圆形，先端圆钝并具短尖或锐尖，基部收狭为鞘状短柄，两面无毛。花葶从叶间抽出，通常 1 个，偶尔 2 个，直立，高出叶层之外，被稀疏的短毛；总状花序疏生 3 至 10 余朵花；花苞片宿存，狭披针形，比花梗和子房短，长约 1.5 cm，先端渐尖，无毛；花梗和子房长约 2 cm，子房稍粗并多少弧曲，疏被短毛；花被全体无毛；萼片和花瓣白色带绿色先端或浅紫堇色，先端急尖或渐尖而呈芒状，无毛；中萼片近椭圆形，具 5 条脉；侧萼片卵状披针形，等长于中萼片，但较宽，具 5 条脉；花瓣狭长圆形至卵状披针形，具 3 条脉；唇瓣浅白色，后部黄色，前部具紫红色条纹，与蕊柱中部以下的蕊柱翅合生，半圆状扇形，不裂，长约 8 mm，基部宽截形，宽约 1.5 cm，前端边缘具流苏，先端微凹并具细尖；距浅黄色或浅紫堇色果期 11 月。

四川虾脊兰

Calanthe whiteana

产于西藏通麦（西藏新记录）；区外见于四川。生于海拔 1000 ～ 1800 m 的山间林下或路旁。印度锡金邦和缅甸北部也有分布。

植株无明显的根状茎。假鳞茎圆锥形，粗约 1 cm，为多枚叶鞘所包。假茎长约 7 cm 或有时不明显，粗约 15 mm。叶在花期尚未展开，直立，剑形或狭长圆状倒披针形，长达 32 cm，宽 2.5 ～ 4.5 cm，先端急尖，基部渐狭为柄，两面无毛，具 4 ～ 5 条主脉。花葶从假茎顶端的叶间发出，直立，粗壮，长达 70 cm，被短毛，在花序之下具 1 ～ 2 枚筒状鞘，下面的 1 枚较长，长达 8 cm；总状花序长 9 ～ 20 cm，具 10 ～ 20 余朵花；花苞片宿存，反折，狭披针形，长 1 ～ 3 cm，宽 2 ～ 3.5 mm，先端渐尖，无毛；花梗和子房长约 1 cm，被短毛，子房稍扩大；花肉质；萼片和花瓣淡黄色，开放后反折，干后变黑色；中萼片卵状披针形，长 9 ～ 10 mm，中部以下宽 3.5 ～ 4 mm，先端钝，背面稍被微毛，无明显的脉；侧萼片斜卵形，与中萼片近等长，中部宽约 5 mm，先端钝，背面稍被微毛，无明显的脉；花瓣狭椭圆形或卵状披针形，长 8 ～ 9 mm，中部宽 2.5 ～ 3 mm，先端钝，基部收窄为短爪，具 3 条脉，仅中脉明显，无毛；唇瓣黄白色，肾形，不裂，长 5 mm，宽 13 mm，先端凹并在凹处具短尖，基部无爪，与蕊柱翅合生，边缘全缘或多少具钝齿；唇盘具 3 条鸡冠状褶片，中央 1 条常延伸到唇瓣先端，上面无毛，背面被短毛；距圆筒形，长 8 ～ 10 mm，粗约 1.3 mm；花粉团不等大，其中 4 个近卵球形，长约 1.4 mm，其余近棒状，较长；黏盘近圆形。花期 5 ～ 6 月。

细花虾脊兰

Calanthe mannii

产于西藏波密、定结；区外分布于长江以南诸省区。通常生于海拔 2000 ～ 2400 m 的山坡林下。也分布于尼泊尔、不丹、印度西北部和东北部。

根状茎不明显。假鳞茎粗短，圆锥形，粗约 1 cm，具 2 ～ 3 枚鞘和 3 ～ 5 枚叶。假茎通常长 5 ～ 7 cm。叶在花期尚未展开，折扇状，倒披针形或有时长圆形，长 18 ～ 35 cm，宽 3 ～ 4.5 cm，先端急尖，基部近无柄或渐狭为长 5 ～ 10 cm 的柄，背面被短毛。花葶从假茎上端的叶间抽出，直立，高出叶层外，长达 51 cm，密被短毛；总状花序长 4 ～ 10 cm，疏生或密生 10 余朵小花；花苞片宿存，披针形，长 2 ～ 4 mm，宽不及 1 mm，先端渐尖，膜质，无毛；花梗和子房长 5 ～ 7 mm，密被短毛；花小；萼片和花瓣暗褐色；中萼片卵状披针形或有时长圆形，凹陷，长 7 ～ 9 mm，中部宽 2.5 ～ 4.5 mm，先端急尖或近锐尖，具 3 ～ 5 条脉，背面密被短毛；侧萼片多少斜卵状披针形或有时长圆形，与中萼片近等长，先端急尖或近锐尖，具 3 条脉，背面密被短毛；花瓣倒卵状披针形或有时长圆形，比萼片小，长 6 ～ 7 mm，中部以上宽 1.2 ～ 2 mm，先端锐尖，具 1 ～ 3 条脉，无毛；唇瓣金黄色，比花瓣短，基部合生在整个蕊柱翅上，3 裂；侧裂片卵圆形或斜卵圆形，长 1.5 ～ 2 mm，宽 1 ～ 1.5 mm，先端圆钝；中裂片横长圆形或近肾形，长 1.5 ～ 2 mm，宽 2.5 ～ 3 mm，先端微凹并具短尖，边缘稍波状，无毛；唇盘上具 3 条褶片或龙骨状脊，其末端在中裂片上呈三角形高高隆起；距短钝，伸直，长 1 ～ 3 mm，粗约 1 mm，外面被毛；蕊柱白色，长约 3 mm，上端扩大，腹面被毛；蕊喙小，2 裂；裂片近三角形，先端锐尖；药帽在前端不收狭，先端近截形；花粉团狭卵球形，近等大，长 0.8 mm；黏盘小，近圆形。花期 5 月。

弧距虾脊兰

Calanthe arcuata

产于西藏通麦、墨脱、察隅；区外见于陕西、甘肃、云南等地。生于海拔 1400 ～ 2500 m 的山地林下或山谷覆有薄土层的岩石上。

根状茎不明显。假鳞茎短，圆锥形，粗约 1 cm，为鞘和叶柄以及许多纤维所包，具 2 ～ 3 枚鞘和 3 ～ 4 枚叶。假茎长 2 ～ 3 cm 或有时不明显。叶狭椭圆状披针形或狭披针形，长达 28 cm，基部收狭成鞘状柄，边缘常波状，两面无毛。花葶出自叶丛中间，1 ～ 2 个，直立；总状花序长约 10 cm，疏生约 10 朵花；花苞片宿存，狭披针形，无毛；花梗和子房长约 2 cm，呈弧形弯曲，密被短毛；萼片和花瓣的背面黄绿色，内面红褐色，无毛；中萼片狭披针形，先端渐尖，具 5 条脉；侧萼片斜披针形，与中萼片等大，先端渐尖，具 5 条脉；花瓣线形，与萼片近等长，先端渐尖，具 3 条脉；唇瓣白色带紫色先端，后来转变为黄色，3 裂；唇盘上具 3 ～ 5 条龙骨状脊；距圆筒形，细小，末端钝，无毛或被疏毛；蕊柱粗短，长 4 ～ 5 mm，上端扩大，无毛或有时被疏毛；花粉团稍扁的狭卵球形，等大，长 1.2 mm。蒴果近椭圆形，长 2 cm，粗约 8 mm。花期 5 ～ 9 月。

通麦虾脊兰

Calanthe griffithii

产于西藏波密、通麦。生于海拔约 2000 m 的常绿阔叶林下。不丹、缅甸也有分布。

假鳞茎粗短，近圆锥形，粗约 2 cm，具 2 ～ 4 枚鞘和 3 ～ 4 枚叶。假茎长达 16 cm。叶在花期全部展开，长圆形或长圆状披针形，先端锐尖，基部收狭成楔形，两面无毛。花葶从叶丛中抽出，直立，高出叶层外，长达 75 cm，密生短柔毛；总状花序长约 19 cm，疏生多数花；花苞片卵状披针形，长 4 ～ 5 mm，先端渐尖，背面疏被柔毛；花梗和子房长 2.5 cm，密被短毛；花张开；萼片和花瓣浅绿色；中萼片长圆形，长约 2 cm，宽 1 cm，先端锐尖，具 5 ～ 6 条脉，背面被短柔毛；侧萼片与中萼片相似，但稍狭，先端短渐尖，具 5 条脉，背面被短柔毛；花瓣近倒披针形，先端锐尖，具 3 条脉，无毛；唇瓣比萼片短，基部无爪，几乎与整个蕊柱翅合生，3 裂；侧裂片长圆形，先端近斜截形；中裂片褐色，近心形或扇状椭圆形，先端凹缺并具细尖，基部具爪，边缘波状；唇盘中央具 1 枚近三角形的褶片，两面无毛；距圆筒形，劲直，末端钝，外面疏被短柔毛；蕊柱褐色，长 8 mm，近无毛；药帽近半球形，前端收狭；花粉团倒卵球形，长约 1.5 mm，几无花粉团柄，花期 5 月。

肾唇虾脊兰

Calanthe brevicornu

产于西藏察隅、波密、墨脱；区外见于湖北、广西、四川、云南。生于海拔 1600 ～ 2700 m 的山地密林下。尼泊尔、不丹、印度东北部也有分布。模式标本采自尼泊尔。

假鳞茎粗短，圆锥形，具 3 ～ 4 枚鞘和 3 ～ 4 枚叶。假茎粗壮。叶在花期全部未展开，椭圆形或倒卵状披针形，先端锐尖或短急尖，边缘多少波状，具 4 ～ 5 条主脉，两面无毛。花葶从假茎上端的叶间发出，远高出叶层外，密被短毛，中部以下具 1 枚膜质鞘；鞘鳞片状，卵状披针形，无毛；总状花序疏生多数花；花苞片宿存，膜质，披针形，先端渐尖，近无毛；萼片和花瓣黄绿色；中萼片长圆形，先端锐尖，具 5 条脉，背面被短毛；侧萼片斜长圆形或披针形，与中萼片近等大，先端急尖或锐尖，具 5 条脉，背面被短毛；花瓣长圆状披针形，先端锐尖，基部具爪，具 3 条脉，无毛；唇瓣基部具短爪，与蕊柱中部以下的蕊柱翅合生，约等长于花瓣，3 裂；侧裂片镰刀状长圆形；中裂片近肾形或圆形；唇盘粉红色，具 3 条黄色的高褶片；距很短，外面被毛；蕊柱上端稍扩大，正面被长毛。花期 5 ～ 6 月。

剑叶虾脊兰

Calanthe davidii

产于西藏察隅；区外见于陕西、甘肃，台湾、湖北、湖南、四川、贵州、云南。生于海拔 500 ～ 3300 m 的山谷、溪边或林下。模式标本采自四川宜兴。

植株紧密聚生，无明显的假鳞茎和根状茎。假茎具数枚鞘和 3 ～ 4 枚叶。叶在花期全部展开，剑形或带状，先端急尖，基部收窄，具 3 条主脉，两面无毛。花葶出自叶腋，直立，粗壮，密被细花；花序之下疏生数枚紧贴花序柄的筒状鞘；鞘膜质，无毛；总状花序密生许多小花；花苞片宿存，草质，反折，狭披针形，近等长于花梗和子房，先端渐尖，背面被短毛；花黄绿色、白色或有时带紫色；萼片和花瓣反折；萼片相似，近椭圆形，先端锐尖或稍钝，具 5 条脉，背面近无毛或密被短毛；花瓣狭长圆状倒披针形，先端钝或锐尖，具 3 条脉，基部收窄为爪，无毛；唇瓣的轮廓为宽三角形，基部无爪，与整个蕊柱翅合生，3 裂；蕊柱粗短，上端扩大，近无毛或被疏毛。花期 6 ～ 7 月，果期 9 ～ 10 月。

长距虾脊兰

Calanthe sylvatica

产于西藏墨脱；区外见于台湾、湖南、广东、香港、广西、云南。生于海拔 800～2000 m 的山坡林下或山谷河边等阴湿处。也分布于尼泊尔、不丹、印度、日本、泰国、马来西亚、印度尼西亚，斯里兰卡至南部非洲大陆和马达加斯加。

植株无明显的根状茎。假鳞茎狭圆锥形，具 3～6 枚叶，无明显的假茎。叶在花期全部展开，椭圆形至倒卵形，先端急尖或渐尖，基部收狭为柄，边缘全缘，背面密被短柔毛。花葶从叶丛中抽出，直立，中部以下具 2 枚紧抱花序柄的筒状鞘；总状花序疏生数朵花，其下具数枚苞片状叶；花苞片宿存，披针形，先端急尖，密被短柔毛；花淡紫色，唇瓣常变成橘黄色；中萼片椭圆形，先端锐尖，具 5～7 条脉，背面疏被短柔毛；侧萼片长圆形，先端急尖并呈短尾状，具 5～7 条脉，背面疏被短柔毛；花瓣倒卵形或宽长圆形，先端稍钝或近锐尖，具 5 条脉，其两边外侧的主脉分枝；唇瓣基部与整个蕊柱翅合生，3 裂；蕊柱长 5 mm，上端扩大，近无毛；药帽在前端稍收狭，先端截形；药床宽大；花粉团狭倒卵球形，等大；黏盘小，近长圆形。花期 4～9 月。

泽泻虾脊兰

Calanthe alismatifolia

产于西藏墨脱；区外见于云南。生于海拔 700 ～ 2100 m 的林下。印度、尼泊尔也有分布。

假鳞茎很短，完全被叶鞘所包，具 5 ～ 8 枚叶。叶在花期全部展开，椭圆形，长 15 ～ 20 cm，宽 6 ～ 8 cm，先端锐尖或渐尖，基部渐狭为长 3 ～ 9 cm 的柄，边缘波状，无毛或有时在背面脉上被毛。花葶出自叶丛中央，长 35 ～ 45 cm，粗 3 ～ 4 mm，被毛；总状花序短，密生 10 ～ 20 朵花；花苞片披针形，长 1.2 ～ 1.8 cm，先端渐尖，无毛；花梗和子房长 2 ～ 2.5 cm；花白色，无毛；萼片相似，椭圆形，长 1 ～ 1.5 cm，宽 7 ～ 8 mm，先端锐尖并呈短尾状。花瓣倒卵形或倒卵状披针形，长 1 ～ 1.3 cm，宽 4 ～ 6 mm，先端锐尖；唇瓣基部与整个蕊柱翅合生，3 裂；侧裂片长椭圆形，长 4 ～ 7 mm，宽 4 ～ 5 mm，先端钝，两侧裂片基部之间具瘤状的黄色附属物；中裂片阔圆形，长 8 ～ 10 mm，宽 7 ～ 9 mm，先端 2 裂；距长 2 ～ 3 mm，粗 1 ～ 1.5 mm；蕊柱长约 2 mm。花期 10 月。

西南虾脊兰

Calanthe herbacea

产于西藏墨脱；区外见于台湾、云南。生于海拔 1500 ～ 2100 m 的山地沟谷边或密林下阴湿处。印度锡金邦、越南也有分布。

假鳞茎很短，近长卵球形或圆柱形，长 1 ～ 2.5 cm，粗 5 ～ 15 mm，具 2 枚鞘和 3 ～ 4 枚叶。假茎常不明显。叶在花期全部展开，椭圆形或椭圆状披针形，长 15 ～ 30 cm，宽达 9 cm，先端急尖或渐尖，基部收狭为柄，边缘波状，具 3 ～ 4 条脉，背面被短毛；叶柄细长，长 10 ～ 20 cm，粗 4 ～ 8 mm。花葶从叶丛中抽出，直立，长达 70 cm，被短毛，在花序之下具 2 枚紧贴的鞘；总状花序长 8 ～ 15 cm，疏生 10 朵花；花苞片宿存，草质，斜升，披针形，长约 1 cm，基部宽 4 ～ 5 mm，先端渐尖，背面被短毛；花梗和子房长约 3 cm，被短毛；萼片和花瓣黄绿色，反折；中萼片倒卵状披针形，长 15 mm，中部宽 7 mm，先端钝并具短尖，具 5 条脉（其中中间 3 条较明显），背面被短毛；侧萼片斜椭圆形，与中萼片等长，但稍较狭，先端锐尖，基部具爪，具 5 条脉（仅中间 3 条脉明显），背面被短毛；花瓣近匙形，长 12 mm，中部宽 2 ～ 2.5 mm，先端钝，基部无爪，无毛；唇瓣与整个蕊柱翅合生，3 深裂，基部具成簇的黄色瘤状附属物；侧裂片卵形或长圆形，长约 6 mm，先端近斜截形；中裂片深 2 裂；小裂片与侧裂片近等大，叉开，裂口中央具 1 个短尖头；距黄绿色，纤细，稍向前弯曲，长 2 ～ 3 cm，末端钝，外面被短毛；蕊柱白色，长约 7 mm，上端扩大，近无毛；蕊喙 2 裂；裂片近长圆形；药帽白色，在前端收狭，先端截形；花粉团棒状，近等大，长 2 mm；黏盘近方形，长约 1 mm。花期 6 ～ 8 月。

墨脱虾脊兰

Calanthe metoensis

产于西藏墨脱；区外见于云南。生于海拔 2200 ～ 2250 m 的山坡林下。模式标本采自西藏墨脱。

根状茎不明显。假鳞茎粗短，圆锥形，为叶鞘所包，具 3 枚叶。叶在花期全部展开，长椭圆形，先端急尖，基部收狭为鞘状柄，边缘多少波状，具 5 条主脉，两面无毛。花葶 1 ～ 2 个，出自叶丛中间，直立，通常高出叶层外，密被短毛；总状花序疏生 2 ～ 10 朵花；花苞片宿存，草质，披针形，先端渐尖，无毛；子房棒状，被短毛；花粉红色；中萼片椭圆形，先端具细尖，具 5 条脉（仅中间 3 条脉较明显），疏被短毛；侧萼片斜卵形，与中萼片近等长，先端具细尖，具 5 条脉（中间 3 条脉较明显），疏被短毛；花瓣线形，先端急尖，具 3 条脉，仅中脉较明显，无毛；唇瓣基部与整个蕊柱翅合生，3 裂；侧裂卵状三角形，先端近锐尖，前端边缘有时疏生齿；中裂片倒卵状楔形，先端近圆形并具短尖，边缘具流苏，无毛；唇盘上具 3 条纵脊；距圆筒形，向末端变狭，末端钝，外面疏被毛；花期 4 ～ 8 月。

车前虾脊兰

Calanthe plantaginea

产于西藏聂拉木、墨脱；区外见于云南。生于海拔 1800 ～ 2200 m 的山地常绿阔叶林下。克什米尔地区，印度、尼泊尔、不丹也有分布。

根状茎不明显。假鳞茎短圆锥形。叶在花期尚未全部展开，椭圆形，先端锐尖，具 4 ～ 5 条脉，两面无毛。花葶出自假茎上端，高出叶层之外，被短毛；总状花序具多数花；花苞片宿存，披针形；花淡紫色或白色，下垂、具香气；中萼片卵状披针形，先端渐尖，具 5 条脉，背面疏被短毛，先端渐尖；侧萼片比中萼片稍小，卵状披针形，先端渐尖；花瓣长圆形，先端锐尖，具 3 条脉，无毛；唇瓣的整体轮廓近扇形，基部与整个蕊柱翅合生，3 裂；蕊柱上端扩大，近无毛；蕊柱翅延伸到唇瓣基部，与唇盘上的脊突相连接；蕊喙 2 裂；裂片三角形，先端稍钝；药帽在前端不收狭，近圆形；花粉团多少扁卵球形。

绒毛虾脊兰（新拟）

Calanthe velutina

产于西藏墨脱（中国新记录）。生于海拔 800 ～ 1200 m 林下。越南、印度东北部也有分布[11]。

地生草本。植株 45 ～ 55 cm。假鳞茎卵球形圆锥形，有鞘，自基部生根。叶在花期不发达，椭圆形，长 38 ～ 50 cm，宽 14 ～ 17 cm，基部叶柄很长的柄，先端渐尖。花葶生于叶腋，有一个单生的鞘；总状花序具 10 ～ 14 朵花。花苞片披针形，短于子房；萼片卵状披针形，长 1.5 ～ 1.8 cm，宽 0.7 ～ 1 cm，先端渐尖；侧萼片稍偏斜和镰刀形。花瓣菱形倒披针形，短于萼片，先端渐尖。唇瓣与萼片等长，3 浅裂；侧裂片长圆状倒卵形的，先端钝；中裂片近圆形，先端微缺并且具短尖。具圆筒状，内部密被绒毛，先端钝。

筒瓣兰属
Anthogonium

地生草本，地下具假鳞茎。假鳞茎扁球形，被少数鳞片状鞘，顶生少数叶。叶狭长，具折扇状脉，基部具柄，常较长而包卷呈假茎状，无关节。花葶侧生于假鳞茎顶端，直立，纤细，常不分枝；总状花序疏生数朵花；花不倒置，具细长的花梗，外倾或下垂；萼片下半部联合而形成窄筒状，垂直于子房，上部分离，稍反卷；唇瓣位于花的上方，基部具长爪，贴生于蕊柱基部，上半部扩大并且3裂；蕊柱细长，顶端扩大并且骤然向前弯，具翅，无蕊柱足；花粉团4个，蜡质，扁卵圆形，近等大，每2个成一对，无花粉团柄和黏盘。

本属全球仅1种，分布于热带喜马拉雅区域经我国到缅甸、越南、老挝和泰国。西藏记录有1种，现收录1种。

筒瓣兰
Anthogonium gracile

产于西藏陈塘、墨脱、波密；区外见于广西、贵州、云南。生于海拔1180～2300 m的山坡草丛中或灌丛下。缅甸、泰国、老挝、越南，热带喜马拉雅区域均有分布。

植株高达55 cm。假鳞茎单生或聚生，具2～3个节，顶生2～5枚叶。叶纸质，狭椭圆形或狭披针形，先端渐尖，基部收狭为短柄。花葶纤细，直立，常高出叶层之外，不分枝或偶然在上部分枝，无毛，被数枚筒状鞘；总状花序疏生数朵花；花苞片小，卵状披针形，先端急尖；花下倾，纯紫红色或白色而带紫红色的唇瓣；萼片下半部合生成狭筒状，上半部分离；中萼片长圆状披针形，凹陷，先端稍钝；侧萼片镰刀状匙形；花瓣狭长圆状匙形；唇瓣长1.6 cm，基部具爪，前端3裂；侧裂片卵状三角形，先端钝；中裂片近卵形，与侧裂片近等大，先端钝。花期8～10月。

金唇兰属

Chrysoglossum

地生草本，具匍匐根状茎和圆柱状假鳞茎。叶1枚，较大，具长柄和折扇状脉。花葶从根状茎上发出，直立，较长；总状花序疏生多数花；花小至中等大；萼片相似；侧萼片基部彼此不连接，仅贴生于蕊柱足而形成短的萼囊；花瓣近似于侧萼片而较狭；唇瓣以1个活动关节连接于蕊柱足末端，无明显的爪，基部两侧具耳，中部3裂；侧裂片直立；中裂片凹陷；唇盘上面具褶片；蕊柱细长，稍向前弯，基部具粗短的蕊柱足，内侧具1个肥厚而深裂的胼胝体垂直于蕊柱基部，两侧具翅；翅在蕊柱中部或上部具2个向前伸展的臂；蕊喙短而宽，先端截形，不裂；花药半球形，2室；药帽前端具短尖；花粉团2个，蜡质，圆锥形，附着于松散的黏质物上。

本属全球约4种，分布于热带亚洲和太平洋岛屿。FOC记录我国有2种。西藏记录2种，现收录1种；锚钩金唇兰未见，因此未收录。

本属检索表

1　叶片宽4.5～7.5 cm；唇具1褶，无毛；距短而宽。……………………………………金唇兰 *C.ornatum*

1　叶片宽5～12.5 cm；唇具2浅褶；距细长。………………………………锚钩金唇兰 *C. assamicum*

金唇兰

Chrysoglossum ornatum

产于西藏察隅；区外见于台湾、云南。生于海拔700～1700 m的山坡林下阴湿处。模式标本采自印度尼西亚（爪哇）。

假鳞茎在根状茎上彼此相距1～2 cm，近圆柱形，长约5 cm，具1个节，被鞘。叶纸质，长椭圆形，长20～34 cm，宽4.5～7.5 cm，先端短渐尖，基部楔形并下延为长达10 cm的柄，具5条脉，两面无毛。花葶长达50 cm，无毛，被4～5枚鞘；总状花序疏生约10朵花；花苞片披针形，比花梗和子房短，长1～1.3 cm，先端渐尖；花绿色带红棕色斑点；中萼片长圆形，长1.2～1.4 cm，宽3 mm，先端稍钝，具5条脉；侧萼片镰刀状长圆形，长1.1～1.3 cm，宽3.5 mm，先端稍钝，具5条脉；唇瓣白色带紫色斑点，长8～10 mm，基部两侧具小耳并伸入萼囊内，3裂；唇盘上具3条褶片，中央1条较短；蕊柱白色，长6～8 mm，基部扩大；花期4～6月。

笋兰属

Thunia

地生或附生草本，通常较高大，地下具粗短根状茎。茎常数个簇生，二年生，圆柱形，有节，不分枝，近直立，具多数叶。叶通常较薄而大，薄纸质或近草质，花后凋落，基部具关节和抱茎的鞘。总状花序顶生，常多少外弯或下垂，具数朵花；花苞片较大，宿存，舟状；花大，艳丽，质薄，常多少俯垂；萼片与花瓣离生，花瓣一般略狭小；唇瓣较大，贴生于蕊柱基部，几不裂，两侧上卷并围抱蕊柱，基部具囊状短距；唇盘上常有 5 ～ 7 条纵褶片；蕊柱细长，顶端两侧具狭翅，无蕊柱足；花药俯倾；花粉团 8 或 4 个，前者每 4 个为一群，其中 2 个较大，后者每 2 个为一群，等大，蜡质，无明显的花粉团柄，但向下方渐狭，共同附着于黏性物质上；蕊喙近 3 裂；柱头凹陷。

本属全球约6种，分布于印度、尼泊尔、缅甸、越南、泰国、马来西亚、印度尼西亚和我国西南部。我国有1种。

笋兰

Thunia alba

产于西藏东部；区外见于四川西南部、云南西南部至南部。生于海拔 1200 ～ 2300 m 的林下岩石上或树杈凹处，也见于多石地上。模式标本采自印度。

地生或附生草本，高 30 ～ 55 cm，地下具粗短根状茎及大量纤维根。茎直立，较粗壮，圆柱形，通常具 10 余枚互生叶，基部有数枚抱茎鞘，初时全部包藏于叶鞘内，秋季叶脱落后仅留筒状鞘，貌似多节竹笋。叶薄纸质，狭椭圆形或狭椭圆状披针形，长 10 ～ 20 cm，宽 2.5 ～ 5 cm，先端长渐尖或渐尖，基部具筒状鞘并抱茎，有关节，花后叶片凋落仅留下筒状鞘。总状花序长 4 ～ 10 cm，具 2 ～ 7 朵花；花苞片大，宽椭圆形至狭椭圆形；花梗和子房长 2.5 ～ 3 cm；花大，白色；花瓣与萼片近等长，稍狭；唇瓣宽卵状长圆形或宽长圆形；基部的距圆筒状，长约 1 cm，宽 3 ～ 3.5 mm，先端钝；花期 6 月。

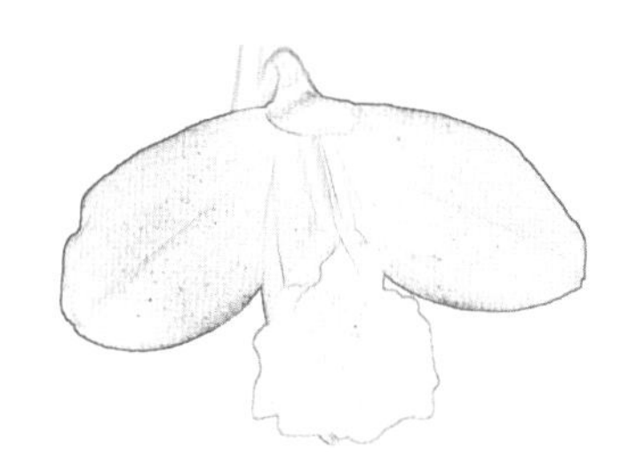

竹叶兰属
Arundina

地生草本，地下具粗壮的根状茎。茎直立，常数个簇生，不分枝，较坚挺，具多枚互生叶。叶二列，禾叶状，基部具关节和抱茎的鞘。花序顶生，具少数花；花苞片小，宿存；花大；萼片相似，侧萼片常靠合；花瓣明显宽于萼片；唇瓣贴生于蕊柱基部，3裂，基部无距；蕊柱中等长，上端有狭翅；花药俯倾；花粉团8个。

本属全球约1种，分布于热带亚洲，自东南亚至南亚和喜马拉雅地区，向北到达我国南部和日本琉球群岛，向东南到达塔希提岛。中国分布1种；西藏记录有1种，现收录1种。

竹叶兰
Arundina graminifolia

产于西藏墨脱；我国长江以南皆有分布。生于海拔400～2800 m的草坡、溪谷旁、灌丛下或林中。尼泊尔、不丹、印度也有分布。

植株高40～80 cm，有时可达1 m以上；地下根状茎常在连接茎基部处呈卵球形膨大，貌似假鳞茎，具较多的纤维根。茎直立，常数个丛生或成片生长，圆柱形，细竹秆状，通常为叶鞘所包，具多枚叶。叶线状披针形，先端渐尖，基部具圆筒状的鞘；鞘抱茎。花序具2～10朵花，但每次仅开1朵花；花苞片宽卵状三角形，基部围抱花序轴；花粉红色或略带紫色或白色；萼片狭椭圆形或狭椭圆状披针形；花瓣椭圆形或卵状椭圆形；唇瓣轮廓近长圆状卵形，3裂；蕊柱稍向前弯，长2～2.5 cm。花果期主要为9～11月，但1～4月也有。

贝母兰属
Coelogyne

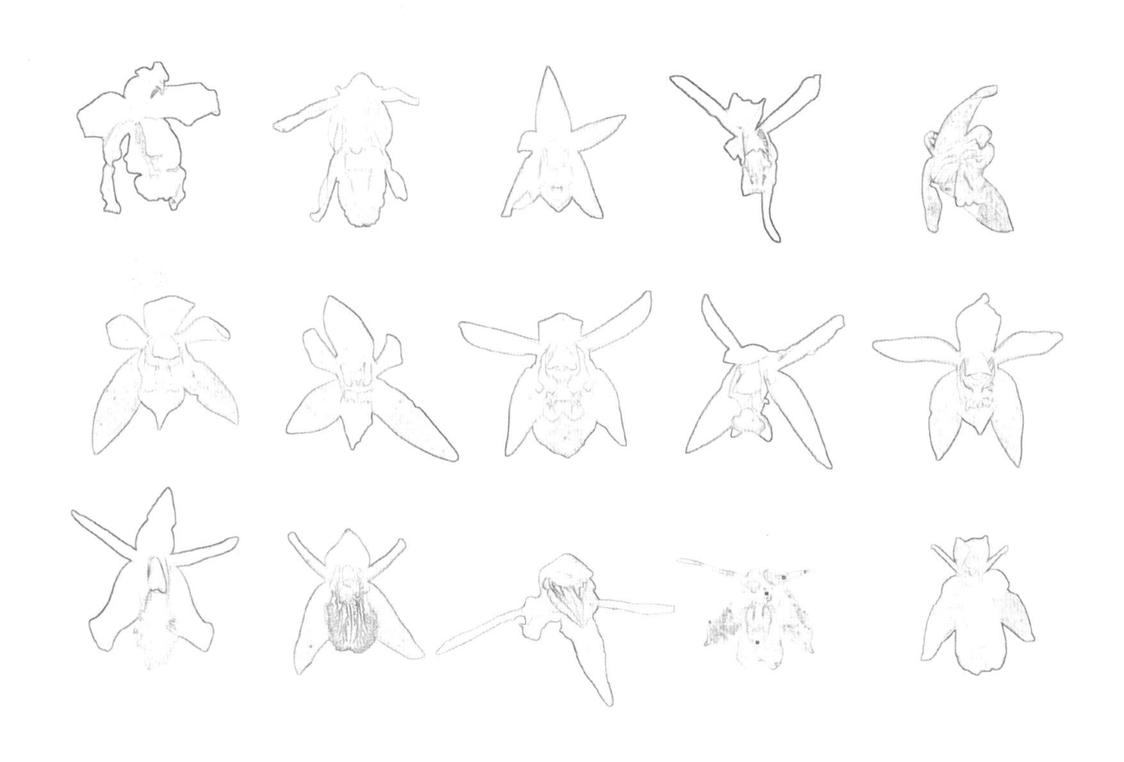

附生草本。根状茎常延长，匍匐或多少悬垂，通常具较密生的节，节上被鳞片状鞘。假鳞茎常较粗厚，以一定距离着生于根状茎上，基部常被箨状鞘，顶端生 1～2 枚叶。叶通常长圆形至椭圆状披针形，一般质地较厚，基部具柄。花葶生于假鳞茎顶端，常与幼叶同时出现于幼嫩假鳞茎顶端，初时发自近老假鳞茎基部的根状茎上，有时在花葶基部或上部近花序轴处具多枚二列套叠的、宿存的革质颖片；总状花序直立或俯垂，通常具数朵花，较少超过 20 朵或减退为单花的；花苞片常较大，近舟状，对折，脱落；花较大或中等大，常白色或绿黄色，唇瓣多有斑纹；萼片相似，有时背面有龙骨状凸起；花瓣常为线形，较少与萼片近等宽；唇瓣常以狭窄的基部着生于蕊柱基部，3 裂或罕有不裂；侧裂片直立并多少围抱蕊柱；唇盘上有 2～5 条纵褶片或脊，后者常分裂或具附属物；蕊柱较长，上端两侧常具翅，翅可围绕蕊柱顶端，无蕊柱足；花药内倾；花粉团 4 个，成 2 对，蜡质，附着于 1 个黏质物上；柱头凹陷；蕊喙较大。蒴果中等大，常有棱或狭翅。

本属全球约 200 种，分布于亚洲热带和亚热带南缘至大洋洲。我国有 31 种，含 6 个特有种；主要产于西南、少数也见于华南。西藏有 18 种，现收录 16 种；三褶贝母兰、云南贝母兰未见，仅收录于检索表中。

本属检索表

1　花序具覆瓦状的苞片。……（2）

1　花序无苞片或仅有极少数苞片；花序上数朵或更多的花在同一时间开放。……（10）

2　覆瓦状的不育苞片主要在花序梗的基部；花瓣丝状到线形，比萼片窄得多；唇 3 浅裂，唇中部裂片圆形。……流苏贝母兰 *C. fimbriata*

2　覆瓦状的不育苞片在花序轴和花梗的连接处。……（3）

3　花序轴不断延伸，每年产生新的苞片与花。……（4）

3　花序轴逐年延伸。……（7）

4　假鳞茎圆筒状或狭卵球形。……（5）

4　假鳞茎卵球形或椭圆形。……（6）

5　唇瓣中部裂片长圆形至倒心形，3～4 mm，胼胝质有 3 片，中间片短，外侧片平行，从唇基部延伸至 2/3 到中部裂片。……三褶贝母兰 *C.raizadae*

5　唇瓣中部裂片宽长圆形或近椭圆形，约 6 mm，胼胝体有 2 片，从唇基部延伸到近中裂片的中部，从唇的基部延伸到近中部裂片的中部。……长柄贝母兰 *C.longipes*

6　唇中部裂片近椭圆形，上有 2 褶，终止于裂片 2/3 处。……黄绿贝母兰 *C. prolifera*

6　唇中部裂片宽长圆形，基部有不明显的褶；叶中部隆起。……疣鞘贝母兰 *C. schultesii*

7　唇瓣具 5 条褶。……格力贝母兰 *C. griffithii*

7　唇瓣具 2～3 条褶。……（8）

8　中萼片长度小于 1.5 cm；假鳞茎小于 4 cm；花白色，有时偏黄。……白花贝母兰 *C. leucantha*

8　中萼片长度大于 1.5 cm。……（9）

9　唇瓣具锯齿状褶，中部裂片近圆形的或心形，边缘啮蚀状；2 条褶终于中裂片基部。…双褶贝母兰 *C. stricta*

9　唇瓣具流苏状的褶；中萼片长约 4 cm；唇中部裂片三角形具流苏状边缘，3 条褶终于至中裂片顶端。……髯毛贝母兰 *C barbata*

10　唇瓣中裂片近圆形；胼胝体上有 4～5 条流苏状的的褶。……贝母兰 *C. cristata*

10　褶不为流苏状的，为锯齿、细圆齿等其他形状。……（11）

11　中萼片覆盖于花柱上，大于侧萼片与花瓣；侧生萼片和花瓣不远离圆柱。……（12）

11　中萼片直立，远离花柱；侧面的萼片和花瓣远离圆柱。……（13）

12　唇瓣中裂片圆形；胼胝体上有 3 条褶，中间的一条较短。……云南贝母兰 *C.assamica*

12　唇瓣与侧裂片前端圆形；中裂片宽卵形到心形；胼胝体上有 3 条波浪形褶。…褐唇贝母兰 *C. fuscescens*

13　中萼片与侧萼片等宽，花瓣窄；唇瓣无明显爪；唇瓣边缘趋向于肉质；唇瓣中裂片最初平行侧然后扩张，胼胝体具 3 圆齿褶，终止于中裂片 1/3 处。……禾叶贝母兰 *C. viscosa*

13　背面萼片，侧面萼片，和花瓣等宽；萼片，花瓣和唇趋向于肉质。……（14）

14　花葶从已长成的假鳞茎顶端发出。……狭瓣贝母兰 *C. punctulata*

14　花葶连同幼嫩的假鳞茎和幼叶从靠近老假鳞茎基部的根状茎上发出，开花时花葶基部连同假鳞茎均包藏于鞘之内。……（15）

15　假鳞茎较疏离，相距 2～5 cm，近狭倒卵状长圆形，最粗部分在其上部近顶端处。…卵叶贝母兰 *C. occultata*

15　假鳞茎较密集，相距不到 1 cm，近狭卵状长圆形，最粗部分在其下部。……（16）

16　花较大，萼片长 1.8～3.5 cm，宽 7～8 mm。……眼斑贝母兰 *C. corymbosa*

16　花较小，萼片长约 1.5 cm，宽 4～5 mm。……密茎贝母兰 *C. nitida*

流苏贝母兰

Coelogyne fimbriata

产于西藏墨脱、察隅；区外见于江西、广东、海南、广西、云南。生于海拔 500 ～ 1200 m 的溪旁岩石上或林中、林缘树干上。越南、老挝、柬埔寨、泰国、马来西亚、印度东北部也有分布。

根状茎较细长，匍匐。假鳞茎在根状茎上相距 2 ～ 8 cm，狭卵形至近圆柱形，干后无光泽，顶端生 2 枚叶，基部具 2 ～ 3 枚鞘；鞘卵形，老时脱落。叶长圆形或长圆状披针形，纸质，先端急尖。花葶从已长成的假鳞茎顶端发出，基部套叠有数枚圆筒形的鞘；鞘紧密围抱花葶；总状花序通常具 1 ～ 2 朵花，但同一时间只有 1 朵开放；花序轴顶端为数枚白色苞片所覆盖；花苞片早落；花淡黄色或近白色，仅唇瓣上有红色斑纹；萼片长圆状披针形；花瓣丝状或狭线形；唇瓣卵形，3 裂；侧裂片近卵形，直立，顶端多少具流苏；中裂片近椭圆形，先端钝，边缘具流苏；唇盘上通常具 2 条纵褶片，从基部延伸至中裂片上部近顶端处，有时在中裂片外侧还有 2 条短的褶片，唇盘基部还有 1 条短褶片；蒴果倒卵形。花期 8 ～ 10 月，果期次年 4 ～ 8 月。

黄绿贝母兰

Coelogyne prolifera

产于西藏东南部；区外见于云南。生于海拔 1200 ～ 2000 m 林中树上或岩石上。尼泊尔、缅甸、老挝、泰国、印度东北部也有分布。模式标本采自印度东北部。

根状茎稍坚硬，具较短节间，密被革质鳞片状鞘。假鳞茎彼此相距 2.5 ～ 4 cm，狭卵状长圆形，长 2.2 ～ 3.7 cm，粗 1 ～ 1.2 cm，干后略有光泽，顶端生 2 枚叶，基部具数枚鞘。叶长圆状披针形或近长圆形；叶柄长 2 ～ 2.5 cm。花葶从已长成的假鳞茎顶端两叶中央发出，均具多枚二列套叠的革质颖片；总状花序通常具 4 ～ 6 朵花；花苞片在花开放后脱落；花梗和子房长 8 ～ 10 mm；花绿色或黄绿色，较小；中萼片长圆形，先端钝，具 3 脉；侧萼片卵状长圆形，大小与中萼片相近；花瓣线形，向基部略变狭，具 1 脉；唇瓣近卵形，长 6 ～ 7 mm，宽约 5 mm，3 裂，基部凹陷成浅囊状；侧裂片卵形，直立；中裂片近椭圆形，长约 4 mm，宽约 3 mm，先端微凹，边缘皱波状，有时有 2 条不明显的纵脊；唇盘上无褶片或脊；花期 6 月。

疣鞘贝母兰
Coelogyne schultesii

产于西藏墨脱（西藏新记录）；区外见于云南。生于海拔约 1700 m 林中树上。尼泊尔、不丹、印度、缅甸、泰国也有分布。

根状茎直径 5 ～ 7 mm，密被革质的鳞片状鞘，幼嫩假鳞茎鞘的背面常有小疣状凸起。假鳞茎卵形至狭卵形，干后具细皱纹，基部有鞘，顶端生 2 枚叶。叶狭椭圆形或狭长圆形，革质，向两端收狭，先端渐尖。花葶发自已长成的假鳞茎顶端两叶之间，在花序基部下方、花序轴顶端以及有时在花序轴中部（由于连年发出新花序）均具多枚二列套叠的革质颖片；总状花序通常具 3 ～ 6 朵花；花序轴略左右曲折；花苞片早落；花暗绿黄色，唇瓣褐色；萼片狭卵状长圆形，先端急尖；花瓣线形或线状披针形，从基部向先端渐狭；唇瓣近卵状长圆形，近中部 3 裂；侧裂片半卵形；中裂片近宽长圆形，先端波状并微凹，上面有 2 条纵褶片；纵褶片长 2 ～ 2.5 mm；蕊柱向前弯，长约 1.1 cm，上部有半圆形的翅；翅长 4 ～ 5 mm，宽约 1.5 mm。花期 7 月。

格力贝母兰

Coelogyne griffithii

产于西藏墨脱；区外见于云南。生长于海拔 1100 ～ 2200 m 的林中树干上。印度东北部也有分布。

根状茎粗壮，坚硬，4.5 ～ 13 cm。假鳞茎稍扁，线形长圆形，具竖状条纹，顶生 2 叶，在基部有数个鞘。叶片椭圆状披针形，革质，渐尖；叶柄 5 cm 花序下垂；花序绿色，细长，无毛；总状花序 6 ～ 18 朵花，连续开放；在花梗和轴之间的交界处具不育裂片。花浅褐色，直径 2.5 cm。萼片宽长圆形，无毛，3 脉，渐尖。花瓣非常细长，无毛，1 脉，先端钝。唇瓣 3 裂，侧裂片具宽齿状；中裂片在基部狭，弯曲；蕊柱长 5 mm，具窄翅，具锯齿。花期 4 ～ 8 月。

白花贝母兰
Coelogyne leucantha

产于西藏东南部；区外见于四川和云南。生于海拔 1500 ～ 2600 m 的林中树干上或河谷旁岩石上。缅甸北部也有分布。模式标本采自缅甸与中国云南西部交界处。

根状茎坚硬，具较短节间，密被有光泽的鳞片状鞘。假鳞茎较密集，卵状长圆形，长顶端生 2 枚叶，基部具数枚鞘；鞘卵形至披针形，有光泽。叶倒披针形至长圆状披针形，先端近渐尖，基部楔形；花葶从已长成的假鳞茎顶端两叶中央发出，在花序基部下方具数枚至 10 余枚二列套叠的革质颖片；总状花序具 3 ～ 11 朵花；花序轴下部常稍增粗；花苞片早落；花白色，仅唇瓣上略有黄斑；萼片近长圆形；先端渐尖，具 5 脉；花瓣丝状，与萼片近等长；唇瓣近卵状长圆形，3 裂；侧裂片直立，钝；中裂片近椭圆形，边缘有不规则齿裂；唇盘上有 3 条纵褶片从基部延伸至中裂片上，其中左右两条到达中裂片中部，中央 1 条较短，只到中裂片基部；褶片在前部较宽，均具皱波状圆齿；蕊柱近直立，两侧边缘具翅；翅在下部极狭，上部渐宽。蒴果倒卵状长圆形，具 3 棱。花期 5 ～ 7 月，果期 9 ～ 12 月。

双褶贝母兰

Coelogyne stricta

产于西藏墨脱；区外见于云南。生长于海拔 1700 ～ 1900 m 的林中树干上。尼泊尔、不丹、印度东北部、缅甸、老挝、越南也有分布。

假鳞茎疏离，彼此相距约 5 cm，长圆形或狭卵形，长 7 ～ 13 cm，粗 2.5 ～ 5 cm，顶端生 2 枚叶。叶椭圆状长圆形，长 18 ～ 35 cm，宽 4 ～ 7 cm；叶柄长 3 ～ 7.5 cm。花葶从已长成的假鳞茎顶端两叶中央发出，稍短于叶，在花序基部下方有数枚二列套叠的革质颖片；总状花序长 10 ～ 15 cm，具数朵至 10 朵花；花苞片早落；花白色，唇瓣上有黄斑，褶片前部带红色；萼片长圆形，长约 2.5 cm；侧萼片背面有龙骨状凸起；花瓣线形；唇瓣近卵状长圆形，长约 2.2 cm，3 裂；中裂片边缘略有不规则波状钝齿；唇盘上有 2 条纵褶片，从基部延伸至中裂片中部；褶片皱波状并具细圆齿。

髯毛贝母兰

Coelogyne barbata

产于西藏墨脱；区外见于四川、云南。生于海拔 1200 ～ 2800 m 的林中树上或岩壁上。尼泊尔、不丹、印度东北部也有分布。

根状茎粗壮，坚硬，粗 1 ～ 1.3 cm，具较短的节间，密被鳞片状鞘。假鳞茎疏离，通常狭卵状长圆形，长 7 ～ 11.5 cm，宽 1 ～ 2.5 cm，顶端生 2 枚叶，基部具数枚鞘；鞘卵状披针形，长 6 ～ 9 cm，老时常撕裂成纤维状。叶倒披针状长圆形或近长圆形，长 22 ～ 28 cm，宽 4 ～ 6 cm，先端渐尖或近短尾状；叶柄长 6 ～ 14 cm。花葶从已接近长成的假鳞茎顶端两叶中央发出，长 20 ～ 26 cm，在花序基部下方有多枚二列套叠的革质颖片；颖片套叠成的筒长 4 ～ 5 cm，粗 7 ～ 8 mm；总状花序具 9 ～ 12 朵花；花序轴稍左右曲折；花苞片菱状宽卵形，稍对折而呈舟状，长 2.5 ～ 3 cm，宽约 2 cm，在花完全开放后脱落；花白色，唇瓣有棕色斑点；萼片狭卵状长圆形或近长圆形，长 3.3 ～ 3.6 cm，宽 8 ～ 10 mm；侧萼片常略狭于中萼片；花瓣线状披针形，与萼片近等长，宽约 2.5 mm；唇瓣近卵圆形，长 2.5 ～ 3 cm，宽 2.4 ～ 2.8 cm，3 裂；侧裂片近半圆形，先端常伸至中裂片中部，直立；中裂片卵形至近长圆形，长约 1 cm，宽 7 ～ 8 mm，边缘具长流苏；唇盘上有 3 条撕裂成流苏状毛的纵褶片，其中左右 2 条延伸至中裂片上部近顶端处，中央 1 条仅达中裂片中部，流苏状毛长达 2 mm；蕊柱向前弧曲，长 1.9 ～ 2.2 cm，两侧边缘具翅；翅自下向上渐宽，上部一侧宽 2.5 ～ 3 mm，顶端有不规则细齿。蒴果倒卵形，略具 3 棱，长约 4 cm，宽约 1.5 cm。花期 9 ～ 10 月，果期不详。

贝母兰

Coelogyne cristata

产于西藏聂拉木。生于海拔 1700 ～ 1800 m 的林缘大岩石上。尼泊尔、印度也有分布。模式标本采自尼泊尔。

根状茎较坚硬，多分枝，粗 4 ～ 6 mm，密被有光泽的、革质的、鳞片状鞘。假鳞茎在根状茎上相距 1.5 ～ 3 cm，长圆形或卵形，长 1 ～ 6 cm，粗 0.5 ～ 1.7 cm，干后皱缩而有深槽，顶端生 2 枚叶，基部具数枚鞘；鞘革质，卵形或卵状披针形，长 2 ～ 6 cm。叶线状披针形，坚纸质，长 5 ～ 17 cm，宽 4 ～ 19 mm，先端长渐尖，基部渐狭，具不明显的短柄。花葶连同幼嫩假鳞茎和叶从靠近老假鳞茎基部的根状茎上发出，长 8 ～ 12 cm，下半部为鞘所包；总状花序长 5 ～ 7 cm，具 2 ～ 4 朵花；花苞片卵状披针形，纸质，多少舟状，长 2.5 ～ 3.5 cm，在花期不落；花梗和子房长 2 ～ 2.5 cm；花白色，较大；萼片披针形或长圆状披针形，长 3 ～ 4 cm，宽 1 ～ 1.5 cm，先端急尖，背面多少具龙骨状凸起；花瓣与萼片相似，宽约 9 ～ 11 mm；唇瓣卵形，与花瓣近等长，凹陷，3 裂；侧裂片半卵形，近全缘，直立；中裂片宽倒卵圆形或近扁圆形，长 1.2 ～ 1.5 cm，先端钝或微凹，边缘近全缘，上面有 2 条短而宽的纵褶片；唇盘上有 5 条褶片完全撕裂成流苏状毛。蕊柱稍向前倾，长 2 ～ 3 cm，两侧边缘具翅；翅自下向上渐宽，上部一侧宽约 1.5 mm，顶端微凹或近截形。花期 5 月。

褐唇贝母兰

Coelogyne fuscescens

产于西藏墨脱（西藏新记录）。生于海拔 700 ～ 1600 m 的林中树干上。印度东北部也有分布。

根状茎稍粗壮，粗 5 ～ 6 mm，密被褐色鞘。假鳞茎在根状茎上较密集，相距 6 ～ 7 mm，近长圆形，向两端稍变狭，长 2 ～ 3 cm，粗 5 ～ 7 mm，干后无光泽，顶端生 2 枚叶，基部具鞘；鞘褐色，长 1.5 ～ 2 cm。叶长圆状倒披针形，革质，长 11.5 ～ 13.5 cm，宽 1.3 ～ 2 cm，先端钝或急尖，基部收狭为柄；叶柄长 1 ～ 2 cm。花葶连同幼嫩的假鳞茎和叶从靠近老假鳞茎基部的根状茎上发出，长 12 ～ 18 cm，初时大部分为鞘所包，仅伸出花序；总状花序长 4 ～ 8 cm，通常具 4 朵花；花苞片长圆状披针形，膜质，多少呈舟状，长 2 ～ 2.5 cm，常围抱花梗与子房；花梗与子房与花苞片近等长；花淡粉色，直径达 4 cm；萼片近长圆形，长 2.5 ～ 2.8 cm，宽 7 ～ 9 mm，先端渐尖或近短尾状，具 5 脉；花瓣线形，长 2.2 ～ 2.4 cm，宽 2.5 ～ 3 mm；唇瓣褐色，卵形，长 2.5 ～ 2.8 cm，3 裂，基部凹陷；侧裂片半卵形，近全缘；中裂卵形，长 1 ～ 1.3 cm，宽 6 ～ 7 mm；唇盘上有 3 条纵脊，延伸至中裂片基部，中央 1 条多少呈褶片状或不规则褶片状；蕊柱向前弯曲，长约 2 cm，两侧具狭翅。花期 6 月。

禾叶贝母兰

Coelogyne viscosa

产于西藏墨脱（西藏新记录）；区外见于云南。生于海拔 1500 ～ 2000 m 的林下岩石上。越南、老挝、缅甸、泰国、马来西亚、印度东北部也有分布。

根状茎粗壮，粗 6 ～ 8 mm，密被革质、有光泽的鞘。假鳞茎在根状茎上相距 1 ～ 1.5 cm，卵形或圆柱状卵形，长 5 ～ 6 cm，粗 1 ～ 3.5 cm，干后常为亮黄色，有光泽，顶端生 2 枚叶，基部具数枚鞘；鞘干后如竹箨，长 4 ～ 7 cm，背面有紫褐色斑块。叶线形，禾叶状，革质，长 30 ～ 40 cm，宽 8 ～ 12 mm，先端钝，基部略收狭，无明显的叶柄。花葶连同幼嫩的假鳞茎和叶从靠近老假鳞茎基部的根状茎上发出，较短，扁圆柱状，下部约有 2/3 为鞘所包；总状花序具 2 ～ 4 朵花；花苞片早落；花梗和子房长约 1.5 cm；花白色，仅唇瓣带褐色与黄色斑；中萼片长圆形，长约 2.3 cm，宽约 7 mm，先端钝；侧萼片稍狭，宽约 5 mm，背面稍龙骨状；花瓣与侧萼片相似；唇瓣卵形，长约 2 cm，宽约 1.5 cm，3 裂；侧裂片近半卵形，直立，先端钝；中裂片近卵形，长 7 ～ 8 mm，宽约 5 mm，先端渐尖；唇盘上有 3 条纵褶片，从基部延伸至中裂片的下部，中央的 1 条略短；褶片上均有皱波状缺刻；蕊柱稍向前弓曲，长约 1.2 cm，两侧有翅；翅向上渐宽，在上部一侧宽约 1.5 mm。蒴果近倒披针状长圆形或狭倒卵状长圆形，长 3.2 ～ 3.8 cm，宽 7 ～ 11 mm；果柄长 9 ～ 12 mm。花期 1 月，果期 9 ～ 11 月。

狭瓣贝母兰

Coelogyne punctulata

产于西藏墨脱；区外见于云南。生于海拔 1600 ～ 2600 m 的林中树上或岩石上。尼泊尔、缅甸、印度东北部也有分布。

根状茎粗壮，坚硬，被褐色鳞片状鞘。假鳞茎较密集，彼此相距不超过 1 cm，长圆形或狭卵状长圆形，干后亮黄色，顶端生 2 枚叶，基部具数枚鞘；鞘纸质，卵状长圆形，长 2 ～ 5 cm。叶披针形或狭长圆状披针形，先端渐尖，上面常有较密的浮凸横脉；叶柄长 2 ～ 4 cm。花葶从已长成的假鳞茎顶端两叶中央发出，稍外弯；总状花序具 2 ～ 4 朵花；花苞片近长圆状披针形，在花期常已脱落；花白色，但唇瓣上有深色眼斑；萼片披针形或长圆状披针形，先端急尖；花瓣线形，与萼片近等长，宽约 1.5 mm；唇瓣卵形，3 裂；侧裂片近半圆形，直立，先端浑圆；中裂片卵状披针形；唇盘上有 2 条纵褶片从基部延伸至中裂片基部上方，中央还有 1 条短而肥厚的褶片；蕊柱稍向前倾，长约 1.2 cm，两侧边缘有翅；翅自下向上渐宽，上部一侧宽 1.5 ～ 2 mm，顶端近截形或钝。蒴果倒卵状长圆形。花期 11 月，果期次年 4 月。

卵叶贝母兰

Coelogyne occultata

产于西藏察隅、墨脱、波密、林芝、定结；区外见于云南。生于海拔 1900～2400 m 的林中树干上或沟谷旁岩石上。不丹、缅甸也有分布。

根状茎较粗壮，粗约 4～5 mm，密被褐色鳞片状鞘。假鳞茎在根状茎上相距 2～5 cm，常多少斜卧，与根状茎交成锐角或几近平行，近长圆状倒卵形或近菱形，长 1.5～5 cm，上部粗 8～15 mm，干后暗褐色并具深槽，略有光泽，顶端生 2 枚叶，基部具 1～2 枚卵形鞘。叶卵形或卵状椭圆形，革质，长 1.5～6 cm，宽 1～2.5 cm，先端急尖或钝，基部宽楔形或近圆形；叶柄粗壮，长 4～9 mm。花葶连同幼嫩的假鳞茎和叶从靠近老假鳞茎基部的根状茎上发出，通常较短，长 3～6 cm，在花期大部分均包藏于鞘之内，仅花与花梗外露；总状花序通常具 2～3 朵花，较少减退为单花；花苞片线状披针形，长 2～3 cm，早落，花梗和子房长约 1.5 cm；花白色，但唇瓣上具紫色脉纹和棕黄色眼斑；萼片披针形或长圆状披针形，长 3～3.3 cm，宽 6～10 mm，侧萼片较中萼片略短而狭；花瓣近线状倒披针形或狭椭圆状倒披针形，长 3～3.3 cm，宽 3.5～4 mm；唇瓣卵形，长 2～2.5 cm，下部摊平后宽 1.4～1.6 cm，3 裂；侧裂片近半圆形，直立；中裂片卵形，长约 1 cm，宽 6～7 mm，先端渐尖，边缘近全缘；唇盘上有 2～3 条脊，从基部延伸至中裂片下部，脊上有不规则细圆齿；蕊柱稍向前倾，长 1.5～1.8 cm，两侧边缘具翅；翅自下向上渐宽，上部一侧宽达 2 mm。蒴果近长圆形，长约 2 cm，粗 7～8 mm，多少具 3 棱。花期 6～7 月，果期 11 月。

眼斑贝母兰

Coelogyne corymbosa

产于西藏聂拉木、亚东、定结、墨脱；区外见于云南。生于海拔 1300 ～ 3100 m 的林缘树干上或湿润岩壁上。尼泊尔、不丹、印度和缅甸也有分布。

根状茎较坚硬，粗 3 ～ 4 mm，密被褐色鳞片状鞘。假鳞茎较密集，彼此相距不到 1 cm，长圆状卵形或近菱状长圆形，长 1 ～ 4.5 cm，粗 6 ～ 13 mm，干后亮黄色或棕黄色并强烈皱缩，顶端生 2 枚叶，基部具数枚鞘；鞘纸质，卵形，有光泽，长 1.5 ～ 2.5 cm。叶长圆状倒披针形至倒卵状长圆形，近革质，长 4.5 ～ 15 cm，宽 1 ～ 3 cm，先端通常渐尖，上面可见浮凸的横脉；叶柄长 1 ～ 2 cm。花葶连同幼嫩假鳞茎和叶从靠近老假鳞茎基部的根状茎上发出，长 7 ～ 15 cm（在果期不断延长），中部以下为鞘所包；总状花序具 2 ～ 4 朵花；花苞片早落；花白色或稍带黄绿色，但唇瓣上有 4 个黄色、围以橙红色的眼斑；萼片长圆状披针形，长 1.8 ～ 3.5 cm，宽 7 ～ 8 mm，先端急尖或钝；侧萼片略狭于中萼片；花瓣与萼片等长，但宽度仅 2.5 ～ 4 mm；唇瓣近卵形，长 1.6 ～ 2.8 cm，宽 1.2 ～ 2.5 cm，3 裂；侧裂片半圆形或近半卵形，直立；中裂片卵形或卵状披针形，长 6 ～ 9 mm；唇盘上有 2 ～ 3 条脊，从基部延伸至中裂片下部；蕊柱稍向前弯曲，长 1 ～ 2 cm，两侧边缘具翅；翅自下向上渐宽，上部一侧宽约 1.7 mm，顶端钝。蒴果近倒卵形，略带三棱，长 2.2 ～ 5 cm，粗 9 ～ 13 mm。花期 5 ～ 7 月，果期次年 7 ～ 11 月。

长柄贝母兰

Coelogyne longipes

产于西藏陈塘、墨脱；区外见于云南。生于海拔 1600 ～ 2300 m 的林中树上。尼泊尔、不丹、印度、缅甸、老挝、泰国也有分布。

根状茎粗壮，粗 5 ～ 7 mm，具较短节间，密被近革质的鳞片状鞘。假鳞茎彼此相距 3 ～ 4 cm，近圆柱形，向两端略变狭，长 3 ～ 7.5 cm，宽 8 ～ 15 mm，干后有光泽，顶端生 2 枚叶，基部具数枚鞘；鞘亮黄色，有光泽。叶长圆状倒披针形或近长圆状披针形，长 10 ～ 23 cm，宽 1 ～ 3 cm，先端渐尖，基部楔形；叶柄长 2.5 ～ 6 cm。花葶从已长成的假鳞茎顶端两叶中央发出，通常长于叶，在花序基部下方、花序轴顶端以及有时花序轴中部（由于连年发出新花序）均具二列套叠的革质颖片；总状花序通常具 5 ～ 7 朵花；花序轴下部有时稍粗厚；花苞片长约 1.8 cm，在花开放后脱落；花梗和子房长 7 ～ 10 mm；花白色至浅黄色；萼片卵状长圆形，长约 1 cm，宽 5 ～ 6 mm，先端短渐尖，具 5 脉；花瓣狭线形或丝状，向先端渐狭，长约 1 cm，宽约 0.3 mm；唇瓣近宽卵形，长约 1 cm，宽 8 ～ 9 mm，3 裂；侧裂片近卵形，边缘全缘；中裂片宽长圆形或近椭圆形，长约 6 mm，宽约 5 mm，先端截形或微凹，边缘多少皱波状，中部有 2 条狭的纵褶片，向唇盘延伸并逐渐变窄并消失于唇盘下部；蕊柱稍向前倾，长 5 ～ 6 mm，两侧除基部一段外有宽翅；翅延伸并围绕蕊柱顶端，整个宽度达 4 mm。蒴果狭倒卵状长圆形，长约 2 cm，粗约 6 mm。花期 6 月，果期次年 3 月。

细茎贝母兰（新拟）

Coelogyne mishmensis

产于西藏墨脱（中国新记录）。生长于海拔 1500 m 的林中树干上[12]。

根状茎匍匐，木质且细长，被鞘覆盖。根簇生，纤维状；假鳞茎绿色，在根状茎上间隔 4.5 ～ 12 cm，卵球形到圆筒形，长 4.5 ～ 8 cm，直径 1.2 ～ 1.5 cm，有光泽，在基部具鞘，在先端有 2 片叶子；鞘卵形，1.2 ～ 6 cm；叶长圆形披针形，长 10 ～ 16.5 cm，宽 3.6 ～ 4.3 cm，基部楔形，先端锐尖，叶柄长 1 cm；花序梗 3 ～ 3.5 cm，基部覆盖有数个管状鞘，通常先后开一朵花。花苞片淡黄绿色，卵状披针形，长 3 ～ 3.5 cm，宽 1 ～ 1.2 cm，超过花梗和子房，花梗和子房长 1 ～ 1.2 cm；萼片和花瓣浅黄色或浅黄绿色，唇瓣淡黄色，带有深紫棕色条纹；中萼片长圆形披针形，弯曲，长 2.6 ～ 3 cm，宽 0.7 ～ 0.8 cm，反折，侧萼片线性长圆形披针形，弯曲；花瓣线性丝状，在中部稍狭窄，锐尖，长 2.4 ～ 2.6 cm，宽 0.1 ～ 0.15 cm；唇瓣 2.4 ～ 2.5 cm，3 裂，弯曲。侧裂片，直立，卵形，锐尖或钝，前缘具鳞片，中裂片圆形，长 1.5 ～ 1.7 cm，宽 1.4 ～ 1.6 cm，在先端渐宽，边缘具密缘纤毛；蕊柱稍弓形，1.3 ～ 1.4 cm，顶端具不规则的齿；花粉 4 个。花期 8 ～ 11 月。

密茎贝母兰

Coelogyne nitida

产于西藏墨脱（西藏新记录）；区外见于云南。生于石灰岩山地林中树上。越南、老挝、泰国、缅甸、印度、尼泊尔、不丹也有分布。

根状茎粗壮，坚硬，被鳞片状鞘，密生假鳞茎。假鳞茎长圆状椭圆形，干后淡黄棕色并强烈皱缩，具深槽，有光泽，顶端生 2 枚叶，基部有鞘。叶狭椭圆形，革质，先端渐尖，基部渐狭成柄；叶柄长约 2 cm。花葶连同幼嫩假鳞茎和叶从靠近老假鳞茎基部的根状茎上发出，下部为革质鞘所包；总状花序具 2 ～ 3 朵花；花苞片早落；花梗和子房长约 1.6 cm；花白色或稍带淡黄色，唇瓣上有彩色眼斑；萼片长圆形，先端渐尖；花瓣近宽线形或狭长圆形；唇瓣卵形，3 裂；唇盘上的 3 条纵脊不甚明显；蕊柱稍向前倾，两侧边缘有翅；翅自下向上渐宽。花期 3 月。

独蒜兰属

Pleione

附生、半附生或地生小草本。假鳞茎一年生，常较密集，卵形、圆锥形、梨形至陀螺形，向顶端逐渐收狭成长颈或短颈，或骤然收狭成短颈，叶脱落后顶端通常有皿状或浅杯状的环。叶 1 ～ 2 枚，生于假鳞茎顶端，通常纸质，多少具折扇状脉，有短柄，一般在冬季凋落，少有宿存。花葶从老鳞茎基部发出，直立，与叶同时或不同时出现；花序具 1 ～ 2 花；花苞片常有色彩，较大，宿存；花大，一般较艳丽；萼片离生，相似；花瓣一般与萼片等长，常略狭于萼片；唇瓣明显大于萼片，不裂或不明显 3 裂，基部常多少收狭，有时贴生于蕊柱基部而呈囊状，上部边缘啮蚀状或撕裂状，上面具 2 至数条纵褶片或沿脉具流苏状毛；蕊柱细长，稍向前弯曲，两侧具狭翅；翅在顶端扩大；花粉团 4 个，蜡质，每 2 个成一对，每对常有一个花粉团较大，倒卵形或其他形状。蒴果纺锤状，具 3 条纵棱，成熟时沿纵棱开裂。

本属全球全属约 26 种，主要产于我国秦岭山脉以南，西至喜马拉雅地区，南至缅甸、老挝和泰国的亚热带地区和热带凉爽地区。具 FOC 记载，我国有 23 种，其中 12 种为特有种；主要产于西南，华中和华东，也见于广东和广西北部和台湾山地。西藏记录有 8 种，本书收录 5 种；云南独蒜兰、二叶独蒜兰仅收录于检索表中，藏南独蒜兰未收录。

本属检索表

1 秋季开花；假鳞茎陀螺状，顶端常骤然收缩成短喙，一般具 2 枚叶。…………………………………………（2）

1 春季开花；假鳞茎卵球形、圆锥形至瓶状，顶端逐渐收缩成长或短的颈，一般具 1 枚叶。………………（4）

2 假鳞茎表面紫褐色和绿色相间成斑，外面的鞘上具疣状凸起；叶在花期已接近枯萎，但仍不凋落。……疣鞘独蒜兰 *P. praecox*

2 假鳞茎表面绿色或紫色，无斑纹，外面的鞘上无疣状凸起；花叶同期或花期无叶。……………………（3）

3 假鳞茎具 2 枚叶；萼片与花瓣白色；唇瓣上有 5 ～ 7 条褶片，褶片分裂成乳突状齿。…秋花独蒜兰 *P. maculata*

3 假鳞茎具 1 枚叶；萼片与花瓣粉红色；唇瓣上有 3 条褶片，褶片全缘。…………岩生独蒜兰 *P. saxicola*

4 假鳞茎具 2 枚叶；花叶同期。……………………………………………………………二叶独蒜兰 *P. scopulorum*

4 假鳞茎具 1 枚叶；花叶同期或花期仅有幼叶或无叶。……………………………………………………（5）

5 唇盘上有唇瓣上有 7 行毛；唇瓣边缘呈不规则的啮蚀状；花小，萼片长 1.5 ～ 3.2 cm；蕊柱长 1.5 ～ 2.2 cm。…………………………………………………………………………毛唇独蒜兰 *P. hookeriana*

5 唇瓣上有 3 ～ 7 条褶片；褶片啮蚀状、具乳突状齿或多少撕裂，但不具长毛或流苏。…………………（6）

6 花苞片明显短于花梗和子房；唇瓣上的褶片全缘。…………………………………云南独蒜兰 *P. yunnanensis*

6 花苞片长于或等长于花梗和子房；唇瓣上的褶片（尤其近顶端处）不间断，稍呈撕裂状。………独蒜兰 *P. bulbocodioides*

疣鞘独蒜兰

Pleione praecox

产于西藏墨脱；区外见于云南。生于海拔 1200 ～ 2500 m 的林中树干上或苔藓覆盖的岩石或岩壁上。尼泊尔、不丹、印度、缅甸和泰国也有分布。

附生草本。假鳞茎通常陀螺状，顶端骤然收狭成明显的喙，长 1.5 ～ 4 cm，直径 1 ～ 2.3 cm，绿色与紫褐色相间成斑，外面的鞘具疣状凸起，顶端具 2 枚叶或极罕为 1 叶。叶在花期已接近枯萎但不脱落，基部渐狭成柄；叶柄长 2 ～ 6.5 cm。花葶从具叶的老假鳞茎基部发出，直立，顶端具 1 花或罕有 2 花；花苞片长圆状倒披针形，长 2.5 ～ 3 cm，宽 1.5 ～ 2 cm，长于花梗和子房，先端急尖；花大，淡紫红色，稀白色，唇瓣上的褶片黄色；中萼片近长圆状披针形，先端急尖；侧萼片与中萼片相似，稍斜歪，基部稍宽于中萼片，先端急尖；花瓣线状披针形，先端急尖；唇瓣倒卵状椭圆形或椭圆形，略 3 裂；侧裂片不明显；中裂片先端微缺，边缘具啮蚀状齿；唇盘至中裂片基部具 3 ～ 5 条褶片；褶片分裂成流苏状或乳突状齿，齿高达 1 ～ 1.5 mm；蕊柱长 3.5 ～ 4.5 cm，多少弧曲，顶端有不规则齿缺。花期 9 ～ 10 月。

秋花独蒜兰

Pleione maculata

产于西藏墨脱（西藏新记录）；区外见于云南。生于海拔 600 ～ 1600 m 的阔叶林中树干上或苔藓覆盖的岩石上。尼泊尔、不丹、印度、缅甸和泰国也有分布。

附生草本。假鳞茎陀螺状，顶端骤然收狭成明显的喙，长 1 ～ 3 cm，直径 1 ～ 1.5 cm，绿色，常包藏于宿存的老鞘内，顶端具 2 枚叶。叶在花后出现，椭圆状披针形至倒披针形，纸质，长 10 ～ 20 cm，宽 1.5 ～ 3.5 cm，先端急尖。花葶从无叶的老假鳞茎基部发出，几乎全部包藏于数枚膜质筒状鞘内，直立，长 5 ～ 6 cm，顶端具 1 花；花苞片近兜状，宽倒卵形或近圆形，深绿色而具深色脉，较花梗和子房长，先端钝；花近直立或平展，芳香，白色或略带淡紫红色晕，唇瓣前部具深紫红色粗斑纹，中央有黄色斑块；中萼片长圆状披针形，先端钝；侧萼片宽镰刀状披针形，稍斜歪，近等长于中萼片，但稍宽，先端急尖；花瓣倒披针形，多少镰刀状，先端急尖；唇瓣卵状长圆形，明显 3 裂；侧裂片较小；中裂片先端微缺，边缘具啮蚀状齿，上面具 5 ～ 7 条褶片；褶片分裂成乳突状齿，向上延伸至中裂片顶端，其中 2 ～ 3 条直达唇瓣基部；蕊柱长 1.7 ～ 2 cm，多少弧曲，顶端有不规则齿缺。花期 10 ～ 11 月。

岩生独蒜兰

Pleione saxicola

产于西藏墨脱；区外见于云南贡山。生于海拔 2400 ～ 2500 m 溪谷旁的岩壁上。

附生草本。假鳞茎近陀螺状或扁球形，顶端骤然收狭成明显的短喙，顶端具 1 叶。叶在花期已长成，近长圆状披针形至倒披针形，纸质，先端急尖，基部渐狭成柄；叶柄长 3 ～ 7 cm。花葶从具叶的老假鳞茎基部发出，直立，基部具 2 ～ 3 枚膜质筒状鞘，顶端具 1 花；花苞片倒披针形，长于花梗和子房，先端急尖；花大，玫瑰红色；中萼片倒披针形，先端急尖；侧萼片与中萼片相似，稍斜歪，基部稍宽于中萼片，先端急尖；花瓣倒披针形，先端急尖，较萼片略短而窄；唇瓣宽椭圆形，明显 3 裂，基部楔形，具 1.3 cm 长的爪；侧裂片宽卵形，边缘有约波状圆齿；中裂片半圆形，先端近浑圆且略有不规则小圆齿，基部至唇盘中部具 3 条褶片；褶片全缘或有时稍波状；蕊柱多少弧曲，顶端有不规则齿缺。花期 9 月。

毛唇独蒜兰

Pleione hookeriana

产于西藏墨脱、亚东、聂拉木、陈塘；区外见于广东、广西、贵州、云南。生于海拔 1600 ～ 3100 m 的树干上，灌木林缘苔藓覆盖的岩石上或岩壁上。尼泊尔、不丹、印度、缅甸、老挝和泰国也有分布。

附生草本。假鳞茎卵形至圆锥形，上端有明显的颈，绿色或紫色，基部有时有纤细的根状茎，顶端具 1 枚叶。叶在花期尚幼嫩或已长成，椭圆状披针形或近长圆形，纸质，先端急尖，基部渐狭成柄；叶柄长 2 ～ 3 cm。花葶从无叶的老假鳞茎基部发出，直立，基部有数枚膜质筒状鞘，顶端具 1 花；花苞片近长圆形，与花梗和子房近等长，先端钝；花梗和子房长 1 ～ 2 cm；花较小；萼片与花瓣淡紫红色至近白色，唇瓣白色而有黄色唇盘和褶片以及紫色或黄褐色斑点；中萼片近长圆形或倒披针形，先端急尖；侧萼片镰刀状披针形，稍斜歪，常近等宽于并稍短于中萼片，先端急尖；花瓣倒披针形，展开，先端急尖；唇瓣扁圆形或近心形，不明显 3 裂，先端微缺，上部边缘具不规则细齿或近全缘，通常具 7 行沿脉而生的髯毛或流苏状毛，7 行毛几乎从唇瓣基部延伸到顶端；毛长达 2 mm；蕊柱多少弧曲，两侧具翅；翅自中部以下甚狭，向上渐宽，在顶端围绕蕊柱，通常略有不规则齿缺。蒴果近长圆形。花期 4 ～ 6 月，果期 9 月。

独蒜兰

Pleione bulbocodioides

产于西藏东南部；区外见于陕西南部、甘肃南部、安徽、湖北、湖南、广东北部、广西北部、四川、贵州、云南西北部。生于海拔 900～3600 m 的常绿阔叶林下或灌木林缘腐植质丰富的土壤上或苔藓覆盖的岩石上。模式标本采自四川宝兴。

半附生草本。假鳞茎卵形至卵状圆锥形，上端有明显的颈，全长 1～2.5 cm，直径 1～2 cm，顶端具 1 枚叶。叶在花期尚幼嫩，长成后狭椭圆状披针形或近倒披针形，纸质，长 10～25 cm，宽 2～5.8 cm，先端通常渐尖，基部渐狭成柄；叶柄长 2～6.5 cm。花葶从无叶的老假鳞茎基部发出，直立，长 7～20 cm，下半部包藏在 3 枚膜质的圆筒状鞘内，顶端具 1～2 花；花苞片线状长圆形，长 2～4 cm，明显长于花梗和子房，先端钝；花梗和子房长 1～2.5 cm；花粉红色至淡紫色，唇瓣上有深色斑；中萼片近倒披针形，长 3.5～5 cm，宽 7～9 mm，先端急尖或钝；侧萼片稍斜歪，狭椭圆形或长圆状倒披针形，与中萼片等长，常略宽；花瓣倒披针形，稍斜歪；唇瓣轮廓为倒卵形或宽倒卵形，长 3.5～4.5 cm，宽 3～4 cm，不明显 3 裂，上部边缘撕裂状，基部楔形并多少贴生于蕊柱上，通常具 4～5 条褶片；褶片啮蚀状，高可达 1～1.5 mm，向基部渐狭直至消失；中央褶片常较短而宽，有时不存在。花期 4～6 月。

曲唇兰属
Panisea

附生草本。假鳞茎通常较密集地着生于匍匐而分枝的根状茎上，较少假鳞茎基部着生于短的根状茎上，而根状茎又着生于相邻假鳞茎上，貌似假鳞茎彼此相连接。叶 1 ～ 3 枚生于假鳞茎顶端，通常狭椭圆形，具短柄。花葶从靠近老假鳞茎基部的根状茎上发出，或生于幼嫩的假鳞茎顶端，或直接生于根状茎上，一般较短；总状花序具 1 ～ 5 朵花；花苞片小，基部多少围绕花序轴，宿存；花中等大或小；萼片离生，相似，但侧萼片常斜歪或稍狭而长；花瓣与萼片相似，常略短而狭；唇瓣不裂或有 2 个很小的侧裂片，基部有爪并呈 S 形弯曲，具或不具附属物；蕊柱中等长，两侧边缘（特别是上部）常具翅；花药俯倾；花粉团 4 个，成 2 对，蜡质，基部黏合在一起；柱头凹陷，位于前方近顶端处；蕊喙较大，伸出于柱头穴之上方。蒴果具 3 棱。

本属全球约 7 种，分布于喜马拉雅地区至泰国。我国有 4 种，产于西南部。FOC 记载我国有 5 种，含 1 种特有种。西藏记录 1 种，现收录 1 种。

林芝曲唇兰（新拟）
Panisea panchaseensis

产于西藏排龙、通麦、墨脱（中国新记录），生于海拔 1800 ～ 2200 m 的林中树干或岩石上。尼泊尔也有分布[13]。

多年生附生草本。假鳞茎较密集，狭卵形至卵圆形，成熟时有纵皱纹。顶生 2 叶，近革质。叶椭圆形或长圆状披针形，先端锐尖；花葶基部为多枚干膜质鞘所包；具 1 ～ 5 朵花，花白色，花苞片卵形；中萼片卵形，尖端钝，具 5 脉；侧萼片卵形到狭状披针形，具爪，先端渐尖；花瓣狭椭圆形或倒卵形，具明显爪，先端渐尖，具 3 脉；唇瓣白色，箭头形，先端渐尖，边缘略微波状，具 3 条明显的纵向褶片；蕊柱白色，无翅；花粉团 2 对，黏合成团状。花果期 11 ～ 12 月。

新型兰属

Neogyna

附生草本。根状茎粗壮，具许多纤维根。假鳞茎较长，较密集，顶端生 2 枚叶。叶较大，纸质或坚纸质，基部收狭成柄。花葶连同幼嫩的假鳞茎和叶从靠近老假鳞茎基部的根状茎上发出，明显短于叶，在花期中下部 1/3 ～ 2/3 为鞘所包；总状花序下垂；花苞片较大，在花后相当一段时间才脱落；花下垂，不扭转，花被片几不张开；萼片离生，背面多少有龙骨状凸起，中萼片基部呈囊状，侧萼片基部的囊更明显；花瓣较萼片短而狭，基部无囊；唇瓣顶端 3 裂，围抱蕊柱，基部有囊，包藏于两侧萼片基部囊之内；柱头凹陷；蕊喙甚大。蒴果具 6 条纵棱，顶端具宿存的蕊柱。

本属全球仅 1 种，产于我国云南以及老挝、泰国、缅甸、印度、尼泊尔和不丹。西藏记录 1 种，现收录 1 种。

新型兰

Neogyna gardneriana

产于西藏东南部；区外见于云南。生于海拔 600 ～ 2200 m 的林中树上或荫蔽山谷岩石上。老挝、泰国、缅甸、印度、不丹、尼泊尔也有分布。模式标本采自尼泊尔。

根状茎粗约 8 mm。假鳞茎彼此相距 1 ～ 2 cm，狭卵形至近圆柱形，基部略收狭，干后暗褐色。叶狭椭圆状倒披针形，先端渐尖。总状花序具数朵至 10 余朵花；花序轴劲直或有时略左右曲折；花苞片宽卵状椭圆形至近圆形，具许多细脉；花白色；萼片近长圆形，背面龙骨状凸起高约 1 mm，基部囊深约 4 mm；侧萼片基部的囊较深且位于中萼片囊的下侧；花瓣线形，与萼片近等长，质地较薄，唇瓣倒卵形，顶端 3 裂；侧裂片圆钝；中裂片近肾形；唇瓣基部的囊深 4 ～ 5 mm；翅状棱宽约 3 mm。花期 11 月至次年 1 月，果期不详。

石仙桃属

Pholidota

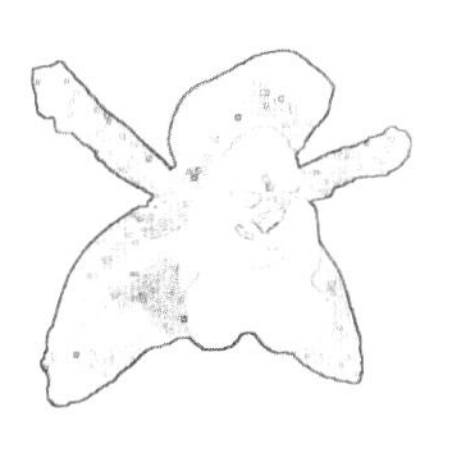

附生草本，通常具根状茎和假鳞茎。假鳞茎密生或疏生于根状茎上，卵形至圆筒状，罕有假鳞茎在近末端处相互连接而貌似茎状，或以基部连接于短根状茎上，而短根状茎又连接于相邻假鳞茎中部。叶 1 ～ 2 枚，生于假鳞茎顶端，基部多少具柄。花葶生于假鳞茎顶端或与幼叶同时从幼嫩的假鳞茎顶端发出；总状花序常多少弯曲，具数朵或多朵花；花序轴常稍曲折；花苞片大，二列，多少凹陷，宿存或锐落；花小，常不完全张开；萼片相似，常多少凹陷；侧萼片背面一般有龙骨状凸起；花瓣通常小于萼片；唇瓣凹陷或仅基部凹陷成浅囊状，不裂或罕有 3 裂，唇盘上有时有粗厚的脉或褶片，无距；蕊柱短，上端有翅，翅常围绕花药，无蕊柱足；花药前倾，生于药床后缘上；花粉团 4 个，蜡质，近等大，成 2 对，共同附着于黏质物上；蕊喙较大，拱盖于柱头穴之上。蒴果较小，常有棱。

全属约 30 种，分布于亚洲热带和亚热带南缘地区，南至澳大利亚和太平洋岛屿。我国有 12 种，含 2 个特有种；产于西南、华南至台湾。西藏记录有 6 种，现收录 5 种；凹唇石仙桃未见，仅收录于检索表中。

本属检索表

1　假鳞茎近圆柱状，彼此以首尾相连接，貌似长茎状（节茎组 *Sect. Articulatae*）。…节茎石仙桃 *P. articulata*

1　假鳞茎着生于匍匐的根状茎上，或彼此以短的根状茎相连接。………………………………………… (2)

2　假鳞茎顶端具 1 枚叶；假鳞茎粗大，宽 7 ～ 15 mm，彼此紧密地生于根状茎上；叶宽超过 2 cm，具 5 ～ 7 条较明显的主脉；花密生，在花序轴上各花相距 2 ～ 3 mm；两枚侧萼片基部离生。…宿苞石仙桃 *P. imbricata*

2　假鳞茎顶端具 2 枚叶。…………………………………………………………………………………… (3)

3　花苞片宿存，至少在花凋谢时仍可见。……………………………………………………………… (4)

3　花苞片早落，至少在花凋谢时已脱落。……………………………………………………………… (5)

4　假鳞茎弧曲或弯曲，彼此相距 2 ～ 4 cm；花葶生于靠近假鳞茎基部的根状茎上，长 1.5 ～ 3 cm。………………………………………………………………………………尾尖石仙桃 *P. protracta*

4　假鳞茎伸直，彼此相距 5 ～ 15 mm 或更密集；花葶生于假鳞茎顶端，但初期连同幼叶均包藏于鞘之内，貌似发自老假鳞茎基部，长 6 ～ 32 cm。……………………………………石仙桃 *P. chinensis*

5　唇瓣整个凹陷成浅囊状或舟状；叶长 15 ～ 20 cm，宽 2 ～ 2.5 cm。…………凹唇石仙桃 *P. convallariae*

5　唇瓣仅基部凹陷或略凹陷；唇瓣先端无凹缺；叶具 3 条主脉，宽 6 ～ 12 mm；花白色或略有红晕。……………………………………………………………………………尖叶石仙桃 *P. missionariorum*

节茎石仙桃

Pholidota articulata

产于西藏墨脱；区外见于四川、云南。生于海拔 800 ～ 2500 m 的林中树上或稍荫蔽的岩石上。尼泊尔、不丹、印度、缅甸、越南、柬埔寨、泰国、马来西亚和印度尼西亚也有分布。

假鳞茎近圆筒形，在连接处有一段很短的根状茎或根状茎不甚明显。叶 2 枚，生于新假鳞茎顶端，长圆形或狭椭圆形，先端近急尖或钝，具折扇状脉；花葶从假鳞茎顶端两叶中央发出，通常略长或短于叶；总状花序具 10 余朵花；花序轴或多或少左右曲折；花苞片狭卵状长圆形，在花期逐渐脱落；花通常淡绿白色或白色而略带淡红色，二列排列，略疏松；中萼片长圆形或椭圆形，凹陷成舟状，背面具龙骨状凸起；侧萼片卵形，斜歪，略宽于中萼片；花瓣长圆状披针形或近倒披针形；唇瓣长圆形，约在上部 1/3 ～ 1/4 处缢缩而成前后唇；后唇凹陷成舟状；前唇横椭圆形，边缘皱波状；蕊柱粗壮；蕊喙甚大，宽卵形至圆形，先端有短尖头。花期 6 ～ 8 月，果期 10 ～ 12 月。

宿苞石仙桃

Pholidota imbricata

产于西藏通麦、墨脱；区外见于四川、云南。生于海拔 1000 ～ 2700 m 的林中树上或岩石上。尼泊尔、不丹、印度、斯里兰卡、缅甸、越南、老挝、柬埔寨、泰国、马来西亚、印度尼西亚和新几内亚岛也有分布。

根状茎匍匐，较粗壮，具多节，密被鳞片状鞘，生多数根；假鳞茎密接，近长圆形，略带 4 钝棱，有时上端略收狭，顶端生 1 叶。叶长圆状倒披针形、长圆形至近宽倒披针形，薄革质，先端短渐尖或急尖，基部楔形。花葶生于幼嫩假鳞茎顶端，开花时叶已基本长成；总状花序下垂，密生数十朵花；花苞片宽卵形，具极多密集的脉，多少凹陷，常对折，宿存；花梗和子房长 4 ～ 5 mm；花白色或略带红色；中萼片近圆形或宽椭圆形，凹陷成舟状，具 5 脉，背面中脉略凸起；侧萼片完全离生，卵形，舟状，背面有极明显的龙骨状凸起；花瓣近线状披针形，具 1 脉；唇瓣凹陷成囊状，略 3 裂；侧裂片近宽长圆形，直立，围抱蕊柱；中裂片近长圆形，先端有凹缺，边缘略波状；凹陷部分近基部有 2 ～ 3 条纵褶片或粗厚的脉；蕊柱粗短，两侧从下部至顶端具翅，使正面观近圆形；蕊喙宽阔。蒴果倒卵状椭圆形。花期 7 ～ 9 月，果期 10 月至次年 1 月。

尾尖石仙桃

Pholidota protracta

产于西藏洛扎、墨脱；区外见于云南。生于海拔 1800 ～ 2500 m 的沟谷阔叶林中树上或石壁上。尼泊尔、不丹、缅甸、印度东北部也有分布。模式标本采自印度锡金邦。

根状茎细长，近圆柱状，直径 2.5 ～ 3.5 mm，通常具较长的节间，假鳞茎以不同的方向着生于根状茎上；假鳞茎近圆柱状，向顶端渐狭，多少弯曲，长 1.7 ～ 4.5 cm，宽 2.5 ～ 5 mm，彼此相距 2 ～ 4 cm，顶端生 2 叶。叶狭椭圆状披针形，长 7.3 ～ 12.5 cm，宽 1.3 ～ 2.3 cm，纸质，先端长渐尖或近尾状，基部宽楔形；叶柄长 3 ～ 12 mm。花葶从靠近假鳞茎基部的根状茎节上发出，很短，长 1.5 ～ 3 cm；总状花序具 3 ～ 7 朵花；花苞片宽卵形，宿存；花梗和子房长 5 ～ 7 mm；花小，浅黄色；萼片卵状长圆形，具 3 脉；侧萼片稍斜歪；花瓣狭倒卵形；唇瓣轮廓近卵状长圆形，略 3 裂，先端有凹缺，基部收狭并凹陷成浅杯状，内无附属物；蕊柱两侧具翅，向上渐宽，在顶端围绕药床。蒴果倒卵状椭圆形，长约 1 cm，宽约 6 mm，有 3 棱；果梗长 4 ～ 5 mm。花期 10 月，果期不详。

石仙桃
Pholidota chinensis

产于西藏墨脱；区外见于浙江、福建、云南等地。生于林中或林缘树上、岩壁上或岩石上，海拔通常在 1500 m 以下，少数可达 2500 m。越南、缅甸也有分布。

根状茎通常较粗壮，匍匐，直径 3 ～ 8 mm 或更粗，具较密的节和较多的根，相距 5 ～ 15 mm 或更短距离生假鳞茎；假鳞茎狭卵状长圆形，大小变化甚大；叶 2 枚，生于假鳞茎顶端，倒卵状椭圆形、倒披针状椭圆形至近长圆形，先端渐尖、急尖或近短尾状，具 3 条较明显的脉；叶柄长 1 ～ 5 cm。花葶生于幼嫩假鳞茎顶端，发出时其基部连同幼叶均为鞘所包，长 12 ～ 38 cm；总状花序常多少外弯，具数朵至 20 余朵花；花序轴稍左右曲折；花苞片长圆形至宽卵形，常多少对折，宿存；花梗和子房长 4 ～ 8 mm；花白色或带浅黄色；中萼片椭圆形或卵状椭圆形，凹陷成舟状，背面略有龙骨状凸起；侧萼片卵状披针形，略狭于中萼片，具较明显的龙骨状凸起；花瓣披针形，背面略有龙骨状凸起；唇瓣轮廓近宽卵形，略 3 裂，下半部凹陷成半球形的囊，囊两侧各有 1 个半圆形的侧裂片；花期 4 ～ 5 月，果期 9 月至次年 1 月。

尖叶石仙桃

Pholidota missionariorum

产于西藏通麦、墨脱；区外见于贵州、云南。生于海拔 1100 ～ 1700 m 的林中树上或稍荫蔽的岩石上。

根状茎匍匐，常分枝，密被鳞片状鞘，节上疏生根，通常相距 0.5 ～ 1 cm 生假鳞茎；假鳞茎卵形，干后亮浅黄色，顶端生 2 叶。叶披针形，厚革质，最宽部分一般在下部 1/3 处，先端长渐尖，上面中脉凹陷而一对侧脉明显凸出，背面 3 脉浮凸。花葶生于幼嫩的假鳞茎顶端，连同幼叶从靠近老假鳞茎基部的根状茎上发出；总状花序具 8 ～ 9 朵花；花苞片卵形，在花期逐渐脱落；花白色，带绿色或略有红晕；中萼片卵形或宽卵形；侧萼片与中萼片相似，略斜歪；花瓣椭圆形；唇瓣近宽长圆形，先端具钝的短尖，边缘皱波状，基部略凹陷；唇盘上通常具 5 脉，脉在近基部处略肥厚；蕊柱粗短，顶端有翅围绕药床；翅中央低，两边高，略有不规则齿裂；蕊喙半圆形，近直立，明显高于药床边缘的翅。花期 10 ～ 11 月。

耳唇兰属
Otochilus

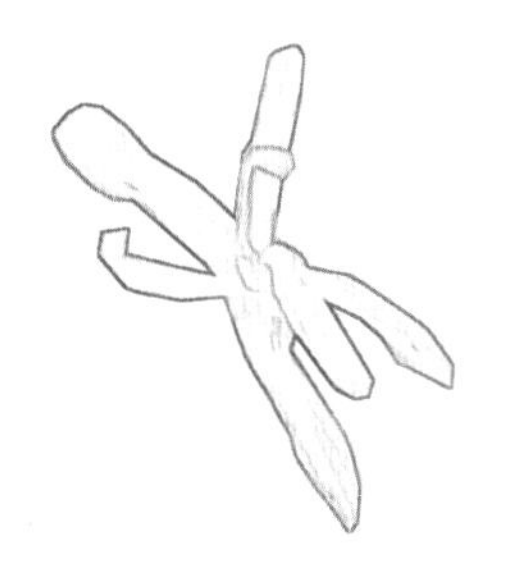

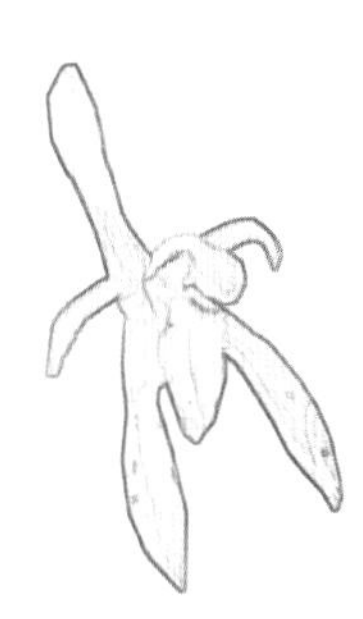

附生草本。假鳞茎圆柱形，有时两端稍收狭，彼此在靠近末端处相连接而形成长茎状，通常悬垂，在连接处常生根。叶2枚，生于每个假鳞茎顶端，但在老假鳞茎上叶通常脱落，基部有短柄。花葶生于假鳞茎顶端两枚叶中央，通常连同幼嫩的假鳞茎和叶从老假鳞茎近顶端处发出，下部包藏于鞘内；总状花序常下垂，具数朵或更多的花；花苞片草质，早落或花后脱落；花小，近二列，花被片展开；萼片离生，有时稍呈舟状，背面常多少有龙骨状凸起；花瓣比萼片狭小；唇瓣近基部上方3裂，基部凹陷成球形的囊；侧裂片耳状，位于囊的两侧，直立并围抱蕊柱；中裂片（或称前唇）较大，舌状至近椭圆形，基部收狭或具爪；囊内常有脊或褶片；蕊柱较长，直立或向前倾，常在顶端两侧有翅，翅一般围绕蕊柱顶端，几乎不具蕊柱足；花药俯倾，药帽有时具喙；花粉团4个，成2对，蜡质；花粉团柄明显或不明显，末端黏合在一起；柱头凹陷，位于蕊柱前面近顶端处；蕊喙较大，伸出于柱头穴上方。蒴果小，近椭圆形，顶端具宿存的蕊柱。

本属全球有4种，产于喜马拉雅地区至中南半岛。我国有4种，分布于云南和西藏。西藏记录有4种，现收录4种。

本属检索表

1　叶线状披针形或近线形，宽7～11 mm，中脉不在中央而在靠一侧的2/5处；唇瓣基部的耳状侧裂片基部上侧彼此合生而成为囊的一部分并隔开中裂片与囊之间的通道；囊内无附属物。…狭叶耳唇兰 *O. fuscus*

1　叶狭椭圆形至椭圆状披针形，宽2 cm以上，中脉位于正中央；唇瓣基部的耳状侧裂片基部上侧不合生；囊内有脊、褶片或其他附属物。……………………(2)

2　花较小，中萼片长7～8 mm；花苞片长与宽近相等；唇瓣耳状侧裂片背面有小疣状凸起，囊内有1条粗厚的纵脊。……………………白花耳唇兰 *O. albus*

2　花较大，中萼片长1.1～1.5 cm；花苞片长约为宽的1倍；唇瓣耳状侧裂片背面无小疣状凸起，囊内有3～4条肥厚的脊状附属物。……………………(3)

3　唇瓣基部耳状侧裂片长1.5～2 mm，宽不超过1 mm，顶端只到蕊柱全长的1/4处；中裂片近长圆状披针形，长为宽的3～4倍；蕊喙舌状，长约1 mm。……………………宽叶耳唇兰 *O. lancilabius*

3　唇瓣基部耳状侧裂片长3～4 mm，宽约2 mm，顶端到达蕊柱全长的1/2～1/3处；中裂片卵状椭圆形，长为宽的1.5～2倍；蕊喙狭披针形，长1.5～2 mm。……………………耳唇兰 *O. porrectus*

狭叶耳唇兰

Otochilus fuscus

产于西藏墨脱；区外见于云南。生于海拔 1200 ～ 2100 m 的林中树上。尼泊尔、不丹、印度东北部、缅甸、越南、柬埔寨、泰国也有分布。

假鳞茎近圆筒形，两端常略收狭，干后绿黄色或略带褐色，有疏的纵皱纹，仅在植株基部的数个假鳞茎连接处生根或除植株基部外均无根。叶 2 枚近等大，线状披针形或近线形，先端长渐尖或渐尖，中脉稍偏于一侧，两侧不等宽。花葶明显短于叶，多少下弯；总状花序具 10 余朵花；花苞片狭倒卵状线形，坚纸质，先端急尖；花梗和子房纤细；花白色或带浅黄色；中萼片长圆形或近狭卵状长圆形，先端钝，背面有龙骨状凸起，具 5 脉；唇瓣 3 裂；基部的耳状侧裂片先端啮蚀状；蕊柱纤细，上部稍前倾，基部略伸出，形成不甚明显的蕊柱足，上部在柱头两侧有；蕊喙鹦鹉嘴状。蒴果倒卵状椭圆形。花期 3 月，果期 10 月。

白花耳唇兰

Otochilus albus

产于西藏墨脱，区外见于云南腾冲、龙陵。尼泊尔、印度、缅甸和越南也有分布。模式标本采自尼泊尔。

本种与狭叶耳唇兰的区别在于：本种叶宽达 2 cm 以上，中脉纵贯叶片中央，不偏向一侧；花苞片宽阔，长度与宽度几乎相等；唇瓣耳状侧裂片背面有小疣状凸起；由耳状侧裂片形成的囊之内有 1 条纵脊。此外，本种花很小，中萼片长 7 ～ 8 mm，亦可区别于属中其他种类。

宽叶耳唇兰

Otochilus lancilabius

产于西藏墨脱；区外见于云南。生于海拔 1500 ～ 2800 m 林中树上。尼泊尔、不丹、老挝、印度东北部也有分布。

假鳞茎圆筒形，两端常略收狭，干后绿黄色，有疏的纵皱纹，在互相连接处生数条根。叶 2 枚近等大，椭圆状披针形至狭椭圆形，先端渐尖或近尾状，中脉位于中央，不偏一侧。花葶连同幼嫩假鳞茎从老假鳞茎近顶端处发出，常略短于叶，不弯曲；总状花序疏生数朵花；花苞片早落；花白色；中萼片狭长圆形，舟状，背面多少有龙骨状凸起，具 5 脉；侧萼片略斜歪；花瓣线形，与萼片等长，具 3 脉；唇瓣 3 裂；侧裂片位于基部，三角状卵形，直立，围抱蕊柱，顶端只到蕊柱下部 1/4 处；中裂片长圆状披针形，先端渐尖，基部有短爪；唇瓣基部的囊内有 3 ～ 4 条略肥厚的脊状附属物；附属物一般较短，不延伸至中裂片基部；蕊柱近棒状，上部自柱头两侧具翅；花药无喙，椭圆形；蕊喙舌状。蒴果近倒卵状椭圆形。花期 10 ～ 11 月，果期不详。

耳唇兰

Otochilus porrectus

产于西藏墨脱；区外见于云南。生于海拔 1000 ～ 2100 m 的林中树上或岩石上。印度、缅甸、泰国、越南也有分布。

假鳞茎圆筒形，两端常略收狭，长 2.5 ～ 11 cm，粗 7 ～ 13 mm，干后绿黄色，有疏的纵皱纹，在互相连接处生数条根。叶狭椭圆形至狭椭圆状披针形，长 7 ～ 20 cm，宽 2.1 ～ 5.7 cm，先端渐尖或钝，中脉位于中央，不偏于一侧；叶柄长 1 ～ 2.5 cm。花葶连同幼嫩假鳞茎和叶从老假鳞茎近顶端处发出，长 15 ～ 20 cm，多少下弯；总状花序长 7 ～ 10 cm，疏生数朵花；花苞片早落；花梗和子房长 5 ～ 8 mm；花白色，有时萼片背面和唇瓣略带黄色；中萼片近长圆形或长圆状倒披针形，长 1.1 ～ 1.3 cm，宽约 2.5 mm，先端急尖或钝，背面多少具龙骨状凸起，具 5 脉；侧萼片近长圆形，大小与中萼片相似；花瓣近线形，与萼片等长，宽约 0.8 mm，具 3 脉；唇瓣 3 裂；基部耳状侧裂片长圆形，长 3 ～ 4 mm，宽 1.5 ～ 2 mm，直立，围抱蕊柱，顶端可达蕊柱中部或 1/3 处；中裂片卵状椭圆形，长 1 ～ 7 mm，宽 4 ～ 5 mm，先端骤尖，基部收狭成爪，爪长约 1 mm；唇瓣基部的囊内有 3 条肥厚的脊，从囊的基部延伸至近中裂片基部，另有 2 条较短的脊位于上端；蕊柱长约 1 cm，上部有翅；花药有长喙，长达 2 mm；蕊喙狭披针形，长 1.5 ～ 2 mm。蒴果倒卵状椭圆形，长达 2 cm，宽约 9 mm。花果期 10 ～ 12 月。

蜂腰兰属

Bulleyia

附生草本。假鳞茎密集地生于粗短的根状茎上，下面生许多纤维根，顶端生 2 枚叶。叶狭长，具多脉，基部逐渐收狭成明显的柄。花葶生于两叶中央，连同幼嫩假鳞茎和幼叶从老假鳞茎基部附近的根状茎上发出，俯垂；总状花序具多数花；花序轴左右曲折；花苞片二列套叠，在花后逐渐脱落；花中等大；中萼片与花瓣多少靠合；侧萼片斜歪，基部扩大，互相靠合而多少呈囊状；唇瓣近长圆形，中部略皱缩，基部稍扩大并凹陷，有距；距向前上方弯曲，整个包藏于两枚侧萼片基部之内；蕊柱细长，无蕊柱足，上部扩大并有翅；翅围绕蕊柱顶端；花药近直立；花粉团 4 个，蜡质，基部黏合，无其他附属物；柱头凹陷，较大；蕊喙舌状，位于柱头穴上方。蒴果无棱或翅，顶端具宿存蕊柱。

本属仅 1 种，产于我国云南。不丹，印度东北部也有分布；西藏新记录 1 种。

蜂腰兰

Bulleyia yunnanensis

产于西藏墨脱（西藏新记录）；区外见于云南。生于海拔 1300 ～ 2500 m 的林中树干上或山谷旁岩石上。

假鳞茎狭卵形或狭卵状椭圆形，干后金黄色，有光泽。叶 2 枚，近等长，线状披针形或近披针形，坚纸质，先端长渐尖，基部楔形；总状花序具 10 余朵或更多的花，基部通常有 2 枚不育苞片；花苞片淡红绿色，宽卵形，革质，对折而套叠，具多条细纵脉；花初时包藏于花苞片内，开放后基部仍为残留的花苞片所包，以后花苞片逐渐脱落；花白色，唇瓣淡褐色，药帽红褐色；中萼片卵状长圆形；侧萼片近狭卵状披针形，互相靠合并多少呈囊状；花瓣近线形，与中萼片近等长，具 3 脉；唇瓣中部皱缩而多少呈提琴形，先端微缺、截形或具小尖头；距向前上方弯曲；蕊柱上部翅宽 2 ～ 3 mm。蒴果近倒卵状椭圆形。花期 7 ～ 8 月，果期 10 月。

毛兰属
Eria

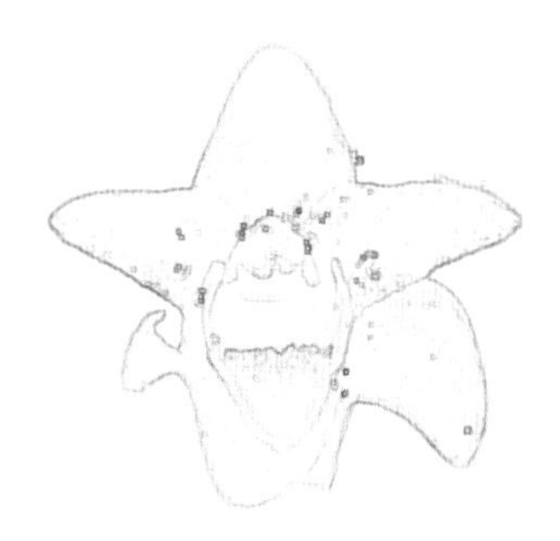

草本，附生，石生，或很少陆生。根茎匍匐。茎假球茎，1 明显扩大节间的，卵球形的，在横切面上弱到明显角的茎，具 2 ～ 4 叶朝向先端；假鳞茎的基部被叶鞘松弛覆盖。叶在芽里卷绕，椭圆形到狭椭圆形，革质，有齿，在基部渐狭。花序腋生，直立，多花，短柔毛；花梗被 2 或 3 片叠瓦状的不育苞片对生于叶基部；花序轴被棕色星状毛覆盖；花苞片棕色，狭卵形到三角形。花开得很广，通常米色到淡黄色，在柱状足部和唇上有紫色脉或紫色斑纹，星状或其他形状；子房在横切面上角，有时具翅。萼片狭三角形具毛背面；侧生萼片稍腹宽在基部，下弯的在先端；颏截然不同。与萼片相似的花瓣；唇简单或 3 浅裂，无或具脊的老茧。柱短，足弯曲；花药盖肉质，具一钝的顶端正中脊，先端钝和覆盖直立，截形喙；花粉块 8 个，分 2 组，每组 4 个，每组花药帽基部均有明显的 4 室囊袋，每组花粉侧面压扁，侧面呈三角形，大小相等，基部附着白色颗粒状的尾状花序。

本属全球大约 15 种。亚洲大陆和整个马来群岛，东至新几内亚和布干维尔岛；FOC 记载中国 7 种，含 1 特有种。西藏记录有 4 种，现增加 1 种西藏新记录，收录 5 种。

本属检索表

1　唇瓣不裂。……………………………………………………………………条纹毛兰 *E.vittata*
1　唇瓣 3 浅裂。……………………………………………………………………………… (2)
2　假鳞茎卵球形或卵球形长圆形，小于 3 cm。…………………………………………… (3)
2　假鳞茎狭圆筒状，短或长。…………………………………………………………………… (4)
3　假鳞茎着生在匍匐根茎上，间隔 3 ～ 6 cm；唇瓣 3 浅裂；花绿色，唇瓣带棕色。…匍茎毛兰 *E. clausa*
3　假鳞茎偏密集生长；唇瓣 3 裂，中裂片延伸到基部；花绿色或带黄色白色，唇瓣紫色或带紫色斑点。……
……………………………………………………………………………………半柱毛兰 *E. corneri*
4　花序具花 1 ～ 6 朵；萼片淡绿色黄色，有时具一略带紫色的色调，没有紫红色斑点。…足茎毛兰 *E. coronaria*
4　花序具花 7 ～ 12 朵；萼片密被红色斑点背面。………………………………香港毛兰 *E. gagnepainii*

条纹毛兰
Eria vittata

产于西藏墨脱。生于海拔 1600 m 左右的沟谷林下岩石上。印度东北部、缅甸和泰国也有分布。模式标本采自印度锡金邦。

植株无毛；根状茎纤细，光滑，节上具一漏斗状革质鞘，每隔 2 ～ 2.5 cm 着生一个假鳞茎；假鳞茎圆柱状，稍弯曲，长 6 ～ 7 cm，粗 6 ～ 8 mm，基部着生 2 枚膜质鞘，长的 1 枚包被整个假鳞茎及叶和花序的基部，短的仅达假鳞茎一半左右，顶端着生 2 枚叶。叶椭圆形或椭圆状披针形，长 14 ～ 19 cm，宽 2 ～ 4 cm，先端渐尖，基部渐收窄，具 8 ～ 9 条主脉。花序从假鳞茎顶端发出，着生于叶的外侧，通常下垂，长 14 ～ 18 cm，具数十朵花，基部具 1 枚鞘；花苞片宿存，极小，下部的披针形，长 3 ～ 4 mm，上部的长仅 1 mm 左右，披针形或钻形；花梗和子房长约 1 cm；花较大，灰绿色，但萼片和花瓣上具紫褐色条纹；中萼片长圆形，长约 12 mm，宽近 3 mm，先端钝；侧萼片斜三角状长圆形，镰状，长近 10 mm，宽 4 mm，先端锐尖，基部向前延伸并与蕊柱足合生成萼囊；萼囊长近 5 mm；花瓣披针状长圆形，长近 12 mm，宽 5 mm，先端钝；唇瓣轮廓为长圆形，不裂，长 12 mm，宽 5 mm，先端近平截并稍具短尖头，基部渐窄，从基部或近基部发出 5 条波浪状的褶片，直达顶部；蕊柱足长达 7 mm；药帽卵形，长约 1.5 mm；药隔伸长，三角形，超出药帽近 1 mm；花粉团椭圆形或近圆形，长近 1 mm，黄色。

匍茎毛兰

Eria clausa

产于西藏墨脱；区外见于广西、云南。生于海拔 1000 ～ 1700 m 的阔叶林中树干和岩石上。印度东北部也有分布。

根状茎纤细，每相距 1 ～ 6 cm 着生 1 假鳞茎；假鳞茎卵球状或卵状长圆形，长 1.5 ～ 3 cm，粗 0.6 ～ 1 cm，常被一层多少撕裂或纤维状的鞘，顶生 1 ～ 3 枚叶。叶椭圆形或椭圆状长圆形，长 5 ～ 15 cm，宽 1.5 ～ 3 cm，先端渐尖或长渐尖，干时叶片两面有时具灰白色乳突，具 5 ～ 6 条主脉；叶柄长 1 ～ 3 cm。花序 1 个，少有 2 个，从叶内侧发出，长 8 ～ 10 cm，短于叶，疏生 2 ～ 6 朵花，花序柄长 2 ～ 2.5 cm，基部具 2 枚膜质鞘状物；花苞片在花序下部较大，卵形，长 4 mm，宽 3 mm，上部的三角形，长仅 1 mm 左右；花梗和子房长 5 ～ 7 mm；花浅黄绿色或浅绿色；中萼片长圆形，长 8 ～ 10 mm，宽约 2 ～ 3 mm，先端钝；侧萼片镰状披针形，长 7 ～ 10 mm，宽约 3 ～ 3.5 mm，先端钝，基部与蕊柱足合生成长近 4 mm 的萼囊；花瓣镰状长圆形，长 6 ～ 10 mm，宽 2 ～ 2.5 mm，先端钝；唇瓣轮廓倒卵形，长约 7 mm，宽 5 ～ 7 mm，3 裂；侧裂片近斜长圆形；中裂片宽卵形，长约 3 mm，宽 2 ～ 2.5 mm，先端钝；唇瓣自基部至顶部具 3 条纵贯的高褶片，褶片基部约 1/3 以下整齐，向上则呈波浪状弯曲，两侧的褶片在中裂片近基部处各分出一条波浪状弧形褶片；药帽卵球形，高约 1.5 mm；花粉团梨形，扁平，长约 0.5 mm，黄白色。蒴果椭圆状，长 1 ～ 1.5 cm，粗 6 ～ 8 mm；果柄长约 2 mm。花期 3 月，果期 4 ～ 5 月。

半柱毛兰
Eria corneri

产于西藏墨脱（西藏新记录）；区外见于福建、台湾、海南、广东、香港、广西、贵州和云南。生于海拔 500 ～ 1500 m 的林中树上或林下岩石上。琉球群岛，越南也有分布。

植物体无毛；假鳞茎密集着生，卵状长圆形或椭圆状，被 2 ～ 3 枚膜质鞘或鞘撕裂或脱落，顶端具 2 ～ 3 枚叶。叶椭圆状披针形至倒卵状披针形。花序 1 个，从假鳞茎近顶端叶的外侧发出，基部为 1 枚膜质鞘所包；花序具 10 余朵花，有时可多达 60 余朵花；花苞片极小，三角形；花白色或略带黄色；萼片和花瓣上均具白色线状凸起物，干时不明显；中萼片卵状三角形，先端渐尖；侧萼片镰状三角形，先端圆钝并具小尖头，基部与蕊柱足形成萼囊；萼囊钝；花瓣线状披针形，略镰状，近等长于侧萼片；唇瓣轮廓为卵形，3 裂。蒴果倒卵状圆柱状。花期 8 ～ 9 月。

足茎毛兰

Eria coronaria

产于西藏墨脱；区外见于海南、广西、云南。生于海拔 1300 ～ 2000 m 的林中树干上或岩石上。尼泊尔、不丹、印度和泰国也有分布。

植物体无毛，干后全体变黑，具根状茎；根状茎上常有漏斗状革质鞘，先端边缘白色；假鳞茎密集不膨大，圆柱形，基部被 1 枚多少撕裂成纤维状的鞘。叶 2 枚着生于假鳞茎顶端，1 大 1 小，长椭圆形或倒卵状椭圆形，较少卵状披针形，先端通常急尖或钝，基部收窄，无柄，主脉通常 9 条。花序 1 个，自两叶片之间发出，具 2 ～ 6 朵花，上部常弯曲，基部具 1 枚鞘状物；花苞片通常披针形或线形，极少卵状披针形；花白色，唇瓣上有紫色斑纹；中萼片椭圆状披针形，先端钝；侧萼片镰状披针形，先端钝，基部与蕊柱足合生成明显的萼囊；花瓣长圆状披针形，先端钝；唇瓣轮廓长圆形，3 裂；唇盘上面具 3 条全缘或波浪状的褶片，自基部延伸到近中裂片顶部，并在中裂片分支出 2 ～ 4 条圆齿状或波浪状的褶片；花粉团黄色。蒴果倒卵状圆柱形。花期 5 ～ 6 月。

香港毛兰
Eria gagnepainii

产于西藏墨脱；区外见于海南、香港、云南。生于海拔 1800 m 的林中树干或林下岩石上。越南也有分布。

植物体无毛，干后全体变黑；根状茎明显，粗约 5 mm，具漏斗状革质鞘；鞘先端边缘均成白色。叶长圆状披针形或椭圆状披针形，先端渐尖，基部收窄，无柄，具 5 ～ 9 条主脉。花序 1 ～ 2 个，着生于假鳞茎顶端两叶之间，具 10 余朵或更多的花，基部具 1 枚鞘；花苞片卵状披针形，先端渐尖；花梗和子房长约 1 cm；花黄色；中萼片长圆状椭圆形，先端急尖；侧萼片镰状披针形，约等长于中萼片，先端渐尖，基部与蕊柱足合生成萼囊；花瓣长圆状披针形，稍弯曲，先端钝尖；唇瓣轮廓近圆形或卵圆形，3 裂；侧裂片半圆形或卵状三角形，与中裂片近平行；中裂片近三角形或卵状三角形，先端锐尖；唇盘自基部发出 2 条较高的弧形全缘褶片，在唇瓣 1/3 处增至 5 条波浪状的褶片，外侧褶片延伸至近中裂片基部，中间 3 条褶片延伸至中裂片中部处合生，合生的褶片上着生 1 ～ 2 个齿状凸起；蕊柱长约 5 mm，具近 5 mm 长的蕊柱足；药帽卵形，高约 1 mm，花粉团黄色。花期 2 ～ 4 月。

拟毛兰属

Mycaranthes

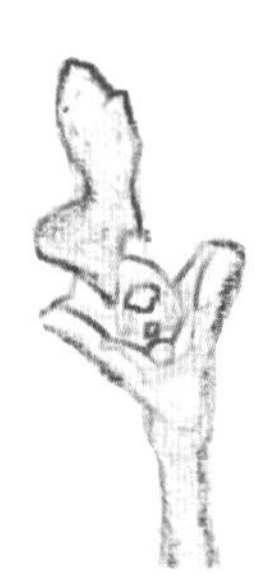

附生草本，石生，很少陆生。茎通常纤细，圆筒状，具节和节间，缺乏假鳞茎。叶互生，在一对生排列在茎轴上，折合状，很少为圆柱状，基部紧密抱茎，有时在基部叠瓦状，鞘宿存。花序近顶生或顶生，具密集星状毛，上密生花；花苞片三角形，基部宽，被短星状毛。花螺旋状排列，通常米色或黄绿色，有时带小紫色斑点；花梗，子房，和萼片背面被毛。萼片和花瓣展开；中萼片椭圆形到三角形，先端锐尖；侧生萼片斜三角形，在基部加宽，锐尖；花瓣窄于萼片；唇明显 3 浅裂，或不裂，在基部垂直与花柱；侧裂片通常啮齿状；胼胝体 2 个；花柱直立，柱头几乎圆形或半圆形，较大；花粉块 8 个，纺锤形且大小相近。

本属全球约 25 种，不丹，柬埔寨，中国，印度，印度尼西亚，老挝，马来西亚，缅甸，尼泊尔，新几内亚，菲律宾，新加坡，泰国，越南；中国有 2 种，西藏记录有 2 种，现收录 2 种。

本属检索表

1　叶扁平形；花直径 1 ～ 2 cm。……………………………………………………………拟毛兰 *M. floribunda*

1　叶圆柱状；花直径 1 ～ 2 cm。…………………………………………………………指叶拟毛兰 *M. pannea*

拟毛兰

Mycaranthes floribunda

产于西藏墨脱[14]；区外见于云南勐腊。生于海拔 800 m 左右的林中树上。尼泊尔、不丹、缅甸、泰国、老挝、柬埔寨、越南、印度东北部也有分布。模式标本采自印度东北部。

植物体高 20 ～ 60 cm。茎仅基部稍膨大，圆柱形，密集着生，具多数节，整个节间为叶鞘所覆盖；叶鞘成纤维状撕裂，不脱落。叶厚革质，狭披针形，先端渐尖，基部稍收窄，叶脉不明显。花序 1 ～ 2 个，着生于茎顶端，从叶内侧发出，直立，密被灰白色绵毛，基部具 1 ～ 2 枚不育苞片，密生多花；花苞片卵状披针形或近三角形，背面被灰白色绵毛或仅下部被毛，先端渐尖，稍弯曲，常平展或反折，果时不落；花梗和子房密被灰白色绵毛；花淡黄绿色；萼片背面均密被灰白色绵毛；中萼片卵状椭圆形，先端钝；侧萼片近斜三角形，先端钝；花瓣无毛，长圆形，先端近圆钝，基部稍收窄；唇瓣轮廓近扇形，基部具一短柄，无关节，先端圆钝，3 裂；侧裂片近卵状三角形；中裂片近梯形；唇瓣上面自基部至近先端处具一条白色、哑铃形的凸起；蕊柱极短；花药卵形，药隔加厚；花粉团梨形，棕褐色。花期 4 ～ 6 月。

指叶拟毛兰

Mycaranthes pannea

产于西藏墨脱；区外见于海南、广西、贵州、云南。生于海拔 800 ～ 2200 m 的林中树上或林下岩石上。不丹、缅甸、泰国、老挝、柬埔寨、越南、新加坡、马来西亚、印度尼西亚、印度东北部也有分布。

植物体较小，幼时全体被白色绒毛，但除花序及花外，毛易脱落；根状茎明显，具鞘；假鳞茎上部近顶端处着生 3 ～ 4 枚叶，基部被 2 ～ 3 枚筒状鞘。叶肉质，圆柱形，稍两侧压扁，近轴面具槽，槽边缘常残留有稀疏的白色绒毛，顶端钝，基部套叠，叶脉不明显。花序 1 个，具 1 ～ 4 朵花；花苞片卵状三角形，先端钝；花黄色，萼片外面密被白色绒毛，内面黄褐色，疏被绒毛；中萼片长圆状椭圆形，先端圆钝；侧萼片斜卵状三角形，先端圆钝，基部与蕊柱足合生成萼囊；花瓣长圆形，先端钝，两面疏被白色绒毛；唇瓣近倒卵状椭圆形，不裂，上部稍肉质，干时深褐色，上面被白色短绒毛，背面基部被稍长的白色绒毛，其余部分被稍短的毛，先端圆钝，基部收窄并具 1 枚线形胼胝体，近端部具 1 枚显著的长椭圆形胼胝体；蕊柱极短，背面疏被白色绒毛；药帽卵形；花粉团梨形，扁平，黄色。花期 4 ～ 5 月。

蛤兰属
Conchidium

矮生草本，常丛生，附生或石生，通常在底物上形成垫。根茎匍匐，节间的 1 假球茎，球状、盘状或长圆形，强烈凹陷。叶 1 ～ 4 枚，生假鳞茎的顶部，倒卵形披针形，近无柄，具齿。花序顶生，单生；花梗丝状；花苞片盔状，膜质；花白色、淡绿色、浅红色或黄色。中萼片三角形，渐尖；侧面萼片斜三角形或披针形，渐尖，形成一明显的具柱足的子叶。花瓣倒卵形披针形或长圆形，渐尖或钝；唇全缘或 3 浅裂，具 1 爪；花柱弯曲。

本属全球约 10 种，不丹，中国南部，印度北部，日本南部，老挝，缅甸，尼泊尔，泰国，越南均有；中国 4 种，含 1 特有种；西藏记录有 2 种，现收录 1 种；网鞘蛤兰未见，仅收录于检索表中。

本属检索表

1　假球茎鳞片相邻，凹陷球状，盘状，被网状鞘包围，密集；花淡绿色。……………网鞘蛤兰 *C. pusillum*

2　假球茎于根茎上间隔 2 ～ 5 cm，近球形或压扁球形；花白色或淡黄色。…………………蛤兰 *C. pusillum*

蛤兰
Conchidium pusillum

产于西藏墨脱；区外见于广东深圳、香港和海南。生于林中，常与苔藓混生在石上或树干上。模式标本采自香港。

植株极矮小；假鳞茎密集着生，近球形或扁球形，被网格状膜质鞘，干时鞘脱落，顶端具 2 ～ 3 叶。叶倒披针形、倒卵形或近圆形，先端圆钝或近平截，具细尖头，基部收狭；叶脉 3 ～ 6 条，在两面凸起，仅中央 1 条主脉伸至叶顶端，第一对侧脉在叶近先端处弯曲，与中央脉相连结。花序生于假鳞茎顶端叶的内侧，具 1 ～ 2 朵花；花苞片卵形，先端渐尖；花小，白色或淡黄色；中萼片卵状披针形，先端钝；侧萼片卵状三角形，稍偏斜，先端渐尖，与蕊柱足合生成萼囊；花瓣披针形，先端渐尖；唇瓣近椭圆形，不裂，先端钝；蕊柱长仅 1 mm；花粉团线形，黄褐色。蒴果未见。花期 10 ～ 11 月。

柱兰属
Cylindrolobus

草本，附生，很少地生。茎细长，通常不具假鳞茎；偶见节间膨大，节上生叶，叶鞘宿存；叶互生，折合状，线状披针形，狭卵形或狭长圆形，革质；基部叶鞘紧密抱茎；花序侧生于节的末端；通常短而细长，花少，通常 1 朵；花梗强烈缩短，花呈螺旋状排列；在某些种中颜色鲜艳，肉质；花多数为白色或淡奶油色，有时在花萼的背面具毛黄色，中等大小，无毛或稀疏星状毛。花梗和子房无毛。中萼片常弯曲，侧萼片在基部倾斜，旗瓣无或小于萼片；唇瓣 3 裂；弯曲，具小凸起；侧萼片直立，包围花柱；在多数种中中裂片小于侧裂片；花柱短，花粉 8 个，矩形，1 大 1 小成对排列，后面 4 个小。

西藏有 3 种，现收录 2 种；细茎柱兰未见，仅收录于检索表中。

本属检索表

1 花序有毛。……………………………………………………墨脱柱兰 *C. motuoensis*
1 花序无毛。……………………………………………………………………(2)
2 唇瓣中裂片增厚，边缘具乳突。………………………………细茎柱兰 *C. tenuicaulis*
2 唇瓣不增厚，边缘光滑。……………………………………中缅柱兰 *C. glabriflorus*

墨脱柱兰
Cylindrolobus motuoensis

产于西藏墨脱。生长于海拔 2000 m 的林中树干上。

附生草本。根圆柱状，细长，具短柔毛，直径 1 ～ 1.5 mm。根状茎匍匐。茎细长。叶卵状披针形，渐尖；花序腋生，被短柔毛，生于茎的顶端附近，长 2 ～ 3 cm，具 2 朵花。花序梗长 1 ～ 1.5 cm，较小，丛生；花苞片深红色，椭圆形，先端尖锐，长 7 mm，宽 3 mm。花朵白色，萼片外部具棕色绒毛。中萼片披针形，5 脉，长 11 mm，宽 4 mm；花瓣披针形，稍斜，长 10 mm，宽 3 mm；唇瓣卵形，3 裂，先端钝，微缺，弯曲，长 6 mm，宽 3 mm；侧裂片近直立，唇盘具 3 条褶片，中央褶片纵向加厚，有橙色凸起，从基部到中裂片的顶端。花药卵形，花粉 8 个。花期 2 ～ 3 月。

中缅柱兰

Cylindrolobus glabriflorus

产于西藏墨脱。生长于海拔 1750 m 的林中树干上。

附生草本。根圆柱状，细长，短柔毛，粗 0.8 ～ 1 mm。根状茎不明显。茎簇生，圆柱状，细长，顶端四裂，被紧密贴合的鞘覆盖，长 13 ～ 25 cm，粗 3 ～ 4 mm。叶披针形，渐尖，长 4.5 ～ 6.5 cm，宽 0.8–1.5 cm。花序腋生，无毛，发生自茎的顶端，长 1.3 cm，2 朵花。花序梗长 0.5 cm；花黄色，长 7 ～ 8 mm；花苞片淡黄绿色，具红棕色边缘，倒卵形，长 4 mm，宽 2.5 mm；花梗和子房长 4 ～ 6 mm。中萼片披针形，先端钝，3 脉，长 6 mm，宽 2 mm；侧萼片卵形，先端钝，3 脉，长 5 mm，宽 3.5 mm，基部贴生于蕊柱足；花瓣长圆形卵形，基部稍倾斜，先端钝，1 脉，长 5 mm，宽 2 mm；唇瓣长圆形，三裂，长约 3.5 mm，宽 1.5 mm；侧裂片具肋，近卵形，先端稍凹，具 2 个红棕色凸起。蕊柱半圆形，长 3.5 mm，有翅。蕊柱足弯曲，长 4 mm；花粉 8 个，淡黄白色。花期 4 ～ 5 月。

苹兰属
Pinalia

草本，附生或陆生。茎紧密在一起，椭圆形在横切面，数个相等或不相等扩大节间的每一个被半透明叶鞘覆盖，在茎上产生一明显的脉序，具叶在上半部分或近先端的几片叶上。叶线形，披针形，或狭椭圆形，大部分革质，没有一明显叶柄。花序合生，腋生，直立或下垂，总状，松弛到浓密多花，脱落时在茎上留下一坑，轴通常具小，鳞片状棕色毛；花苞片明显和通常大。花开不开，颜色变化很大，小到中等大小。萼片密被到疏生短柔毛背面；背萼片狭三角形或狭椭圆形；三角形的侧面萼片，在基部腹加宽，附生于一长柱足形成一颏。花瓣在大小和颜色上与背萼片相似；唇3浅裂，铰在基部到柱脚；通常装饰有不同长度和数量的乳突龙骨的圆盘，或没有龙骨；容易分离的花药盖；花粉块8个，棍棒状的。

本属全球约160种，从喜马拉雅山西北部和印度东北部到缅甸，中国南部，越南，老挝，泰国，马来群岛，澳大利亚东北部，和太平洋岛屿；中国17种，含6个特有种；西藏记录10种；本书收录7种；厚叶苹兰、密苞苹兰、长苞苹兰未见，仅收录于检索表中。

本属检索表

1　花序偏向一侧。……鹅白苹兰 *P. stricta*
1　花序不偏向一侧，通常螺旋状排列。……(2)
2　唇瓣与花柱基部紧密连合。……(3)
2　唇瓣与花柱基部稍连合。……(4)
3　花序明显圆柱形，密生很多花。……密花苹兰 *P. spicata*
3　总状花序松散排列；假鳞茎圆柱形；唇瓣卵圆形。……密苞苹兰 *P. conferta*
4　假鳞茎具1～2个明显的节。……(5)
4　假鳞茎具多个节。……(6)
5　假鳞茎8～17 cm；叶片肉质；花黄棕色；唇瓣5裂，花盘增厚，明显凸出。…厚叶苹兰 *P. pachyphylla*
5　假鳞茎2.5～3.5 cm；花浅黄色至浅灰色，直径5～10 mm；唇瓣中央褶皱；花盘通常具2个胼胝体。……反苞苹兰 *P. excavata*
6　假鳞茎狭圆柱形，基部联合；萼片和花瓣纯白色。……禾颐苹兰 *P. graminifolia*
6　假鳞茎瓶状或卵状，较短宽，聚集在一起；花萼与花瓣颜色多变。……(7)
7　花梗与子房无毛；假鳞茎棱形，有时为瓶状或扁；叶4～10 cm。……钝叶苹兰 *P. acervata*
7　花梗与子房有毛。……(8)
8　萼片与花瓣浅黄色到淡绿色，具红色脉络，先端偏黄色。……粗茎苹兰 *P. amica*
8　萼片与花瓣纯白色。……长苞苹兰 *P. obvia*

球花苹兰（新拟）

Pinalia globulifera

产于西藏墨脱（中国新记录）。生长于海拔 800 ～ 1200 m 的林中树干上。印度东北部、泰国也有分布[15]。

附生草本。茎通常多节，紧靠在一起，长 10 ～ 15 cm，直径 1 ～ 2 cm，扁圆柱形。叶 2 ～ 4，倒披针形，长 10 ～ 22 cm，宽 2 ～ 3.5 cm。2 ～ 3 个花序从叶腋抽出，长 2 ～ 4 cm。每个花序长 3 ～ 4 cm，球状，密生 10 余朵小花；花苞卵状三角形，长 5 ～ 8 mm，宽 2.5 ～ 4.5 mm，先端渐尖；花梗和子房长约 4 mm，近无毛。花白色或淡白色；中萼片长 6 mm，宽 4 mm，卵形，先端钝，具 3 脉；侧萼片宽卵形，长 5 ～ 5.5 mm，宽 3.5 ～ 4 mm，具 3 脉，先端略尖；花瓣长 4 mm，宽 2 ～ 2.5 mm，长圆状披针形，先端钝，具 1 脉；唇瓣 3 浅裂，侧裂片折叠向上，白色半圆形，中裂片半圆形，基部宽，先端黄色；蕊柱长 1.5 mm，蕊柱足长 2 mm；药帽宽 1.5 mm，8 室。花粉块 8 个，分 2 组，每组 4 个。

鹅白苹兰
Pinalia stricta

产于西藏墨脱；区外见于云南。生于海拔 800 ～ 1300 m 的山坡岩石上或山谷树干上。尼泊尔、印度东北部和缅甸也有分布。

根状茎不明显；假鳞茎密集着生，圆柱形，顶端稍膨大，基部具撕裂的或纤维状鞘，顶生 2 枚叶。叶披针形或长圆状披针形，先端急尖，基部狭窄，具 6 ～ 10 条主脉；叶柄很短。花序 1 ～ 3 个，从假鳞茎顶端叶内侧发出，密生多数花，基部具 1 枚三角形不育苞片；花序轴、花梗和子房密被白色绵毛；花苞片菱形，无毛；萼片背面密被白色绵毛；中萼片卵形，先端急尖；侧萼片卵状三角形，先端钝；花瓣卵形，先端钝，无毛；唇瓣轮廓近圆形，3 浅裂；侧裂片近三角形，与中裂片近平行；中裂片近扁圆形，先端圆钝；唇盘中央有一条自基部至中裂片先端的加厚带，上面有 3 条褶片，至中裂片近先端处具一球形胼胝体，有时整个中裂片上部加厚；蕊柱长约 1.5 mm，两侧各具 1 条倒三角形的翅；蕊柱足长约 2 mm；药帽卵形，高约 0.5 mm；花粉团倒卵形。蒴果纺锤状，密被白色绵毛；果柄极短，长约 1 mm，亦密被白色绵毛。花期 11 月至次年 2 月，果期 4 ～ 5 月。

密花苹兰

Pinalia spicata

产于西藏陈塘、吉隆、樟木、墨脱；区外见于云南。生于海拔 800 ～ 2800 m 的山坡林中树上或河谷林下的岩石上。尼泊尔、缅甸、泰国、印度东北部也有分布。

假鳞茎紧靠，圆柱形或纺锤形，长 3 ～ 16 cm，粗 0.5 ～ 1.5 cm，具单节间，幼嫩时被 5 ～ 6 枚膜质鞘，顶生 2 ～ 4 枚叶。叶椭圆形或倒卵状披针形，长 5 ～ 22 cm，宽 1 ～ 4 cm，先端钝，基部渐狭，具 7 ～ 11 条主脉。花序 1 ～ 3 个，从假鳞茎顶端的叶的外侧发出，长 4 ～ 5 cm，密生许多花，基部具 2 枚鞘；花序轴、花梗和子房密生锈色柔毛；花苞片披针形，与花梗和子房近等长，长约 8 mm，先端渐尖，无毛；花白色，仅唇瓣先端黄色；中萼片椭圆形，长约 6 mm，宽 2.5 mm，先端圆钝；侧萼片卵状三角形，偏斜，长约 6 mm，先端急尖，基部与蕊柱足合生成萼囊；花瓣椭圆形，长约 5 mm，宽 2 mm，先端圆钝；唇瓣轮廓近菱形，长宽各约 5 mm，基部收狭成爪，3 裂；侧裂片卵状三角形，与中裂片相交约成直角；中裂片较侧裂片小，增厚，三角形，长约 1 mm，基部宽约 1.5 mm，先端渐尖；蕊柱短，长约 2 mm，上端稍膨大；蕊柱足长约 3 mm；花粉团倒卵形。蒴果圆柱形，长约 1.5 cm，粗近 3 mm。花期 7 ～ 10 月，果期不详。

反苞苹兰

Pinalia excavata

产于西藏波密、墨脱、聂拉木。生于海拔 1750 ～ 2100 m 的河谷路边阔叶林中。尼泊尔和印度锡金邦也有分布。模式标本采自尼泊尔。

根状茎粗壮，多少被鞘的纤维状残留物；假鳞茎相隔约 1 cm，圆柱状，长约 3 cm，具 2 ～ 3 节，基部具鞘，顶生 4 ～ 5 枚叶。叶椭圆状倒披针形，长达 18 cm，宽 2 ～ 3.4 cm，先端锐尖，基部收窄成柄，具 7 ～ 8 条主脉。花序从叶腋内伸出，直立，长 15 ～ 18 cm，被褐色柔毛，疏生少数花；花苞片披针形，长约 7 ～ 8 mm，先端渐尖，外面被褐色柔毛；花梗和子房长约 7 ～ 8 mm，亦被褐色柔毛；花白色；萼片外面被褐色柔毛；中萼片近椭圆形，长约 9 mm，宽近 3 mm，先端锐尖；侧萼片镰状披针形，与中萼片近等长，稍宽，先端锐尖，基部与蕊柱足合生成萼囊；花瓣椭圆形，长约 6 mm，宽 2 mm，先端锐尖；唇瓣近圆形，长近 5 mm，近基部 3 裂，基部凹陷；侧裂片小，卵状三角形，内侧各具一个直立胼胝体，先端钝；中裂片近肾形，长约 4 mm，宽近 5 mm，先端微凹，基部发出五条扇状脉，中间一条直达先端并伸出成小尖头，脉上均具褶片或增粗；蕊柱小，长仅 1 mm 左右；蕊柱足向内弯曲；花粉团倒卵形，长 0.6 mm。蒴果圆柱形，长 1 ～ 1.5 cm。花期 6 月。

禾颐苹兰

Pinalia graminifolia

广布于西藏陈塘、亚东、通麦、墨脱、察隅；区外见于云南。生于海拔 1600 ～ 2500 m 林中的树干或岩石上。尼泊尔、不丹和印度东北部也有分布。

假鳞茎不膨大，在根状茎上紧密排成一列，圆柱形，长 8 ～ 17 cm，粗 3 ～ 8 mm，具 5 ～ 6 枚膜质鞘，顶生 2 ～ 6 枚叶。叶椭圆形或长圆状披针形，长 5 ～ 16 cm，宽 0.8 ～ 3 cm，先端渐尖或长渐尖，基部收狭，具 5 ～ 9 条主脉，无柄。花序 1 ～ 3 个，从近茎顶端处发出，短于叶，具 10 余朵或更多的花；花序轴和子房密被黄褐色柔毛；花苞片卵形，长 5 ～ 10 mm，先端长渐尖，无毛；花白色，唇瓣带黄色斑点；中萼片长圆形，长 6 ～ 8 mm，宽约 2 mm，先端钝或渐尖；侧萼片近镰形，长约 8 mm，宽约 3 mm，先端渐尖；花瓣狭长圆形，长 5 ～ 6 mm，宽约 2 mm，先端钝；唇瓣轮廓为倒卵形，长约 5 mm，宽约 4 mm，3 裂；侧裂片长圆形，与中裂片几成直角，内侧近边缘处各具 1 个三角形胼胝体，先端向外弯曲；中裂片近扁圆形，先端浑圆或急尖，中央具 1 条高褶片，自近基部延伸至先端近 2/3 处；蕊柱近圆柱形，先端稍膨大，长约 2 mm；蕊柱足长约 2 mm；药床两侧具狭翅；药帽近卵圆形，长约 1 mm；花粉团倒卵状圆柱形，长约 0.5 mm，褐色。蒴果圆柱形，长约 1 cm，粗约 3 mm。花期 6 ～ 7 月，果期 8 月。

钝叶苹兰

Pinalia acervata

产于西藏墨脱；区外见于云南。生海拔 600 ～ 1500 m 的疏林中树干上。印度东北部、缅甸、泰国、老挝、柬埔寨和越南也有分布。

假鳞茎纺锤状，酒瓶状，通常 2 ～ 3 个或有时 8 个密集着生成一排，具 2 ～ 5 枚鞘。叶 2 ～ 4 枚生于假鳞茎顶端，长圆状披针形，先端钝并稍不等侧的 2 裂，基部渐狭。花序 1 ～ 3 个，从假鳞茎顶端或近顶端的叶腋发出；花苞片卵形或卵状披针形，先端长渐尖，边缘稍具疏细齿；萼片和花瓣白色；中萼片狭卵形，先端渐尖，具 5 脉；侧萼片镰状披针形，先端渐尖，基部与蕊柱足合生成长萼囊；花瓣披针形，先端钝；唇瓣黄色，轮廓近宽菱形，基部具膝状关节，3 裂；唇盘上具 3 条纵贯的龙骨状褶片从基部延伸至中裂片中部；花药顶生，黄色，椭圆形。花期 8 月，果期 9 月。

粗茎苹兰

Pinalia amica

产于西藏墨脱；区外见于台湾、云南。生于海拔 900 ～ 2200 m 的林中树上。尼泊尔、不丹、印度、缅甸、老挝、越南、柬埔寨和泰国也有分布。

假鳞茎纺锤形或圆柱形，基部具鞘，顶端具 1 ～ 3 枚叶。叶长椭圆形或卵状椭圆形，先端急尖，基部渐狭成柄，具 8 ～ 12 条主脉。花序 1 ～ 2 个，从靠近假鳞茎中上部的鞘中发出，有时甚至从近基部发出，近直立，疏生 6 ～ 10 朵花；花苞片椭圆形或椭圆状披针形，具 6 ～ 7 脉，无毛；萼片和花瓣黄色带紫褐色脉纹，唇瓣黄色；萼片均具锈色曲柔毛；中萼片长圆状披针形，先端钝；侧萼片斜卵状三角形，先端渐尖；花瓣倒卵状披针形，先端渐尖；唇瓣轮廓近倒卵状椭圆形，3 裂；侧裂片卵状椭圆形，向内弯曲，先端钝，与中裂片相交成极小的锐角；中裂片肾形，先端具凹缺，肉质，仅中间部分非肉质；唇盘上具 3 条褶片，中央褶片在中裂片上增粗，两侧褶片则自唇盘基部上方开始增粗成脊状，一直延伸到中裂片基部。花期 3 ～ 4 月，果期 6 月。

绒兰属

Dendrolirium

附生草本。根状茎粗壮。茎通常细长。叶二列，对生，狭椭圆形，革质。花序侧生或近顶生，直立，从假鳞茎或纤细茎的基部生出，花序梗无毛到密被短柔毛；花的颜色相当暗淡，通常带褐色或黄绿色。萼片背面具柔毛；花瓣离生，披针形到倒披针形。蕊柱短，蕊柱足弯曲；花粉块8个，大小相等，侧面压扁，棍棒状。

本属全球约12种，分布于东喜马拉雅至东南亚地区。我国有2种。西藏分布1种，同时该种为中国新记录种。

锈色绒兰（新拟）

Dendrolirium ferrugineum

产于西藏墨脱（中国新记录）。生于海拔700～1200 m岩石或混交林中树上。印度也有分布[13]。

附生植物，茎长可达10～20 cm，根状茎粗壮，匍匐。茎圆筒状，具节4～5个，具鞘。具叶2～4，叶片狭长圆状椭圆形，肉质；总状花序松散，被淡黄棕色绒毛；花苞片绿色，披针形，被绒毛，反折，先端渐尖。花黄绿色，肉质；花梗和子房与花苞片等长。中萼片长圆形，先端钝；侧萼片卵形，在基部合生。花瓣倒卵形，先端钝。唇瓣白色具红紫色斑点，近卵形，先端钝，3裂；侧裂片短，圆形到近方形，微凹；中裂片长圆形。花期5～7月。

美柱兰属
Callostylis

附生草本；根状茎延长，较细或中等粗，具较长的节；假鳞茎生于根状茎上，梭状至圆筒状。叶2～5枚，生于假鳞茎顶端或近顶端处。总状花序顶生或在茎上部侧生，通常2～4个，具数朵至10余朵花；花中等大；萼片与花瓣离生，两面均多少被毛；花瓣略小于萼片；唇瓣基部以活动关节连接于蕊柱足，不裂，唇盘上有1个垫状凸起；蕊柱长，向前弯曲成钩状或至少近直角，具明显的蕊柱足，蕊柱足上有1个肉质的胼胝体。

本全属全球5～6种，分布于东南亚至喜马拉雅地区印度，印度尼西亚，老挝，马来西亚，缅甸，泰国，越南等；我国有2种。

美柱兰
Callostylis rigida

产于西藏墨脱（西藏新记录）；区外见于云南。生于海拔1100～1700 m混交林中树上。印度、缅甸、越南、老挝、泰国、马来西亚、印度尼西亚也有分布。

根状茎横走，节上具长1～1.5 cm的圆筒状鞘；假鳞茎近梭状或长梭状，近顶端处具4～5枚叶。叶近长圆形或狭椭圆形，基部收狭为短柄，干后革质，有光泽。总状花序通常2～4个，具10余朵花；花苞片近圆形或宽卵圆形；花除唇瓣褐色外，均绿黄色；萼片背面被灰褐色毛；中萼片椭圆形，先端钝；侧萼片亦椭圆形，稍短而宽；花瓣狭椭圆状倒卵形；唇瓣近宽心形或宽卵形，先端具短尖，唇盘上有1个垫状凸起；蕊柱向前呈直角弯曲；蕊柱足上的胼胝体暗紫色。蒴果狭长圆形，有6条纵肋，多少被毛。花果期5～6月。

盾柄兰属
Porpax

附生小草本；假鳞茎密集，扁球形，外被白色的膜质鞘；鞘具网状脉或其他脉纹。叶 2 枚，生于假鳞茎顶端，花后出叶或花叶同时存在，椭圆形、卵形或其他形状。花葶从假鳞茎顶端或基部穿鞘而出，由于甚短，貌似直接着生于假鳞茎上，通常只具单花，罕有 2 ～ 3 花；花近圆筒状，常带红色；3 枚萼片不同程度地合生成萼管，其中 2 枚侧萼片合生至上部或完全合生，基部与蕊柱足完全合生并向前方凸出而成短囊状；中萼片与侧萼片之间至少在下部合生；花瓣通常略小而短，常呈匙形或长圆形，有时有毛；唇瓣很小，完全藏于萼筒之内，基部着生于蕊柱足末端，上部常外弯；蕊柱中等长，有明显的蕊柱足；花粉团 8 个，蜡质，每 4 个着生于 1 个黏盘上；蕊喙较大，常遮盖柱头。

本属全球约 11 种，分布于亚洲大陆热带地区，从喜马拉雅地区经过印度、缅甸、越南、老挝、泰国到马来西亚和加里曼丹岛。我国有 1 种。标本采集于西藏墨脱，采集至今未见开花，所以无法定种，但从植株形态来看无疑是本属。

牛角兰属

Ceratostylis

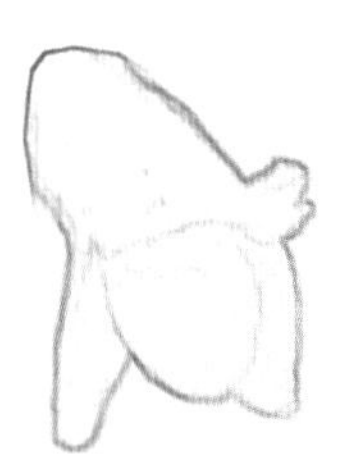

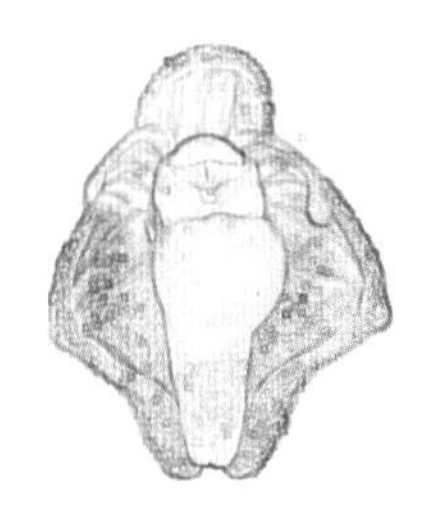

附生草本，具根状茎，无假鳞茎。茎丛生，较纤细，不分枝或分枝，基部常被多枚鳞片状鞘，有时整个为鞘所覆盖；鞘常为干膜质，红棕色。叶1枚，生于茎或分枝顶端，扁平而狭窄或近圆柱形，常革质或肉质，一般较小，基部有关节。花序顶生，通常具数朵簇生的花，较少减退为单花；花较小；萼片相似，离生；侧萼片贴生于蕊柱足上并多少延伸而形成种种形状的萼囊，包围唇瓣下部；花瓣通常比萼片小；唇瓣生于蕊柱足末端，基部变狭并多少弯曲，稍肥厚或部分肥厚，不裂或不明显3裂，无距；蕊柱短，顶端有2个直立的臂状物，基部具较长的蕊柱足；花药顶生，向前俯倾；花粉团8个，每4个为一群，蜡质；花粉团柄短或不明显，共同附着于1个小的黏盘上。

本属全球约100种，主要分布于东南亚，向西北到达喜马拉雅地区，向东南到达新几内亚岛和太平洋岛屿。我国有3种，1特有种；西藏记录3种，现增加1种新分布，收录4种。

本属检索表

1　叶近圆柱形，近直立，茎长可达20 cm以上，花黄色。……………………………管叶牛角兰 *C. subulata*

1　叶线形到狭长型，茎长不到10 cm，完全被鞘包围。……………………………………………(2)

2　茎分支。……………………………………………………………………………叉枝牛角兰 *C. himalaica*

2　茎不分支。……………………………………………………………………………………………(3)

3　叶长15～20 cm，花白色不具条纹。………………………………………………西藏牛角兰 *C. radiata*

3　叶长2.5～6 cm，花白色带紫红色条纹。…………………………………………泰国牛角兰 *C. siamensis*

管叶牛角兰

Ceratostylis subulata

产于西藏墨脱地东（西藏新记录）；区外见于海南。生于海拔 750 ～ 1100 m 的林中树上或岩石上。印度、老挝、越南、柬埔寨、泰国、马来西亚、印度尼西亚、菲律宾也有分布。

附生草本，具粗短根状茎和许多纤维根。茎密丛生，圆柱形，形似灯心草，近直立，长 6 ～ 26 cm，基部被 5 ～ 6 枚鳞片状鞘，顶端具 1 节，节上生 1 枚叶和 1 个缩短的花序；鞘卵状披针形，长 5 ～ 20 mm，红棕色。叶直立，近圆柱状，貌似茎之延续，长 2.3 ～ 5.2 cm，粗约 2 mm，向先端渐狭，常在花后脱落。花序生于茎顶端节上，在直立叶未脱落前貌似侧生，缩短成近头状，具数朵花，基部有数枚不育苞片；不育苞片卵状披针形，长 5 ～ 7 mm；花苞片略小于不育苞片；花梗和子房很短，被疏毛；花绿黄色或黄色；萼片长圆形，长约 2.5 mm，宽约 1 mm，先端近急尖，背面被毛；侧萼片略宽于中萼片，基部贴生于蕊柱足上，形成近棒状的萼囊；萼囊长约 0.5 mm，末端略 2 裂，外面被短毛；花瓣披针状菱形，长约 3 mm，宽约 0.7 mm，先端急尖，无毛；唇瓣着生于蕊柱足末端，略呈匙形，长 2 ～ 3 mm，宽约 1.5 mm，基部收狭成爪，上端增厚而呈肉质；爪上有 2 枚纵褶片；蕊柱短，有蕊柱足。蒴果倒卵状椭圆形或椭圆形，长 5.5 ～ 6.5 mm，粗 2.5 ～ 3.5 mm。花果期 6 ～ 11 月。

叉枝牛角兰

Ceratostylis himalaica

产于西藏墨脱；区外见于云南镇康、景洪、屏边。生于海拔 900 ～ 1700 m 的林中树上或岩石上。尼泊尔、不丹、印度、缅甸、老挝、越南也有分布。模式标本采自尼泊尔。

附生草本，具粗短根状茎和许多纤维根。茎丛生，长 2 ～ 7 cm，呈 2 叉状分枝，全部为鳞片状鞘所覆盖；鞘红棕色或浅红棕色，膜质，卵状披针形，长 5 ～ 10 mm 或更长，先端长渐尖。叶 1 枚，生于分枝顶端，线形或狭长圆形，长 3.5 ～ 6.5 cm，宽 3 ～ 7 mm，先端略为不等的 2 浅裂或裂口不明显，基部收狭为柄；叶柄长 4 ～ 6 mm。花序生于分枝顶端，通常具 2 ～ 3 朵花，有时仅 1 朵；花苞片很小；花序柄和花梗长约 4 mm，多少被短柔毛；花小，白色而有紫红色斑，蕊柱黄色；中萼片长圆状卵形，长 5 ～ 6 mm，宽 2 ～ 3.5 mm，背面被短柔毛；侧萼片宽卵形，长 3.5 ～ 4.5 mm，基部仅一部分着生于蕊柱足上，另一侧延伸为萼囊并围抱唇瓣基部，背面亦被短柔毛；花瓣线形，长 3.5 ～ 4.5 mm，宽约 1 mm，无毛；唇瓣着生于蕊柱足上，近长圆形，不裂，长 2 ～ 3 mm，肥厚，凹陷成舟状，基部呈深囊状，顶端靠背面有 1 个垫状胼胝体，唇盘上有少量毛；蕊柱短，顶端臂状物貌似牛角，基部有蕊柱足。蒴果椭圆形，长 6 ～ 7 mm，粗 3 ～ 4 mm。花果期 4 ～ 6 月。

西藏牛角兰

Ceratostylis radiata

产于西藏墨脱德兴乡。生长于海拔 800 m 向阳面岩石上。印度东北部、尼泊尔也有分布。

附生草本。茎短，成簇，高 2 ～ 2.5 cm，粗 5 mm，被 2 个鞘包裹，叶线形披针形，细长，长 15 ～ 25 cm；宽 1.4 ～ 2.2 cm，叶柄长 1 cm，通过关节与茎相连。总状花序从叶腋生出，基部有 3～4 枚鞘包裹，鞘三角卵形，长 1.5 ～ 1.7 cm，宽 1 cm，顶端渐尖。花白色，花梗和子房长 9 ～ 10 mm。花苞片三角形，长 2 ～ 2.5 cm，宽 3 ～ 3.5 mm；中萼片披针形，背面具毛，基部稍密，顶端尖，5 条脉，侧萼片稍短；花瓣长 12 ～ 13 mm，宽 3 mm，线形披针形，先端渐尖，短于萼片，3 脉；唇瓣长 15 mm，三裂，侧裂片裂三角形，先端钝；蕊柱足长 3 mm；药帽长圆形；花粉 8 个。花期 11 月至次年 1 月。

泰国牛角兰

Ceratostylis siamensis

产于西藏墨脱德尔贡；区外见于云南。生于海拔 1500 ～ 1700 m 密林中树干上。印度东北部、泰国也有分布。

附生草本，具粗短根状茎和许多纤维根。茎丛生，长 1.5 ～ 7 cm，茎不分枝，全部为鳞片状鞘所覆盖；鞘红棕色或浅红棕色，膜质，卵状披针形，先端长渐尖。叶 1 枚，生于枝顶端，线形或狭长圆形，长 3.5 ～ 6.5 cm，宽 3 ～ 7 mm，先端略为不等的 2 浅裂或裂口不明显，基部收狭为柄。花序生于分枝顶端，通常具 1 朵花；花苞片很小；花序柄和花梗长约 4 mm，多少被短柔毛；花小，黄白色而有红色条纹，蕊柱黄色；中萼片长圆状卵形，背面被短柔毛；侧萼片宽卵形，基部仅一部分着生于蕊柱足上，另一侧延伸为萼囊并围抱唇瓣基部，背面亦被短柔毛；花瓣线形，无毛；唇瓣黄色，着生于蕊柱足上，近长圆形，不裂，肥厚，凹陷成舟状；蕊柱短，顶端臂状物貌似牛角，基部有蕊柱足。花期 4 ～ 6 月。

宿苞兰属

Cryptochilus

附生草本；假鳞茎聚生，近圆柱形，初时为数枚鞘所包，后期鞘脱落。叶 2 ～ 3 枚，生于假鳞茎顶端或近顶端处，常为狭椭圆形，基部收狭成短柄，具关节。花葶生于假鳞茎顶端，无毛；总状花序具多数花；花苞片钻形，向花序轴两侧平展或斜展，规则地排成二列，宿存，甚为美观；花较密集；中萼片与侧萼片合生成筒状或坛状，仅顶端分离，两侧萼片基部一侧略有浅萼囊；花瓣小，离生，包藏于萼筒内；唇瓣贴生于蕊柱足末端，基部略弯曲，不裂，整个包藏于萼筒之内；蕊柱短，顶端稍扩大，有短的蕊柱足；花粉团 8 个，每 4 个为一群，无花粉团柄，共同附着于 1 个黏盘上。

本属全球约 10 种，分布于不丹，中国南部，印度北部，老挝，缅甸，尼泊尔，泰国，越南等；中国记录 3 种，含 1 特有种。西藏记录有 2 种，现增加 1 种新分布，收录 3 种。

本属检索表

1　假鳞茎通常着生 1 枚叶。……翅萼宿苞兰 *C. carinatus*

1　鳞茎通常着生 2 枚叶。……(2)

2　花管鲜红色；花粉块绿色。……红花宿苞兰 *C. sanguinea*

2　花管黄色；花粉块黄色。……宿苞兰 *C. luteus*

宿苞兰

Cryptochilus luteus

产于西藏墨脱；区外见于云南。生于海拔 1500 ～ 2300 m 的密林中或林缘的树上或石隙上。不丹、印度东北部也有分布。模式标本采自印度大吉岭。

根状茎粗短假鳞茎聚生于短的根状茎上，近圆柱形，近顶端有 2 ～ 3 节，外被数枚鞘；鞘膜质，淡褐色，后期脱落。叶通常 2 枚，生于假鳞茎顶端，狭长圆形至近倒披针状长圆形，干后坚纸质，先端渐尖，基部渐狭成柄；叶柄长 1 ～ 3 cm。花葶从幼嫩的假鳞茎顶端两枚叶片中央发出，偶见分枝；总状花序常略向外弯曲，密生 20 ～ 40 朵花；花苞片二列，近平展或斜展，坚挺，宿存，狭披针形，中央凹陷成槽，先端长渐尖；花梗和子房密生短柔毛；花黄绿色或黄色；萼片合生成的萼筒近坛状，外面无毛；顶端裂片卵状三角形；侧萼片基部凸出，短囊状；花瓣藏于萼筒之内，倒卵状披针形；蒴果近长圆形。花期 6 ～ 7 月，果期 9 ～ 10 月。

翅萼宿苞兰

Cryptochilus carinatus

产于西藏墨脱背崩（西藏新记录）；区外见于云南。生长于海拔 1100 m 的林中树干上。印度、尼泊尔也有分布。

根状茎粗壮，直径约 5 ～ 8 mm。假鳞茎相连，或者彼此相距 0.5 ～ 1.5 cm，近圆锥形，长约 2.5 ～ 6 cm，宽约 1.5 ～ 3.5 cm，幼时被鞘。顶生 1 枚叶卵形或长圆形，长约 12.7 ～ 34.4 cm，宽约 4.5 ～ 6 cm，厚革质，先端急尖或短尖，基部渐狭成柄；叶柄长约 2.5 ～ 7.5 cm。花葶从幼嫩的假鳞茎顶端连同叶片发出；总状花序，具 2 ～ 3 朵花，暗红色；花苞片近披针形，长约 3.2 ～ 5.5 cm，宽约 8 mm，先端长渐尖，背面具龙骨状；花梗连同子房三棱状具翅，长约 1.4 ～ 1.6 cm；中萼片近卵状披针形，长约 1.9 ～ 2.1 cm，宽约 8 mm，背面具龙骨状凸起，先端短尖；侧萼片近三角状披针形，长约 2 ～ 2.4 cm，中部宽约 6 ～ 7 mm，背面有高达 2 mm 的翅，翅末端具不规则的齿；花瓣近卵状披针形，长约 1.8 cm，宽约 8 mm，先端急尖；唇瓣 3 裂，长约 1.5 cm；侧裂片近半月形，直立，宽约 3 mm；唇盘上 3 条肥厚褶片自基部延伸到中裂片先端，中裂片近宽卵形，长约 9 mm，宽约 7 mm，先端具短尖；蕊柱白色，长约 8 mm，粗约 4 mm，上端稍扩大；蕊柱足粉红色，长约 8 mm，宽约 3 mm；药帽头盔状，黄色；花粉团稍扁的倒卵形，8 个，长约 1 ～ 1.5 mm，宽约 1 mm。花期 10 ～ 11 月。

红花宿苞兰

Cryptochilus sanguinea

产于西藏墨脱；区外见于云南。生于海拔 1800 ～ 2100 m 的林中树上。尼泊尔、印度东北部也有分布。

根状茎粗短，具密集的假鳞茎；假鳞茎圆柱形或狭卵状圆柱形，长 1.5 ～ 3 cm，粗 5 ～ 8 mm，具 2 ～ 3 节，外被数枚鞘；鞘膜质，浅褐色，后期脱落。叶通常 2 枚，生于假鳞茎顶端，狭长圆形至倒披针状长圆形，长 6 ～ 15 cm，宽 1.5 ～ 3 cm，干后坚纸质，先端短渐尖，基部逐渐收狭成柄；叶柄长 7 ～ 15 mm。花葶从幼嫩的假鳞茎顶端两枚叶片中央发出，长 10 ～ 26 cm，近直立；总状花序长 4 ～ 8 cm，具 10 ～ 30 朵花；花苞片二列，平展或斜展，坚挺，宿存，狭披针形，长 5 ～ 21 mm，中央凹陷成槽，先端长渐尖；花梗和子房长 4 ～ 10 mm，密被白色长柔毛；花鲜红色，长 6 ～ 11 mm；萼片合生成的萼筒长 6 ～ 9 mm，外面密被白色长柔毛；顶端裂片卵状三角形，长 3 ～ 4 mm，近无毛；侧萼片基部明显凸出而成囊状；花瓣藏于萼筒之内，倒披针形，长 5 ～ 6 mm，宽约 1 mm；唇瓣生于蕊柱足末端，近长圆形，长约 7 mm，宽约 2 mm，整个藏于萼筒之内；蕊柱粗短，有短的蕊柱足。花期 6 ～ 8 月。

禾叶兰属

Agrostophyllum

附生草本，无假鳞茎。茎常丛生。叶二列，通常狭长圆形至线状披针形，质地较薄，基部具叶鞘并有关节。花序顶生，花通常较小；萼片与花瓣离生；花瓣较狭小；唇瓣常在中部缢缩并有1条横脊，形成前后唇；后唇基部凹陷成囊状，内常有胼胝体；蕊柱短，无明显的蕊柱足；花药俯倾；花粉团8个，蜡质，通常有短的花粉团柄，共同附着在1个黏盘上；柱头穴大，近圆形；蕊喙明显，近三角形。

本属全球40～50种之间；分布于热带亚洲与大洋洲，仅1种分布在达非洲东南部的塞舌尔群岛；中国有2种；西藏记录有1种，现收录1种。

禾叶兰

Agrostophyllum callosum

产于西藏墨脱；区外见于海南和云南。生于海拔900～2400 m的密林中树上。尼泊尔、不丹、印度、缅甸、泰国、越南也有分布。

植株基部有匍匐根状茎；根状茎坚硬，具鞘。茎直立，不分枝，中下部圆柱形，上部多少压扁，具多枚二列排列的叶。叶禾状，纸质，从基部向顶端渐狭，先端为不等的2圆裂，基部具鞘；鞘圆筒状，一侧开裂，具黑色膜质边缘。花序顶生，近头状，密生数朵至10余朵花；花苞片箨状，近长圆形，多脉；花梗极短；花淡红色或白色而带紫红色晕，很小；中萼片近圆形；唇瓣近宽长圆形，中部略缢缩，基部凹陷成浅囊状，内有1枚胼胝体；蕊柱短，无明显的蕊柱足。蒴果椭圆形。花果期7～8月。

矮柱兰属

Thelasis

附生小草本，具假鳞茎或缩短的茎，后者常包藏于套叠的叶鞘中。叶 1 ～ 2 枚，生于假鳞茎顶端或多枚二列地着生于缩短的茎上，后者基部具鞘并互相套叠，有时有关节。花葶侧生于假鳞茎或短茎基部，通常较细长；总状花序或穗状花序具多花；花很小，几乎不张开；萼片相似，靠合，仅先端分离；侧萼片背面常有龙骨状凸起；花瓣略小于萼片；唇瓣不裂，多少凹陷，着生于蕊柱基部；蕊柱短，无蕊柱足；花药直立，药帽先端收狭为钻状；花粉团 8 个，每 4 个为一群，蜡质，共同连接于一个细长而上部稍扩大的花粉团柄上；黏盘近狭椭圆形；蕊喙顶生，直立，渐尖，2 裂（黏盘脱出后）；柱头较大。蒴果较小。

全属约 20 种，产于亚洲热带地区，主要见于东南亚，向北可到尼泊尔和我国南部，向南可到新几内亚岛。我国有 2 种；西藏记录有 3 种；滇南矮柱兰未见，因此未收录。

矮柱兰

Thelasis pygmaea

产于西藏墨脱；区外见于台湾、海南和云南。生于海拔 1100 m 以下溪谷旁树干上。尼泊尔、印度、缅甸也有分布。

假鳞茎聚生，扁球形，顶端通常具 1 枚大叶和 1 ～ 2 枚小叶。大叶狭长圆状倒披针形至近狭长圆形，稍肉质；小叶近长圆形。花葶生于假鳞茎基部，纤细，有 2 ～ 3 枚抱茎的鞘；总状花序初期较短，随着花的开放，逐渐延长，生有许多密集的小花；花序轴常较肥厚；花苞片卵状三角形或卵状披针形，宿存，常稍呈紫色；花黄绿色，平展，不甚张开；中萼片卵状披针形或长圆状披针形；侧萼片与中萼片相似，但背面具龙骨状凸起或有时呈狭翅状；花瓣近长圆形或狭长圆形；唇瓣卵状三角形，先端渐尖，边缘内卷；蕊柱短，无蕊柱足；花药狭卵形，直立；蕊喙较长，直立。花期 4 ～ 10 月。

长叶矮柱兰（新拟）

Thelasis longifolia

产于西藏墨脱（中国新记录）。生于海拔 700 ～ 1100 m 林中树干或湿润岩壁上。印度东北部、不丹也有分布 [16]。

假鳞茎聚生，扁球形（上下压扁），顶端通常具 1 枚大叶和 1 ～ 2 枚小叶。大叶狭长圆状倒披针形至近狭长圆形，可达 20 cm，先端钝。花葶生于假鳞茎基部，纤细，生有许多密集的小花；花苞片卵状披针形，宿存，绿色；花黄绿色，不甚张开；中萼片卵状披针形；侧萼片背面具龙骨状凸起；花瓣近长圆形；唇瓣卵状披针形，先端渐尖；蕊柱短，无蕊柱足；花药直立。花期 4 ～ 8 月。

馥兰属

Phreatia

附生草本，丛生或疏离，具短或长的茎，或无茎而具假鳞茎。叶或 1 ～ 3 枚生于假鳞茎顶端，或多枚近二列聚生于短茎上或疏生于长茎上部，茎生叶的基部常有抱茎的鞘，基部有关节。花葶（或花序）侧生，通常较长；总状花序具多数花；花小；萼片相似，离生，有时靠合；侧萼片常多少着生于蕊柱足上，形成萼囊；花瓣常小于萼片；唇瓣通常基部具爪，着生于蕊柱足上，基部凹陷或多少呈囊状；蕊柱短，基部具明显的蕊柱足；花药药帽先端钝；花粉团 8 个，每 4 个为一群，蜡质，共同连接于一个狭窄的花粉团柄上，具较小的黏盘。

全属约有 190 种，主要分布于东南亚至大洋洲，以新几内亚岛为最多，向北可达印度东北部和我国南部。我国有 4 种，含 2 个特有种。西藏记录有 1 种，现收录 1 种。

雅致小馥兰

Phreatia elegans

产于西藏墨脱。生于海拔 800 ～ 1000 m 的林中透光处的树上。印度也有分布。

无假鳞茎。茎很短，包藏于互相套叠的叶鞘之内。叶 4 ～ 6 枚，近基生，二列互生于短茎上，成簇，线形，先端略为不等的 2 裂，较少近于不裂，基部略收狭而后扩大为套叠的鞘，有关节。花葶从叶腋发出，直立，纤细，中下部有 3 枚卵状披针形鞘；总状花序长 2 ～ 5 cm，具多数小花；花苞片近卵形，平展；花白色或绿白色；中萼片椭圆状卵形，先端钝；侧萼片斜卵状三角形，形成萼囊；花瓣近椭圆形；唇瓣近扁圆形，基部有短爪并略呈囊状，着生于蕊柱足末端；蕊柱短，有蕊柱足。花期 8 月，果期 9 ～ 10 月。

石斛属

Dendrobium

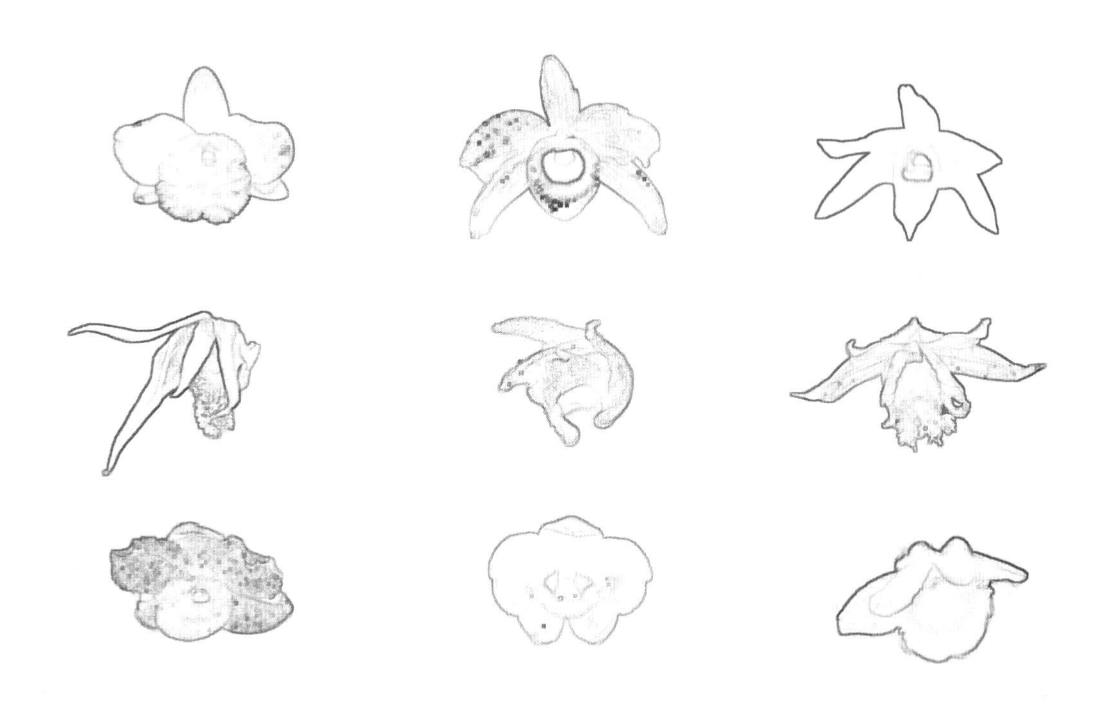

附生草本。茎丛生，少有疏生在匍匐茎上的，直立或下垂，圆柱形或扁三棱形，不分枝或少数分枝，具少数或多数节，有时1至数个节间膨大成种种形状，肉质（亦称假鳞茎）或质地较硬，具少数至多数叶。叶互生，扁平，圆柱状或两侧压扁，先端不裂或2浅裂，基部有关节和通常具抱茎的鞘。总状花序或有时伞形花序，直立，斜出或下垂，生于茎的中部以上节上，具少数至多数花，少有退化为单朵花的；花小至大，通常开展；萼片近相似，离生；侧萼片宽阔的基部着生在蕊柱足上，与唇瓣基部共同形成萼囊；花瓣比萼片狭或宽；唇瓣着生于蕊柱足末端，3裂或不裂，基部收狭为短爪或无爪，有时具距；蕊柱粗短，顶端两侧各具1枚蕊柱齿，基部具蕊柱足；蕊喙很小；花粉团蜡质，卵形或长圆形，4个，离生，每2个为一对，几无附属物。

本属全球约1100种，广泛分布于亚洲热带和亚热带地区至大洋洲。我国有78种其中14个为特有种，产于秦岭以南诸省区，尤其云南南部为多。西藏记录有19种；现收录18种，单葶草石斛未见，仅收录于检索表中。

本属检索表

1 叶和叶鞘被黑毛。……………………………………………………………长距石斛 *D. longicornu*

1 叶和叶鞘不被黑毛。……………………………………………………………………………(2)

2 叶鞘不明显；花序从茎上端叶腋抽出，下垂；花黄色或白色带黄色，从不带绿色。………………(3)

2 有叶鞘；花序不为上述情况。……………………………………………………………………(6)

3 萼片和花瓣白色；茎有许多脊；叶通常相距 1.5 ～ 2 cm；花序花排列紧密；唇瓣橙色。………………
…………………………………………………………………………球花石斛 *D. thyrsiflorum*

3 萼片和花瓣均为黄色。……………………………………………………………………………(4)

4 花序紧密，中萼片长约 1.5 cm；花瓣边缘细齿；唇瓣上有毛；在一个多角度的茎上的叶紧密地生在一起；
花苞片约 2.4 cm。……………………………………………………………密花石斛 *D. densiflorum*

4 花序松散，中萼片长 1.8 ～ 2 cm。……………………………………………………………(5)

5 茎扁；花瓣全缘；唇缘边缘啮齿状。………………………………………………具槽石斛 *D. sulcatum*

5 茎不扁；具许多脊；花瓣边缘微小具牙齿；唇边缘波浪状。…………………鼓槌石斛 *D. chrysotoxum*

6 茎狭圆柱形，表面光滑且较硬，节间不膨大；叶狭窄；花序从叶鞘穿出，具 1 或 2 朵花，黄色或黄绿色；
唇瓣全缘，匙型或狭披针形萼片与花瓣全缘。…………………………………竹枝石斛 *D. salaccense*

6 茎桶状或扁平，有时上部加厚，节间膨大或不，具纵向条纹或肋，有时完全被包围在叶鞘中。…………(7)

7 植物短，扁平；花序侧生自叶腋，通常来自当年成熟茎上的远端节，近直立和平行于茎，具许多小花；
萼片小于 2 mm 宽。……………………………………………………………………………………(8)

7 植株高大，不像草；花序外露，但从不直立和平行于茎，具一些到许多中等到大的花；萼片超过 3 mm 宽。
……………………………………………………………………………………………………(10)

8 唇瓣不裂，椭圆形。……………………………………………………单葶草石斛 *D. porphyrochilum*

8 唇瓣 3 裂。………………………………………………………………………………………(9)

9 萼片和花瓣的基部具紫红色脉序，整个唇深紫红色紫罗兰色。………………梳唇石斛 *D. strongylanthum*

9 萼片和花瓣白色或黄色，唇带紫色紫罗兰的侧裂片。……………………………藏南石斛 *D. monticola*

10 萼片和花瓣淡黄色、乳脂黄色或金黄色，除唇部外从不带紫色或任何其他颜色。…………………(11)

10 萼片和花瓣紫红色、白色、淡黄绿色或乳脂黄色，先端通常紫红色。……………………………(13)

11 花序近伞形，无柄，2 ～ 6 朵花；唇瓣具 2 个紫红色斑块。…………………束花石斛 *D. chrysanthum*

11 花序为总状，或只有 1 朵花。………………………………………………………………………(12)

12 花序具 2 ～ 7 朵花；唇瓣具 2 个紫红色斑块。……………………………金耳石斛 *D. hookerianum*

12 花序具 1 ～ 2 朵花；唇瓣无紫色斑块；总状花序或伞形花序。………………………疏花石斛 *D.henryi*

13 茎节膨大，有时串珠状；茎通常粗壮，不分枝；叶超过 5 mm 宽。………………………………(14)

13 茎节与节间不膨大。………………………………………………………………………………(15)

14 花梗基部具鞘 2 ～ 3 cm；花白色，在先端染紫红色；唇微凹，黄色带 2 个深紫色斑点。………………
…………………………………………………………………………大苞鞘石斛 *D. wardianum*

14 花梗基部具鞘 3 ～ 6 cm；唇瓣中心具一淡黄色新月形斑点，基部两侧具紫红色条纹。………………
………………………………………………………………………杯鞘石斛 *D. gratiosissimum*

15 茎通常在下部狭窄，上部变宽；叶先端不相等二裂；唇宽卵形，比花瓣大得多。…………石斛 *D. nobile*

15 茎通常均匀的圆筒状，在上部变得变窄；花序着生在无叶的茎上，具 1 ～ 6 朵花。…………………(16)

16 唇瓣唇肾圆形，具复缘毛，两侧具 2 个黄色斑点。…………………………齿瓣石斛 *D. devonianum*

16 唇瓣白色，无毛，喉部有绿色斑点，或微染淡玫瑰色，通常末端有紫色新月形斑块。………………
…………………………………………………………………………细茎石斛 *D. moniliforme*

长距石斛

Dendrobium longicornu

产于西藏墨脱；区外见于广西、云南。生于海拔 1200 ～ 2500 m 的山地林中树干上。分布于尼泊尔、不丹、印度东北部、越南。模式标本采自尼泊尔。

茎丛生，圆柱形，具多个节，节间长 2 ～ 4 cm。叶薄革质，数枚，狭披针形，向先端渐尖，先端不等侧 2 裂，基部下延为抱茎的鞘，两面和叶鞘均被黑褐色粗毛。总状花序从具叶的近茎端发出，具 1 ～ 3 朵花；花苞片卵状披针形，先端急尖，背面被黑褐色毛；花梗和子房近圆柱形；花开展，除唇盘中央橘黄色外，其余为白色；中萼片卵形，先端急尖，具 7 条脉，在背面中肋稍隆起呈龙骨状；侧萼片斜卵状三角形，先端急尖，具 7 条脉，在背面中肋稍隆起呈龙骨状；花瓣长圆形或披针形，先端锐尖，具 5 条脉，边缘具不整齐的细齿；唇瓣近倒卵形或菱形，前端近 3 裂；侧裂片近倒卵形，围抱蕊柱；中裂片先端浅 2 裂，边缘具波状皱褶和不整齐的齿，有时呈流苏状；蕊柱长约 5 mm，蕊柱齿三角形；药帽近扁圆锥形，前端边缘密生髯毛，顶端近截形。花期 9 ～ 11 月。

球花石斛

Dendrobium thyrsiflorum

产于西藏墨脱（西藏新记录）；区外见于云南。生于海拔 1100 ～ 1800 m 的山地林中树干上。印度东北部、缅甸、泰国、老挝、越南也有分布。

茎直立或斜立，圆柱形，粗状，长 12 ～ 46 cm，粗 7 ～ 16 mm，基部收狭为细圆柱形，不分枝，具数节，黄褐色并且具光泽，有数条纵棱。叶 3 ～ 4 枚互生于茎的上端，革质，长圆形或长圆状披针形，长 9 ～ 16 cm，宽 2.4 ～ 5 cm，先端急尖，基部不下延为抱茎的鞘，但收狭为长约 6 mm 的柄。总状花序侧生于带有叶的老茎上端，下垂，长 10 ～ 16 cm，密生许多花，花序柄基部被 3 ～ 4 枚纸质鞘；花苞片浅白色，纸质，倒卵形，长 10 ～ 15 mm，宽 5 ～ 13 mm，先端圆钝，具数条脉，干后不席卷；花梗和子房浅白色带紫色条纹，长 2.5 ～ 3 cm；花开展，质地薄，萼片和花瓣白色；中萼片卵形，长约 1.5 cm，宽 8 mm，先端钝，全缘，具 5 条脉；侧萼片稍斜卵状披针形，长 1.7 cm，宽 7 mm，先端钝，全缘，具 5 条脉；萼囊近球形，宽约 4 mm；花瓣近圆形，长 14 mm，宽 12 mm，先端圆钝，基部具长约 2 mm 的爪，具 7 条脉和许多支脉，基部以上边缘具不整齐的细齿；唇瓣金黄色，半圆状三角形，长 15 mm，宽 19 mm，先端圆钝，基部具长约 3 mm 的爪，上面密布短绒毛，背面疏被短绒毛；爪的前方具 1 枚倒向的舌状物；蕊柱白色，长 4 mm；蕊柱足淡黄色，长 4 mm；药帽白色，前后压扁的圆锥形。花期 4 ～ 5 月。

密花石斛

Dendrobium densiflorum

产于西藏墨脱；区外见于广东、海南、广西。生于海拔 420 ～ 1000 m 的常绿阔叶林中树干上或山谷岩石上。尼泊尔、不丹、印度东北部、缅甸、泰国也有分布。

茎粗壮，通常棒状或纺锤形，长 25 ～ 40 cm，粗达 2 cm，下部常收狭为细圆柱形，不分枝，具数个节和 4 个纵棱，有时棱不明显，干后淡褐色并且带光泽；叶常 3 ～ 4 枚，近顶生，革质，长圆状披针形，长 8 ～ 17 cm，宽 2.6 ～ 6 cm，先端急尖，基部不下延为抱茎的鞘。总状花序从去年或 2 年生具叶的茎上端发出，下垂，密生许多花，花序柄基部被 2 ～ 4 枚鞘；花苞片纸质，倒卵形，长 1.2 ～ 1.5 cm，宽 6 ～ 10 mm，先端钝，具约 10 条脉，干后多少席卷；花梗和子房白绿色，长 2 ～ 2.5 cm；花开展，萼片和花瓣淡黄色；中萼片卵形，长 1.7 ～ 2.1 cm，宽 8 ～ 12 mm，先端钝，具 5 条脉，全缘；侧萼片卵状披针形，近等大于中萼片，先端近急尖，具 5 ～ 6 条脉，全缘；萼囊近球形，宽约 5 mm；花瓣近圆形，长 1.5 ～ 2 cm，宽 1.1 ～ 1.5 cm，基部收狭为短爪，中部以上边缘具啮齿，具 3 条主脉和许多支脉；唇瓣金黄色，圆状菱形，长 1.7 ～ 2.2 cm，宽达 2.2 cm，先端圆形，基部具短爪，中部以下两侧围抱蕊柱，上面和下面的中部以上密被短绒毛；蕊柱桔黄色，长约 4 mm；药帽橘黄色，前后压扁的半球形或圆锥形，前端边缘截形，并且具细缺刻。花期 4 ～ 5 月。

具槽石斛

Dendrobium sulcatum

产于西藏墨脱（西藏新记录）；区外见于云南。生于海拔 700 ～ 800 m 的密林中树干上。印度东北部、缅甸、泰国、老挝也有分布。

茎通常直立，肉质，扁棒状，长 24 ～ 38 cm，从基部向上逐渐增粗，上部最粗处约 1.5 cm，下部收狭为细圆柱形，粗 3 ～ 4 mm，不分枝，具纵条纹和数个节，节间长 2 ～ 5 cm，被膜质鞘，干后黄褐色带光泽。叶纸质，数枚，互生于茎的近顶端，常斜举，长圆形，长 18 ～ 21 cm，宽 4.5 cm，先端急尖或有时等侧 2 尖裂，基部稍收狭，但不下延为抱茎的鞘。总状花序从当年生具叶的茎上端发出，长 8 ～ 15 cm，下垂，密生少数至多数花；花序柄基部有 3 ～ 4 枚覆瓦状的鞘；花苞片很小，狭卵状披针形，长约 5 mm；花梗和子房长约 2.5 cm；花质地薄，白天张开，晚间闭合，奶黄色；中萼片长圆形，长约 2.5 cm，宽 9 mm，先端近锐尖，具 5 ～ 6 条脉，侧萼片与中萼片近等大；萼囊圆锥形，宽而钝，长约 5 mm；花瓣近倒卵形，长 2.4 cm，宽 1.1 cm，先端锐尖，基部收狭为短爪，具 5 条脉；唇瓣的颜色较深，呈橘黄色，近基部两侧各具 1 个褐色斑块，近圆形，长、宽约 2 cm，两侧围抱蕊柱而使整个唇瓣呈兜状，先端微凹，基部具短爪，唇盘上面的前半部密被短柔毛，边缘具睫状毛；蕊柱长约 5 mm；药帽前后压扁的半球形或圆锥形，顶端稍凹，光滑，前端边缘多少不整齐。花期 6 月。

鼓槌石斛

Dendrobium chrysotoxum

产于西藏墨脱（西藏新记录）；区外见于云南。生于海拔 520～1620 m 阳光充足的常绿阔叶林中树干上或疏林下岩石上。印度东北部、缅甸、泰国、老挝、越南也有分布。

茎直立，肉质，纺锤形，长 6～30 cm，中部粗 1.5～5 cm，具 2～5 节间，具多数圆钝的条棱，干后金黄色，近顶端具 2～5 枚叶。叶革质，长圆形，长达 19 cm，宽 2～3.5 cm 或更宽，先端急尖而钩转，基部收狭，但不下延为抱茎的鞘。总状花序近茎顶端发出，斜出或稍下垂，长达 20 cm；花序轴粗壮，疏生多数花；花序柄基部具 4～5 枚鞘；花苞片小，膜质，卵状披针形，长 2～3 mm，先端急尖；花梗和子房黄色，长达 5 cm；花质地厚，金黄色，稍带香气；中萼片长圆形，长 1.2～2 cm，中部宽 5～9 mm，先端稍钝，具 7 条脉；侧萼片与中萼片近等大；萼囊近球形，宽约 4 mm；花瓣倒卵形，等长于中萼片，宽约为萼片的 2 倍，先端近圆形，具约 10 条脉；唇瓣的颜色比萼片和花瓣深，近肾状圆形，长约 2 cm，宽 2.3 cm，先端浅 2 裂，基部两侧多少具红色条纹，边缘波状，上面密被短绒毛；唇盘通常呈“∧”形隆起，有时具 U 形的栗色斑块；蕊柱长约 5 mm；药帽淡黄色，尖塔状。花期 3～5 月。

竹枝石斛

Dendrobium salaccense

产于西藏墨脱；区外见于海南三亚、保亭、昌江、白沙、儋县，云南勐腊。常生于海拔 650 ～ 1000 m 的林中树干上或疏林下岩石上。缅甸、泰国、老挝、越南、马来西亚、印度尼西亚也有分布。模式标本采自印度尼西亚爪哇。

茎似竹枝，直立，圆柱形，近木质，不分枝，具多节。叶二列，狭披针形，向先端渐尖，先端一侧多少钩转，基部收窄为叶鞘；叶鞘与叶片相连接处具 1 个关节。花序与叶对生并且穿鞘而出，具 1 ～ 4 朵花；花序柄很短，基部被 2 ～ 3 枚苞片；花苞片淡褐色，近蚌壳状；花梗和子房黄绿色，纤细；花小，黄褐色，开展；中萼片近椭圆形，先端锐尖，具 9 条脉；侧萼片斜卵状披针形，与中萼片近等大，先端锐尖，基部贴生在蕊柱足上；花瓣近长圆形，与中萼片等长，但稍较窄，先端锐尖，具 3 条脉，其靠边缘的脉分枝；唇瓣紫色，倒卵状椭圆形，先端圆形并且具 1 个短尖，上面中央具 1 条黄色的龙骨脊，近先端处具 1 个长条形的胼胝体；蕊柱黄色；药帽黄色，圆锥形。花期 2 ～ 7 月。

梳唇石斛

Dendrobium strongylanthum

产于西藏墨脱；区外见于海南、云南。生于海拔 1000 ～ 2100 m 的山地林中树干上。缅甸、泰国也有分布。

茎肉质，直立，圆柱形或多少呈长纺锤形，具多个节，当年生的被叶鞘所包裹，多少回折状弯曲。叶质地薄，二列，互生于整个茎上，先端锐尖并且不等侧 2 裂，基部扩大为偏鼓的鞘；叶鞘草质，干后松松抱茎，鞘口斜截。总状花序常 1 ～ 4 个，顶生或侧生于茎的上部，近直立；花序轴纤细，密生数至 20 余朵小花；花苞片卵状披针形，先端渐尖；中萼片狭卵状披针形，先端长渐尖；侧萼片镰状披针形；花瓣浅黄绿色带紫红色脉纹，卵状披针形，比中萼片小；唇瓣中部以上 3 裂，边缘皱褶呈鸡冠状；蕊柱淡紫色，近圆柱形；蕊柱足边缘密被细乳突；药帽半球形，前端边缘撕裂状。花期 9 ～ 10 月。

藏南石斛

Dendrobium monticola

产于西藏陈塘、聂拉木、吉隆；区外见于广西。生于海拔 1750 ～ 2200 m 的山谷岩石上。从印度西北部经尼泊尔到泰国也有分布。

植株矮小。茎肉质，直立或斜立，长达 10 cm，从基部向上逐渐变细，当年生的被叶鞘所包，具数节，节间长约 1 cm。叶二列互生于整个茎上，薄革质，狭长圆形，长 25 ～ 45 mm，宽 5 ～ 6 mm，先端锐尖并且不等侧微 2 裂，基部扩大为偏鼓状的鞘；叶鞘松松抱茎，在茎下部的最大，向上逐渐变小，鞘口斜截。总状花序常 1 ～ 4 个，顶生或从当年生具叶的茎上部发出，近直立或弯垂，长 2.5 ～ 5 cm，具数朵小花；花苞片狭卵形，长 2 ～ 3 mm，先端急尖；花梗和子房纤细，长约 5 mm；花开展，白色；中萼片狭长圆形，长 5 ～ 9 mm，宽 1.5 ～ 1.8 mm，先端渐尖，具 3 条脉；侧萼片镰状披针形，长 7 ～ 9 mm，宽约 3.5 mm，中部以上骤然急尖，基部歪斜，较宽，具 3 条脉；萼囊短圆锥形；花瓣狭长圆形，长 6 ～ 8 mm，宽约 1.8 mm，先端渐尖，具 1 ～ 3 条脉；唇瓣近椭圆形，长 5.5 ～ 6.5 mm，宽 3.5 ～ 4.5 mm，中部稍缢缩，中部以上 3 裂，基部具短爪；侧裂片直立，先端渐狭为尖牙齿状，边缘梳状，具紫红色的脉纹；中裂片卵状三角形，反折，先端锐尖，边缘鸡冠状皱褶；唇盘除唇瓣先端白色外，其余具紫红色条纹，中央具 2 ～ 3 条褶片连成一体的脊突；脊突厚肉质，从唇瓣基部延伸到中裂片基部，其先端稍扩大；蕊柱长 3 mm，中部较粗，达 1 mm，上端无明显的蕊柱齿；蕊柱足长约 5 mm，具紫红色斑点，边缘密被细乳突；药帽半球形，前端边缘具微齿。花期 7 ～ 8 月。

束花石斛

Dendrobium chrysanthum

产于西藏墨脱；区外见于广西、贵州、云南。生于海拔 700 ～ 2500 m 的山地密林中树干上或山谷阴湿的岩石上。印度西北部、尼泊尔、不丹、印度东北部、缅甸、泰国、老挝、越南也有分布。

茎粗厚，肉质，下垂或弯垂，圆柱形，长 50 ～ 200 cm，粗 5 ～ 15 mm，上部有时稍回折状弯曲，不分枝，具多节，节间长 3 ～ 4 cm，干后浅黄色或黄褐色。叶二列，互生于整个茎上，纸质，长圆状披针形，通常长 13 ～ 19 cm，宽 1.5 ～ 4.5 cm，先端渐尖，基部具鞘；叶鞘纸质，干后鞘口常杯状张开，常浅白色。伞状花序近无花序柄，每 2 ～ 6 花为一束，侧生于具叶的茎上部；花苞片膜质，卵状三角形，长约 3 mm；花梗和子房稍扁，长 3.5 ～ 6 cm，粗约 2 mm；花黄色，质地厚；中萼片先端凹陷，长圆形或椭圆形，长 15 ～ 20 mm，宽 9 ～ 11 mm，先端钝，具 7 条脉；侧萼片稍凹陷，斜卵状三角形，长 15 ～ 20 mm，基部稍歪斜而较宽，宽约 10 ～ 12 mm，先端钝，具 7 条脉；萼囊宽而钝，长约 4 mm；花瓣稍凹陷，倒卵形，长 16 ～ 22 mm，宽 11 ～ 14 mm，先端圆形，全缘或有时具细啮蚀状，具 7 条脉；唇瓣凹陷，不裂，肾形或横长圆形，长约 18 mm，宽约 22 mm，先端近圆形，基部具 1 个长圆形的胼胝体并且骤然收狭为短爪，上面密布短毛，下面除中部以下外亦密布短毛；唇盘两侧各具 1 个栗色斑块，具 1 条宽厚的脊从基部伸向中部；蕊柱长约 4 mm，具长约 6 mm 的蕊柱足；药帽圆锥形，长约 2.5 mm，较光滑，前端边缘近全缘。蒴果长圆柱形，长 7 cm，粗约 1.5 cm。花期 9 ～ 10 月。

金耳石斛

Dendrobium hookerianum

产于西藏墨脱、波密；区外见于云南。生于海拔 1000 ～ 2300 m 的山谷岩石上或山地林中树干上。印度东部也有分布。

茎下垂，质地硬，圆柱形，长 30 ～ 80 cm，粗 4 ～ 7 mm，不分枝、具多节，节间长 2 ～ 5 cm，干后淡黄色。叶薄革质，二列，互生于整个茎上，卵状披针形或长圆形，长 7 ～ 17 cm，宽 2 ～ 3.5 cm，上部两侧不对称，先端长急尖，基部稍收狭并且扩大为鞘；叶鞘紧抱于茎。总状花序 1 至数个，侧生于具叶的老茎中部，长 4 ～ 10 cm，疏生 2 ～ 7 朵花；花序柄通常与茎交成 90° 角向外伸；花苞片卵状披针形，长 4 ～ 6 mm，先端急尖；花梗和子房长 3 ～ 4 cm；花质地薄，金黄色，开展；中萼片椭圆状长圆形，长 2.4 ～ 3.5 cm，宽 9 ～ 16 cm，先端锐尖，具 7 条脉；侧萼片长圆形，先端近钝，具 7 条脉，先端锐尖，基部歪斜；萼囊圆锥形，长约 8 mm；花瓣长圆形，先端近钝，具 7 条脉，边缘全缘；唇瓣近圆形，宽 2 ～ 3 cm，基部具短爪，两侧围抱蕊柱，边缘具复式流苏，上面密布短绒毛，唇盘两侧各具 1 个紫色斑块，爪上具 1 枚胼胝体；蕊柱上端扩大；药帽圆锥形，光滑，前端边缘具细齿。花期 7 ～ 9 月。

疏花石斛

Dendrobium henryi

产于西藏墨脱；区外见于湖南江永，广西马山、上林、罗城、融水，贵州兴义，云南西畴、屏边、蒙自、河口、思茅、勐海。生于海拔 600 ～ 1700 m 的山地林中树干上或山谷阴湿岩石上。泰国、越南也有分布。模式标本采自云南思茅。

茎斜立或下垂，圆柱形，长 30 ～ 80 cm，粗 5 ～ 8 mm，不分枝，具多节，节间长 3 ～ 4.5 cm，干后淡黄色。叶纸质，二列，长圆形或长圆状披针形，长 8.5 ～ 11 cm，宽 1.7 ～ 3 cm，近先端处的两侧不对称，先端渐尖或急尖，基部收狭并且扩大为鞘；叶鞘纸质，紧抱于茎，干后鞘口常张开。总状花序出自具叶的老茎中部，具 1 ～ 2 朵花；花序柄几乎与茎交成直角而伸展，长 1.5 ～ 2.5 cm，基部具 3 ～ 4 枚鞘；鞘膜质，筒状，长 2 ～ 3 mm；花苞片纸质，卵状三角形，长 6 ～ 9 mm，先端钝；花梗和子房长约 2 cm；花金黄色，质地薄，芳香；中萼片卵状长圆形，长 2.3 ～ 3 cm，宽 10 ～ 12 mm，先端钝，具 7 条主脉和许多横脉；侧萼片卵状披针形，长 2.3 ～ 3 cm，宽 10 ～ 12 mm，先端渐尖，基部歪斜；萼囊宽圆锥形，长约 5 mm，末端圆形；花瓣稍斜宽卵形，比萼片稍短，但较宽，先端急尖，基部具短爪，具 7 条主脉和许多支脉；唇瓣近圆形，长 2 ～ 3 cm，基部具长约 3 mm 的爪，两侧围抱蕊柱，边缘具不整齐的细齿；唇盘凹陷，密布细乳突；蕊柱长约 3 mm；药帽圆锥形，长约 2 mm，密布细乳突，前端边缘多少具不整齐的细齿。花期 6 ～ 9 月。

大苞鞘石斛

Dendrobium wardianum

产于西藏墨脱；区外见于云南。生于海拔 1350 ～ 1900 m 的山地疏林中树干上。不丹、缅甸、泰国、越南、印度东北部也有分布。

茎斜立或下垂，肉质状肥厚，圆柱形，不分枝，具多节；节间多少肿胀呈棒状，干后琉黄色带污黑。叶薄革质，二列，狭长圆形，先端急尖，基部具鞘；叶鞘紧抱于茎，干后鞘口常张开。总状花序从落了叶的老茎中部以上部分发出，具 1 ～ 3 朵花；花序柄粗短，基部具 3 ～ 4 枚宽卵形的鞘；花苞片纸质，大型，宽卵形，先端近圆形；花大，开展，白色带紫色先端；中萼片长圆形，先端钝，具 8 ～ 9 条主脉和许多近横生的支脉；侧萼片与中萼片近等大，先端钝，基部稍歪斜，具 8 ～ 9 条主脉和许多近横生的支脉；萼囊近球形；花瓣宽长圆形，与中萼片等长而较宽，先端钝，基部具短爪，具 5 条主脉和许多支脉；唇瓣白色带紫色先端，宽卵形，中部以下两侧围抱蕊柱，先端圆形，基部金黄色并且具短爪，两面密布短毛，唇盘两侧各具 1 个暗紫色斑块；蕊柱长约 5 mm，基部扩大；药帽宽圆锥形，无毛，前端边缘具不整齐的齿。花期 3 ～ 5 月。

杯鞘石斛

Dendrobium gratiosissimum

产于西藏墨脱；区外见于云南勐腊、勐海、景洪、思茅、澜沧。生于海拔 800 ～ 1700 m 的山地疏林中树干上。印度东北部、缅甸、泰国、老挝、越南也有分布。模式标本采自缅甸。

茎悬垂，肉质，圆柱形，具许多稍肿大的节，上部多少回折状弯曲，干后淡黄色。叶纸质，长圆形，先端稍钝并且一侧钩转，基部具抱茎的鞘；叶鞘干后纸质，鞘口杯状张开。总状花序从落了叶的老茎上部发出，具 1 ～ 2 朵花；花序柄基部被 2 ～ 3 枚鞘；鞘纸质，宽卵形，先端钝，干后浅白色；花苞片纸质，宽卵形，先端钝；花梗和子房淡紫色；花白色带淡紫色先端，有香气，开展，纸质；中萼片卵状披针形，先端急尖或稍钝，具 7 条脉；侧萼片与中萼片近圆形，等大，先端急尖，基部歪斜，具 7 条脉；萼囊小，近球形；花瓣斜卵形，先端钝，基部收狭为短爪，全缘，具 5 条主脉和许多支脉；唇瓣近宽倒卵形，先端圆形，基部楔形，其两侧具多数紫红色条纹，边缘具睫毛，上面密生短毛，唇盘中央具 1 个淡黄色横生的半月形斑块；蕊柱白色，正面具紫色条纹；药帽白色，近圆锥形，密生细乳突，前端边缘具不整齐的齿。蒴果卵球形。花期 4 ～ 5 月，果期 6 ～ 7 月。

石斛

Dendrobium nobile

产于西藏墨脱；区外长江以南诸省皆有。生于海拔 480～1700 m 的山地林中树干上或山谷岩石上。印度、尼泊尔、不丹、缅甸、泰国、老挝、越南也有分布。

茎直立，肉质状肥厚，稍扁的圆柱形，长 10～60 cm，粗达 1.3 cm，上部多少回折状弯曲，基部明显收狭，不分枝，具多节，节有时稍肿大；节间多少呈倒圆锥形，长 2～4 cm，干后金黄色。叶革质，长圆形，长 6～11 cm，宽 1～3 cm，先端钝并且不等侧 2 裂，基部具抱茎的鞘。总状花序从具叶或落了叶的老茎中部以上部分发出，长 2～4 cm，具 1～4 朵花；花序柄长 5～15 mm，基部被数枚筒状鞘；花苞片膜质，卵状披针形，长 6～13 mm，先端渐尖；花梗和子房淡紫色，长 3～6 mm；花大，白色带淡紫色先端，有时全体淡紫红色或除唇盘上具 1 个紫红色斑块外，其余均为白色；中萼片长圆形，长 2.5～3.5 cm，宽 1～1.4 cm，先端钝，具 5 条脉；侧萼片相似于中萼片，先端锐尖，基部歪斜，具 5 条脉；萼囊圆锥形，长 6 mm；花瓣多少斜宽卵形，长 2.5～3.5 cm，宽 1.8～2.5 cm，先端钝，基部具短爪，全缘，具 3 条主脉和许多支脉；唇瓣宽卵形，长 2.5～3.5 cm，宽 2.2～3.2 cm，先端钝，基部两侧具紫红色条纹并且收狭为短爪，中部以下两侧围抱蕊柱，边缘具短的睫毛，两面密布短绒毛，唇盘中央具 1 个紫红色大斑块；蕊柱绿色，长 5 mm，基部稍扩大，具绿色的蕊柱足；药帽紫红色，圆锥形，密布细乳突，前端边缘具不整齐的尖齿。花期 4～5 月。

齿瓣石斛

Dendrobium devonianum

产于西藏墨脱；区外见于广西、贵州、云南。生于海拔达 1850 m 的山地密林中树干上。分布于不丹、缅甸、泰国、越南、印度东北部。

茎下垂，稍肉质，细圆柱形，长 50 ～ 100 cm，粗 3 ～ 5 mm，不分枝，具多数节，节间长 2.5 ～ 4 cm，干后常淡褐色带污黑。叶纸质，二列互生于整个茎上，狭卵状披针形，长 8 ～ 13 cm，宽 1.2 ～ 2.5 cm，先端长渐尖，基部具抱茎的鞘；叶鞘常具紫红色斑点，干后纸质。总状花序常数个，出自于落了叶的老茎上，每个具 1 ～ 2 朵花；花序柄绿色，长约 4 mm，基部具 2 ～ 3 枚干膜质的鞘；花苞片膜质，卵形，长约 4 mm，先端近锐尖；花梗和子房绿色带褐色，长 2 ～ 2.5 cm；花质地薄，开展，具香气；中萼片白色，上部具紫红色晕，卵状披针形，长约 2.5 cm，宽 9 mm，先端急尖，具 5 条紫色的脉；侧萼片与中萼片同色，相似而等大，但基部稍歪斜；萼囊近球形，长约 4 mm；花瓣与萼片同色，卵形，长 2.6 cm，宽 1.3 cm，先端近急尖，基部收狭为短爪，边缘具短流苏，具 3 条脉，其两侧的主脉多分枝；唇瓣白色，前部紫红色，中部以下两侧具紫红色条纹，近圆形，长 3 cm，基部收狭为短爪，边缘具复式流苏，上面密布短毛；唇盘两侧各具 1 个黄色斑块；蕊柱白色，长约 3 mm，前面两侧具紫红色条纹；药帽白色，近圆锥形，顶端稍凹陷，密布细乳突，前端边缘具不整齐的齿。花期 4 ～ 5 月。

细茎石斛

Dendrobium moniliforme

产于西藏陈塘、通麦、墨脱；区外见于长江以南诸省区。生于海拔 590 ～ 3000 m 的阔叶林中树干上或山谷岩壁上。印度东北部、朝鲜半岛南部，以及日本也有分布。

茎直立，细圆柱形，具多节，干后金黄色或黄色带深灰色。叶数枚，二列，常互生于茎的中部以上，披针形或长圆形，先端钝并且稍不等侧 2 裂，基部下延为抱茎的鞘；总状花序 2 至数个，生于茎中部以上具叶和落了叶的老茎上，通常具 1 ～ 3 花；花黄绿色、白色或白色带淡紫红色，有时芳香；萼片和花瓣相似，卵状长圆形或卵状披针形，先端锐尖或钝，具 5 条脉；侧萼片基部歪斜而贴生于蕊柱足；花瓣通常比萼片稍宽；唇瓣白色、淡黄绿色或绿白色，带淡褐色或紫红色至浅黄色斑块，整体轮廓卵状披针形，比萼片稍短，基部楔形，3 裂；侧裂片半圆形，直立，围抱蕊柱，边缘全缘或具不规则的齿；中裂片卵状披针形，先端锐尖或稍钝，全缘，无毛；蕊柱白色，长约 3 mm；药帽白色或淡黄色，圆锥形，顶端不裂，有时被细乳突；蕊柱足基部常具紫红色条纹，无毛或有时具毛。花期通常 3 ～ 5 月。

独龙石斛

Dendrobium praecinctum

产于西藏墨脱（西藏新记录）；区外见于云南。生长于海拔 700 ～ 1600 m 林中树干上。尼泊尔、印度锡金邦也有分布。

附生草本，倾斜或有些垂悬。根簇生。茎长 70 cm，均匀的圆柱状，从上部节分枝，直径 2 ～ 3 mm；节间长 1.5 ～ 4 cm。叶 10 ～ 12 枚，披针形，在基部收缩成具柄，无梗，长 5 ～ 9 cm，宽 0.7 ～ 1.2 cm。花序腋生，1 ～ 4 朵花，多数为 2 花，细长，在基部被管状鞘包裹；花苞片卵形。花白色，边缘和脉粉红色，唇瓣中部红色；花梗和子房长约 1 cm；中萼片披针形，先端钝。侧萼片卵形，龙骨状；花瓣卵形，具纤毛；唇瓣 3 裂，具爪，长 1 cm，宽 8 mm；侧裂狭窄齿状，边缘具鳞片状的流苏；中间裂片长圆形，较钝，边缘鳞片状；蕊柱宽。

反唇石斛

Dendrobium ruckeri

产于西藏墨脱。生于海拔约 800 m 的林中树上。印度、尼泊尔也有分布。

附生植物，茎下垂，长 30 ～ 60 cm，具分枝，节间长 1.8 ～ 4.8 cm。叶二列，披针形，长 5 ～ 7 cm，宽 1.5 ～ 2 cm。花序与叶对生，具 1 ～ 2 朵花，花淡黄色，唇瓣中下部具多数紫褐色条纹。花苞片宽披针形，长 4 ～ 5 mm；萼片相似，椭圆形，长 10 ～ 20 mm，宽 5 ～ 8 mm，侧萼片稍宽；萼囊宽囊状，长 3 ～ 4 mm，先端浅 2 裂；花瓣长圆形，长 9 ～ 11 mm，宽 3 mm；唇瓣 3 裂，近菱形，长 13 ～ 16 mm，宽 12 ～ 18 mm，侧裂片较大，中裂片近圆形，先端浅 2 裂，稍向下弯，先端稍波状；唇盘上具 1 个长的、被毛的脊，从基部几乎延伸至先端；蕊柱和蕊柱足长 8 ～ 9 mm。

金石斛属

Flickingeria

附生草本。根状茎匍匐生根，其上生多数近直立或下垂的茎。茎质地坚硬，近木质，分枝或不分枝，上端的一个（少有 2 ～ 3）节间膨大成粗厚的假鳞茎，每茎具 1 至数个假鳞茎，干后具光泽。假鳞茎为稍扁的圆柱形、棒状或梭状，具 1 ～ 3 个节间，明显比茎粗，顶生 1 枚叶，基部或有时其下的 1 个节间基部发出新枝。叶通常长圆形至椭圆形，基部稍收狭而不下延为抱茎的鞘，与假鳞茎相连接处具 1 个关节。花小，单生或 2 ～ 3 朵成簇，从叶腋或叶基背侧（远轴面）发出，花期短命；唇瓣通常 3 裂，分前后唇；后唇为侧裂片，直立；前唇为中裂片，较大，先端常扩大，具皱波状或流苏状边缘；唇盘具 2 ～ 3 条纵向褶脊；蕊柱常粗短，具明显的蕊柱足；花粉团蜡质，近球形，4 个，成 2 对，无柄。

本属全球约 70 种，主要分布于热带东南亚，新几内亚岛和大洋洲的一些岛屿。我国有 9 种，含 5 个特有种；主要产于云南南部，其次海南、台湾、广西和贵州南部。西藏有 3 种，现收录 2 种。

本属检索表

1　叶宽约 1.2 ～ 1.6 cm；花淡黄色。……………………………………………………西藏金石斛 *F. ritaeana*

1　叶通常宽 1.5 cm 以上；萼片和花瓣黄白色。………………………………………麦氏金石斛 *F. macraei*

西藏金石斛（新拟）

Flickingeria ritaeana

产于西藏墨脱（中国新记录）。生于海拔 1300 ～ 1400 m 的林中树干上。印度东北部、泰国等地也有分布[17]。

附生植物，茎细分枝，假鳞茎圆柱形到纺锤形，长 3 ～ 4 cm，直径 0.5 ～ 0.7 cm，顶生 1 枚叶。叶长圆状披针形，先端亚尖，长 5 ～ 10 cm，宽 1.2 ～ 1.6 cm。花序顶生，具 1 ～ 2 朵花，花淡黄色。中萼片卵形披针形，先端亚尖，长约 7 mm，宽约 3 mm；侧萼片镰状，先端亚尖，长约 8 mm，宽约 5 mm，在基部合并成一个圆锥状，钝的，长约 8 mm 的距；花瓣长圆状线形，先端钝，长 6 ～ 7 mm，宽 2 mm，唇瓣肾形，3 裂，侧裂片短，直立，中裂片先端裂为两个椭圆形裂片，唇盘上有两条紫色的纵脊延伸到唇瓣基部；蕊柱短，长约 2 mm，蕊柱足长约 6 mm；药帽半球形。

麦氏金石斛（新拟）

Flickingeria macraei

产于西藏墨脱（中国新记录）。生于海拔 970 m 林中树干上。印度、斯里兰卡也有分布[18]。

附生植物。根状茎匍匐，有明显节，黄绿色。假鳞簇生在根茎上，具分枝，梭形，长 2.5 ～ 5 cm，粗约 1 cm，顶生 1 枚叶。叶线状长圆形，亚急性，长 5.2 ～ 12.5 cm，宽 1.7 ～ 2.5 cm，先端微凹；花序具 1 ～ 2 朵花，生于叶的背面，从叶的基部，假鳞茎的顶端生出，基部被覆 2 ～ 3 枚簇生的鳞片状鞘；花梗和子房长约 1 cm；花质地较本属其他种厚；萼片和花瓣黄白色；中萼片卵形，长约 1 cm，宽约 0.3 mm，先端钝，具 5 条脉；侧萼片斜卵形，下弯，与中萼片近等长，宽约 5 mm，先端钝，具 5 条脉；花瓣狭卵形，等长于萼片，宽约 2 mm，先端钝，具 3 条脉；唇瓣近卵形，先端收狭为楔形，长 1 ～ 1.2 cm，宽约 4 mm，3 裂；侧裂片卵形三角形，直立，全缘；中裂片完全展开后呈 T 形，边缘全缘，先端微凹；唇盘具 2 条黄色的褶脊，从唇瓣基部延伸至中部；蕊柱短，长约 3 mm，具长 5 mm 的蕊柱足。药帽白色，半球形。花粉团蜡质，近球形，4 个，成 2 对。花期 7 ～ 8 月。

厚唇兰属

Epigeneium

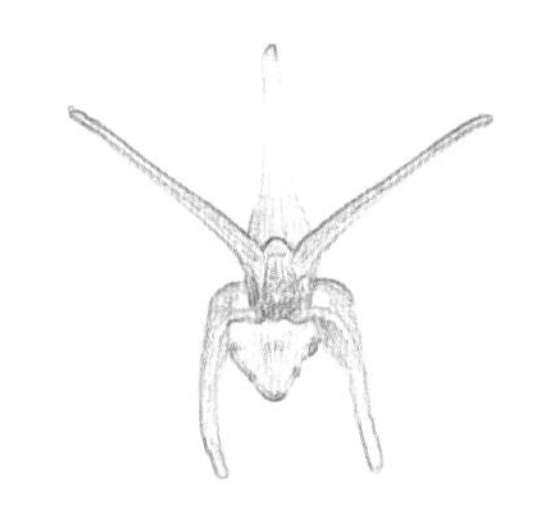
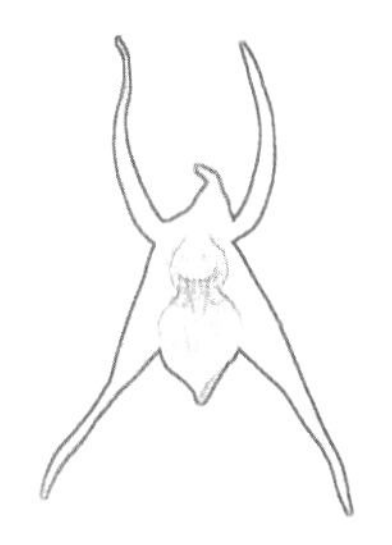

附生草本。根状茎匍匐，质地坚硬，密被栗色或淡褐色鞘。假鳞茎疏生或密生于根状茎上，基部被 2 ～ 3 枚鞘，单节间，顶生 1 ～ 2 枚叶，偶尔具 3 枚叶。叶革质，椭圆形至卵形，先端急尖或钝而带微凹，基部收狭，具短柄或几无柄，有关节。花单生于假鳞茎顶端或总状花序具少数至多数花；花苞片膜质，栗色，大或小，远比花梗和子房短；萼片离生，相似；侧萼片基部歪斜，贴生于蕊柱足，与唇瓣形成明显的萼囊；花瓣与萼片等长，但较狭；唇瓣贴生于蕊柱足末端，中部缢缩而形成前后唇或 3 裂；侧裂片直立，中裂片伸展，唇盘上面常有纵褶片；蕊柱短，具蕊柱足，两侧具翅；蕊喙半圆形，不裂；花粉团蜡质，4 个成 2 对，无黏盘和黏盘柄。

本属全球约 35 种，分布于亚洲热带地区，主要见于印度尼西亚、马来西亚。我国有 11 种，包含 4 特有种；多见于西南诸省区。西藏记录有 6 种，现收录 6 种。

本属检索表

1　假鳞茎顶生 1 枚叶；唇瓣先端明显凹缺；叶通常倒卵形或倒卵状椭圆形；前唇圆形，比后唇宽，先端浅凹。……厚唇兰 *E. clemensiae*

1　假鳞茎顶生 2 枚叶。……(2)

2　花瓣披针形或长圆状披针形，宽 5 mm 以上，唇瓣基部无爪。……(3)

2　花瓣狭披针形或狭长圆形，宽不足 4 mm。……(4)

3　花大；萼片长约 4.5 cm，唇瓣中裂片近菱形。……宽叶厚唇兰 *E. amplum*

3　花较小，萼片长 2.2 ～ 2.5 cm，唇瓣中裂片近肾形。……双叶厚唇兰 *E. rotundatum*

4　唇瓣基部无爪，中裂片先端具钩曲状的芒。……景东厚唇兰 *E. fuscescens*

4　唇瓣中裂片先端圆形，侧裂片窄。……(5)

5　侧裂片直立，中裂片先端具细尖。……长爪厚唇兰 *E. treutleri*

5　唇瓣 3 个裂片形状大小相近，两个侧裂片在前端呈角状。……双角厚唇兰 *E.forrestii*

厚唇兰
Epigeneium clemensiae

产于西藏墨脱；区外见于海南、云南、贵州。生于海拔 1000 ～ 1300 m 的密林中树干上。越南、老挝也有分布。

根状茎匍匐，粗 2 ～ 3 mm，密被栗色筒状鞘，在每相距约 1 cm 处生 1 个假鳞茎。假鳞茎斜立，一侧多少偏臌，中部以下贴伏于根状茎，近卵形，长约 2 cm，粗 3 ～ 5 mm，顶生 1 枚叶，基部被膜质栗色鞘。叶厚革质，干后栗色，卵形或宽卵状椭圆形，近无柄或楔形收窄呈短柄。花序生于假鳞茎顶端，具单朵花；花序柄长约 1 cm，基部被 2 ～ 3 枚膜质鞘；花苞片膜质，卵形；花梗和子房长约 7 mm；花不甚张开，萼片和花瓣淡粉红色；中萼片卵形，先端急尖，具 5 条脉；侧萼片斜卵状披针形，基部贴生在蕊柱足上而形成明显的萼囊；花瓣卵状披针形，比侧萼片小，先端急尖，具 5 条脉；唇瓣几乎白色，小提琴状，前唇比后唇宽；后唇两侧直立；前唇伸展，近肾形，先端浅凹，边缘多少波状；唇盘具 2 条纵向的龙骨脊，其末端终止于前唇的基部并且增粗呈乳头状；蕊柱粗壮，长约 5 mm；蕊柱足长约 1.5 mm。花期 10 ～ 11 月。

宽叶厚唇兰

Epigeneium amplum

产于西藏墨脱；区外见于广西、云南。生于海拔 1000 ～ 1900 m 的林下或溪边岩石上和山地林中树干上。尼泊尔、不丹、缅甸、泰国、越南、印度东北部也有分布。

根状茎通常分枝，密被多数筒状鞘；鞘栗色、纸质，先端钝，具多数明显的脉。假鳞茎在根状茎上疏生，卵形或椭圆形，被鳞片状大型的膜质鞘所包，干后金黄色，顶生 2 枚叶。叶革质，椭圆形或长圆状椭圆形，先端几钝尖并且稍凹入，基部收狭为长达 3 cm 的柄。花序顶生于假鳞茎，远比叶短，具 1 朵花；花序柄被 2 枚鞘所包；鞘长圆形，膜质；花大，开展，黄绿色带深褐色斑点；中萼片披针形，先端急尖，具 14 ～ 15 条脉；侧萼片镰刀状披针形，先端急渐尖，具 14 ～ 15 条脉；花瓣披针形，等长于萼片，先端急渐尖，具 7 ～ 8 条脉；唇瓣基部无爪，3 裂；侧裂片短小，直立，先端近圆形；中裂片近菱形，较长，先端近急尖；唇盘具 3 条褶片，其中央 1 条较长；蕊柱粗壮；蕊柱足长约 14 mm。花期 11 月。

双叶厚唇兰
Epigeneium rotundatum

产于西藏墨脱；区外见于广西、云南。附生于海拔 1600 ～ 1800 m 的林中树干上。

根状茎多分枝，密被纸质筒状鞘；鞘紧抱根状茎，长约 1 cm，先端钝。假鳞茎在根状茎上彼此相距 3 ～ 11 cm，狭卵形，常弧曲状上举，长 2 ～ 3 cm，中部粗 4 ～ 7 mm，顶生 2 枚叶，基部被膜质鳞片状鞘。叶革质，长圆形或椭圆形，长 6 ～ 9 cm，通常宽 1.5 ～ 2.5 cm，先端钝尖并且稍凹入，基部收狭，具长 5 ～ 10 mm 的柄。花序顶生于假鳞茎，具单朵花；花序柄长约 5 mm，被大型膜质鞘所包；花苞片小，膜质，卵形，长约 1 cm；花梗和子房长约 2 cm；花淡黄褐色；中萼片卵状披针形，长 22 ～ 25 mm，宽约 7 mm，先端急尖，具 10 条脉；侧萼片披针形，与中萼片等长，基部较宽，宽 1 cm，先端渐尖，具 10 条脉；花瓣长圆状披针形，几与萼片等长，宽 5 mm，先端渐尖，具 7 条脉；唇瓣基部无爪，整体轮廓为倒卵状长圆形，长 2 cm，3 裂；侧裂片半卵形，摊平后比中裂片宽；中裂片近肾形或圆形，宽 11 mm，先端锐尖；唇盘在两侧裂片之间具 3 条褶片，其中央 1 条较短，在中裂片上面具 1 条三角形宽厚的脊突；蕊柱长约 1 cm，具长 1 cm 的蕊柱足。花期 3 ～ 5 月。

景东厚唇兰

Epigeneium fuscescens

产于西藏墨脱；区外见于广西、云南。生于海拔 1800 ～ 2100 m 的山谷阴湿岩石上。印度东北部也有分布。

根状茎常分枝，密被筒状鞘。假鳞茎在根状茎上疏生，狭卵形，稍弧曲上举，顶生 2 枚叶，偶尔具 3 枚叶，被 2 ～ 3 枚栗色鞘。叶革质，长圆形，先端多少钝并且稍凹入，基部收狭，近无柄或具短柄。花序顶生于假鳞茎，具单朵花；花序柄长约 1 cm，基部被鞘；花苞片远比具柄的子房短，花梗和子房长 3 cm；花淡褐色；中萼片卵状披针形，先端长渐尖，具 8 条脉；侧萼片镰刀状披针形，先端渐尖呈尾状，具 9 条脉；花瓣狭长圆形或线形，先端渐尖呈尾状，具 5 条脉；唇瓣基部无爪，整体轮廓呈卵状长圆形，3 裂；侧裂片直立，近长圆形；中裂片椭圆形，先端通常具钩曲的芒；唇盘在两侧裂片之间具 3 条褶片，其中央 1 条较短。花期 10 月。

长爪厚唇兰

Epigeneium treutleri

产于西藏墨脱；区外见于云南。生于海拔 2300 m 的密林中树干上。

根状茎具分枝，密被长约 12 mm 的筒状膜质鞘。假鳞茎斜立，狭卵形，顶生 2 枚叶，基部被大型的鞘，干后金黄色。叶革质，长圆形，先端钝并且稍凹入，基部收狭。花序在假鳞茎上顶生，具单朵花；花序柄包藏在 2 枚长鞘内；花苞片膜质，近倒卵形，先端圆形并且具 1 个短凸；花淡紫红色；中萼片披针形，先端渐尖，具 5 ～ 7 条脉；侧萼片稍斜披针形，与中萼片近等长，先端渐尖，具 8 ～ 9 条脉；花瓣线形，与萼片等长，先端锐尖，具 4 ～ 5 条脉；唇瓣 3 裂；侧裂片直立，狭长圆形，先端圆形，摊平后其先端之间的宽小于中裂片；中裂片近圆形，先端具细尖；唇盘在两侧裂片之间具 3 条褶片，其中央 1 条较短。花期 10 月。

双角厚唇兰

Epigeneium forrestii

产于墨脱；区外见于产于云南西部。常石生的或附生在海拔 1800 ～ 1900 m 的溪旁的树上。

根状茎圆柱状，长 2 ～ 2.5 cm，直径约 2.5 mm，偶有分枝，被紧密的管状鞘；假鳞茎间隔 6 ～ 9.5 cm，近圆筒状纺锤形，叶 2 片，长圆状舌状，近革质，不明显钝二裂。花序具 1 花，花梗短，被苞片约 2.5 cm。花深紫红色；花梗和子房圆柱状，约 2.8 cm。中萼片宽卵形披针形；侧面萼片宽卵状披针形，锐尖；花瓣线形或舌状，先端锐尖；唇瓣长 20 ～ 22 mm，3 浅裂，内侧具近相似的层状脊端基部；下唇瓣倒心形，长约 8 mm，宽约 10.5 mm；旗瓣近圆形。花柱圆柱形。

石豆兰属

Bulbophyllum

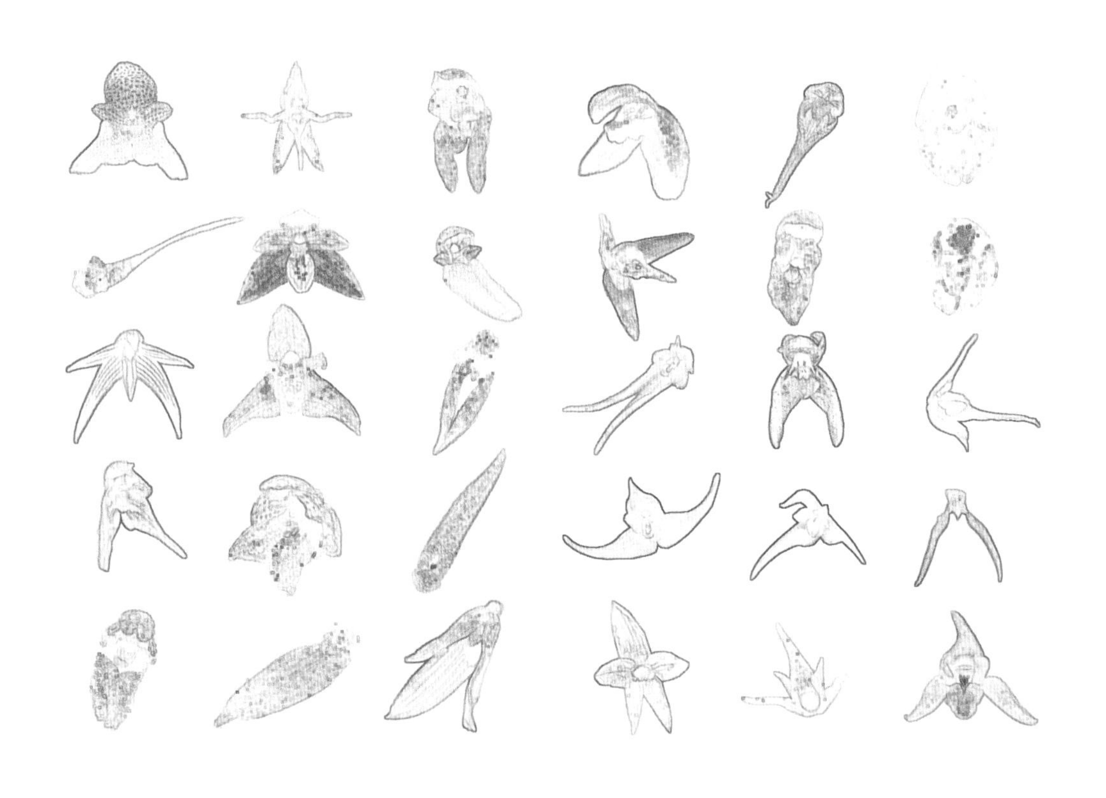

附生草本。根状茎匍匐，少有直立的，具或不具假鳞茎。假鳞茎紧靠，聚生或疏离，形状、大小变化甚大，具1个节间。叶通常1枚，少有2～3枚，顶生于假鳞茎，无假鳞茎的直接从根状茎上发出；叶片肉质或革质，先端稍凹或锐尖、圆钝，基部无柄或具柄。花葶侧生于假鳞茎基部或从根状茎的节上抽出，比叶长或短，具单花或多朵至许多花组成为总状或近伞状花序；花苞片通常小；花小至中等大；萼片近相等或侧萼片远比中萼片长，全缘或边缘具齿、毛或其他附属物；侧萼片离生或下侧边缘彼此黏合，或由于其基部扭转而使上下侧边缘彼此有不同程度的黏合或靠合，基部贴生于蕊柱足两侧而形成囊状的萼囊；花瓣比萼片小，全缘或边缘具齿、毛等附属物；唇瓣肉质，比花瓣小，向外下弯，基部与蕊柱足末端连接而形成活动或不动的关节；蕊柱短，具翅，基部延伸为足；蕊柱翅在蕊柱中部或基部以不同程度向前扩展，向上伸延为形状多样的蕊柱齿；花药俯倾，2室或由于隔膜消失而成1室；花粉团蜡质，4个成2对，无附属物。

本属全球约1900种，分布于亚洲、美洲、非洲等热带和亚热带地区，大洋洲也有分布。我国有103种，33个特有种；主要产于长江流域及其以南各省区。西藏记录有46种；现收录45种，柄叶石豆兰未见，仅收录于检索表中。

本属检索表

1 假鳞茎顶生 2 枚叶，中萼片与侧萼片近等长（双叶石豆兰组 *Sect. Pleiophyllus*）。…………………… (2)

1 假鳞茎（除双叶卷瓣兰组 *Sect. Tripudianthes* 的种类外）顶生 1 枚叶，或假鳞茎由于发育不好至完全消失而叶直接从根状茎的节上发出。………………………………………………………………………… (3)

2 花叶同期；叶长圆形，先端急尖；花葶不高出叶外，花不偏向一侧。…………尖叶石豆兰 *B. cariniflorum*

2 花叶同期；叶长圆形，先端钝；花葶高出叶外。………………………………………落叶石豆兰 *B. hirtum*

3 假鳞茎退化或假鳞茎在根状茎上完全消失。……………………………………………………………… (4)

3 假鳞茎发育得很好。…………………………………………………………………………………… (6)

4 总状花序或伞形花序疏生少数至多数花，少有单花的；根状茎粗壮，粗约 5 mm；叶大，长约 20 cm，具长柄；总状花序具多数花。………………………………………………………柄叶石豆兰 *B. apodum*

4 总状花序密生许多花。………………………………………………………………………………… (5)

5 花序基部具 1 枚无花的佛焰状的苞片；花苞片卵形，比花梗连同子房稍长，先端锐尖，花瓣长圆状披针形，先端锐尖或稍钝。……………………………………………………………大苞石豆兰 *B. cylindraceum*

5 花序基部的无花苞片小，不为佛焰状；花苞片披针形，远比花梗连同子房长，向先端渐狭呈芒状，先端向外卷曲；花瓣披针形，先端长渐尖。…………………………………………卷苞石豆兰 *B.khasyanum*

6 花序轴伸长，由少数至多数疏生或密生的花组成的总状花序。…………………………………………… (7)

6 花序轴不伸长。………………………………………………………………………………………… (9)

7 假鳞茎聚生；花较大，萼片长约 15 mm；花瓣宽椭圆形，先端圆钝，边缘具睫毛；唇瓣先端钝，边缘具腺状睫毛。…………………………………………………………………墨脱石豆兰 *B. eublepharum*

7 假鳞茎在根状茎上疏生。……………………………………………………………………………… (8)

8 假鳞茎长圆柱形，叶先端锐尖；总状花序密生数朵花，两侧萼片在下侧边缘彼此黏合。…………………
…………………………………………………………………………………短序石豆兰 *B. brevispicatum*

8 假鳞茎近卵球形或梨形，叶先端钝或钝而稍凹；总状花序疏生少数至多数花，萼片离生；叶长圆形，基部稍收狭为短柄；花瓣全缘，近倒卵形或卵状椭圆形。………………………………伏生石豆兰 *B. reptans*

9 花葶具单花或很少为 2～3 朵花组成的总状花序，花序轴虽短，但花不呈伞状，萼片彼此离生。…… (10)

9 伞形花序或短的总状花序由于花序轴缩短而呈伞形，具少数至许多花，罕见单花；萼片离生或侧萼片由于基部扭转而两侧萼片的上下侧边缘彼此有不同程度的黏合。………………………………………… (14)

10 植物体小；花序柄细如发状，粗不及 0.5 mm；花小，萼片长不及 1 cm；假鳞茎卵球形，直立或斜立于根状茎上，彼此有明显的距离；唇瓣菱形，边缘无毛。…………………………戟唇石豆兰 *B. depressum*

10 植物体通常大或较大；花序柄稍较粗壮，粗约 1 mm；花大或中等大，萼片长 1 cm 以上。…………(11)

11 假鳞茎在根状茎上紧聚或彼此靠近。…………………………………………………………………(12)

11 假鳞茎在根状茎上疏生。………………………………………………………………………………(13)

12 唇瓣披针形，先端钝；唇盘光滑，无褶片。………………………………………短莛石豆兰 *B. leopardinum*

12 唇盘上具 2 条褶片。……………………………………………………………………短齿石豆兰 *B. griffithii*

13 侧萼片狭镰状披针形，长 1.7～2 cm，中部以上不扭曲，先端急尖；蕊柱足无分离部分；药帽长圆锥形，表面密生细乳突。……………………………………………………………………赤唇石豆兰 *B. affine*

13 侧萼片斜卵状三角形，长不及 1 cm，中部以上扭曲，先端钝；蕊柱足的分离部分长约 2 mm。…………
……………………………………………………………………………………曲萼石豆兰 *B. pteroglossum*

14 侧萼片约等长于中萼片或长不超过中萼片长的 1 倍，边缘内卷，基部不扭转，两侧萼片彼此离生。…… (15)

14 侧萼片明显比中萼片长，常超过 1 倍，两侧萼片的基部扭转而上下侧边缘分别彼此有不同程度的黏合或

靠合，罕有彼此离生的。……(19)

15 假鳞茎近聚生；花葶远高出叶外，长 3 cm 以上。……(16)

15 假鳞茎在根状茎上疏生，彼此相距在 1 cm 以上。……(17)

16 中裂片卵圆形，不裂，先端圆钝；侧裂片收敛，三角状卵形。……格当石豆兰 *B. gedangense*

16 中裂片披针形，边缘有齿，先端急尖；侧裂片发散。……齿瓣石豆兰 *B.levinei*

17 花葶与假鳞茎约等高，长不超过 3 cm。……(18)

17 花葶常高出假鳞茎之上，长 3 cm 以上。……(19)

18 根状茎粗壮，粗 3～4 mm；根出自生有假鳞茎的根状茎节上，具分枝；花序柄粗约 1 mm。……茎花石豆兰 *B. cauliflorum*

18 根状茎纤细，粗 1～2 mm，根不分枝；花序柄纤细，粗约 0.5 mm；花葶仅从假鳞茎的基部侧旁发出；唇瓣卵状披针形，长约 2 mm。……短足石豆兰 *B.stenobulbon*

19 花序柄较粗壮，粗 1～3 mm；鞘长 8～10 mm，宽松地抱于花序柄。密花石豆兰 *B. odoratissimum*

19 花序柄纤细，粗约 0.5 mm；鞘长 4～6 mm，紧抱于花序柄；花较小，萼片长 7.5～8 mm；花瓣卵状披针形，先端短急尖。……伞花石豆兰 *B. shweliense*

20 中萼片和花瓣的边缘全缘。……(21)

20 中萼片和花瓣的边缘具齿、流苏、睫毛或疣肿等附属物，或它们其中之一的边缘全缘。……(27)

21 侧萼片长 2.5 cm 以上；中萼片和花瓣的先端截形并且具 1 条长芒；蕊柱齿长而宽，中部缢缩先端不等侧 2 裂。……直唇卷瓣兰 *B. delitescens*

21 侧萼片长不及 2.5 cm。……(22)

22 花葶通常与假鳞茎约等高或有时高出假鳞茎之上，长 1～4 cm；侧萼片线形，向先端渐狭为长尾状，背面无乳突，两侧萼片彼此离生。……尾萼卷瓣兰 *B.caudatum*

22 花葶远高出假鳞茎之上，长 5～8 cm 以上（波密卷瓣兰的花葶长约 2 cm）。……(23)

23 两侧萼片除基部的下侧边缘黏合外其余分离的。……(24)

23 两侧萼片在基部以上的上下侧边缘彼此不同程度的黏合或靠合。……(25)

24 花瓣先端圆钝，无短尖或细尖。……伞花卷瓣兰 *B.umbellatum*

24 花瓣先端具细尖或短尖；假鳞茎在根状茎上彼此靠近，相距约 1 cm。……钻齿卷瓣兰 *B. guttulatum*

25 假鳞茎聚生；中萼片和花瓣的先端急尖。……高茎卷瓣兰 *B. elatum*

25 假鳞茎通常彼此相距 1～3 cm；中萼片先端截形具凹头，花瓣先端圆钝。……(26)

26 花小，侧萼片长约 7 mm。……波密卷瓣兰 *B. bomiense*

26 花较大，侧萼片长 1 cm 以上。……藓叶卷瓣兰 *B. retusiusculum*

27 中萼片和花瓣，至少其中之一的边缘全缘。……(28)

27 中萼片和花瓣的边缘均具齿、流苏、睫毛或疣肿等附属物。……(29)

28 叶宽大，椭圆形；中萼片近圆形，先端具长而弯曲的刚毛；蕊柱齿大而宽扁，长约 5 mm，先端具短尖。……大叶卷瓣兰 *B. amplifolium*

28 叶狭长，长圆形；中萼片卵圆形，先端无刚毛；蕊柱齿短钻状，长不及 1.5 mm。尖角卷瓣兰 *B. forrestii*

29 花葶与假鳞茎约等长；长 2～4 cm。……匍茎卷瓣兰 *B. emarginatum*

29 花葶远高出假鳞茎之上；花较大，侧萼片长 1.5～3.5 cm 或更长；侧萼片的两侧边缘内卷呈狭筒状，或两侧萼片的上下侧边缘分别彼此黏合或靠合；中萼片边缘具不整齐的齿或微啮蚀状。……角萼卷瓣兰 *B. helenae*

落叶石豆兰

Bulbophyllum hirtum

产于西藏墨脱；区外见于云南。生于海拔 1800 m 的山地常绿阔叶林中树干上。尼泊尔缅甸、泰国、越南、印度东北部也有分布。

根状茎匍匐生根。假鳞茎在根状茎上彼此靠近，相距 5 ～ 10 mm，卵状圆锥形，顶生 2 枚叶，基部骤然收窄，花期叶已经凋落。叶薄革质，椭圆形或长圆形，先端钝。花葶从假鳞茎基部抽出；总状花序下垂，被柔毛，密生许多小花；花序柄被 2 ～ 3 枚鞘；鞘筒状，紧抱花序柄，先端锐尖；花苞片卵形，比被柔毛的花梗连同子房长，先端急尖，边缘具睫毛；花绿白毛，萼片分离；中萼片披针形，先端急尖并且稍钩转，具 3 条脉，仅中肋明显，背面密被短柔毛；侧萼片比中萼片稍大，斜卵状披针形，先端急尖并且钩转，基部贴生在蕊柱足上，具 3 条脉，仅中肋明显，背面密生短柔毛；花瓣倒卵形，膜质，边缘具流苏，具 1 条脉；唇瓣肉质，两侧对折，向外下弯呈半球状，摊平后为狭长圆形，边缘具睫毛，先端稍凹缺，基部与蕊柱足末端连接而形成关节；蕊柱长约 1.5 mm；蕊柱齿钻状，与花药约等高，长约 0.5 mm；蕊柱足长 2.7 mm，其分离部分向上弯曲，长约 0.7 mm；药帽前缘先端近截形并且具 2 ～ 3 个缺刻，上面具乳突。花期 7 月。

大苞石豆兰

Bulbophyllum cylindraceum

产于西藏通麦、墨脱；区外见于云南。生于海拔 1400 ～ 1800 m 的山地林中树干上或林下岩石上。尼泊尔、不丹、印度东北部也有分布。

植物体聚生。根状茎粗壮，匍匐生根。假鳞茎很小，顶生 1 枚叶。叶直立，肉质或革质，椭圆状长圆形或有时倒卵状披针形，先端钝并且具细尖，基部收狭为柄。花葶从假鳞茎基部发出，直立，等于或稍长于叶；总状花序俯垂，圆筒状，基部具 1 枚总苞片；总苞片大型，佛焰苞状，先端稍钝；花序柄被 2 ～ 3 枚鞘；鞘筒状，紧抱于花序柄，先端锐尖；花苞片小，卵形，先端短急尖；花淡紫色，质地较厚，不甚开展；中萼片卵状三角形，先端急尖，具 3 条脉；侧萼片斜卵形，先端钝，具 3 条脉，下侧边缘除先端外彼此黏合；花瓣质地薄，长圆状披针形，具 1 条脉；唇瓣肉质，基部具凹槽，从中部向外下弯，先端钝；唇盘具 3 条龙骨状凸起，密被乳突；花期 11 月。

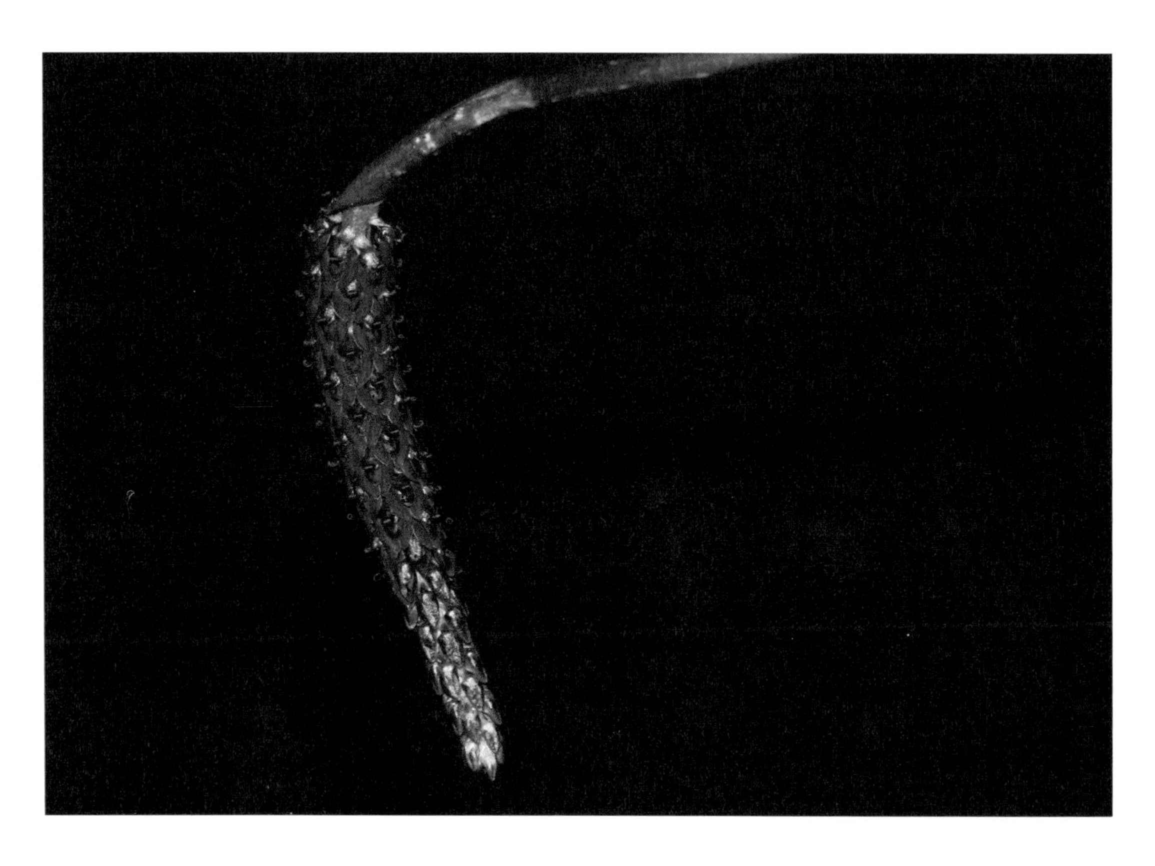

卷苞石豆兰

Bulbophyllum khasyanum

产于西藏墨脱（西藏新记录）；区外见于云南中部。生于海拔约 2000 m 的林中树干或湿润岩壁上。不丹、越南、泰国、马来西亚、印度东北部也有分布。

在植物体态上十分相似上大苞石豆兰，不同在于花序基部具数枚总苞片；总苞片鳞片状，长约 8 mm，基部上方宽 2.5 mm，向先端渐尖呈芒状；花苞片披针形，远比花梗连子房长，长约 7 mm，先端渐尖呈芒状并且向外卷曲；花瓣披针形，长约 4 mm，中部宽 1.5 mm，先端长渐尖。花期 11 月。本种与大苞石豆兰（*B. cylindraceum* Lindl.）相近，不过本种花葶基部具数枚总苞片，花中萼片卷曲，易与后者相区别。

墨脱石豆兰

Bulbophyllum eublepharum

产于西藏墨脱。生于海拔 1800 ～ 2080 m 的山地林中树干上。印度东北部也有分布。

假鳞茎聚生，圆柱状，长 4 ～ 6.5 cm，粗 7 ～ 10 mm，顶生 1 枚叶，基部稍扩大，被鞘腐烂后残存的纤维，干后褐色或淡黄色。叶厚革质，长圆形，长 13 ～ 21.5 cm，中部宽 3.5 ～ 4 cm，先端急尖，基部收窄为长 1 ～ 2 cm 的柄。花葶从假鳞茎基部抽出，直立，远高出叶外，长达 55 cm；总状花序长约为花葶长的 1/6，疏生多数花；花序柄粗 2 ～ 4 mm，基部被 2 ～ 3 枚鞘；鞘筒状，紧抱花序柄，长达 2.5 cm，先端锐尖；花苞片狭披针形，凹陷，约等长于花梗和子房，长 5 ～ 8 mm，先端长渐尖；花绿色；萼片离生，卵状披针形，长约 1.5 cm，先端渐尖；中萼片比侧萼片稍短，凹陷；花瓣宽椭圆形，约为中萼片长的 1/2，先端钝，具 5 条不明显的脉，边缘具睫毛；唇瓣厚肉质，长圆状披针形，先端钝并且凹缺，基部具凹槽，边缘具腺状睫毛；蕊柱粗短，基部扩大；蕊柱翅在蕊柱基部扩大；蕊柱足短，向前弯曲；蕊柱齿钻状。

短序石豆兰

Bulbophyllum brevispicatum

产于西藏墨脱格当（西藏新记录）；区外见于云南。生于海拔 1300 ～ 1700 m 的沟谷林缘树干上。

假鳞茎在根状茎上疏生，彼此相距约 2 cm，近圆柱形，顶生 1 枚叶。叶长圆形，先端锐尖，基部几无柄。花葶从假鳞茎基部抽出，下弯，长约 2 cm；总状花序密生 6 ～ 7 朵花；花序柄被 3 枚鳞片状的鞘；鞘卵状披针形，先端急尖；花苞片披针形，比花梗连同子房长，先端渐尖；花紫红色；中萼片卵状椭圆形，先端锐尖，具 3 条脉，背面密被乳突；侧萼片卵形，与中萼片近等大，下侧边缘彼此黏合，仅先端分开，先端锐尖，具 3 条脉，背面密被乳突；花瓣卵形，先端圆形，具 1 条脉，边缘具不整齐的细齿；唇瓣肉质，舌形，下弯，先端圆钝，基部两侧各具 1 枚下弯的短角状裂片，光滑无毛，唇盘中央具 1 条纵向凹槽；蕊柱长约 2 mm；蕊柱齿钻状，长约 1.5 mm，蕊柱足分离部分长 1.5 mm，其末端与唇瓣基部连接而形成活动关节；药帽尖塔状，密被乳突，前端边缘截形并且多少不整齐。花期 1 月。

伏生石豆兰
Bulbophyllum reptans

产于西藏墨脱、波密；区外见于海南、广西、云南。生于海拔 1000 ～ 2800 m 的山地常绿阔叶林中树干上。尼泊尔、不丹、缅甸、越南、印度东北部，以及西喜马拉雅地区也有分布。

根状茎分枝，匍匐生根，粗 2 ～ 3.5 mm，被筒状鞘；鞘长 7 ～ 10 mm，鞘口近平截。假鳞茎在根状茎上彼此相距 5 ～ 9 cm，直立，卵形或卵状圆锥形，顶生 1 枚叶。叶革质，直立，狭长圆形，先端钝并且稍凹入，在上面中肋凹陷。花葶从假鳞茎基部抽出，直立，纤细，短于或有时高出叶外；总状花序长约为花葶长的 1/2，通常具 3 ～ 6 朵花；花序柄被 3 ～ 4 枚筒状鞘；花苞片卵状披针形；花淡黄色带紫红色条纹；萼片质地较厚，披针形，先端近急尖，具 3 条脉或仅中肋明显，在背面中肋呈龙骨状凸起；侧萼片比中萼片稍长，在中部以下的下侧边缘彼此黏合，基部贴生在蕊柱足上；花瓣质地较薄，卵状椭圆形或倒卵形，先端圆钝，边缘全缘，具 1 条脉或不明显的 3 条脉；唇瓣近肉质，稍比花瓣长，后半部两侧对折，从中部向外下弯，顶端钝，边缘全缘；蕊柱长约 0.8 mm；蕊柱足长 2 mm，其分离部分长 1 mm；药帽前缘近圆形。花期 1 ～ 10 月。

戟唇石豆兰

Bulbophyllum depressum

产于西藏墨脱（西藏新记录）；区外见于云南、海南、广西。生于海拔 400 ～ 1600 m 的山地密林中树干上或山谷岩石上。也分布于泰国。

根状茎匍匐，纤细，具分枝，粗约 1 mm，每相距 8 ～ 14 mm 处的节上生 1 个假鳞茎，其基部长出 2 ～ 3 条气根，节间被筒状的膜质鞘。假鳞茎小，偏鼓状卵球形，伏卧在根状茎上，长 4 ～ 8 mm，粗 2.5 ～ 4 mm，中部以上稍斜举，顶生 1 枚叶，基部具 1 枚鳞片状鞘；鞘膜质，卵形，与假鳞茎等长，先端芒尖，具 1 条脉。叶纸质，卵形或卵状披针形，长 6 ～ 15 mm，基部上方宽 4 ～ 8 mm，先端具细尖，基部具长 1 ～ 2 mm 的柄；花葶从假鳞状茎基部侧旁或根状茎上抽出，直立，纤细如发，长 6 mm，顶生 1 朵花，基部具 1 枚膜质鞘；花苞片膜质，呈杯状，比花梗连同子房短，先端短尖，具 1 条脉，花梗和子房长约 1 mm；花小，直立，花被片除基部和先端浅绿色外，其余为紫色；中萼片披针形，长约 3 mm，中部宽约 0.7 mm，先端急渐尖，具 3 条脉；侧萼片镰状披针形，稍比中萼片长，中部宽 0.7 mm，先端渐尖，基部贴生在蕊柱足上而形成萼囊；花瓣椭圆形，长约 2 mm，中部宽约 0.5 mm，先端急尖，具 1 条脉；唇瓣的整体轮廓为菱形，无毛，长约 1.5 mm，3 裂；侧裂片膜质，直立，半圆形，摊平后两侧裂片先端之间宽 1 mm；中裂片舌形，肉质增厚，长约 0.7 mm，先端钝；唇盘在两侧裂片中央具 1 个胼胝体，胼胝体延伸至中裂片上；蕊柱长约 1 mm；蕊柱足长约 1.5 mm，无分离部分；蕊柱齿不明显；药帽半球形，光滑。花期 6 ～ 11 月。

短莛石豆兰

Bulbophyllum leopardinum

产于西藏聂拉木。生于海拔 1700 m 的山地常绿阔叶林中树干上或林下岩石上。尼泊尔、不丹、缅甸、泰国、印度东北部也有分布。模式标本产于尼泊尔。

假鳞茎梨形至狭卵状圆柱形，斜伏在根状茎上，长 2 ～ 3 cm，顶生 1 枚叶，基部被鞘腐烂后留存的纤维。叶片直立，长圆形至椭圆形，长 4 ～ 13 cm，宽 1.8 ～ 2.4 cm，先端钝并且稍凹入，基部收窄为长约 1 cm 的柄；花葶从假鳞茎基部发出，纤细，与假鳞茎约等长；花序柄很短，顶生 1 ～ 3 朵花，基部被膜质鞘；花苞片膜质，似佛焰苞状；花淡黄色带紫色斑点；中萼片卵状披针形，长约 2 cm，先端稍钝，具 9 条脉；侧萼片较宽，基部贴生在蕊柱足上，萼囊宽钝；花瓣近卵形，比萼片短，中部宽 8 mm，先端钝，边缘全缘，具 7 条脉；唇瓣肉质，披针形，比花瓣短，向外下弯，基部具凹槽，其两侧边缘稍具齿，先端钝，唇盘光滑；蕊柱粗短，具长约 1 cm 的蕊柱足；蕊柱齿牙齿状；药帽圆锥形，前端钝。

短齿石豆兰

Bulbophyllum griffithii

产于西藏定结陈塘镇（西藏新记录）；区外见于云南。生于海拔约 1000 ～ 2400 m 的山地阔叶林中树干上。分布于印度东北部。

根状茎匍匐生根，粗约 2 mm。假鳞茎紧靠，下部多少伏贴在根状茎上，中部以上斜立，卵状圆柱形，长 1.5 ～ 2 cm，中部粗 5 ～ 7 mm，顶生 1 枚叶，基部被膜质鞘或鞘腐烂后残留的纤维，干后棕黄色，具许多纵皱纹。叶革质，长圆形，长 3.7 ～ 7 cm，中部宽 1 ～ 1.8 cm，先端钝并且稍凹入，基部楔形。花葶从根状茎基部发出，1 ～ 2 个，直立，细圆柱形，连同花梗和子房长约 4 cm；花序柄长约 1 cm，顶生 1 朵花，基部被 2 ～ 3 枚鞘；鞘膜质、筒状，长 5 ～ 17 mm；花苞片干膜质，杯状或佛焰苞状，长约 6 mm，先端锐尖；花淡黄色带褐色斑点；中萼片卵形，长约 1 cm，中部宽 5 mm，先端锐尖，具 7 条脉；侧萼片卵状三角形，与中萼片等长，中部宽约 7 mm，先端近急尖，基部贴生在蕊柱足上而形成宽钝的萼囊；花瓣近长圆形，长 7 mm，中部宽 4 mm，先端稍钝，边缘全缘，具 3 条主脉；唇瓣长圆状舌形，肉质，基部稍具凹槽，与蕊柱足末端连接而形成关节，先端近锐尖，从中部向外下弯，两侧边缘波状或具钝齿，上面具 2 条平行的波状褶片；蕊柱粗短；蕊柱足长约 8 mm，其分离部分长 3 mm；蕊柱齿牙齿状，长约 1 mm；药帽圆锥形。花期 5 月。

赤唇石豆兰

Bulbophyllum affine

产于西藏墨脱（西藏新记录）；区外见于台湾、广东、海南、广西、四川、云南。生于海拔 100 ～ 1550 m 的林中树干上或沟谷岩石上。喜马拉雅山脉西北部，尼泊尔、不丹、泰国、老挝、越南，印度东北部、琉球群岛也有分布。

根状茎粗壮，粗 4 ～ 5 mm，被覆瓦状鳞片状鞘。假鳞茎直立，彼此相距 4 ～ 8 cm，近圆柱形，长 3 ～ 4 cm，粗 5 ～ 8 mm，顶生 1 枚叶。叶厚革质或肉质，直立，长圆形，长 6 ～ 26 cm，宽 1 ～ 4 cm，先端钝并且稍凹入，基部收窄为长 1 ～ 2 cm 的柄，上面中肋凹陷，在背面隆起。花葶从根状茎上和假鳞茎基部抽出，稍扁，连同花梗长 4 ～ 8 cm；花序柄极短，顶生 1 朵花，基部被 3 ～ 5 枚鞘；鞘筒状，彼此套叠；花梗长 3.5 ～ 7.5 cm，粗约 1 mm；花淡黄色带紫色条纹，质地较厚；中萼片披针形，长 1.7 ～ 2 cm，中部宽 4 ～ 5 mm，先端急尖，具 5 条脉；侧萼片镰状披针形，与中萼片近等长，具 5 条脉，先端急尖；花瓣披针形，比萼片小，长 1 ～ 1.4 cm，先端急尖，边缘全缘，具 3 条脉；唇瓣肉质，披针形，比花瓣短，先端渐尖，稍下弯，基部具凹槽，其两侧边缘深紫色，与蕊柱足末端连接而形成活动关节，上面光滑无毛；蕊柱粗短，长约 5 mm；蕊柱齿不明显；蕊柱足长约 5 mm，无分离部分；药帽僧帽状或长圆锥形，长约 3 mm，上面具细乳突。花期 5 ～ 7 月。

曲萼石豆兰

Bulbophyllum pteroglossum

产于西藏墨脱[19]；区外见于云南勐腊、思茅。生于海拔约 1400 m 的山地林中树干上。分布于不丹、印度东北部、缅甸。模式标本采自云南思茅。

根状茎粗壮，粗约 5 mm。假鳞茎在根状茎上疏生，彼此距离 6 ～ 8 cm，圆柱形，长 3 ～ 4 cm，中部以上粗约 5 mm，顶生 1 枚叶，基部稍扩大，常被鞘腐烂后残留的多数纤维。叶片肉质或厚革质，长圆形，长 18 ～ 24.5 cm，中部宽 3.4 ～ 5.5 cm，先端钝，基部收窄。花葶扁，从根状茎上抽出，下垂，连同花梗和子房长 5 ～ 8 cm，顶生 1 朵花，基部被膜质鞘；花苞片卵形，远比花梗连同子房短，先端急尖；花质地厚，直立，淡黄色带红色斑点；中萼片椭圆形，凹陷，长 1.2 ～ 1.5 cm，中部宽 7 mm，先端钝，具 5 条主脉和多数横生支脉；侧萼片斜卵状三角形，比中萼片短，长约 7 mm，基部上方宽 7 mm，中部以上缢缩而弯曲状钩转，先端稍钝，基部贴生于蕊柱足，萼囊宽钝；花瓣长圆状披针形，长 8 mm，中部宽约 3 mm，先端近急尖，具 3 条脉，边缘全缘；唇瓣直立，下半部近方形，基部心形，与蕊柱足末端连接而形成活动关节，中部 3 裂；侧裂片直立，翼瓣状，两侧裂片先端之间宽约 6 mm；中裂片紫红色，三角形，先端圆钝；蕊柱粗短；蕊柱足向上弯曲，长约 1 cm，其分离部分长约 2 mm；蕊柱齿不明显；药帽近半球形。花期 11 月。

齿瓣石豆兰

Bulbophyllum levinei

产于西藏墨脱（西藏新记录）；区外分布于长江以南诸省区。生于海拔 800 m 的山地林中树干上或沟谷岩石上。

根状茎纤细，匍匐生根。假鳞茎在根状茎上聚生，近圆柱形或瓶状，顶生 1 枚叶，基部被鞘或鞘腐烂后残留的纤维。叶薄革质，狭长圆形或倒卵状披针形，先端近锐尖，边缘稍波状，上面中肋常凹陷。花葶从假鳞茎基部发出，纤细，直立，光滑无毛，高出叶外；总状花序缩短呈伞状，常具 2 ～ 6 朵花；花苞片直立，狭披针形，比花梗连同子房短，先端渐尖；花膜质，白色带紫；中萼片卵状披针形，中部以上骤然变狭并且增厚，先端急尖，边缘具细齿，具 3 条脉；侧萼片斜卵状披针形，中部以上增厚，向先端骤狭呈尾状，具 3 条脉；花瓣靠合于萼片，卵状披针形，长达 3.5 mm，中部宽 1.5 mm，边缘具细齿，具 1 条脉，先端长急尖；唇瓣近肉质，中部以下具凹槽，全缘；蕊柱长约 1.2 mm；蕊柱足弯曲，长约 1.5 mm，其分离部分长 0.5 mm；药帽半球形，前端收窄呈喙状，上面中央具 1 条密生细乳突的龙骨脊。花期 5 ～ 8 月。

茎花石豆兰

Bulbophyllum cauliflorum

产于西藏东南墨脱。生于海拔 800 ～ 1750 m 的山坡阔叶林中树干上或林下岩石上。印度东北部也有分布。

根状茎粗壮，粗 3 ～ 4 mm，分枝，被覆鳞片状鞘，在每相距 4 ～ 12 cm 处斜生 1 个假鳞茎；根成束，分枝。假鳞茎圆柱形或长卵形，幼时基部被 3 ～ 4 枚膜质鳞片状鞘，顶生 1 枚叶。叶革质，长圆形，先端钝并且稍凹入，基部骤然收窄为柄；叶柄长约 5 ～ 15 mm，具纵槽；花葶从根状茎节上或假鳞茎基部发出，直立，与假鳞茎约等长；总状花序缩短呈伞状，常具 3 ～ 5 朵花；花序柄圆柱形，粗约 1 mm，被数枚筒状鞘；花苞片卵状披针形，与花梗连同子房约等长，先端锐尖；花小，黄绿色；萼片离生，近相等，狭披针形，先端渐尖呈尾状，具 3 条脉；花瓣披针形，先端渐尖，具 3 条脉，全缘；唇瓣披针形，向先端渐尖，基部具凹槽，与蕊柱足末端连接而形成活动关节；蕊柱长约 0.6 mm，蕊柱足长 2 mm，其分离部分长 0.5 mm；蕊柱齿镰刀状，长约 1 mm；药帽半球形，前缘先端具短尖。蒴果卵形，长 1 cm，粗 4 mm，基部具短柄。花期 6 ～ 7 月，果期 11 月。

短足石豆兰

Bulbophyllum stenobulbon

产于西藏墨脱；区外见于广东、香港、云南。生于海拔达 2100 m 的山地林中树干上或林下岩石上。不丹、缅甸、泰国、老挝、越南也有分布。

根状茎粗 1 ～ 1.5 mm，分枝，在每相距 1.5 ～ 3 cm 处生 1 个假鳞茎。根出自生有假鳞茎的节上。假鳞茎直立，卵状圆柱形或近圆柱形，通常长 1 ～ 1.5 cm，大小常有变化，中部粗 3 ～ 6 mm，顶生 1 枚叶。叶革质，长圆形，长 15 ～ 33 mm，中部宽达 1 cm，先端圆钝并且稍凹入，基部收窄为长 2 ～ 3 mm 的柄，在上面中肋凹陷。花葶 1 ～ 2 个，从假鳞茎基部发出，细如发状，稍高出假鳞茎之上；总状花序缩短呈伞状，常具 2 ～ 4 朵花；花序柄被 3 ～ 4 枚膜质、筒状鞘；花苞片卵状披针形，凹陷，比花梗连同子房长或稍短，长约 2 ～ 3 mm，先端急尖；萼片和花瓣淡黄色，中部以上橘黄色；萼片离生，质地较厚；中萼片狭披针形，通常长 4.5 ～ 5 mm，基部宽 1.3 ～ 1.5 mm，中部以上两侧边缘多少内卷，先端长渐尖，具 3 条脉；侧萼片狭披针形，比中萼片稍长，基部贴生在蕊柱足上，中部以上两侧边缘内卷，先端长渐尖，具 3 条脉；花瓣质地薄，卵形，具 1 ～ 3 条脉，仅中肋到达先端；唇瓣橘黄色，肉质，舌状或卵状披针形，平展，先端圆钝或近截形，稍下弯，基部具凹槽，背面密生细乳突，上面常具 3 条纵向的脊，其两侧的常增粗而隆起；蕊柱长约 1 mm；蕊柱齿与药帽等高，钻状，长约 0.5 mm；蕊柱足很短，稍向上弯曲，长 1 ～ 1.3 mm，其分离部分长约 0.3 mm；药帽半球形，前端具短尖。花期 5 ～ 6 月。

密花石豆兰

Bulbophyllum odoratissimum

产于西藏墨脱；区外见于福建，广东，香港，广西凤山、德保、凌云、金秀，四，云南。生于海拔 200 ～ 2300 m 的混交林中树干上或山谷岩石上。尼泊尔、不丹、缅甸、泰国、老挝、越南、印度东北部也有分布。

根状茎分枝，被筒状膜质鞘。假鳞茎近圆柱形，直立，顶生 1 枚叶，幼时在基部被 3 ～ 4 枚鞘。叶革质，长圆形，先端钝并且稍凹入。花葶淡黄绿色，从假鳞茎基部发出，1 ～ 2 个，直立；总状花序缩短呈伞状，常点垂，密生 10 余朵花；花苞片膜质，卵状披针形，比花梗连同子房长，先端渐尖，具 3 条脉，淡白色；萼片离生，质地较厚，披针形；中萼片凹陷，卵形或卵状披针形，具 3 条脉；侧萼片常具 3 条脉；花瓣质地较薄，白色，近卵形或椭圆形，先端稍钝，具 1 条脉，有时 3 条，但仅中肋到达先端；唇瓣橘红色，肉质，舌形，稍向外下弯；蕊柱粗短；药帽近半球形或心形，前端稍收窄，先端下弯，上面被细乳突。花期 4 ～ 8 月。

伞花石豆兰

Bulbophyllum shweliense

产于西藏墨脱背崩乡；区外见于广东、云南。生于海拔 1760 ～ 2100 m 的山地林中树干上。泰国也有分布。

根状茎纤细，分枝，幼时被膜质筒状鞘。根丛生于生有假鳞茎的节上。假鳞茎直立，近圆柱形或狭椭圆状长圆柱形，顶生 1 枚叶。叶革质，长圆形，先端圆钝并且稍凹入。花葶 1 ～ 2 个，从假鳞茎基部发出，直立，纤细，等于或稍高出于叶外；总状花序缩短呈伞状，具 4 ～ 10 朵花；花序柄被 3 ～ 4 枚膜质鞘；鞘筒状，紧抱于花序柄；花苞片披针形，凹陷，等于或稍长于花梗连同子房；花橙黄色，具微香；萼片离生，等长，披针形，先端长渐尖，具 3 条脉；中萼片近先端两侧边缘稍内卷；侧萼片中部以上两侧边缘内卷呈筒状，基部贴生在蕊柱足上而形成半球状的萼囊；花瓣卵状披针形，先端短急尖，基部收窄，具 1 ～ 3 条脉，仅中肋到达先端，边缘全缘；唇瓣肉质，光滑无毛，近先端处下弯。花期 6 月。

直唇卷瓣兰

Bulbophyllum delitescens

产于西藏墨脱；区外见于福建、海南、广东、香港、云南。生于海拔约 1000 m 的林中树干上。印度东北部、越南也有分布。模式标本采自香港。

根状茎粗壮，匍匐生根，常分枝。假鳞茎卵形或近圆柱形，顶生 1 枚叶。叶薄革质，长圆形或椭圆形，先端钝或短急尖，基部楔形。花葶从生有假鳞茎的根状茎节上发出，直立；伞形花序常具 2 ～ 4 朵花；花苞片披针形，先端芒尖；中萼片卵形，边缘全缘；侧萼片狭披针形，先端长渐尖；花瓣镰状披针形，先端截形，中央具 1 个短芒，具 3 条脉；唇瓣肉质，舌状，向外下弯，先端钝；花期 4 ～ 11 月。

尾萼卷瓣兰

Bulbophyllum caudatum

产于西藏墨脱。生于海拔 850 ～ 1000 m 的常绿阔叶林中树干上。尼泊尔、印度锡金邦也有分布。模式标本采自尼泊尔。

根状茎细长，粗 1 ～ 2 mm，具分枝，当年生的被膜质筒状鞘，在每相隔 2 ～ 8 cm 处生 1 假鳞茎；根成束，从生有假鳞茎的根状茎节上发出，有时分枝。假鳞茎卵形，长 1 ～ 2.5 cm，中部粗 0.6 ～ 10 mm，顶生 1 枚叶，幼时基部被膜质鞘，干后黄色带光泽，具纵条棱和皱纹。叶革质，卵状披针形或有时长圆形，长 2.5 ～ 6.5 cm，基部上方宽 1 ～ 1.5 cm，先端急尖或稍钝，基部具长 2 ～ 3 mm 的柄。花葶从假鳞茎基部抽出，直立，与假鳞茎约等长或稍较长，粗 1 ～ 1.5 mm，顶生伞形花序的花排成扇状，具多数花；花苞片披针形，约等长于花梗连同子房；花白色；中萼片卵状长圆形，长达 5 mm，向前弯弓，先端渐尖；侧萼片披针形，比中萼片长 5 ～ 7 倍，先端延伸呈长尾状，彼此离生并且平行或稍叉开；花瓣倒卵状长圆形，先端钝；唇瓣长圆形，与花瓣约等长，基部具柄，后半部两侧直立，前半部边缘下弯；蕊柱粗壮，蕊柱翅向前伸展呈半圆形，蕊柱齿纤细；药帽上面具乳突。

伞花卷瓣兰

Bulbophyllum umbellatum

产于西藏墨脱、波密、察隅、芒康；区外见于台湾、四川、云南。生于海拔 1000 ～ 2200 m 的山地林中树干上。尼泊尔、不丹、印度东北部、缅甸、泰国、越南也有分布。

根状茎匍匐生根。假鳞茎卵形或卵状圆锥形，顶生 1 枚叶，基部被鞘腐烂后残存的多数纤维。叶革质，长圆形，先端钝并且凹入，基部楔状收窄。花葶从假鳞茎基部抽出，直立，不高出叶外，伞形花序常具 2 ～ 4 朵花；花苞片披针形，凹陷；花暗黄绿色或暗褐色带淡紫色先端；中萼片卵形，凹陷，先端锐尖，边缘全缘，具 5 条脉；侧萼片镰状披针形，而两侧萼片仅基部上侧边缘彼此黏合，其余离生，先端稍钝，基部贴生在蕊柱足上，具 5 条脉，边缘全缘；花瓣卵形，先端圆钝，边缘全缘，具 5 条脉；唇瓣浅白色，肉质，舌状；蕊柱粗短；蕊柱翅浅绿色，向前扩展呈钝的三角形；蕊柱齿三角形，先端短急尖；药帽半球形，前端稍收窄，全缘。花期 4 ～ 6 月。

钻齿卷瓣兰

Bulbophyllum guttulatum

产于西藏墨脱。生于海拔 800 ～ 1800 m 的山地阔叶林中树干上。印度东北部、尼泊尔、不丹、越南也有分布。

根状茎匍匐。假鳞茎近聚生，卵状圆锥形或狭卵形，顶生 1 枚叶，基部被鞘或鞘腐烂后残存的纤维，干后淡黄色带光泽，具纵棱。叶革质，椭圆状长圆形。花葶从假鳞茎基部抽出，直立，纤细，伞形花序通常具 2 ～ 3 朵花；花苞片卵状披针形，先端渐尖；花梗和子房纤细；花黄色带红色斑点；中萼片宽卵形，先端近截形并且具短尖，边缘全缘，具 5 条脉；侧萼片斜卵状披针形，先端稍钝；花瓣宽卵状三角形，先端具短尖，具 3 条脉；唇瓣拱形，先端稍凹，基部扩大并与蕊柱足末端连接而形成活动关节；唇盘具 3 条稍粗的龙骨脊。花期 8 月。

高茎卷瓣兰

Bulbophyllum elatum

产于西藏亚东、墨脱。生于海拔 1700 ～ 2500 m 的常绿阔叶林中树干上或沟谷岩石上。尼泊尔、越南、印度东北部也有分布。

假鳞茎聚生，圆柱形，上端变窄，顶生 1 枚叶，干后古铜色，具许多皱曲纵条纹。叶革质，长圆形，先端钝并且稍凹入。花葶出自假鳞茎基部，直立，与叶约等长，伞形花序具多数花；花序柄被 3 ～ 4 鞘；花苞片披针形，比花梗连同子房短；花暗黄色；中萼片卵形，先端急尖，边缘全缘，具 3 条脉；侧萼片狭披针形，比中萼片长约 3 倍，基部扭转而上侧边缘除中部以上外，彼此黏合，背面具细乳突，先端渐尖；花瓣斜卵状三角形，先端急尖，边缘全缘，具 1 条脉；唇瓣肉质，卵状披针形，向外下弯，先端急尖，基部具凹槽，边缘全缘；蕊柱粗短，蕊柱翅在蕊柱中部稍向前伸展；蕊柱足向前弯曲；蕊柱齿纤细，稍钩状弯曲。

波密卷瓣兰

Bulbophyllum bomiense

产于西藏波密。生于海拔 2030 m 的山地常绿阔叶林下岩石上。

根状茎匍匐，粗约 1 mm，幼时被鞘。假鳞茎彼此相距 1 ～ 2 cm，卵状圆锥形，幼时被膜质鞘，顶生 1 枚叶。叶革质，长圆形，长 1.7 ～ 3.5 cm，中部宽 5 ～ 7 mm，先端钝并且稍凹入，基部收狭，在上面中肋下陷，边缘稍波状，干后常下弯。花葶从假鳞茎基部抽出，直立，纤细，伞形花序具 2 ～ 4 朵花；花苞片卵状披针形，常呈镰刀状下弯；花梗和子房长 4 mm；花深红色，质地较厚；中萼片长圆形，凹陷，先端截形并且稍凹入，中部以上边缘密生细乳突，具 3 条脉，在背面疏生疣状凸起；侧萼片近镰状披针形，先端极钝，基部贴生在蕊柱足上，在背面尤其中部以上密生疣状凸起，边缘在中部以上内卷，基部上方扭转而两侧萼片的上下侧边缘彼此黏合；花瓣淡紫色带深紫色斑点，近椭圆形，先端近圆形，具 3 条脉，边缘密生细乳突；唇瓣肉质，近舌形，长约 3 mm，基部上方稍向外下弯，基部具凹槽并且与蕊柱足末端连接而形成活动关节，内面靠边缘各具 1 条纵走的褶片；蕊柱长约 1.2 mm，蕊柱翅近平直；蕊柱足长 1.5 mm，其分离部分长 0.8 mm；蕊柱齿尖齿状，长约 0.5 mm；药帽前端不收狭，稍凹，上面密被细乳突，顶端具 1 个球形粒状凸起。花期 7 月。

藓叶卷瓣兰

Bulbophyllum retusiusculum

产于西藏察隅、波密、聂拉木、墨脱、定结、错那；区外见于甘肃、台湾、海南、湖南、四川、云南。生于海拔 500 ～ 2800 m 的山地林中树干上或林下岩石上。尼泊尔、不丹、缅甸、泰国、老挝、越南、印度东北部也有分布。

根状茎匍匐，粗约 2 mm。假鳞茎卵状圆锥形或狭卵形，大小变化较大，顶生 1 枚叶，基部有时被鞘腐烂后残存的纤维，干后表面具皱纹或纵条棱。叶革质，长圆形或卵状披针形，先端钝并且稍凹入，近先端处边缘常较粗糙。花葶出自生有假鳞茎的根状茎节上，近直立，纤细，常高出叶外，伞形花序具多数花；花序柄疏生 3 枚筒状鞘；花苞片狭披针形，舟状，先端渐尖；中萼片黄色带紫红色脉纹，长圆状卵形或近长方形，先端近截形并具宽凹缺，边缘全缘或稍粗糙，具 3 条脉；侧萼片黄色，狭披针形或线形，两侧边缘在先端处稍内卷或不内卷，先端渐尖；花瓣黄色带紫红色的脉，近似中萼片，几乎方形或卵形，先端圆钝，基部约 2/5 贴生在蕊柱足上，具 3 条脉；唇瓣肉质，舌形，约从中部向外下弯，先端稍钝，基部具凹槽并且与蕊柱足末端连接而形成活动关节；蕊柱长 1.5 ～ 2 mm；蕊柱翅在蕊柱基部稍扩大。花期 9 ～ 12 月。

大叶卷瓣兰

Bulbophyllum amplifolium

产于西藏墨脱；区外见于贵州、云南。生于海拔 1700 ～ 2000 m 的常绿阔叶林的树干上或林缘岩石上。不丹、缅甸、印度东北部也有分布。

根状茎匍匐，密被膜质鞘。假鳞茎在根状茎上疏生，卵状长圆柱形，干后黄色，表面光滑带光泽，顶生 1 枚叶，基部常被鞘腐烂后的残存纤维。叶大，革质，椭圆形或椭圆状长圆形，先端钝，基部近圆形。花葶 1 ～ 2 个，从假鳞茎基部抽出，伞形花序具 4 ～ 8 朵花；花苞片披针形或长圆状披针形，稍凹陷；花大，淡黄褐色；中萼片近圆形，凹陷，具 5 条脉，边缘近先端处稍具细齿，先端具 1 条弯曲的刚毛；侧萼片披针形，基部贴生在蕊柱足上，基部上方扭转而两侧萼片的上下侧边缘除在先端分离外，分别彼此黏合；花瓣卵状三角形，具 1 条脉，边缘篦齿状，先端具与中萼片相同的刚毛；唇瓣肉质，卵状长圆形，向外下弯，先端钝，基部近心形；蕊柱齿镰刀状，大而宽扁，高出药帽之上，药帽前缘先端具齿。花期 10 ～ 11 月。

尖角卷瓣兰

Bulbophyllum forrestii

产于西藏墨脱[20]；区外见于云南勐海、腾冲、泸水、怒江流域。生于海拔 1800 ～ 2000 m 的山地林中树干上。分布于缅甸、泰国。模式标本采自云南西北部。

根状茎匍匐。假鳞茎卵形，顶生 1 枚叶，基部被膜质鞘或鞘腐烂后残存的纤维。叶厚革质，长圆形，先端钝并且稍凹入。花葶从假鳞茎基部抽出，黄绿色并且密布紫色小斑点，直立，纤细；总状花序缩短呈伞形，达 10 朵花；花序柄疏生 3 ～ 4 枚膜质筒状鞘；花苞片狭披针形；花梗连同子房黄色，比花苞片长；花杏黄色；中萼片卵形，凹陷，先端稍钝，边缘全缘；侧萼片披针形，先端渐尖，基部贴生在蕊柱足上，基部上方扭转而两侧萼片的上下侧边缘分别彼此黏合，背面有小疣状凸起；花瓣卵状三角形，先端锐尖，边缘具不整齐的细齿；唇瓣披针形，黄色带紫红色斑点，从中部向外下弯，中部以上强烈收狭，先端钝，基部与蕊柱足末端连接而形成活动关节，两侧边缘下弯并且多少具小疣状凸起；蕊柱短；蕊柱足弯曲；蕊柱齿短钻状；药帽前端近截形，其边缘具多数不整齐的缺刻。花期 5 ～ 6 月。

匍茎卷瓣兰

Bulbophyllum emarginatum

产于西藏陈塘、墨脱、察隅；区外见于云南。生于海拔 800 ～ 2400 m 的山地林中树干上。尼泊尔、不丹、缅甸、越南、印度东北部也有分布。

根状茎匍匐，质地硬，具分枝，粗约 3 mm，节间长 2 ～ 5 cm，被长约 1 cm 的筒状鞘，疏生假鳞茎。假鳞茎彼此相距 9 ～ 18 cm，狭卵形或近圆柱形，幼时被宽卵形的膜质鞘，长 2 ～ 4 cm，中部粗 5 ～ 10 mm，向上端变狭，顶生 1 枚叶。根粗壮，几伸直，成束丛生于生有假鳞茎的根状茎节上或 1 ～ 2 条出自紧靠假鳞茎的根状茎节上。叶厚革质，长圆形或舌状，长 4 ～ 10 cm，中部宽 1.5 ～ 3.5 cm，先端钝并且稍凹入，基部具长约 5 mm 的柄，在上面中肋下陷。花葶从假鳞茎基部抽出，与假鳞茎约等长，基部被鞘；总状花序缩短呈伞状，具 2 ～ 4 朵花；花苞片披针形，长约 8 mm，先端急尖；花梗和子房长 1.5 cm；花紫红色；中萼片卵状长圆形，长约 1 cm，中部宽 8 mm，先端截形并且微凹，边缘具睫毛，具 5 条脉；侧萼片镰刀状披针形，长 2 ～ 4.2 cm，向先端渐狭为尾状，背面具乳突，基部贴生在蕊柱足上，基部上方扭转而两侧萼片的上下侧边缘分别彼此黏合；花瓣近圆形，长、宽约 9 mm，边缘具睫毛，具 3 条脉；唇瓣卵形，长 8 mm，中部宽 4 mm，先端圆钝，基部与蕊柱足末端连接而形成活动关节；唇盘具细密的网状脉纹和 2 条从基部纵贯到先端的褶片；蕊柱长约 3 mm；蕊柱足长 5 mm，其分离部分长 2 mm；蕊柱齿细尖，长约 0.2 mm；药帽前缘先端圆形，边缘具不整齐的细齿，上面中央具 1 条龙骨脊。花期 10 月。

角萼卷瓣兰

Bulbophyllum helenae

产于西藏墨脱（西藏新记录）；区外见于云南。生于海拔 620 ～ 1800 m 的山地林中树干上。尼泊尔、缅甸，印度东北部、西喜马拉雅地区也有分布。

根状茎粗壮，被鞘腐烂后的网格纤维。假鳞茎在根状茎上疏生，长卵形，基部被带网格状的纤维，顶生 1 枚叶。叶革质，长圆形，先端钝，基部收狭；叶柄长 5 ～ 6 cm，两侧对折。花葶出自假鳞茎基部，1 ～ 2 个，直立，伞形花序具 6 ～ 10 朵花；花序柄被 3 ～ 4 枚鞘；先端锐尖；花苞片披针形，先端渐尖；花黄绿色带红色斑点；中萼片卵形，凹陷，先端钝，具 5 条脉，边缘具细齿；侧萼片披针形，具 5 条脉，基部在背面具细乳突，基部上方扭转而两侧萼片的上下侧边缘分别彼此黏合而形成角状；花瓣卵状三角形，先端细尖呈芒状，基部约 1/3 贴生在蕊柱足上，边缘具流苏，具 3 条脉，仅中肋到达先端；唇瓣肉质，近卵状披针形，向先端渐尖，基部具凹槽；蕊柱粗短，蕊柱翅稍向前扩展；蕊柱齿钻状；药帽前端边缘全缘，上面多少具细乳突。花期 8 月。

细柄石豆兰

Bulbophyllum striatum

产于西藏墨脱；区外见于云南。生于海拔 1600 m 的林中树干上。印度东北部也有分布。

根状茎匍匐生根。假鳞茎近梨形，干后表面具皱纹，顶生 1 枚叶。叶革质，椭圆形，先端钝并且稍凹入，基部具柄，上面绿色，背面紫红色；叶柄细长，具紫红色斑点。花葶柔软，斜立；总状花序常具 1 ～ 3 朵花；花序柄淡紫红色，疏生 3 ～ 4 枚膜质鞘；花苞片卵形，先端近钝；花小，萼片离生，淡黄色；中萼片长圆形，先端稍钝，边缘全缘，具 3 条脉，仅中肋到达先端；侧萼片卵状三角形，先端锐尖，具 3 条脉，仅中肋到达先端；花瓣淡黄色，卵形，先端急尖，边缘全缘，具 1 条脉；唇瓣紫红色，近椭圆形，基部边缘稍具齿并与蕊柱足末端连接而形成不活动的关节，先端钝，唇盘具数条分枝的脉；蕊柱细长；蕊柱齿不明显；药帽前端近截形，全缘。花期 12 月。

格当石豆兰

Bulbophyllum gedangense

产于西藏墨脱。生于海拔 1700 m 的林中树干上。

根状茎匍匐，纤细，通常分枝，直径 0.3 ～ 0.5 mm。假鳞茎小，密集拥挤，聚集在根状茎上，圆锥形，深紫色红色，顶生 1 枚叶。叶片狭长圆形到倒卵形披针形，薄革质，基部收缩成柄，边缘全缘，下面绿色偏紫色，叶柄不明显。花葶从假鳞茎的基部生出，直立或近直立，长于叶片；花梗下面有管状鞘，鞘卵形；总状花序缩短，类似伞形花序，通常 3 ～ 8 朵花。花黄绿色，略带紫色，无毛；花苞片三角形，先端渐尖。中萼片卵形，具 5 条脉，边缘全缘，先端钝。侧萼片斜三角形卵形，基部合生于蕊柱足，边缘全缘，先端锐尖。花瓣卵形，先端钝。唇瓣弯曲，长圆形披针形，黄色，无毛，肉质，基部通过活动关节与蕊柱足末端相连，边缘全缘。蕊柱足粗壮，两侧有翅；蕊柱足弯曲；药帽近球形，中央具细密的乳突，先端圆形；花粉 2 个，卵球形。花期 8 ～ 12 月。

凌氏石豆兰

Bulbophyllum lingii

产于西藏墨脱格当（西藏新记录）；区外见于海南。生长于海拔 1500 m 的林中树干上。

附生草本。根状茎横走，直径 1 mm。假鳞茎彼此相连，卵圆形，扁平，表面具褶皱。叶近无柄，卵形到椭圆形，长 4 ～ 8 mm，宽 2 ～ 3 mm，革质，基部收缩，先端渐尖。花序长 25 ～ 30 mm，从假鳞茎的基部生出，直立，具 1 朵花；花序 10 ～ 15 mm；花苞片杯状，长 1.8 ～ 2 mm，先端锐尖。花具淡黄色的萼片和花瓣，脉深黄到橙色。唇瓣深红色；花梗子房长 15 ～ 18 mm。中萼片椭圆形，边缘近全缘，先端渐尖；侧萼片椭圆形，边缘近全缘，先端渐尖。花瓣长圆形，先端钝；唇瓣弯曲，锤头形，中间收缩，先端圆形，表面无毛。药帽圆锥形，具小乳突。花期 5 ～ 7 月。

怒江石豆兰

Bulbophyllum nujiangense

产于西藏墨脱背崩（西藏新记录）；区外见于云南。生于海拔 1200 m 林中树干上。

根状茎粗壮，假鳞茎很小近乎没有，顶生一枚叶。叶革质，长椭圆形，先端渐尖，有很长的叶柄。花葶从假鳞茎基部的根状茎上发出，总状花序疏生十数朵花，花紫红色带深紫色条纹。花苞片椭圆形到披针形，先端渐尖，长于花梗和子房；中萼片肉质，卵状三角形，先端锐尖，具三条脉；侧萼片卵形，亚急性先端，具三条脉；花瓣远小于萼片，长圆形，先端钝，具一条脉；唇瓣肉质，卵形，基部中间具凹槽，背面密被小乳突；蕊柱边缘具齿。花期 11 ～ 12 月。本种与大苞石豆兰相近，不同的是本种花疏生；花瓣先端钝。而大苞石豆兰花密生；花瓣先端渐尖。

反瓣卷瓣兰

Bulbophyllum reflexipetalum

产于西藏通麦、墨脱。生长于 1600 ～ 2000 m 的林中树干上。

附生草本。根状茎匍匐。假鳞茎扁平卵形或圆锥形，顶生 1 枚叶片。叶片长圆形，革质，先端钝，基部收缩成叶柄。花葶由假鳞茎基部发出，长于叶；伞形花序，通常 3 ～ 4 花；花梗被 3 枚管状鞘包裹；花苞片披针形，先端渐尖。花黄绿色，萼片和花瓣具黑褐色斑点；唇瓣黄绿色，背面有深棕色斑点或斑点。中萼片卵形，先端钝，具 5 脉；侧萼片披针形，基部贴生于蕊柱足，在基部附近向内扭曲，具 5 脉；花瓣反折，宽卵形三角形，具 1 条脉，边缘全缘，先端具尖尖的短尖；唇瓣弯曲，卵形三角形，边缘具乳突，先端钝，从基部到先端有纵向脊，背面有纵向凹槽；药帽近球形，干燥时有许多纵片。花粉 2 对，黄色，卵形。花期 2 ～ 3 月。

球花石豆兰

Bulbophyllum repens

产于西藏墨脱[10]；区外见于海南黎母山。生于海拔 525 m 附近的山坡密林中树干上。模式标本产地为越南。

假鳞茎彼此紧靠，很小，近卵球形，长 5 mm，基部粗约 7 mm，顶生 1 枚叶。叶直立，近肉质，倒卵状披针形，长 11 ～ 12 cm，近先端处宽 7 ～ 17 mm，先端钝，向基部收狭，基部被筒状鞘；总状花序短缩呈球形，长约 5 mm，具数朵密生的小花；花苞片很小，卵状三角形，长约 1 mm，先端急尖；花梗和子房长约 2 mm；花紫色；中萼片卵形，长约 3.5 mm，宽 2 mm，先端圆钝，边缘全缘，具 3 条脉；侧萼片与中萼片等长，斜卵形，先端钝，下侧边缘彼此黏合，具 3 条脉；花瓣倒卵形，长 2.2 mm，宽 1.2 mm，先端圆钝，边缘全缘，具 1 条脉；唇瓣肉质，舌形，基部具凹槽并且与蕊柱足末端连接而形成活动关节，约中部向外下弯，先端钝，多少被乳突；蕊柱粗短，蕊柱齿近镰刀状；药帽前缘先端多少具短尖。花期 3 月。

林芝石豆兰

Bulbophyllum linzhiense

产于西藏墨脱[21]；附生于海拔 2039 m 的常绿阔叶林乔木上。

根横走，直径 2 ～ 34 mm；从假鳞茎基部生出，被膜质鞘；假鳞茎间距 6 ～ 310 mm，卵圆形，先端具叶；叶片无柄，革质，先端钝；花序从假鳞茎基部生出，直立，长 1 ～ 31.5 cm；总状花序近伞形，生 2 ～ 34 朵花；具 3 个管状鞘；苞片卵圆形至披针形，长 2.5 ～ 2.8 mm，膜质，先端渐尖；花梗和子房长于苞片，约 3 ～ 3.2 mm；萼片和花瓣黄绿色；唇橙红色；萼片离生，近等长；中萼片卵形至卵状长圆形；侧萼片披针形，线段收缩至渐尖；唇瓣稍下弯，舌状肉质；花柱黄白色，长约 0.8 mm，呈狭三角形；花粉块 4 个，成 2 对。

若氏卷瓣兰（高山卷瓣兰）

Bulbophyllum rolfei

产于西藏陈塘、墨脱（西藏新记录）；区外见于云南。生于海拔 2000 ～ 2400 m 林中树干上。尼泊尔、印度东北部也有分布。

根状茎匍匐，直径 0.8 ～ 1 mm。假鳞茎彼此相距 0.1 ～ 2.4 cm，卵球形，长 0.7 ～ 1.5 cm，直径 3 ～ 9 mm，顶生 1 枚叶。叶片椭圆形，长 2 ～ 3.5 cm，宽 0.8 ～ 1.2 cm，革质，基部收缩成叶柄 3 ～ 5 mm，先端渐尖。伞形花序 2 ～ 4 开花；花序轴直径 1 mm，带有一些管状鞘；花苞片狭披针形，6 ～ 8 mm，先端渐尖。花梗和子房长 4 ～ 7 mm。花黄色至红紫色，带深紫色斑点。唇瓣深紫红色。中萼片卵形或椭圆形，长 5 ～ 6 mm，宽 1.5 ～ 2 mm，先端锐尖；侧萼片离生，卵形斜三角形，稍狭窄，在基部附近稍扭曲，上边缘彼此相对，先端锐尖。花瓣卵形椭圆形，先端钝；唇瓣弯曲，卵状披针形，顶端具细小乳突，基部扩张并附着于蕊柱足的末端，先端圆形。蕊柱长 1 ～ 1.5 mm，下部边缘无翅；药帽近球形。花期 8 月。

雅鲁藏布石豆兰

Bulbophyllum yarlungzangboense

产于西藏通麦，墨脱[22]。生于海拔 2100 m 林中树干或湿润岩壁上。

附生草本。根状茎细长，直径 1 mm，假鳞茎彼此相距 1 ～ 1.2 cm，稍倾斜，圆锥形，长 0.7 ～ 1 cm，宽 0.4 ～ 0.5 cm，顶生 1 枚叶。叶片卵形长圆形，长 1 ～ 1.3 cm，宽 0.6 ～ 0.9 cm，先端具凹槽，基部收缩成叶柄状，叶柄不明显。花序细长，从假鳞茎基部生出，长于叶片，长 2 ～ 2.5 cm，有 2 ～ 3 个褐色鞘，总状花序具 1 ～ 4 花，花黄绿色。花苞片卵形，长 3.5 ～ 4 mm，宽 1.5 ～ 1.6 mm，先端锐尖；花梗和子房长 1.6 mm；中萼片披针形，先端渐尖，3 条脉；侧萼片披针形，基部稍倾斜，先端渐尖，3 条脉；花瓣卵形，先端锐尖；唇瓣肉质，先端钝，侧边缘稍直立，在唇盘上形成凹槽；蕊柱粗壮，长 0.5 mm；蕊柱足长 1.1 mm，弯曲，底座有一个 V 形垫状物；药帽半圆锥形，中间凹；花粉 2 对。花期 4 ～ 6 月。

虎斑卷瓣兰

Bulbophyllum tigridum

产于西藏墨脱（西藏新记录）、广东、香港。模式标本采自广东。

附生植物，假鳞茎彼此相距 1 ～ 3 cm，卵圆形，顶生 1 枚叶。叶片长圆形，基部具短柄。花葶从假鳞茎基部发出，花序伞形，具 5 ～ 8 朵花，花黄色带红色条纹。花苞片小；中萼片卵形；侧萼片披针形，上下侧边缘彼此黏合成管状；唇瓣舌状，向下弯，基部与蕊柱足末端连接而形成活动关节。本种与原变种的区别在于花很小，暗红色带紫红色的脉，侧萼片长 5 ～ 7 mm，其背面无乳突。花期 9 月。

圆唇双花石豆兰（新拟）

Bulbophyllum hymenanthum

产于西藏墨脱、波密；区外见于台湾。生于海拔 1500 ～ 2200 m 林中树干上。印度、不丹、尼泊尔也有分布。

附生草本，根状茎细长，线状。无假鳞茎。叶片直立，长 1.2 ～ 2 cm，无柄，肉质，卵形或椭圆形，先端钝。花葶从叶和根状茎之间生出，略长于叶片，被数枚管状鞘包裹，顶生 2 朵花。花苞片卵形，长为子房的一半，花梗和子房长 5 ～ 6 mm。中萼片卵状三角形，长 6 ～ 7 mm，宽 2.5 ～ 3 mm，先端锐尖，具 3 脉；花瓣椭圆状披针形，长 3 ～ 3.5 mm，宽约 1 mm，先端圆钝，具 1 脉；侧萼片等长于中萼片，先端锐尖，具 3 脉。唇瓣卵状披针形，在基部附近急剧弯曲，先端变窄，渐尖或圆钝，从基部到先端有 1 条深的凹槽，凹槽两侧有 2 条纵脊，基部与蕊柱足末端连接而形成活动关节。蕊柱长 1 ～ 1.5 mm，蕊柱齿不明显；蕊柱足长 2.5 ～ 3 mm，弯曲。花粉团 2 个。花期 5 ～ 6 月。

金氏石豆兰（新拟）
Bulbophyllum kingii

产于西藏墨脱（中国新记录）。印度、不丹、尼泊尔也有分布[23]。

附生草本。根状茎粗壮，匍匐。假鳞茎卵形或圆锥形，顶生一枚叶。叶厚革质，直立，长卵圆形，先端钝并且稍微凹陷，上面中肋下陷，背面隆起。花葶从假鳞茎基部抽出；总状花序稍下垂，具数朵花；花序基部被 3 ～ 5 枚簇生的鞘；花苞片卵状披针形，先端渐尖；花黄绿色，萼片及花瓣均具紫色斑点，质地稍厚；中萼片卵状披针形，先端渐尖，具 6 条脉；侧萼片卵状披针形，与中萼片等长，先端急尖，并稍弯曲呈镰刀状，具 6 条脉；花瓣三角状披针形，先端锐尖，具 3 条脉，边缘具流苏；唇瓣肉质，3 裂，舌形，中裂片较大，先端钝，在基部裂开，从中部向外下弯，先端钝，侧裂片极小，膜质，呈明显的锯齿状；蕊柱翅在蕊柱中部向前扩大，蕊柱齿圆形；药帽黄色，椭圆形；花粉团 2 个，中间具狭缝；蒴果圆锥形，具紫色斑点。花期 11 ～ 12 月，果期翌年 10 月。

五脉石豆兰（新拟）

Bulbophyllum pentaneurum

产于西藏墨脱（中国新记录）。生于海拔 1200 ～ 1600 m 的林中树干上。国外分布于泰国[17]。

根状茎匍匐，纤细。假鳞茎小，长椭圆形，压扁，彼此紧靠成串珠状，长 6 ～ 8 mm，粗约 2 mm，顶生 1 枚叶。叶纸质，长椭圆形，长 6 ～ 7 mm，宽约 3 mm，先端渐尖，基部近无柄。花葶从假鳞茎基部侧旁抽出，直立，长 17 ～ 20 mm，顶生 1 朵花，基部具 1 枚膜质鞘；花苞片杯状，长约 2 mm，先端锐尖；花梗和子房长 8 ～ 10 mm；花橙黄色，具较显著的橙红色的脉，质地薄；中萼片长圆形，长 7 ～ 12 mm，中部宽约 2.5 mm，先端渐尖，具 5 条脉；侧萼片长圆形，长 8 ～ 14 mm，中部宽约 3 mm，先端短钝尖，具 5 条脉。花瓣狭长椭圆形，长 1.5 ～ 1.8 mm，宽约 1 mm，先端渐尖，具 1 条脉，边缘全缘；唇瓣橙红色，卵状三角形，肉质，长 2.3 ～ 2.6 mm；唇盘中部最宽处约 1.3 mm，基部具 V 形凹槽，光滑，与蕊柱足连接形成活动关节；蕊柱橙红色，粗短，长约 1.2 mm；蕊柱齿线性，长约 1 mm；蕊柱足长约 1.5 mm；药帽卵形，中间微隆并具疣状凸起；花粉团 2 个。花期 4 月。

糙茎卷瓣兰（新拟）

Bulbophyllum scabratum

产于西藏墨脱（中国新记录）。生于海拔 1300 ～ 1600 m 的林中树干或湿润岩壁上。印度东北部也有分布 [24]。

附生草本。假鳞茎成簇，卵形或圆锥形，略扁，有鞘，从基部生根。叶卵形到长圆形披针形，长 2.5 ～ 7 cm，宽 0.5 ～ 1 cm，叶柄短。花序从假鳞茎基部生出，具 3 ～ 5 枚鞘；伞形花序具 3 ～ 7 朵花，花有难闻的气味。花苞片卵状披针形，短于花梗和子房；萼片不等长，先端渐尖；中萼片宽卵形，长 0.5 ～ 0.7 cm，宽 0.2 ～ 0.4 cm，边缘具细小锯齿；侧萼片披针形，长 1.5 ～ 2 cm，宽 0.2 ～ 0.4 cm，边缘合生；花瓣卵形三角形，短于中萼片，边缘微细小锯齿，先端亚急性。唇瓣长圆形，短于花瓣，弯曲，先端钝。蕊柱厚，具细小且尖锐的三角形凸起；花粉 2 块。花期 4 ～ 5 月。

通萨卷瓣兰（新拟）

Bulbophyllum trongsaense

产于西藏墨脱（中国新记录）。生于海拔 1600 ～ 1700 m 林中树干上。不丹也有分布[25]。

根状茎匍匐，圆筒状，长 4 ～ 13 cm，直径 0.4 ～ 0.8 cm，木质，被膜质鞘覆盖。假鳞茎卵圆形至长圆形，长 3.5 ～ 7 cm，宽 1.5 ～ 2.4 cm。叶片线状长圆形至长椭圆形，叶先端锐尖。花序近伞形，直立或近直立，生于假鳞茎的基部，花序梗长 16 ～ 29 cm，具 3 ～ 7 花。花苞片长圆状披针形，先端渐尖，基部截形，表面有浅红色斑点；中萼片卵形，先端暗红色，先端 3 裂，有一根来自中间裂片的长刚毛。侧萼片斜卵形至镰刀形，外侧下缘向上卷曲，轻度融合。花瓣斜卵形，边缘有齿，中间有长的刚毛，刚毛细长，约 9 mm；唇瓣厚肉质，卵状长圆形，先端钝，基部宽，耳形。蕊柱四角形，蕊柱足长方形，蕊柱齿镰刀形，向中间宽，两边渐渐变小，弯曲。花药帽呈兜帽状，淡黄色，两面边缘全缘，正面有不规则的齿，正面边缘拉出，无毛。花期 10 ～ 11 月。

勐仑石豆兰

Bulbophyllum menglunense

产于西藏墨脱（西藏新记录）。区外见于云南勐仑镇。生于海拔 800 ～ 900 m 林中树干和江边岩石上。

植物矮小。根状茎匍匐，纤细。根 2 ～ 3 条为 1 束，从具有假鳞茎的根状茎节上发出。假鳞茎卵形，基部多少伏卧于根状茎，幼时被膜质鞘，顶生 1 枚叶。叶薄革质，卵形，先端短尖，基部具长约 1 mm 的柄，叶柄多少扭曲。花葶 1 个，从假鳞茎基部或无假鳞茎的根状茎节上发出，纤细，直立，顶生 1 朵花，基部具 1 枚鞘；鞘筒状，先端近截形；花苞片杯状，膜质，宽松地围抱花梗；花很小，紫红色；萼片离生；中萼片卵形，先端渐尖，具 3 条脉，近先端处两侧边缘稍向内卷；侧萼片斜卵状披针形，先端急尖，具 3 条脉，中部以上两侧边缘多少向内卷；花瓣椭圆形，先端急尖，具 1 条脉；唇瓣肉质，半圆柱状，稍向外下弯，基部与蕊柱足连接而形成不动关节，在中部以下两侧边缘被腺毛；蕊柱齿短钝，不明显；药帽半球形，前端边缘具短凸。花期 3 月。

尖叶石豆兰

Bulbophyllum cariniflorum

产于西藏吉隆。生于海拔 2100 ～ 2200 m 的山地杂木林下岩石上。尼泊尔、不丹、泰国、印度东北部也有分布。模式标本采自印度东北部。

根状茎粗壮。根纤细，成束从生有假鳞茎的根状茎节上长出。假鳞茎聚生，卵球形，顶生 2 枚叶。叶薄革质，长圆形，先端急尖。花期具叶，花葶从假鳞茎基部抽出，全体无毛，比叶短；总状花序长约为花葶长的 1/3 ～ 1/4，点垂，具多数较密生的花；花苞片狭披针形，比花梗连同子房长，先端渐尖；花黄色，不甚开展，质地较厚；萼片相似，卵状长圆形，先端钝，具不明显的 3 条脉；中萼片凹陷；两侧萼片的下侧边缘除先端外彼此黏合，先端呈兜状，基部约 1/2 贴生在蕊柱足上；花瓣披针形，先端急尖，具 1 条脉，边缘全缘；唇瓣肉质，对折，向外下弯，摊平为舌状，先端钝，边缘全缘；蕊柱弯曲；蕊柱齿三角形，先端急尖呈钻状；药帽前端截形并且稍凹，上面和前缘具细乳突。花期 7 月。

甘布尔石豆兰（新拟）

Bulbophyllum gamblei

产于西藏墨脱（中国新记录）。生于海拔 1000 ～ 1800 m 林中树干上。印度东北部也有分布 [26]。

附生草本。根状茎匍匐，直径 0.2 cm。假鳞茎间隔 0.5 ～ 3 cm，卵球形到近圆柱形，直径 1 ～ 1.5 cm，具沟纹，从基部生根。叶椭圆形，叶柄短或无柄，先端钝，叶顶部有凹陷。花葶从假鳞茎基部生出，具 2 ～ 3 个小鞘；2 ～ 7 花，近伞形；花苞片披针形，长于花梗和子房；中萼片披针形，先端尾状；侧萼片与中萼片等长。花瓣卵形三角形，短于萼片，先端锐尖。唇瓣卵形披针形，等长于花瓣，弯曲，先端锐尖。

短瓣兰属
Monomeria

在体态上相似于石豆兰属 *Bulbophyllum* Thou. 的附生植物。根状茎匍匐，粗壮，根成束从根状茎的节上发出。假鳞茎疏生于根状茎，顶生 1 枚叶。叶大，扁平，质地厚，基部收窄为长柄。花葶侧生于假鳞茎，总状花序疏生多数花；花苞片比花梗和子房短，宿存；花开展，中等大，萼片不相似；侧萼片较大，远离中萼片，贴生于蕊柱足中部，基部或先端的内侧边缘彼此黏合；花瓣比萼片小，短而宽，基部下延至蕊柱足中部，边缘具细齿；唇瓣 3 裂，比萼片小，提琴形，以 1 个活动关节与蕊柱足末端连接，基部具 2 枚叉开的角状裂片，中裂片向前伸，唇盘具 2 条褶片；蕊柱粗而短，两侧具翅并且向上延伸为蕊柱齿，基部延伸为长而弯曲的蕊柱足；花粉团蜡质，4 个、不等大，每不等大的 2 个组成一对，近球形，具 1 个共同的黏盘和黏盘柄。

本属全球约 3 种，分布于尼泊尔、印度东北部、缅甸、泰国、越南。我国仅见 1 种，产于西南。西藏记录有 1 种，现收录 1 种。

短瓣兰
Monomeria barbata

产于西藏墨脱；区外见于云南。生于海拔 1000 ～ 2000 m 山地林中树干上或林下岩石上。尼泊尔、缅甸、泰国、印度东北部也有分布。

根状茎匍匐，粗壮，粗约 5 mm。根密被灰色绒毛。假鳞茎在根状茎上彼此相距约 6 cm，卵形，长 4 cm，基部上方粗 1.5 cm，顶生 1 枚叶。叶大，厚革质，长圆形，连叶柄长 31 ～ 32 cm，宽约 4 cm，先端钝并且稍凹入，基部收狭为长 9 ～ 10 cm 的柄，上面中肋下陷，背面隆起。花葶侧生于假鳞茎基部，直立或斜立，短于或约等长于叶；总状花序长 5 ～ 10 cm，疏生数朵花；花序柄粗壮，长 11 ～ 18 cm，粗 3 ～ 4 mm，疏生 3 ～ 5 枚长 6 ～ 10 mm 的鞘；花苞片卵形，长约 7 mm，先端稍钝；花梗和子房长约 1.8 cm；花开展，黄色并且染有淡红色；中萼片直立，与蕊柱近平行，卵形，凹陷，先端急尖，具 6 条脉；侧萼片较大，远离蕊柱而贴生于蕊柱足的中部以上处，披针形，具 6 条脉；花瓣斜三角形，先端锐尖，基部向蕊柱足下延；唇瓣比萼片小，3 裂；侧裂片近半圆形；中裂片较大，先端钝，唇盘具 2 条膜状褶片；具长约 8 mm 的蕊柱足；两组花粉团共同具 1 条黏盘柄和黏盘。花期 1 月。

大苞兰属

Sunipia

附生草本。根状茎匍匐，伸长。假鳞茎疏生或近聚生在根状茎上，顶生 1 枚叶。花葶侧生于假鳞茎基部；总状花序具少数至多数花或减少为单花，花质地薄或厚；花苞片二列或非二列，大或小；花梗和子房比花苞片长或短；花小，萼片相似；两侧萼片靠近唇瓣一侧的边缘彼此多少黏合而位于唇瓣之下向前伸展，少有彼此分离的；花瓣比萼片小；唇瓣不裂或不明显 3 裂，常舌形，比花瓣长，基部贴生于蕊柱足末端而形成不活动的关节；蕊柱短，蕊柱足甚短或无；蕊喙 2 裂，反折；花药 2 室，分隔明显；花粉团蜡质，4 个，近球形，等大，每 2 个成一对，每对具 1 个黏盘和黏盘柄而分别附着在蕊喙的两侧，或两对的黏盘柄由于彼此靠近至使黏盘靠合并且贴附于蕊喙中央。

本属全球约 20 种，分布于印度北部、尼泊尔、不丹、缅甸、泰国、老挝、越南。我国有 11 种，包含 1 个特有种；主产于西南地区。西藏记录有 5 种，现增加 1 种中国新记录，收录 6 种。

本属检索表

1 蕊喙短，方形，其前缘中央凹缺；两对花粉团具单一的黏盘和 Y 形的黏盘柄。…………………………… (2)

1 蕊喙伸长，马蹄形叉开；两对花粉团各自具有 1 个黏盘柄和黏盘，分别附着在马蹄形叉开的蕊喙两端。……(3)

2 花葶长 2 ～ 3 cm；总状花序具 2 ～ 3 朵花；花苞片螺旋状排列；花瓣线形，宽不及 1 mm，唇瓣上部呈长尾状。………………………………………………………………………………少花大苞兰 *S. intermedia*

2 花葶长 12 cm 以上；总状花序具 10 朵以上的花；花苞片密生，二列，远比花梗和子房长，花藏于花苞片内。………………………………………………………………………………………………大苞兰 *S. scariosa*

3 唇瓣小提琴形；花瓣卵形，先端近圆钝。………………………………………………………二色大苞兰 *S.bicolor*

3 唇瓣菱形或披针形；唇瓣披针形；花瓣卵形，先端急尖或锐尖。……………………白花大苞兰 *S. candida*

少花大苞兰

Sunipia intermedia

产于西藏墨脱。生于海拔 2000 m 的山地常绿阔叶林中树干上。印度东北部也有分布。

根状茎粗约 1.5 cm。假鳞茎卵状圆锥形，顶生 1 枚叶。叶革质，直立，狭长圆形，先端钝并且稍凹入，基部收狭，在上面中肋下陷。花葶侧生于假鳞茎基部，直立，1 ～ 2 个为一束；花序柄纤细；总状花序具 2 ～ 3 朵花；花苞片卵形，比具柄的子房长，先端短渐尖；花淡绿色；中萼片披针形，先端渐尖，具 3 条脉，仅中脉较明显；侧萼片与中萼片同形，等长，具 3 条不明显的脉；花瓣肉质，线状披针形，先端稍钝，基部两侧边缘具睫毛，两面密被小疣状凸起；唇瓣贴生于蕊柱基部，相似于花瓣，先端近锐尖，基部两侧边缘疏生细齿，边缘从中部向先端内卷呈筒状，两面密被小疣状凸起；两对花粉团的黏盘柄共同具 1 个黏盘。花期 8 月。

大苞兰

Sunipia scariosa

产于西藏墨脱[20]，区外见于云南勐腊、怒江流域一带。生于海拔 870 ～ 2500 m 的山地疏林中树干上。分布于尼泊尔、印度东北部、缅甸、泰国、越南。模式标本采自尼泊尔。

根状茎粗壮。假鳞茎卵形或斜卵形，顶生 1 枚叶。叶革质，长圆形，先端钝并且稍凹入。花葶出自假鳞茎的基部；总状花序弯垂，具多数花；花苞片整齐排成二列，膜质，宽卵形，舟状，先端锐尖；花小，被包藏于花苞片内，淡黄色；中萼片卵形，凹陷，先端近锐尖，具 1 条脉；侧萼片斜卵形，呈 V 形对折，先端锐尖，具 1 条脉，近唇瓣一侧边缘彼此黏合；花瓣斜卵形，先端圆钝，边缘具细齿，具 1 条脉，在背面基部具 1 枚肉质、舌状附属物；唇瓣肉质，舌形，先端钝，上面基部具凹槽，槽内具 1 条龙骨脊；蕊柱足不明显；2 对花粉团的黏盘柄共同具 1 个黏盘。花期 3 ～ 4 月。

二色大苞兰

Sunipia bicolor

产于西藏墨脱；区外见于云南。生于海拔 1900 ～ 2700 m 的山地林中树干上或沟谷岩石上。从喜马拉雅西北部经尼泊尔、不丹、印度东北部、孟加拉国、缅甸至泰国都有分布。

根状茎匍匐，伸长，通常具分枝。假鳞茎近梨形，幼时被膜质鞘，顶生 1 枚叶。叶革质，长圆形，先端钝并且稍凹入。花葶侧生于假鳞茎基部，1 ～ 3 个，常直立，与叶近等长或有时比叶短；花序柄纤细，被 3 ～ 4 枚鞘；鞘膜质，筒状；总状花序通常具 3 ～ 10 朵花；花苞片膜质，卵状披针形，先端短急尖；花质地薄，萼片和花瓣苍白色带紫红色条纹；中萼片卵状披针形，先端急渐尖，具 3 条脉；侧萼片与中萼片相似，近等大，基部贴生在蕊柱足上，近唇瓣一侧的边缘彼此黏合，仅先端分开；花瓣卵形或卵状长圆形，先端圆钝，具 1 条脉，边缘稍具细齿；唇瓣紫红色，小提琴形，基部两侧具耳，先端圆钝，边缘撕裂状；唇盘从唇瓣基部至先端具 1 条宽厚的脊，脊在近唇瓣先端处明显增厚；蕊柱粗短。蒴果卵形。花期 3 ～ 11 月。

白花大苞兰

Sunipia candida

产于西藏墨脱、定结、聂拉木、吉隆；区外见于云南。生于海拔 1900 ～ 2500 m 的山地林中树干上。分布于印度东北部。

根状茎粗约 1.5 mm，幼时被鞘。假鳞茎在根状茎上彼此相距 1.5 ～ 2 cm，卵形，长 1 ～ 1.5 cm，基部上方粗 5 ～ 7 mm，顶生 1 枚叶。叶革质，直立，狭长圆形，长 3 ～ 6 cm，中部宽 4 ～ 7 mm，先端钝并且稍凹入，基部稍收狭。花葶从假鳞茎基部侧旁长出。直立，单一或成对，稍高出叶外；花序柄黄绿色，纤细，长 2 ～ 4 cm，被 2 ～ 3 枚鞘；鞘筒状，长约 6 mm，先端近急尖，干后污黑色；总状花序长 3 ～ 4 cm，通常具 7 ～ 8 朵花；花苞片膜质，狭披针形，比花梗连同子房长，长 5 ～ 7 mm，先端渐尖；花质地薄，萼片和花瓣绿白色；中萼片卵状披针形，长约 6 mm，基部上方宽 1.5 mm，先端渐尖，边缘全缘，具 3 条脉；侧萼片与中萼片等长，相似，靠近唇瓣一侧边缘彼此黏合，仅先端稍分离，边缘全缘；花瓣膜质，卵形，长约 3 mm，中部宽 1.5 ～ 1.7 mm，先端近急尖或锐尖，边缘啮蚀状，具 1 条脉；唇瓣上半部黄色，下半部白色，披针形或匕首状，长 5.6 ～ 6 mm，基部上方宽 1.6 ～ 2 mm，近中部向先端骤然收窄为圆柱状，先端钝，基部无爪，中部以下边缘撕裂状；唇盘从唇瓣基部至先端纵贯 1 条增厚的龙骨脊；蕊柱白色，长约 1 mm，蕊柱足长 1 mm；两对花粉团的黏盘柄分别各自独立地附着于蕊喙前端两侧。花期 7 ～ 8 月。

尼泊尔大苞兰（新拟）

Sunipia nepalensis

产于西藏排龙、墨脱（中国新记录）。附生于海拔 2190 m 的常绿阔叶林中树上。尼泊尔、印度也有分布[27]。

附生草本。根状茎粗壮，深褐色，粗约 4 mm，被重叠的管状纸质鞘包裹。假鳞茎斜卵圆形，彼此间隔 1 ～ 4 cm，长 1 ～ 1.8 cm，直径 2 ～ 3 cm。顶生 1 枚叶，叶革质，针状披针形，先端近尖，长 3 ～ 8.5 cm，宽 0.7 ～ 1.5 cm。花葶从假鳞茎基部侧旁长出。疏生 1 ～ 4 朵花，花序柄长 3.5 ～ 5 cm；被 3 枚棕色的管状鞘。花苞片披针形，先端锐尖，淡紫棕色，长约 7 mm，宽 2 mm；花梗圆柱状，长 10 mm。萼片和花瓣淡绿白色；中萼片卵状披针形，长约 7 mm，宽约 2 mm，先端锐尖；侧萼片卵状披针形，长约 9 mm，宽约 4 mm，中萼片及侧萼片均具 3 ～ 5 条紫色脉；花瓣宽卵圆形，具 1 条脉，长约 3 mm，宽约 3 mm；唇瓣圆形，具尾状，有时具疣状凸起，先端近急尖，长 5 ～ 8 mm，基部上方宽 3 mm，基部半凹，近中部向先端骤然收窄为圆柱状，具五脉；唇盘从唇瓣基部至先端纵贯 1 条增厚的龙骨脊；蕊柱圆锥形，白色，长约 3 mm，蕊柱足长 1.5 mm，花粉 4 个，长圆形，长 1 mm，两对花粉团的黏盘柄分别各自独立地附着于蕊喙前端两侧。花期 5 ～ 6 月。

长序大苞兰

Sunipia cirrhata

产于西藏墨脱、云南。附生于海拔 1800 m 的常绿阔叶林中树上。尼泊尔、印度也有分布。

附生在树干和树枝上。根状茎圆柱形，假鳞茎圆锥形。顶生1枚叶。叶革质，顶端凹陷。花序从假鳞茎基部生出，具 4 ～ 7 朵花，花白色，带紫色脉。花梗和子房长约 1 ～ 1.5 cm；中萼片披针形，具 7 脉，先端尖；侧萼片合生，具 7 脉，先端渐尖；花瓣椭圆形，有齿，具 3 脉；唇瓣紫色，披针形，基部有愈伤组织，背面中脉绿色。蕊柱白色，长 3 mm，蕊柱足长 4 mm，蕊喙鞍状；花药帽白色。花期 11 月。

带叶兰属
Taeniophyllum

小型草本植物。茎短，几不可见，几乎无绿叶，基部被多数淡褐色鳞片，具许多长而伸展的气生根。气生根圆柱形，扁圆柱形或扁平，紧贴于附体的树干表面，雨季常呈绿色，旱季时浅白色或淡灰色。总状花序直立，具少数花，花序柄和花序轴很短；花苞片宿存，二列或多列互生；花小，通常仅开放约一天；萼片和花瓣离生或中部以下合生成筒；唇瓣不裂或3裂，着生于蕊柱基部，基部具距，先端有时具倒向的针刺状附属物；距内无任何附属物；蕊柱粗短，无蕊柱足；药帽前端伸长而收狭；花粉团蜡质，4个、等大或不等大，彼此分离；黏盘柄短或狭长；黏盘长圆形或椭圆形，明显比黏盘柄宽。

本属全球约120～180种，主要分布于热带亚洲和大洋洲，向北到达我国南部和日本，也见于西非。我国有3种，包含1特有种；产于南方省区。西藏记录1种，现增加中国新记录1种和西藏新记录2种，共收录4种。

本属检索表

1 植株具叶片。……………………………………爪哇带叶兰 *T. javanicum*
1 植株不具叶片。……………………………………(2)
2 花小，萼片长度小于5 mm。……………………………………(3)
2 花大，萼片长10 mm。……………………………………西藏带叶兰 *T. xizangense*
3 花葶被短柔毛。……………………………………毛莛带叶兰 *T.retrospiculatum*
3 花葶不被柔毛。……………………………………带叶兰 *T. glandulosum*

爪哇带叶兰（新拟）

Taeniophyllum javanicum

产于西藏墨脱背崩乡（中国新记录）。附生于海拔 1300 ～ 1500 m 林中树枝上。印度尼西亚、越南也有分布 [28]。

附生草本，非常小，植株高 1 ～ 2.5 cm，无茎。根丝状，无毛。叶 2 ～ 3，直立垫状，倒披针形椭圆形，先端渐尖或具细尖，长 0.5 ～ 1.25 cm。总状花序具数朵花，花序梗约与叶等长。花苞片椭圆锐尖，长于子房。花小，无毛。萼片和花瓣在基半部合生成钟形筒，长 0.2 cm，离生部分披针形，渐尖。唇瓣卵状披针形，约与萼片等长，3 裂，基半部中空，先端锐尖，顶端边缘加厚，先端具弯曲的倒钩；距球状。花粉块球状。花期 1 月；6 ～ 7 月。

带叶兰

Taeniophyllum glandulosum

产于西藏墨脱（西藏新记录）；区外见于福建、台湾、湖南和云南等地。常生于海拔 800 m 的山地林中树干上。广布于朝鲜半岛南部以及日本等地。

植物体很小，无绿叶，具发达的根。茎几无，被多数褐色鳞片。根许多，簇生，稍扁而弯曲，伸展呈蜘蛛状着生于树干表皮。总状花序 1 ～ 4 个，直立，具 1 ～ 4 朵小花；花序柄和花序轴纤细，黄绿色；花苞片二列，质地厚，卵状披针形，先端近锐尖；花黄绿色，很小，萼片和花瓣在中部以下合生成筒状，上部离生；中萼片卵状披针形，上部稍外折，先端近锐尖，在背面中肋呈龙骨状隆起；侧萼片相似于中萼片，近等大，背面具龙骨状的中肋；花瓣卵形，先端锐尖；唇瓣卵状披针形，向先端渐尖，先端具 1 个倒钩的刺状附属物，基部两侧上举而稍内卷；距短囊袋状，末端圆钝，距口前缘具 1 个肉质横隔；蕊柱具斜举的蕊柱臂；药帽半球形，前端不伸长，具凹缺刻。蒴果椭圆状圆柱形。花期 4 ～ 7 月，果期 5 ～ 8 月。

毛莛带叶兰

Taeniophyllum retrospiculatum

产于西藏定结陈塘镇（西藏新记录）；区外见于云南，附生于海拔 2300 m 的树干上。印度锡金邦、尼泊尔也有分布。

附生植物，植株个体很小，无茎，根大而扁平。总状花序 1 ～ 4 个，长 2 ～ 4 cm，花序轴具短柔毛。花苞片急尖，长 0.7 ～ 0.9 mm，花黄绿色，很小，萼片和花瓣在中部以下合成筒状。中萼片及侧萼片等长，卵状披针形，具 1 条脉，长 2 ～ 2.3 mm，宽 0.6 ～ 0.7 mm；花瓣披针形，具 1 条脉，长 2.3 mm，宽 0.5 mm；唇瓣线状，长 1.8 ～ 2 mm，宽 0.7 mm，先端渐尖，在基部形成囊状。花粉 4 对，白色。花期 7 ～ 8 月。本种与带叶兰 *Taeniophyllum glandulosum* 的区别在于前者唇瓣倒钩的刺状附属物不明显，容易与后者区分。

西藏带叶兰

Taeniophyllum xizangense

产于西藏墨脱。生于海拔 1350 m 的林中树干上。

附生草本。根强烈扁平。花序直立，密生短毛，长 6 ～ 16 mm，1 ～ 3 朵花。花序梗丝状；苞片宽卵形三角形，约 2 mm。花单生，广泛开放，黄绿色；萼片外部有乳突，花序梗和子房长约 4 mm。萼片和花瓣在基部合生成筒状；中萼片狭长的披针形，长约 10 mm，先端钝，弯曲；侧萼片狭披针形，与中萼片等长，先端钝；花瓣狭披针形，先端钝；唇瓣厚肉质，狭披针形，先端具倒钩。距近球形；蕊柱短，圆形。药帽白色，有 2 个凸起。花粉团 2 对，浅黄色，卵圆形。花期 5 ～ 6 月。

拟万代兰属

Vandopsis

附生或半附生草本。茎粗壮，伸长，斜立或下垂，有时分枝，具多数叶。叶肉质或革质，二列，密生或疏生，狭窄或带状，先端具缺刻，基部具关节和宿存而抱茎的鞘。花序侧生于茎，长或短，近直立或下垂，通常不分枝，罕有具短分枝，具多数花；花大，萼片和花瓣相似；唇瓣比花瓣小，牢固地着生于蕊柱基部，基部凹陷呈半球形或兜状，3裂；侧裂片通常较小；中裂片较大，长而狭，两侧压扁，上面中央具纵向脊突；蕊柱粗短，无蕊柱足；蕊喙不明显，先端近截形稍凹缺；花粉团蜡质，近球形，2个，每个劈裂为不等大的2片，或4个，每不等大的2个组成一对；黏盘柄舌形或披针形，上部变狭；黏盘马鞍形或近肾形，比花粉团的直径宽。

本属全球约5种，分布于我国至东南亚和新几内亚岛。我国有2种，产于广西和云南。西藏记录有1种，现收录1种。

白花拟万代兰

Vandopsis undulata

产于西藏墨脱；区外见于云南。生于海拔1000～2000 m山地林中树干上或林下岩石上。尼泊尔、缅甸、泰国、印度东北部也有分布。

茎斜立或下垂，质地坚硬，圆柱形，长达1m，粗6～8 mm，具分枝，多节，节间长2.5～4 cm。叶革质，长圆形，长9～12 cm，宽1.5～2.5 cm，先端钝并且稍不等侧2裂，基部具宿存而抱茎的鞘；叶鞘表面皱缩呈疣状凸起。花序长达50 cm，通常具少数分枝，总状花序或圆锥花序疏生少数至多数花；花序柄和花序轴粗壮，坚实；花苞片绿色，宽卵形，长6～8 mm，先端钝；花梗和子房白色，长约2.7 cm；花大，芳香，白色；中萼片斜立；侧萼片稍反折而下弯，卵状披针形，长2.4～4 cm，宽1.2～1.4 cm，先端近渐尖，基部收狭，边缘波状皱曲，具5条主脉；花瓣稍反折，先端稍钝，边缘波状，具5条主脉；唇瓣比花瓣短，3裂；蕊柱白色，长约4 mm；药帽棕红色，半球形；黏盘柄近披针形；黏盘较厚，近肾形，比黏盘柄宽。花期5～6月。

蛇舌兰属

Diploprora

附生草本。茎短或细长，圆柱形或稍扁的圆柱形，有时分枝，具多数节和多数二列的叶。叶扁平，狭卵形至镰刀状披针形，先端急尖或稍钝并且具2～3尖裂，基部具关节和抱茎的鞘。总状花序侧生于茎，下垂，具少数花；花稍肉质，不扭转，中等大，开展；14片相似，伸展，背面中肋呈龙骨状隆起；花瓣比萼片狭；唇瓣位于上方，肉质，约与花瓣等长，基部牢固地贴生在蕊柱的两侧，舟形，中部以上强烈收狭，先端近截形或收狭，并且为尾状2裂，上面纵贯1条龙骨状的脊，基部无距；蕊柱短，无蕊柱足；蕊喙卵形，先端钝；花粉团蜡质，4个，近球形，每不等大的2个为一对；黏盘柄约等长于花粉团的直径，从基部向顶端变狭，有时在顶端背侧突然扩大或三角形的凸缘承接着花粉团；黏盘小，卵状三角形。

本属全球约2种，分布于南亚的热带地区。我国仅1种，产于南方。西藏新记录。

蛇舌兰

Diploprora championii

产于西藏墨脱，西藏新记录；台湾、福建、云南等地。生于海拔250～1450 m的山地林中树干上或沟谷岩石上。斯里兰卡、印度德干高原、缅甸、泰国、越南也有分布。

茎质地硬，圆柱形或稍扁的圆柱形，常下垂，长3～15 cm或更长，粗约4 mm，通常不分枝。叶纸质，镰刀状披针形或斜长圆形，先端锐尖或稍钝并且具不等大的2～3个尖齿，基部具宿存的鞘，边缘有时波状。总状花序与叶对生，比叶长或短，下垂，具2～5朵花；花序轴多少回折状弯曲，扁圆柱形，花序柄被2～3枚膜质鞘；花苞片卵状三角形，先端急尖；花具香气，稍肉质，开展，萼片和花瓣淡黄色；萼片相似，长圆形或椭圆形，先端钝，背面中肋呈龙骨状凸起；花瓣比萼片较小；唇瓣白色带玫瑰色，中部以下凹陷呈舟形，无距，稍3裂；侧裂片直立，近方形；中裂片较长，向先端骤然收狭并且叉状2裂，果期3～9月。

匙唇兰属
Schoenorchis

附生草本。茎短或伸长，细圆柱形。叶肉质，扁平而狭长或对折呈半圆柱形或中下部呈 V 形，先端钝或锐尖，2 浅裂或不裂，基部具关节和抱茎的叶鞘。总状花序或圆锥花序下弯，具许多小花；花肉质，不甚开展，萼片近相似，花瓣比萼片小；唇瓣厚肉质，牢固地贴生于蕊柱基部，比花瓣长，基部具圆筒形或椭圆状长圆筒形的距，3 裂；蕊柱粗短，两侧具伸展的翅，无蕊柱足；柱头位于蕊柱基部；花粉团蜡质，近球形，4 个，每不等大的 2 组成一对；黏盘柄狭长，着生于黏盘中部，黏盘比黏盘柄宽而大。

约为 24 种，分布于热带亚洲至澳大利亚和太平洋岛屿。我国有 3 种，产于南方热带地区。西藏记录有 1 种，现收录 1 种。

匙唇兰
Schoenorchis gemmata

产于西藏东南部；区外见于福建、香港、海南、广西、云南。生于海拔 250 ～ 2000 m 的山地林中树干上。尼泊尔、缅甸、泰国、老挝、越南、印度东北部也有分布。

茎质地稍硬，下垂，通常弧曲状下弯，稍扁圆柱形，不分枝，被宿存的叶鞘。叶扁平，伸展，对折呈狭镰刀状或半圆柱状向外下弯，先端钝并且 2 ～ 3 小裂，基部具紧抱于茎的鞘；圆锥花序从叶腋发出，比叶长或多少等长，密生许多小花；花序柄和具肋棱的花序轴紫褐色，纤细；花苞片小，卵状三角形，先端急尖；花梗和子房紫红色，子房膨大，较长；花不甚开展；中萼片紫红色，卵形，先端钝，具 1 条脉；侧萼片紫红色，近唇瓣的一侧边缘白色，稍斜卵形，先端钝，在背面中肋稍隆起呈龙骨状；花瓣紫红色，倒卵状楔形，先端截形而其中央凹缺，具 1 条脉；唇瓣匙形，3 裂；距紫红色，与子房平行。花期 3 ～ 6 月，果期 4 ～ 7 月。

隔距兰属

Cleisostoma

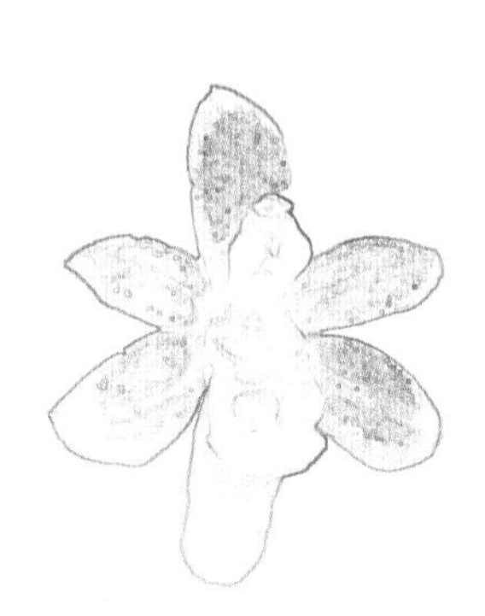

附生草本。茎长或短，质地硬，直立或下垂，少有匍匐，分枝或不分枝，具多节。叶少数至多数，质地厚，二列，扁平，半圆柱形或细圆柱形，先端锐尖或钝并且不等侧 2 裂，基部具关节和抱茎的叶鞘。总状花序或圆锥花序侧生，具多数花；花苞片小，远比花梗和子房短；花小，多少肉质，开放，萼片离生，侧萼片常歪斜，花瓣通常比萼片小；唇瓣贴生于蕊柱基部或蕊柱足上，基部具囊状的距，3 裂，唇盘通常具纵褶片或脊突；距内具纵隔膜，在内面背壁上方具 1 枚形状多样的胼胝体；蕊柱粗短，常金字塔状，具短的蕊柱足或无；蕊喙小；药帽前端伸长或不伸长；花粉团蜡质，4 个，每不等大的 2 个为一对，具形状多样的黏盘柄和黏盘。

约 100 种，分布于热带亚洲至大洋洲。我国有 16 种，其中 4 种为特有种，主要产于南方诸省区。西藏有 4 种，现收录 3 种；西藏隔距兰未见，仅收录于检索表中。

本属检索表

1 叶圆柱形。……毛柱隔距兰 *C.simondii*

1 叶非圆柱形。……(2)

2 柄非线性，基部弯折。……大序隔距兰 *C. paniculatum*

2 柄线性或偏纺锤形，基部不折。……(3)

3 唇瓣侧裂片近方形，与中裂片近等长，先端截形并且具缺刻；药帽前端收窄为长喙状，先端急尖。……西藏隔距兰 *C. medogense*

3 唇瓣侧裂片三角形，比中裂片短，先端急尖；药帽前端收狭，但先端截形并且宽的凹缺。……隔距兰 *C. linearilobatum*

毛柱隔距兰

Cleisostoma simondii

产于西藏墨脱（西藏新记录），云南。生于海拔约 1100 m 的河岸疏林树干上。泰国、老挝、越南也有分布。

植株通常上举。茎细圆柱形，通常分枝，具多数叶。叶二列互生，肉质，深绿色，细圆柱形，斜立，先端稍钝，基部具关节和抱茎的长鞘。花序侧生，比叶长，斜出，不分枝或有时具短分枝，花序柄被 3 ～ 4 枚鞘；鞘膜质，筒状，先端斜截；总状花序或圆锥花序具多数花；花苞片膜质，卵形，先端钝；花梗和子房通常粗壮；花近肉质，黄绿色带紫红色脉纹；萼片和花瓣稍反折，具 3 条脉；中萼片长圆形，先端圆形；侧萼片稍斜长圆形，约等大于中萼片，先端钝，基部约 1/2 贴生于蕊柱足；花瓣相似于萼片而较小，先端钝；唇瓣 3 裂；侧裂片直立，三角形，上部骤然收狭，先端急尖并且朝上弯曲；中裂片紫色，厚肉质，卵状三角形，向前伸，先端急尖，基部中央具三角形隆起的突片；距近球形，两侧压扁，粗约 4 mm，末端凹入，具发达的隔膜，内面背壁上方的胼胝体近 T 形 3 裂，其侧裂片三角形，向外伸展，与中裂片在同一水平面上，先端钝，中裂片近楔形，其上面中央稍凹下，而基部浅 2 裂并且密被乳突状毛；蕊柱长约 3 mm，基部前方密生白色髯毛，具短的蕊柱足；蕊喙膜质，宽三角形，伸出蕊柱翅之外；药帽前端稍伸长，先端近截形；黏盘柄近半圆形，基部折叠；黏盘大，马鞍形。花期 9 月。

大序隔距兰

Cleisostoma paniculatum

产于西藏墨脱，广布于长江以南诸省区。生于海拔240～1240 m的常绿阔叶林中树干上或沟谷林下岩石上。泰国、越南、印度东北部也有分布。

茎直立，扁圆柱形，伸长，达20余cm，通常粗5～8 mm，被叶鞘所包，有时分枝。叶革质，多数，紧靠、二列互生，扁平，狭长圆形或带状，长10～25 cm，宽8～20 mm，先端钝并且不等侧2裂，有时在两裂片之间具1枚短突，基部具多少V形的叶鞘，与叶鞘相连接处具1个关节。花序生于叶腋，远比叶长，多分枝；花序柄粗壮，近直立，圆锥花序具多数花；花苞片小，卵形，长约2 mm，先端急尖；花梗和子房长约1 cm；花开展，萼片和花瓣在背面黄绿色，内面紫褐色，边缘和中肋黄色；中萼片近长圆形，凹陷，长4.5 mm，宽2 mm，先端钝；侧萼片斜长圆形，约等大于中萼片，基部贴生于蕊柱足；花瓣比萼片稍小；唇瓣黄色，3裂；侧裂片直立，较小、三角形，先端钝，前缘内侧有时呈胼胝体增厚；中裂片肉质，与距交成钝角，先端翘起呈倒喙状，基部两侧向后伸长为钻状裂片，上面中央具纵走的脊突，其前端高高隆起；距黄色，圆筒状，劲直，长约4.5 mm，末端钝，具发达或不甚发达的隔膜，内面背壁上方具长方形的胼胝体；胼胝体上面中央纵向凹陷，基部稍2裂并且密布乳突状毛；蕊柱粗短；药帽前端截形并且具3个缺刻；黏盘柄宽短，近基部曲膝状折叠；黏盘大，新月状或马鞍形。花期5～9月。

隔距兰

Cleisostoma linearilobatum

产于西藏墨脱（西藏新记录）；区外见于云南。生于海拔 980 ～ 1530 m 的林中树干上和河谷疏林中树干上。印度东北部、泰国也有分布。

茎直立，长 2 ～ 4 cm。叶革质，扁平，狭长圆形，长 5 ～ 18 cm，宽 1 ～ 2 cm，先端钝并且不等侧 2 裂，基部具关节和抱茎的叶鞘，在上面中肋凹陷，在背面隆起。花序下垂，比叶长，具分枝；圆锥花序或总状花序疏生多数花；花序柄粗约 1.5 mm，中部以下被 3 ～ 4 枚短鞘；花苞片小，卵状三角形，长约 1 mm，向外伸展或下垂，先端急尖；花梗和子房长约 5 mm；花小，淡紫红色；中萼片长圆形，舟状，长 3 mm，宽 1.5 mm，先端钝，具 3 条脉；侧萼片稍斜卵圆形，与中萼片等大，先端钝，具 3 条脉；花瓣多少镰刀状长圆形，长 2.5 mm，宽 1.5 mm，先端钝，具 1 条脉；唇瓣 3 裂；侧裂片直立，三角形，先端急尖而向前伸；中裂片箭头状三角形，先端钝，基部两侧向后伸长为三角形的突片，在两侧裂片之间隆起 1 条脊突；距角状，近劲直，长约 5 mm，末端钝，内面有发达的隔膜，而在背壁上方具 3 裂的胼胝体；胼胝体远离隔膜，长远大于宽，侧裂片很小，呈短耳状并且紧贴于中裂片；中裂片为两侧压扁的长圆形，上面中央纵向凹下，基部稍 2 裂，无毛；蕊柱长 2 mm；蕊喙 2 裂，裂片近镰刀状三角形，下弯；药帽前端稍向前伸长，先端截形并且具宽的凹缺；黏盘柄狭楔形，长约 0.8 mm，纵向对折，黏盘近圆形。花期 5 ～ 9 月。

花蜘蛛兰属
Esmeralda

附生草本。茎伸长，粗壮，具多节和多数二列的叶。叶厚革质，狭长，先端钝并且不等侧 2 裂，基部具 1 个关节和抱茎的鞘。花序生于叶腋或几对生于叶；花序柄和花序轴粗壮，常比叶长，不分枝，总状花序疏生少数花；花大，质地厚，开展；萼片和花瓣具红棕色斑纹，近相似，宽阔的，但花瓣稍较小；唇瓣近提琴形，3 裂，以 1 个可活动的关节着生于蕊柱基部，基部常具 2 枚胼胝体，上面中央具脊突；距囊状；蕊柱粗厚，两侧具翅，无蕊柱足；花粉团蜡质，4 个，每 2 个为一对；黏盘柄近三角形，宽大于长；黏盘大，马鞍形。

本属全球约 3 种，分布于我国南部、泰国、缅甸、印度东北部、不丹、尼泊尔。我国有 2 种，产于西南。西藏记录有 2 种，现收录 1 种。

本属检索表

1　唇瓣侧裂片近方形；中裂片近倒卵状菱形，先端凹缺；距口前方具 1 个向唇瓣先端伸延而在两侧裂片之间可动的覆盖物。……………………………………………………………………口盖花蜘蛛兰 *E. bella*

1　唇瓣侧裂片半卵形或近半圆形；中裂片卵状菱形，先端不裂，近锐尖；距口前方无覆盖物。…………………………………………………………………………………………花蜘蛛兰 *E. clarkei*

口盖花蜘蛛兰
Esmeralda bella

产于西藏墨脱；区外见于云南。生于海拔 1700 ～ 1800 m 的山地疏林中树干上。

茎粗壮，质地硬，通常长 20 ～ 30 cm，粗约 1 cm，具多数节间和疏生多数二列的叶。叶革质，长圆形，长 13 ～ 16 cm，宽 2.5 ～ 3 cm，先端钝并且具不等侧 2 裂，基部具抱茎而宿存的鞘。花序斜立，常 2 ～ 3 个，长 12 ～ 18 cm，总状花序疏生 2 ～ 3 朵花；花苞片大，贴向花梗，宽卵形，先端钝，花梗和子房长约 3 cm；花大，伸展成蜘蛛状，黄色带红棕色横纹；中萼片多少倒卵状长圆形，先端钝；侧萼片多少倒卵状长圆形先端钝；花瓣狭长圆形，长 2.7 cm，宽 7 mm，先端钝；唇瓣提琴形；侧裂片直立，先端斜截形；中裂片近倒卵状菱形；龙骨脊的基部（在距口前方）稍 2 裂，其上面被覆 1 个半圆形并且可动的“盖”；距较小，长 3 mm，粗约 2 mm，末端稍向后弯曲；蕊柱粗短，长约 8 mm，粗约 6 mm。花期 11 月。

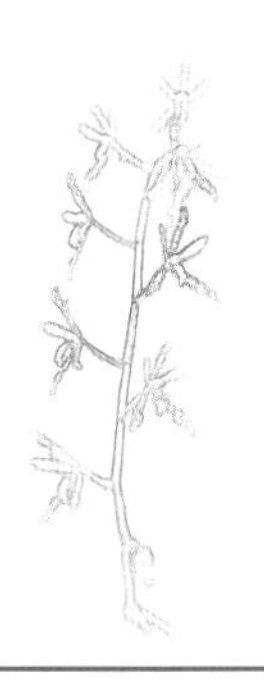

蜘蛛兰属
Arachnis

附生草本。茎伸长，坚实而粗壮，分枝或不分枝，具多数二列的叶。叶稍肉质，扁平而狭长，先端浅2裂，基部具关节和抱茎的鞘。花序侧生，通常比叶长；花序柄和花序轴细长，分枝或不分枝；总状花序具少数至多数花，花大或中等大，开展，肉质；萼片和花瓣相似，狭窄，通常向先端变宽；唇瓣基部以1个可动关节着生于蕊柱足末端，3裂；蕊柱粗短，具短的蕊柱足；花粉团蜡质，4个，几乎等大，每2个成一对；黏盘柄卵状三角形或近梨形；黏盘大，比黏盘柄宽或等宽。

本属全球约13种，分布于东南亚至新几内亚岛和太平洋一些岛屿。我国仅1种，产于南方热带地区。西藏有1种。

窄唇蜘蛛兰
Arachnis labrosa

产于西藏墨脱，台湾、海南、广西和云南。生于海拔800～1200 m的山地林缘树干上或山谷悬岩上。不丹、缅甸、泰国、越南、印度东北部也有分布。

茎伸长，具多数节和互生多数二列的叶。叶革质，带状，先端钝并且具不等侧2裂，基部具抱茎的鞘。花序斜出；花苞片红棕色，宽卵形，先端钝；花淡黄色带红棕色斑点，开展，萼片和花瓣倒披针形；唇瓣肉质，3裂；距位于唇瓣中裂片的中部，圆锥形，厚肉质；蕊柱粗壮，具不明显的蕊柱足；蕊喙三角形，先端宽宽凹缺。花期8～9月。

白点兰属
Thrixspermum

附生草本。茎上举或下垂，短或伸长，有时匍匐状，具少数至多数近二列的叶。叶扁平，密生而斜立于短茎或较疏散地互生在长茎上。总状花序侧生于茎，长或短，单个或数个，具少数至多数花；花苞片常宿存；花小至中等大，逐渐开放，花期短，常 1 天后凋萎；花苞片二列或呈螺旋状排列，萼片和花瓣多少相似，短或狭长；唇瓣贴生在蕊柱足上，3 裂；侧裂片直立，中裂片较厚，基部囊状或距状，囊的前面内壁上常具 1 枚胼胝体；蕊柱粗短，具宽阔的蕊柱足；花粉团蜡质，4 个，近球形，每不等大的 2 个成一群；黏盘柄短而宽；黏盘小或大，常呈新月状。蒴果圆柱形，细长。

本属全球约 100 种，分布于热带亚洲至大洋洲。我国 14 种，含 2 特有种，产于南方诸省区，尤见于台湾。西藏记录有 1 种，现收录 1 种。

西藏白点兰（矮生白点兰）
Thrixspermum pygmaeum

产于西藏陈塘、墨脱、通麦。生长于海拔 1800 ～ 2400 m 的林中树干上。尼泊尔、不丹、印度东北部也有分布。

附生植物，茎较短，长 1 cm。叶革质，4 ～ 5 枚，线形椭圆形，先端渐尖，具凹槽，长 7 ～ 10 cm，宽 1 cm。总状花序 2 ～ 3 朵花，花序长 3 cm，花苞片卵形三角形，先端急性，沿着花序轴呈螺旋状排列，比子房和蕊柱短得多。花淡黄白色。中萼片椭圆形，5 条脉，先端钝；侧萼片椭圆形，条 4 脉，长 7 mm，宽 4 mm；花瓣卵形，3 条脉，先端钝；唇瓣椭圆形，先端凹成囊状，内部有毛，3 裂，侧裂半圆形，直立；蕊柱长 0.5 mm。花期 5 月。

异型兰属
Chiloschista

附生草本，无明显的茎，具多数长而扁的根。通常无叶或至少在花期无叶，罕有花期具叶的。花序细长，常下垂，被毛或无毛，分枝或不分枝，具多数花；花小，开展，萼片和花瓣相似，侧萼片和花瓣均贴生在蕊柱足上；唇瓣 3 裂，基部以 1 个活动的关节着生在蕊柱足末端，具明显的萼囊；侧裂片直立，较大，中裂片很短小或稍长而平伸，其上面具密布绒毛的龙骨脊或胼胝体；蕊柱很短，具长约 2 倍于蕊柱本身的蕊柱足；蕊喙很小；药帽两侧各具 1 条丝状或齿状的附属物，少有无附属物的；药床很浅；花粉团蜡质，2 个，近球形，每个劈裂为不等大的 2 片，或 4 个而每不等大的 2 个为一对；黏盘柄狭长而扁，上下等宽；黏盘近圆形，比黏盘柄宽。

本属全球约 10 种，分布于热带亚洲和大洋洲。我国有 3 种，均为特有种；产于南方热带地区。西藏新记录。

异型兰
Chiloschista yunnanensis

产于西藏墨脱格当（西藏新记录）；区外见于云南、四川。生于海拔 700 ～ 2000 m 的山地林缘或疏林中树干上。

茎不明显，通常无叶，至少在花期时无叶。花序 1 ～ 2 个，下垂，不分枝，长达 26 cm，密布绒毛，绿色带紫色斑点；花序轴长约为花葶全长的 4/5 ～ 1/2，疏生多数花；花序柄被数枚膜质鳞片状鞘；花苞片膜质，卵状披针形；花质地稍厚，萼片和花瓣具 5 条脉，背面密布短毛；中萼片卵状椭圆形，先端圆形；侧萼片卵圆形，与中萼片等大，先端圆形；花瓣近长圆形，等长于萼片而稍较窄，先端近截形；唇瓣黄色，3 裂。花期 3 ～ 5 月，果期 7 月。

万代兰属

Vanda

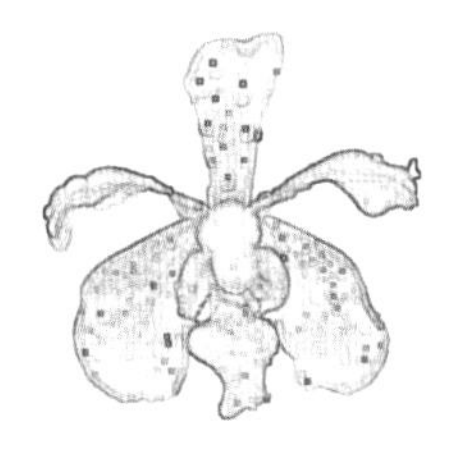
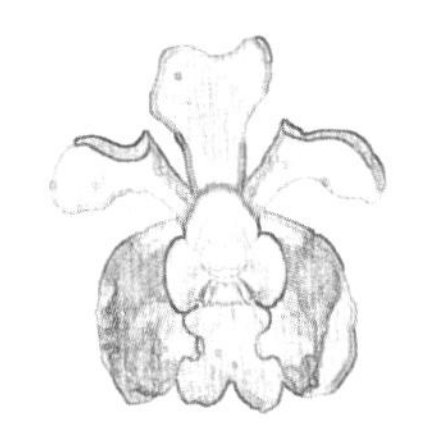
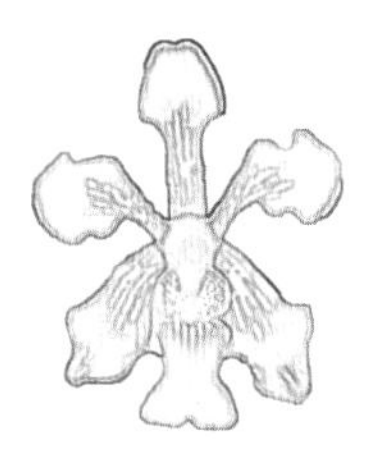

附生草本。茎直立或斜立，少有弧曲上举的，短或伸长，粗壮，质地坚硬，具短的节间或多数叶，下部节上有发达的气根。叶扁平，常狭带状，二列，彼此紧靠，先端具不整齐的缺刻或啮蚀状，中部以下常多少对折呈 V 形，基部具关节和抱茎的鞘。总状花序从叶腋发出，斜立或近直立，疏生少数至多数花，花大或中等大，艳丽，通常质地较厚；萼片和花瓣近似，或萼片较大，基部常收狭而扭曲，边缘多少内弯或皱波状，有时伸展，多数具方格斑纹；唇瓣贴生在不明显的蕊柱足末端，3 裂；侧裂片小，直立，基部下延并且与中裂片基部共同形成短距或罕有呈囊状的；中裂片大，向前伸展；距内或囊内无附属物和隔膜；蕊柱粗短，常在下部两侧变宽，基部具不明显的蕊柱足；蕊喙短钝，2 裂；药帽半球形；花粉团蜡质，近球形，2 个，每个半裂或具裂隙；黏盘柄短而宽，上部较狭；黏盘宽大，常比黏盘柄或花粉团宽。

本属全球约 40 种，分布于我国和亚洲其他热带地区。我国有 10 种，含 1 特有种；主要分布于南方热带地区。西藏记录有 3 种，现增加 1 种新分布，收录 4 种。

本属检索表

1　总状花序具 1～3 朵花；花向前伸展，开展；唇瓣中裂片先端狭窄并且尖 2 裂。……叉唇万代兰 *V. cristata*

1　总状花序具许多花。…………………………………………………………………………………(2)

2　唇瓣侧裂片圆形或近方形；唇瓣中裂片在基部距口处具一对胼胝体。

2　唇瓣侧裂片卵状三角形至狭三角形；唇瓣侧裂片从中部向先端骤然变狭，呈镰状狭三角形或披针形；中裂片近提琴形，先端扩大，基部比先端狭。……………………………………………琴唇万代兰 *V.concolor*

3　唇瓣中裂片具纹 。…………………………………………………………………白柱万代兰 *V. brunnea*

3　唇瓣中裂片不具纹。……………………………………………………………………双色万代兰 *V. bicolor*

叉唇万代兰

Vanda cristata

产于西藏墨脱；区外见于云南。生于海拔 700 ～ 1650 m 的常绿阔叶林中树干上。尼泊尔至西喜马拉雅的热带地区也有分布。

茎直立，长达 6 cm，连叶鞘粗 8 mm，具数枚紧靠的叶。叶厚革质，二列，斜立而向外弯，带状，中部以下多少 V 形对折，长达 12 cm，宽约 1.3 cm，先端斜截并且具 3 个细尖的齿。花序腋生，直立，2 ～ 3 个，长约 3 cm，具 1 ～ 2 朵花；花序柄基部具 2 ～ 3 枚黄绿色的鞘；花苞片黄绿色，长 6 mm；花梗和子房黄绿色，长 3 cm，子房具棱；花无香气，开展，质地厚；萼片和花瓣黄绿色，向前伸展；中萼片长圆状匙形，长 2.5 ～ 3 cm，宽约 9 mm，先端钝；侧萼片披针形，与中萼片等大，先端钝，多少围抱唇瓣的两侧而并列前伸，在背面中肋龙骨状凸起；花瓣镰状长圆形，长 2.4 ～ 2.8 mm，宽约 5 mm，先端稍尖；唇瓣比萼片长，3 裂；侧裂片卵状三角形，背面黄绿色，内面具污紫色斑纹，先端钝；中裂片近琴形，长约 2 cm，上面白色带污紫色纵条纹，背面两侧为污紫色，其余黄绿色，先端叉状 2 深裂，裂片先端常又稍 2 裂；距宽圆锥形，长约 5 mm；蕊柱白色，长 8 mm，药帽黄色。花期 5 月。

白柱万代兰

Vanda brunnea

产于西藏墨脱；区外见于云南。生于海拔 800 ～ 1800 m 的疏林中或林缘树干上。缅甸、泰国也有分布。

茎长约 15 cm，粗 1 ～ 1.8 cm，具多数短的节间和多数二列而披散的叶。叶带状，通常长 22 ～ 25 cm，宽约 2.5 cm，先端具 2 ～ 3 个不整齐的尖齿状缺刻，基部具 1 个关节和宿存而抱茎的鞘。花序出自叶腋，1 ～ 3 个，不分枝，长 13 ～ 25 cm，疏生 3 ～ 5 朵花；花序柄长 7 ～ 18 cm，粗约 4 mm，被 2 ～ 3 枚宽短的鞘；花苞片宽卵形，长 3 ～ 4 mm，先端钝；花梗连同子房长 7 ～ 9 cm，白色，多少扭转，具棱；花质地厚，萼片和花瓣多少反折，背面白色，内面（正面）黄绿色或黄褐色带紫褐色网格纹，边缘多少波状；萼片近等大，倒卵形，长约 2.3 cm，宽 1.7 cm，先端近圆形，基部收狭呈爪状；花瓣相似于萼片而较小；唇瓣 3 裂；侧裂片白色，直立，圆耳状或半圆形，长等于宽，约 9 mm；中裂片除基部白色和基部两侧具 2 条褐红色条纹外，其余黄绿色或浅褐色，提琴形，长 1.8 cm，基部与先端几乎等宽，先端 2 圆裂；距白色，短圆锥形，长 6 ～ 7 mm，距口具 1 对白色的圆形胼胝体；蕊柱白色稍带淡紫色晕，粗壮，长 5 ～ 7 mm；药帽淡黄白色，宽 5 ～ 6 mm，在前面基部具深褐色的 V 形；花粉团直径约 2 mm；黏盘扁圆形，宽 4 ～ 5 mm；黏盘柄近卵状三角形，长约 4 mm，中部以上骤然变狭。花期 3 月。

双色万代兰

Vanda bicolor

产于西藏墨脱。印度、尼泊尔也有分布。

附生草本。茎长约 15 ～ 25 cm，粗 1 ～ 1.6 cm，具多数短的节间和多数二列而披散的叶。叶带状，通常长 22 ～ 25 cm，宽约 2.5 cm，先端具 2 个不整齐的尖齿状缺刻，基部具 1 个关节和宿存而抱茎的鞘。花序出自叶腋，1 ～ 4 个，不分枝，长 7 ～ 12 cm，疏生 2 ～ 5 朵花；花苞片宽卵形，长 0.3 ～ 0.4 cm，先端钝；花梗连同子房长 5 ～ 8 cm，白色，多少扭转，具棱；花质地厚，背面白色，内面（正面）黄绿色或黄褐色带紫褐色网格纹，边缘多少波状；萼片倒卵形，上萼片长约 1.7 cm，宽 1.1 cm，先端近圆形，基部收狭，侧萼片长约 2.5 cm，宽 1.8 cm；花瓣稍相似于上萼片，长宽近相等，约 2.1 cm；唇瓣 3 裂，侧裂片白色，先端黄色，直立，圆耳状或半圆形，长等于宽，约 0.8 cm，中裂片提琴形，粉色或黄绿色，无纹，长约 2.3 cm，基部宽于先端，先端具 2 小圆裂；距白色，短圆锥形，长约 0.6 cm，距口无或具 1 对白色的圆形胼胝体；蕊柱白色，或基部带紫色斑点，粗壮，长 0.8 cm；药帽淡黄白色，宽 0.4 cm；花粉团直径约 0.2 cm；黏盘扁圆形，黏盘柄近卵状三角形，长约 0.4 cm，中部以上骤然变狭；果长 13 ～ 16 cm，粗约 1.5 cm。花期 3 月。果期 2 ～ 3 月。

琴唇万代兰

Vanda concolor

产于西藏墨脱（西藏新记录）；区外见于广东、广西、贵州、云南。生于海拔 800 ～ 1200 m 的山地林缘树干上或岩壁上。

茎长 4 ～ 13 cm 或更长，粗约 1 cm，具多数二列的叶。叶革质，带状，长 20 ～ 30 cm，宽 1 ～ 3 cm，中部以下常 V 形对折，先端具 2 ～ 3 个不等长的尖齿状缺刻，基部具宿存而抱茎的鞘。花序 1 ～ 3 个，长 13 ～ 17 cm，不分枝，通常疏生 4 朵以上的花；花序柄长 6 ～ 9 cm，粗约 3 mm，被 2 ～ 3 枚膜质鞘；花苞片卵形，长约 3 mm，先端钝；花梗白色，纤细，连同子房长 4 ～ 4.5 cm。花中等大，具香气，萼片和花瓣在背面白色，内面（正面）黄褐色带黄色花纹，但不成网格状；萼片相似，长圆状倒卵形，长约 1.6 cm，宽 1 cm，先端钝，基部收窄，边缘稍皱波状；花瓣近匙形，长 1.5 cm，宽 8 mm，先端圆形，基部收狭为爪，边缘稍皱波状；唇瓣 3 裂；侧裂片白色，内面具许多紫色斑点，直立，近镰刀状或披针形，长 5 mm，宽 2 mm，先端钝；中裂片中部以上黄褐色，中部以下黄色，提琴形，长约 1.2 cm，宽 7 mm，近先端处缢缩，先端扩大并且稍 2 圆裂，基部常被短毛，上面具 5 ～ 6 条有小疣状凸起的黄色脊突；距白色，细圆筒状，长约 8 mm，粗 1.3 mm，末端近锐尖，内面近距口处被短毛；蕊柱白色，长 7 mm；药帽黄色。花期 4 ～ 5 月。

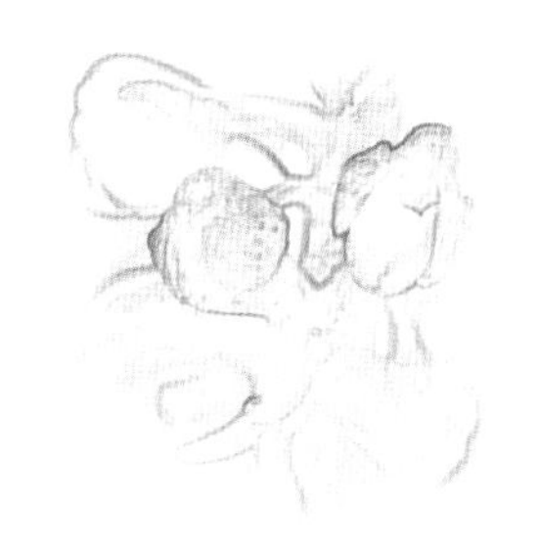

叉喙兰属

Uncifera

附生草本。茎伸长，通常下垂，具多数二列的叶。叶稍肉质，扁平，长圆形或披针形，先端不等侧 2 裂或 2 ～ 3 尖裂，基部具关节和抱茎的鞘。总状花序下垂，短于或约等长于叶，密生少数至多数花；花质地厚，不甚张开；萼片相似，凹陷，侧萼片稍歪斜；花瓣相似于萼片，稍小；唇瓣上部 3 裂，侧裂片近直立；中裂片厚肉质，很小，稍向前伸或上举，上面多少凹陷；距长而弯曲，向末端变狭，内面无附属物；蕊柱粗短，无蕊柱足；蕊喙明显，粗厚，上举，先端 2 裂，裂片近三角形；药帽圆锥形，前端伸长而收狭；花粉团蜡质，4 个，每不等大的 2 个成一对；黏盘大，常长圆形或舟状；黏盘柄大，细长，上部肩状扩大，远比花粉团宽，向下收狭为线形。

本属全球约 6 种，分布于喜马拉雅、缅甸、泰国、越南。我国仅见 2 种，产于西南。现收录 2 种。

线叶叉喙兰（新拟）

Uncifera lancifolia

产于西藏墨脱（中国新记录）。印度东北部也有分布[26]。

茎细长，下垂，叶子肉质、线形急尖，顶端具刺尖，稍具棱脊。腋生总状花序具密集的花。花梗与花近等长，并带有几个散乱的披针形膜质的苞片，植株苞片极小，呈三角状，短于子房。萼片背部宽卵圆形，极度凹陷，顶端宽且有轻微凹口；两个侧萼片呈斜倒卵形，三个萼片均向内靠合，侧瓣椭圆形，圆钝。唇瓣呈舟形，其分支与萼片近等长，尖端极其肉质且圆钝。距漏斗形长于子房，强烈向前弯曲，尖端无增厚。蕊柱极短，具小喙。花粉块两枚卵球形，通过花粉块柄与向内折的喙连接；花粉块柄在喙下较宽，基部收狭；腺体延长，基部具凹口。

钝叶叉喙兰

Uncifera obtusifolia

产于西藏墨脱县（西藏新记录），区外见于云南。生于海拔 1300 ～ 1700 m 的林中树上。

附生植物，茎长约 10 cm，具多根长的根。叶数枚二列着生，带状，长 15 ～ 20 cm，宽 2.5 ～ 4 cm，先端 2 裂。花序与叶对生或生于叶下，下垂，比叶长，长 15 ～ 25 cm，密生数朵花，花绿色花苞片长圆形，比花梗同子房短；萼片卵形，不甚开展，长约 5 mm，宽约 3 mm；花瓣比萼片短，但稍宽；唇瓣舟形，3 裂，基部具距，侧裂片小而扁，中裂片再 3 裂，侧生裂片小，中间裂片宽三角形；距漏斗状，向前弯曲，指向中裂片的底部。花期 9 ～ 10 月。

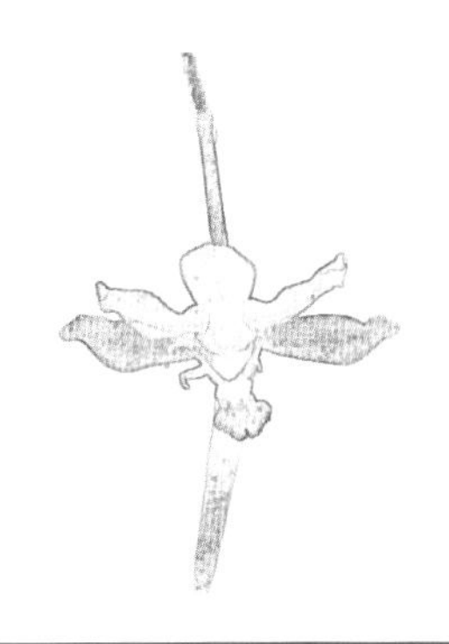

凤蝶兰属

Papilionanthe

附生草本。茎圆柱形，伸长，向上攀援或下垂，分枝或不分枝，具多数节，疏生多数叶。叶肉质，细圆柱状，先端钝或急尖，基部具关节和鞘，近轴面具纵槽；叶鞘厚革质，紧抱茎，宿存。花序在茎上侧生，不分枝，疏生少数花，少有减退为单朵花的；花通常大；萼片和花瓣宽阔，先端圆钝；唇瓣基部与蕊柱足连接，3 裂；侧裂片近直立且与蕊柱平行或围抱蕊柱，中裂片先端扩大而常 2 ～ 3 裂；距漏斗状圆锥形或长角状；蕊柱粗短，近圆柱形，基部具明显的蕊柱足；蕊喙细长；花粉团蜡质，2 个，具沟；黏盘柄宽三角形或近方形；黏盘大，比黏盘柄宽。

本属全球约 12 种，分布于中国南部至东南亚。我国有 4 种，含 1 种特有种；产于云南南部和西藏东南部。西藏记录 1 种，现收录 1 种。

少花凤蝶兰

Papilionanthe uniflora

产于西藏樟木、墨脱。生于海拔 1500 ～ 2100 m 的常绿阔叶林中，附生于树上。分布于尼泊尔、不丹、印度东北部。

茎纤细，常下垂，长达 50 cm，节间长约 3 cm，分枝或不分枝，具多数叶。叶圆柱形，长 10 ～ 16 cm，粗约 2 mm，先端渐尖，基部扩大成鞘；叶鞘紧抱于茎。花序生于叶腋上侧，具 1 ～ 2 花，花序总梗纤细，长 2 ～ 4 cm；花苞片卵形，长约 1.5 mm，先端钝；花白色，中萼片长圆形，长约 9 mm，先端细尖；侧萼片稍呈镰状，长约 1 cm，先端锐尖；花瓣与中萼片近等长，宽约 4.5 mm，先端钝，边缘波状；唇瓣 3 裂，侧裂片深 2 裂，其先端钻状，外弯，外侧裂片较内侧的长，中裂片比侧裂片小，其基部具爪，先端扩大，2 浅裂；距漏斗状，比唇瓣长，末端尖，向前指。蒴果长纺锤形，长 5 ～ 8 cm，粗约 6 mm。

蝴蝶兰属

Phalaenopsis

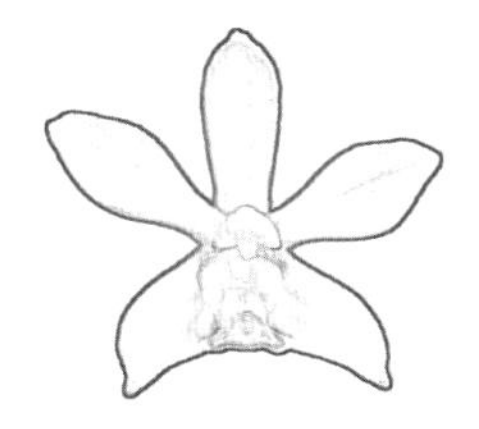

附生草本。根肉质，发达，从茎的基部或下部的节上发出，长而扁。茎短，具少数近基生的叶。叶质地厚，扁平，椭圆形、长圆状披针形至倒卵状披针形，通常较宽，基部多少收狭，具关节和抱茎的鞘，花时宿存或花期在旱季时凋落。花序侧生于茎的基部，直立或斜出，分枝或不分枝，具少数至多数花；花苞片小，比花梗和子房短；花小至大，十分美丽，花期长，开放；萼片近等大，离生；花瓣通常近似萼片而较宽阔，基部收狭或具爪；唇瓣基部具爪，贴生于蕊柱足末端，无关节，3 裂；侧裂片直立，与蕊柱平行，基部不下延，与中裂片基部不形成距；中裂片较厚，伸展；唇盘在两侧裂片之间或在中裂片基部常有肉突或附属物；蕊柱较长，中部常收窄，通常具翅，基部具蕊柱足；蕊喙狭长，2 裂；药床浅，药帽半球形；花粉团蜡质，2 个，近球形，每个半裂或劈裂为不等大的 2 片；黏盘柄近匙形，上部扩大，向基部变狭；黏盘片状，比黏盘柄的基部宽。

本属全球 40 ～ 45 种，从印度到中国南部、泰国、印度支那、马来西亚和印度尼西亚到菲律宾和新几内亚，大部分在印度尼西亚和菲律宾；我国有 12 种；含 4 个特有种。西藏有 5 种，现收录 3 种。尖囊蝴蝶兰、大尖囊蝴蝶兰未见，仅收录于检索表中。

本属检索表

1　根显著膨大；落叶；花序花少；花苞片小，膜质；唇瓣侧裂片凸出平展；肼胝体 2 裂；匙形柄上有花粉块 4 个。…………………………………………………………………………………………(2)

1　无上述特征。……………………………………………………………………………………………(4)

2　距不明显，唇瓣中裂片倒心形，有凸起。………………………………………………华西蝴蝶兰 *P. wilsonii*

2　距明显，有唇瓣中裂片与侧裂片组成。…………………………………………………………………(3)

3　中萼片长 8 ～ 9 mm；花粉红色；花柱较大并在柱头处明显增大；唇瓣中裂片平。…小尖囊蝴蝶兰 *P. taenialis*

3　中萼片长 12 ～ 15 mm；花绿色或者绿色中带青铜色；花柱圆柱形，不膨大；唇瓣中裂片凸出。…………
……………………………………………………………………………………尖囊蝴蝶兰 *P. braceana*

4　唇瓣中裂片白色，具 2 宽纵向栗色棕色条纹，肾形或近三角形，9 ～ 11 mm，圆钝。…罗氏蝴蝶兰 *P. lobbii*

4　唇中部裂片不为上述情况；唇瓣侧裂片光滑，椭圆形至倒卵形。…………………大尖囊蝴蝶兰 *P. deliciosa*

华西蝴蝶兰

Phalaenopsis wilsonii

产于西藏芒康；区外见于广西、贵州、四川等地。生于海拔 800 ～ 2150 m 的山地疏生林中树干上或林下阴湿的岩石上。模式标本采自四川西部。

气生根发达，簇生，长而弯曲，表面密生疣状凸起。茎很短，被叶鞘所包，长约 1 cm，通常具 4 ～ 5 枚叶。叶稍肉质，两面绿色或幼时背面紫红色，长圆形或近椭圆形，通常长 6.5 ～ 8 cm，宽 2.6 ～ 3 cm，先端钝并且一侧稍钩转，基部稍收狭并且扩大为抱茎的鞘，在旱季常落叶，花时无叶或具 1 ～ 2 枚存留的小叶。花序从茎的基部发出，常 1 ～ 2 个，斜立，长 4 ～ 8.5 cm，不分枝，花序轴疏生 2 ～ 5 朵花；花序柄暗紫色，粗约 2 mm，被 1 ～ 2 枚膜质鞘；花苞片膜质，卵状三角形，长 4 ～ 5 mm，先端锐尖；花梗连同子房长 3 ～ 3.8 cm；花开放，萼片和花瓣白色带淡粉红色的中肋或全体淡粉红色；中萼片长圆状椭圆形，长 1.5 ～ 2 cm，宽 6 ～ 7 mm，先端钝，具 5 条脉；侧萼片与中萼片相似而等大，但近唇瓣一侧的中部以下边缘下弯，基部贴生在蕊柱足上；花瓣匙形或椭圆状倒卵形，长 1.4 ～ 1.5 cm，宽 6 ～ 10 mm，先端圆形，基部楔形收狭；唇瓣基部具长 2 ～ 3 mm 的爪，3 裂；侧裂片上半部紫色，下半部黄色，直立，狭长，长约 6 mm，中部缢缩，上部扩大而先端斜截，内面中央的凸缘（脊突）黄色，其先端斜截并且具 2 至数个小缺刻；中裂片肉质，深紫色，摊平后呈宽倒卵形或倒卵状椭圆形，先端钝并且稍 2 裂，基部具 1 枚紫色而先端深裂为 2 叉状的附属物，边缘白色、下弯而形成倒舟状，上面中央具 1 条纵向脊突，脊突在近唇瓣先端处强烈增厚而隆起；蕊柱淡紫色，长约 6 mm，具长约 3 mm 的蕊柱足。蒴果狭长，长达 7 cm，粗约 6 mm，具长约 3 cm 的柄。花期 4 ～ 7 月，果期 8 ～ 9 月。

小尖囊蝴蝶兰

Phalaenopsis taenialis

产于西藏吉隆、墨脱。生于海拔达 1700 ～ 2000 m 的山坡林中树干上。从喜马拉雅西北部经尼泊尔、不丹到印度东北部和缅甸都有分布。

根丛生，扁平，长而弯曲，表面多少具疣状凸起。茎不明显。叶少数，近丛生，花期或旱季时凋落，有时仅存留 1 枚，近长圆形、长 1 ～ 3.5 cm、宽 4 ～ 13 mm 的小叶；叶鞘宿存，彼此套叠。花序侧生于茎的基部，不分枝；花序柄长 1.5 ～ 9 cm，粗约 2 mm，疏生 1 ～ 2 枚筒状鞘；花序轴长 5 ～ 10 mm，具 1 ～ 2 朵花；花苞片卵状三角形，长约 3 mm，先端急尖；花梗和子房长约 15 mm；花开展，萼片和花瓣淡紫红色；中萼片长圆形，长 10 mm；宽 4 mm，先端钝，具 5 条脉；侧萼片近椭圆形，长 9.5 mm，宽 4.5 mm，先端钝，基部贴生在蕊柱足上，具 4 条脉；花瓣倒卵状匙形，长 9 mm，宽 4 mm，先端圆形，具 3 条脉；唇瓣 3 裂，基部无爪，从蕊柱足末端伸出；侧裂片紫红色，直立，近镰刀状，长 5 mm，宽 1.5 mm，先端近截形，基部下延并且与中裂片形成尖角状、长 3 mm 的距；中裂片紫红色，匙形，长 7 mm，宽 3 mm，先端圆形，基部具 1 枚 2 叉状的附属物；蕊柱长 5 mm，具 3 mm 的蕊柱足；药帽半球形，前端稍向前伸长，先端稍具短突。花期 6 月。

罗氏蝴蝶兰

Phalaenopsis lobbii

产于西藏墨脱（西藏新记录）；区外见于云南。生于海拔 800 m 以下疏林中树上。印度、缅甸、不丹、越南及尼泊尔也有分布。

根众多，簇生，扁圆形，茎短，完全包藏于叶鞘之内。叶近基生，叶 2 ～ 4 枚，绿色，扁椭圆形，长 5 ～ 15 cm，宽 3 ～ 4 cm。总状花序，花序梗被 2 ～ 4 枚膜质鞘。萼片和花瓣乳白色，合蕊柱白色；中萼片长圆状椭圆形，先端钝；侧萼片斜卵形或近圆形，先端钝；花瓣楔形或狭倒卵形，先端钝或圆形。唇瓣黄色，3 裂；侧裂片近直立，镰刀状；中裂片肉质，先端圆形，基部具 1 个近圆形凸起的附属物；附属物具不规则的细齿；唇盘有 4 枚丝状的附属物。蕊柱短，具 1 ～ 2 mm 的蕊柱足。花期 4 ～ 5 月。

羽唇兰属
Ornithochilus

附生草本。茎短，质地硬，被宿存的叶鞘所包，基部生许多扁而弯曲的气根。叶肉质，数枚，二列，扁平，常两侧不对称，先端急尖而钩转，基部收窄并且与叶鞘相连接处具 1 个关节。花序在茎上侧生，下垂，细长，分枝或不分枝，疏生许多花；花苞片狭小；花小，稍肉质，萼片近等大，侧萼片稍歪斜的，花瓣较狭；唇瓣基部具爪，3 裂；侧裂片小；中裂片大，内折，边缘撕裂状或波状，上面中央具 1 条纵向脊突；距近圆筒状，距口处具 1 个被毛的盖；蕊柱粗短，基部具很短的蕊柱足；蕊喙长，2 裂；花粉团蜡质，2 个，近球形，每个劈裂为不等大的 2 片；黏盘柄狭楔形，黏盘大。

本属全球 3 种，分布于热带喜马拉雅经我国西南到东南亚。我国有 2 种，含 1 特有种。西藏记录有 1 种，现收录 1 种。

羽唇兰
Ornithochilus difformis

产于西藏墨脱；区外见于广东、香港、广西、四川、云南。生于海拔 580 ～ 1800 m 的林缘或山地疏林中树干上。

茎长 2 ～ 4 cm，连同叶鞘粗约 1 cm。叶数枚，浅绿色，通常不等侧倒卵形或长圆形，长 7 ～ 19 cm，宽达 5.5 cm，先端急尖而钩转，基部楔状收窄；叶鞘紧抱茎，长约 1 cm。花序侧生于茎的基部和从叶腋中发出，常 2 ～ 3 个，下垂，远比叶长，分枝或不分枝，疏生许多花；花序柄具 2 ～ 4 枚长约 3 mm 的鳞片状鞘；花苞片淡褐色，短而狭，长约 2 mm；花梗和子房黄绿色，长约 1 cm；花开展，黄色带紫褐色条纹，萼片和花瓣稍反折；中萼片长圆形，长约 5 mm，宽约 2 mm，先端钝，具 4 条紫褐色的条纹；侧萼片斜卵状长圆形，等长于中萼片而较宽，先端钝，具 4 条紫褐色条纹；花瓣狭长圆形，先端钝，具 3 条紫褐色条纹；唇瓣褐色，较大，3 裂，基部具短爪；唇盘中央具 1 条紫红色、呈三角形隆起的肉质脊突；距长约 4 mm；蕊柱紫褐色，长约 2 mm，前面两侧具毛；药帽前端收窄呈先端钝的三角形；黏盘柄倒卵状楔形，黏盘比黏盘柄的基部宽。花期 5 ～ 7 月。

钗子股属
Luisia

附生草本。茎簇生，圆柱形，木质化，通常坚挺，具多节，疏生多数叶。叶肉质，细圆柱形，基部具关节和鞘。总状花序侧生，远比叶短，花序轴粗短，密生少数至多数花；花通常较小，多少肉质；萼片和花瓣离生，相似或花瓣较长而狭；侧萼片与唇瓣前唇并列而向前伸，在背面中肋常增粗或向先端变成翅，有时翅伸出先端之外又收狭呈细尖或变为钻状；唇瓣肉质，牢固地着生于蕊柱基部，中部常缢缩而形成前后（上下）唇；后唇常凹陷，基部常具围抱蕊柱的侧裂片（耳）；前唇常向前伸展，上面常具纵皱纹或纵沟；蕊柱粗短，半圆柱形，无蕊柱足；蕊喙短而宽，先端近截形；花粉团蜡质，球形，2 个，具孔隙；黏盘柄短而宽，黏盘与黏盘柄等宽或更宽。

本属全球约 40 种，分布于热带亚洲至大洋洲。我国有 11 种，含 5 个特有种；产于南部热带地区。西藏记录有 4 种，现收录 3 种；长瓣钗子股未见，因此未收录。

钗子股
Luisia morsei

产于西藏墨脱德兴；区外见于海南、广西、云南、贵州。生于海拔 330 ～ 700 m 的山地林中树干上。分布于老挝、越南、泰国。

茎直立或斜立，坚硬，圆柱形，具多节和多数互生的叶。叶肉质，斜立或稍弧形上举，圆柱形，先端钝，基部具 1 个关节和扩大的鞘；鞘厚革质，抱茎，宿存。总状花序与叶对生，通常具 4 ～ 6 朵花；花序柄基部被数枚鳞片状的鞘；花苞片肉质，宽卵状三角形，先端近锐尖；花梗和子房黄绿色；花小，开展，萼片和花瓣黄绿色，萼片在背面着染紫褐色；中萼片椭圆形，稍凹，先端钝，具 3 条脉；侧萼片斜卵形，稍对折并且围抱唇瓣前唇两侧边缘而向前伸，先端钝，在背面中肋向先端变为宽翅而然后骤然收狭呈尖牙齿状并且伸出先端之外；花瓣近卵形，先端钝，具 3 ～ 5 条脉；唇瓣稍凹陷；前唇紫褐色或黄绿色带紫褐色斑点，近肾状三角形；蕊柱紫色；药帽黄色，前端稍收狭为翘起的三角形。花期 4 ～ 5 月。

毛根钗子股（新拟）

Luisia trichorrhiza

产于西藏墨脱（中国新记录）；附生于海拔 800 m 的常绿阔叶林树干或湿润的岩壁上。印度也有分布 [29]。

附生植物。茎长 7 ～ 20 cm，直径 0.7 ～ 1.2 cm，直立。叶圆柱状，长 5 ～ 12 cm，直径 0.5 ～ 0.7 cm，肉质，先端锐尖。花序对生，具 1 ～ 7 朵花。花苞片卵状三角形，短。萼片凹陷，先端下弯并渐尖；中萼片卵状长圆形；侧萼片卵状披针形，镰刀状。花瓣长圆形，与萼片等长，先端近尖。唇瓣比萼片和花瓣长；3 裂；侧裂片近圆形；唇盘基部具囊；中裂片宽卵形到心形，表面具宽脊，先端近尖。蕊柱长为唇瓣的一半，粗壮；花药帽近方形，扁平；花粉团球状。

印缅钗子股（新拟）

Luisia teretifolia

产于西藏墨脱（中国新记录）。在常绿阔叶林树干或湿润的岩壁上附生，海拔 1100 m。国外见于印度锡金邦[30]。

多年生附生草本。根粗壮发达，灰白色。茎长 15 ～ 35 cm，下部匍匐状弯曲，节间长 1 ～ 2 cm。叶互生；叶片圆柱形，黄绿色，长 5 ～ 20 cm，粗 1 ～ 3 mm，叶鞘筒状抱茎，质硬。总状花序腋外生，多花，花序轴长约 1 cm；花苞片宽卵形，革质，长约 2 mm，宽约 3 mm。花黄绿色，侧萼片与花瓣近等长，长 4 ～ 7 mm；唇瓣紫褐色，长圆状倒卵形，较萼片大，中部缢缩成前、后唇，前唇卵圆形，后唇近方形。蒴果长 2 ～ 3 cm。花期 6 ～ 7 月。

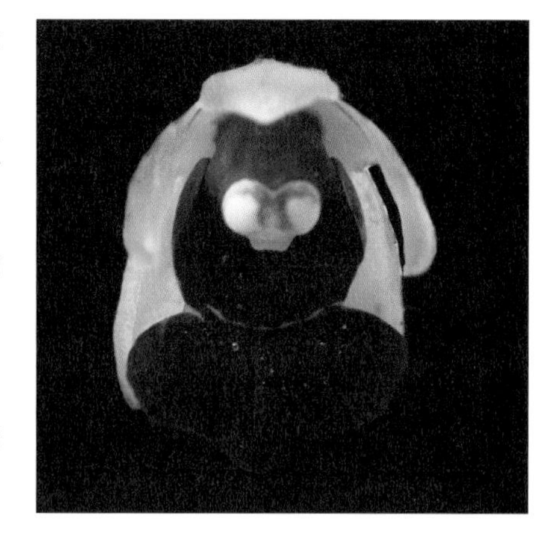

盆距兰属
Gastrochilus

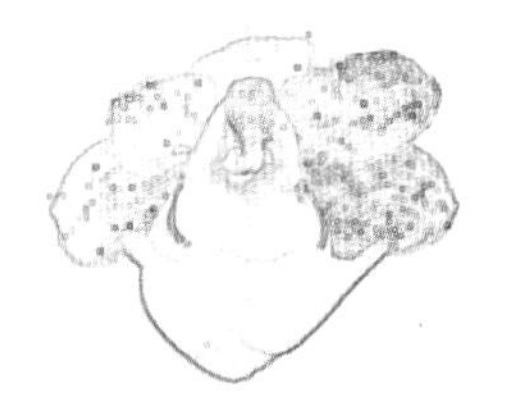
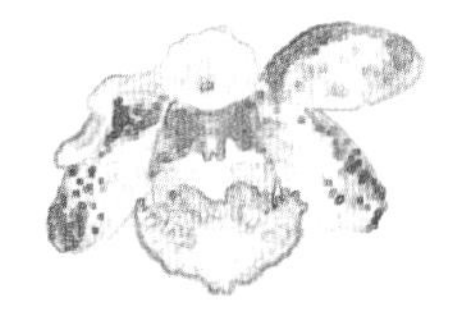
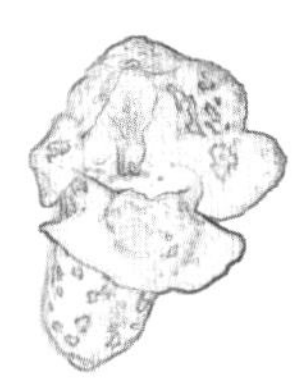

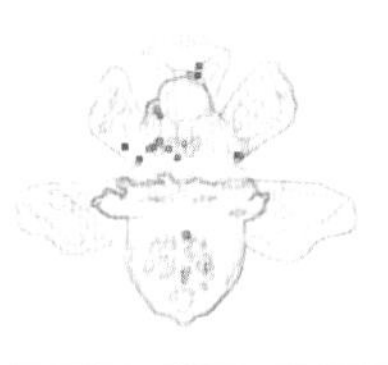

附生草本，具粗短或细长的茎。茎具少数至多数节，节上长出长而弯曲的根。叶多数，稍肉质或革质，通常二列互生，扁平，先端不裂或 2～3 裂，基部具关节和抱茎的鞘。花序侧生，比叶短，不分枝或少有分枝的，花序柄和花序轴粗壮或纤细；总状花序或常常由于花序轴缩短而呈伞形花序，具少数至多数花；花小至中等大，多少肉质；萼片和花瓣近相似，多少伸展成扇状；唇瓣分为前唇和后唇（囊距），前唇垂直于后唇而向前伸展；后唇牢固地贴生于蕊柱两侧，与蕊柱近于平行，盔状、半球形或近圆锥形，少有长筒形的；蕊柱粗短，无蕊柱足；蕊喙短，2 裂；花药俯倾，药帽半球形，其前端收狭；花粉团蜡质，2 个，近球形，具 1 个孔隙；黏盘厚，一端 2 叉裂，黏盘柄扁而狭长。

本属全球约 47 种，分布于亚洲热带和亚热带地区。我国有 29 种，含 17 个特有种，产于长江以南诸省区，尤其台湾和西南地区为多。西藏记录有 9 种，现收录 8 种；狭叶盆距兰未见，仅收录于检索表中。

本属检索表

1　植株匍匐或悬垂；茎细长而柔弱，粗约 2 mm；叶小，通常长 1～2.5 cm，宽不及 1 cm。……………… (2)

1　植株直立，斜立或下垂，绝不匍匐，茎常较粗壮。……………………………………………………… (3)

2　后唇比前唇窄; 前唇半圆形，基部具2个圆锥形的胼胝体。……………………………列叶盆距兰 *G. distichus*

2　后唇比前唇宽；17 茎长 15 cm 以上；叶先端具 1～3 条短芒。…………小唇盆距兰 *G. pseudodistichus*

3　唇盘中央增厚的垫状物在其基部具 1 个窝或凹槽；花中等大；中萼片长 5～10 mm，宽 3～5 mm；茎长 2 cm 以上；前唇仅中央增厚成垫状，上面密布乳突状毛。…………………………盆距兰 *G. calceolaris*

3　唇盘中央的垫状物在其基部既无窝也无凹槽。……………………………………………………… (3)

4　前唇上面光滑无毛；后唇的上部口缘明显高于前唇的唇盘；叶狭披针形，宽 7～10 mm，先端渐尖。……………………………………………………………………………………………细茎盆距兰 *G. intermedius*

4　前唇上面被少数短的或许多长的乳突状毛。…………………………………………………………… (4)

5　叶线形或狭镰刀状，宽不及 1 mm，先端渐尖。………………………………狭叶盆距兰 *G. linearifolius*

5　叶舌形，长圆形或镰状长圆形，宽 1 cm 以上；前唇宽三角形，边缘具撕裂状流苏。………………………………………………………………………………………………………云南盆距兰 *G. yunnanensis*

列叶盆距兰

Gastrochilus distichus

产于西藏波密、通麦、察隅；区外见于云南。生于海拔 1100 ～ 2700 m 的山地林中树干上。分布于尼泊尔、不丹、印度东北部。模式标本采自印度锡金邦。

茎悬垂，纤细，常分枝。叶多数，二列互生，与茎交成锐角而伸展，披针形或镰刀状披针形，长 1.5 ～ 3 cm，宽 4 ～ 6 mm，先端急尖并且 2 ～ 3 小裂，裂片刚毛状。伞形花序具 2 ～ 4 朵花；花序柄纤细，与叶对生，长 1 ～ 3 cm，上端扩大，下部被 2 枚杯状鞘；花苞片卵状披针形，先端急尖；花梗和子房长约 8 mm；萼片和花瓣淡绿色带红褐色斑点；萼片相似而等大，通常凹陷，长圆状椭圆形，先端钝，具 1 条脉；花瓣近倒卵形，比萼片稍小，先端钝，具 1 条脉；前唇近半圆形，先端钝，边缘全缘，上面光滑无毛而中央增厚成垫状，近基部具 2 枚圆锥形的胼胝体；后唇近杯状，长 4 mm，末端圆形，具 2 ～ 3 mm 的口径，上端口缘抬起并且向前唇基部歪斜，其前端无明显的凹口；蕊柱长约 2.5 mm；药帽在前端收狭呈喙状并且翘起。花期 1 ～ 5 月。

二脊盆距兰

Gastrochilus affinis

产于西藏墨脱（西藏新记录）；区外见于云南。生于海拔 2100 m 林中树干上。尼泊尔、印度锡金邦也有分布。

附生草本，植物簇生，细长。根白色细长。茎被褐色叶鞘包裹。叶数枚，肉质，狭长圆形，具紫色斑点，先端具微细的 2 或 3 齿。总状花序近顶生，花序具 2 ～ 3 花。总苞片呈三角形。花苞片三角形到卵形。萼片，花瓣呈绿色或褐色；花梗和子房长 0.5 cm。中萼片椭圆形，具凹陷，先端钝。侧萼片椭圆形，先端钝。花瓣离生，椭圆形，先端较钝。唇瓣 3 裂；前唇扇形或三角形，亚急性。侧裂片狭窄。基部具齿，有两个厚的中脊从基部延伸到顶端。蕊柱圆锥形，先端稍裂。

小唇盆距兰

Gastrochilus pseudodistichus

产于西藏波密、墨脱（西藏新记录）；区外见于云南。生于海拔 1300 ～ 2100 m 的林中树干上。印度东北部、缅甸、泰国也有分布。

茎下垂或匍匐，细长，有时分枝。叶绿色带紫红色斑点，二列互生，卵状披针形或长圆形，先端急尖并且 2 ～ 3 小裂呈短芒状，中央 1 条较长；伞形花序具 5 ～ 6 朵花；花序柄绿色带紫红色斑点，上端扩大，基部常被 2 枚鞘；花苞片卵状披针形，先端急尖；花梗黄绿色；萼片和花瓣黄色带紫红色斑点；萼片近相等大，倒披针状长圆形，先端钝，具 1 条脉；花瓣近倒卵形，比萼片稍小，先端钝，具 1 条脉；前唇黄色带紫红色，近半圆形，厚肉质，凹陷，比后唇狭，先端钝，全缘，上面光滑无毛；后唇兜状，淡黄色带紫红色斑点；药帽前端收狭为翘起的喙状尖头。花期 6 月。

盆距兰

Gastrochilus calceolaris

产于西藏聂拉木、墨脱；区外见于海南、云南。生于海拔 1000 ～ 2100 m 的山地林中树干上。尼泊尔、印度东北部、缅甸、泰国、越南、马来西亚也有分布。

茎长 5 ～ 30 cm，粗 5 ～ 8 mm，常弧形弯曲，具多数叶。叶二列互生，稍肉质，常镰刀状狭长圆形，长达 23 cm，宽 1.5 ～ 2.5 cm，先端钝并且不等侧 2 圆裂，基部具宿存的叶鞘；鞘紧抱于茎，长约 1 cm。伞形花序数至 10 余个，侧生于茎的上部，与叶对生，具多数花；花序柄具 2 ～ 3 枚杯状鞘；花梗和子房稍扁，长 1.3 ～ 2 cm；花开展，萼片和花瓣黄色带紫褐色斑点；中萼片和侧萼片相似、等大，倒卵状长圆形，长 7 ～ 8 mm，中上部宽约 4 mm，先端圆钝，基部收狭；花瓣近似于萼片，较小，先端圆钝；前唇半圆状三角形或新月状三角形，向前伸展，长 2 ～ 3 mm，宽 5 ～ 7 mm，边缘具不整齐的流苏或啮蚀状，上面中央增厚的垫状物黄色带紫色斑点、无毛，其余密生或疏生乳突状白色长毛，垫状物基部具一个穴窝；后唇盔状，黄绿色带紫红色的上部边缘，长等于宽，约 5 mm，上端具截形的口缘；口缘明显比前唇高，前端具 1 个凹口，其两侧边缘直立。花期 3 ～ 4 月。

细茎盆距兰

Gastrochilus intermedius

产于西藏墨脱；区外见于四川东南部。生于海拔 1500 m 的山地林中树干上。印度东北部也有分布。

茎细长，稍扁，分枝。叶二列互生，狭披针形，先端渐尖并且具 2～3 裂，裂片刚毛状。伞形花序常具 2～3 朵花；花苞片卵形，先端锐尖；花小，浅黄色；萼片近相似，椭圆形，先端稍钝，具 3 条脉；花瓣倒卵形，先端圆形，具 3 条脉；前唇半圆状三角形，先端圆形，边缘啮蚀状或不整齐的齿，上面光滑无毛，中央增厚的垫状物延伸到后唇内壁；后唇半球形或盔状，长等于宽，末端圆形并且外侧具 2～3 条脊突，上端口缘比前唇高；口缘前端具 1 个凹口，其两侧边缘垂直；药帽前端稍收狭，先端钝。花期 10 月。

云南盆距兰

Gastrochilus yunnanensis

产于墨脱[10]；区外见于云南思茅。生于海拔约 1500 m 的密林中树干上。孟加拉国、泰国、越南也有分布。

茎伸长，长达 20 cm，粗 4 ～ 7 mm，节间长 1.5 ～ 2 cm。叶二列互生、舌形或长圆形，长 6 ～ 16.5 cm，宽 1.5 ～ 2.5 cm，先端长渐尖并且具 2 ～ 3 条芒。伞形花序具 4 ～ 15 朵花；花序柄劲直，长 1.5 ～ 5.5 cm，基部被 1 ～ 2 枚鞘；花苞片卵状三角形，长 1 ～ 2 mm；花梗和子房长 1 cm；萼片和花瓣淡黄色带淡褐色先端；萼片近等大，舌状长圆形，长 5 ～ 7 mm，宽 2.7 ～ 3.5 mm，先端钝；花瓣相似于萼片而较小；前端宽三角形，长 2.5 mm，宽约 5 mm，边缘撕裂状，上面中央垫状增厚；垫状物黄色带少数紫红色斑点，其外围被乳突状毛；后唇近兜状或半球形，具白色带紫红色斑点的上端口缘；口缘比前唇高，前端具 1 个宽的凹口，其两侧边缘多少斜立而上方两侧呈齿状三角形。花期 10 月。

锯叶盆距兰

Gastrochilus prionophyllus

产于西藏波密通麦（西藏新记录）；区外见于云南。生于海拔 2000 ～ 2300 m 的山坡林中树干上。

附生草本，茎下垂。叶互生，二列，卵形，边缘明显有锯齿，先端渐尖，有紫色的斑点。花序数个，近伞形，2 ～ 3 朵花；花序梗上半部分扩大，下半部分有 2 个杯状鞘；花苞片卵状披针形；花黄绿色，有红棕色的斑点。中萼片凹，长圆状椭圆形，先端钝；侧萼片凹陷，长圆状椭圆形，先端钝；花瓣近倒卵形，先端钝。唇瓣有一个上唇和一个囊状的下唇；上唇肾形，正面无毛，有一个加厚的垫状物，边缘不规则具小齿；下唇（距）近圆锥形，侧面压扁，先端圆形。蕊柱粗壮；花药帽向先端缩小成喙。

刚毛盆距兰（新拟）

Gastrochilus setosus

产于西藏定结陈塘镇（中国新记录）。生于海拔 2400 m 的林中树干上。越南也有分布 [13]。

微型附生植物。茎爬行或下垂，单枝或很少分枝，纤细，叶革质，被叶鞘覆盖；叶无梗，狭卵形，表面略带稀疏的暗紫色的斑点，先端渐尖。伞状花序侧生，起源于茎的顶端，具 4 ～ 8 朵花；花序具 1 至 2 枚总苞片，宽三角形；花苞片卵状披针形。花不开展，萼片和花瓣黄绿色，具稀疏的紫色斑点。萼片和花瓣近类似，卵形，先端较钝。前唇半圆状三角形或新月状三角形，向前伸展，没有明显的侧裂片，具浓密的白色硬毛，中心带有不明显的绿色垫状物，先端浅微缺，带有小的三角形凹痕；后唇短圆柱状，先端钝，里面具稀疏的硬刚毛。蕊柱短而宽；蕊柱足分叉具凹陷。药帽无毛，半球形。花粉 2 个，近球形，多孔，狭椭圆形。花期 11 ～ 12 月。

槽舌兰属

Holcoglossum

附生草本。茎短，具许多长而较粗的气生根。叶肉质，圆柱形或半圆柱形，先端锐尖。花序侧生，不分枝，总状花序具少数至多数花；花较大或小，萼片在背面中肋增粗或呈龙骨状凸起；花瓣稍较小，或与中萼片相似；唇瓣 3 裂；蕊柱粗短，具翅，无蕊柱足或具很短的足；花粉团蜡质，2 个，球形，具裂隙；黏盘柄狭窄。

本属全球约 8 种，分布于东南亚至印度东北部。我国有 8 种；产于南方省区。西藏记录有 1 种，现收录 1 种。

喜马悬生兰

Holcoglossum himalaicum

产于西藏自治区墨脱；区外见于云南；生于海拔 1400 ～ 1600 m 的树干上。不丹、印度东北部、缅甸也有分布。

植株悬垂，具许多窄而扁的气根。茎上部互生 3 ～ 5 枚叶。叶肉质，半圆柱形，先端锐尖，基部扩大成鞘，近轴面具 1 条纵沟；叶鞘半抱茎。花序从茎下部的叶腋发出；鞘鳞片状，膜质，宽松地围抱花序柄，先端锐尖；总状花序具数朵至 11 朵花；花苞片膜质，反折，卵形，具 1 条脉；花梗和子房纤细，具 6 条肋；花小，不甚张开；萼片和花瓣淡红色；中裂片椭圆形，先端钝，背面中肋增粗为龙骨状；侧萼片椭圆形；花瓣相似于侧萼片而等大；唇瓣白色，3 裂；距细圆筒形。蒴果纺锤形。花期 11 月，果期 12 月至次年 1 月。

槌柱兰属
Malleola

附生草本。茎短或伸长，下垂。叶扁平，质地厚，二列，狭长。总状花序侧生于茎，比叶长或短；花开展，质地薄，中萼片通常舟状，侧萼片和花瓣伸展；唇瓣牢固地着生于蕊柱基部，3 裂。

约 30 种，分布于越南、泰国、马来西亚、印度尼西亚、新几内亚岛、菲律宾和太平洋一些群岛。我国已知 1 种，产于热带地区。西藏记录 1 种，现收录 1 种。

西藏槌柱兰
Malleola tibetica

产于西藏墨脱[31]。附生于海拔 800 m 附近的树上。

附生植物；根通常基生，偶尔茎生；茎全体覆盖叶鞘；叶绿色，披针形至椭圆形；基部扭曲，叶鞘处具关节；花序茎生于叶的对面；苞片卵圆形至三角形。萼片与花瓣黄色，每片具 2 条血红色条纹；唇瓣白色；中萼片舟状，急尖，具有脉；侧萼片微倾斜，椭圆形，急尖，具 3 脉；花瓣急尖，具 1 脉；唇瓣 3 裂；蕊柱锤形，粗壮，近轴表面具凸起。

小囊兰属
Micropera

草本攀援植物，单轴分枝。茎长，上具多数根与叶。叶很多，扁平，肉质，长圆形到线形，具鞘基部，相互连接。花序通常生于叶的对面，总状花序，较长，上生很多花。花中小型，不翻转；花萼与花瓣离生，形状相近；唇瓣明显有距或囊，3 裂；侧裂片较宽，直立，中裂片较小，肉质；距通常有纵隔；花柱短，喙凸出。花粉块 4 个，近似呈 2 对。

本属全球大约 15 种；分布于喜马拉雅山脉到东南亚，新几内亚，澳大利亚和所罗门群岛等；我国记录有 1 种；西藏记录 1 种，现收录 1 种。

西藏小囊兰
Micropera tibetica

产于西藏背崩 [32]；附生于海拔 800 m 附近的树干之上。

附生植物，茎圆柱状，直立；叶疏生，披针形，长 6 ～ 9 cm，宽 0.8 ～ 1 cm。花序近对生于叶，长 3 ～ 4 cm，具 3 ～ 5 个不育苞片；花序梗长 3 cm，直径 1 mm。花苞片近三角形；花白色；子房和花梗圆柱状，具棱，具黑色短柔毛。中萼片近椭圆形，急尖，3 脉，反折，钝，长约 4 mm，宽约 2 mm；侧萼片长圆形，2 脉，内缘基部合生，倾斜，在先端宽钝，微缺，长 6 mm，宽 2 mm。花瓣披针形。先端锐尖，长约 5 mm，宽约 1.5 mm，2 脉；唇瓣深囊状，与花柱呈近直角，长约 10 mm；具距。中裂片长约 1 mm。侧裂片长约 0.5 mm；蒴果近直立，狭椭圆形，具肋，高约 1.5 cm；花期 5 月，果期 9 月。

参考文献

[1] 中国植物志编委会 . 中国植物志（第 17—19 卷）[M]. 北京 : 科学出版社 ,1999.

[2] Editorial Committee of Chinese Flora, Chinese Academy of Sciences. Flora of China[M]. Beijing: Science Press & Missouri Botanical Garden Press (St. Louis) , 2009.

[3] GOVAERTS R. World checklist of selected plant families[M]. Kew, UK: The Trustees of the Royal Botanic Gardens, 2011.

[4] 葛斌杰 , 田怀珍 , 胡超 , 等 . 中国大陆兰科植物新记录种——南湖斑叶兰 [J]. 广西植物 ,2012,32(6):750-752.

[5] SURVESWARAN S, KUMAR P, SUN M. Spiranthes himalayensis (Orchidaceae, Orchidoideae) a new species from Asia[J]. PhytoKeys, 2017, 89(4): 115-128.

[6] RASKOTI B B. The orchids of Nepal[EB/OL]. (2009-01-01)[2022-10-10]. https://www.researchgate.net/publication/281113434.

[7] 张丽 , 仇晓玉 , 罗建 . 西藏兰科植物新记录 [J]. 浙江大学学报（理学版）,2018,45(5):647-650.

[8] 徐志辉 , 蒋宏 . 云南野生兰花 [M]. 云南科技出版社 ,2010.

[9] CHOWLU K, NANDA Y, RAO A N. Oberonia acaulis griff. var. latipetala (orchidaceae) - a new variety from Manipur, India[J]. Bangladesh Journal of Plant Taxonomy, 2014, 21(1): 93-95.

[10] 刘成 , 亚吉东 , 郭永杰 , 等 . 西藏种子植物分布新资料 [J]. 生物多样性 ,2020,28(10):1238-1245.

[11] CLAYTON D, CRIBB P. The genus calanthe[M]. Kota Kinabalu: Natural History Publications (Borneo), 2013.

[12] ODYUO N, DAIMARY R, ROY D K , et al. Additions to the orchid flora of Nagaland, India[J]. L' Orchidophile, 2018, 215: 349-359.

[13] GOVAERTS R, LUGHADHA E N, BLACK N, et al. The world checklist of vascular plants, a continuously updated resource for exploring global plant diversity[EB/OL]. (2021-08-13)[2022-10-10]. https://doi.org/10.1038/s41597-021-00997-6.

[14] 马良 , 翟俊文 , 陈世品 , 等 . 西藏兰科植物 2 新记录种 [J]. 亚热带植物科学 ,2017,46(3):288-290.

[15] JALAL J S, JAYANTHI J. An annotated checklist of the orchids of western Himalaya, India[J]. Lankesteriana, 2015, 15: 7-50.

[16] CHOWLU K, NANDA Y, RAO A N. Four new additions to the orchid flora of Manipur, India[J]. The Journal of the Orchid Society of India, 2014, 28: 87-90.

[17] GOVAERTS R. World checklist of monocotyledons database in access: 1-54382[M]. Kew, UK: The Board of Trustees of the Royal Botanic Gardens, 2004.

[18] PAGAG K, SINGH S K, ROY D K. Notes on blooming of a rare orchid Flickingeria macraei[EB/OL]. (2015-01-01)[2022-10-10]. https://www.researchgate.net/publication/286871061.

[19] 马良，翟俊文，陈世品，等．西藏兰科一新记录种——曲萼石豆兰 [J]. 福建农林大学学报（自然科学版），2017,46(4):402-403.

[20] 王喜龙，李剑武，王程旺，等．中国西藏兰科植物新资料 [J]. 广西植物，2018,38(11):34-39.

[21] LIANG M A, ZHANG S, ZHOU Z, et al. Bulbophyllum linzhiense (Orchidaceae, Malaxideae), a new species from China[J]. Phytotaxa, 2020, 429(4): 281-288.

[22] LI J W, WANG X L, WANG C W, et al. Bulbophyllum yarlungzangboense (Orchidaceae; Epidendroideae; Malaxideae), a new species from Tibet, China[J]. Phytotaxa, 2019, 404(2): 79.

[23] KUMAR P, GALE S W, KUMAR P, et al. Additions to the orchid flora of Laos and taxonomic notes on orchids of the Indo-Burma region-II[J]. Taiwania, 2020, 65(1):47-60.

[24] RAI S, YONZONE R, LAMA D. Taxonomic assessment on the six new records of bulbophyllum for darjeeling himalaya of west Bengal[EB/OL]. (2022-06-01)[2022-10-10]. https://www.researchgate.net/publication/361053951.

[25] GYELTSHEN P, GURUNG B, KUMAR P, et al. Bulbophyllum trongsaense (Orchidaceae: Epidendroideae: Dendrobieae), a new species from Bhutan[J]. Phytotaxa, 2020, 436(1): 85-91.

[26] ROKAYA M B, RASKOTI B B, TIMSINA B, et al. An annotated checklist of the orchids of Nepal[J]. Nordic Journal of Botany,2013, 31: 511-550.

[27] DALSTRÖM S, GYELTSHEN C, GYELTSHEN N. A century of new orchid records in Bhutan[J]. National Biodiversity Centre, Thimphu, 2017: 1-210

[28] AVERYANOV L V, van DUY N, NGUYEN K S, et al. New species of orchids (orchidaceae) in the flora of Vietnam[J]. Taiwania, 2016, 61: 319-354.

[29] DEB C R, IMCHEN T. Orchid diversity of Nagaland[M]. Udaipur, India: SciChem Publishing House, 2008.

[30] ORMEROD P. Checklist of Papuasian Orchids[M]. Australia: Nature & Travel Books, 2017.

[31] HUANG W C, JIN X H, XIANG X G. Malleola tibetica sp. nov. (Aeridinae, Orchidaceae) from Tibet, China[J]. Nordic Journal of Botany, 2013, 31(6): 717-719.

[32] LAI Y J, JIN X H. Micropera tibetica sp. nov. (Orchidaceae) from southeastern Tibet, China[J]. Nordic Journal of Botany, 2012, 30(6): 687-690.

附　录

中国新记录

新拟中文名称

Bulbophyllum gamblei (Hook. f.) Hook. f. 甘布尔石豆兰

Bulbophyllum kingii Hook. f. 金氏石豆兰

Bulbophyllum pentaneurum Seidenf. 五脉石豆兰

Bulbophyllum scabratum Rchb. f. 糙茎卷瓣兰

Bulbophyllum trongsaense P. Gyeltshen, D. B. Gurung & Kumar 通萨卷瓣兰

Calanthe velutina Ridl. 绒毛虾脊兰

Coelogyne mishmensis Gogoi 细茎贝母兰

Dendrolirium ferrugineum (Lindl.) A. N. Rao 锈色绒兰

Flickingeria macraei (Lindl.) Seidenf 麦氏金石斛

Flickingeria ritaeana King & Pantl. 西藏金石斛

Gastrochilus setosus Aver. &Vuong. 刚毛盆距兰

Luisia teretifolia Gaudich. 印缅钗子股

Luisia trichorrhiza (Hook.) Blume 毛根钗子股

Nervilia macroglossa (Hook. f.) Schltr. 巨舌芋兰

Oberonia acaulis var. *latipetala* Chowlu, Nanda & A. N. Rao 宽瓣显脉鸢尾兰

Panisea panchaseensis Subedi 林芝曲唇兰

Pinalia globulifera (Seidenf.) A. N. Rao 球花苹兰

Sunipia nepalensis B. B. Raskoti & R. Ale 尼泊尔大苞兰

Taeniophyllum javanicum (J. J. Sm.) Kocyan et Schuit. 爪哇带叶兰

Thelasis longifolia Hook. f. 长叶矮柱兰

Uncifera lancifolia (King & Pantl.) Schltr 线叶叉喙兰

西藏新记录

兜蕊兰 *Androcorys ophioglossoides* Schltr.
短唇金线兰 *Anoectochilus brevilabris* Lindl.
赤唇石豆兰 *Bulbophyllum affine* Lindl.
短序石豆兰 *Bulbophyllum brevispicatum* Z. H. Tsi et S. C. Chen
戟唇石豆兰 *Bulbophyllum depressum* King & Pantling
短齿石豆兰 *Bulbophyllum griffithii* (Lindl.) Rchb.
角萼卷瓣兰 *Bulbophyllum helenae* (Kuntze) J. J. Smith
卷苞石豆兰 *Bulbophyllum khasyanum* Griff.
齿瓣石豆兰 *Bulbophyllum levinei* Schltr.
凌氏石豆兰 *Bulbophyllum lingii* M. Z. Huang, G. S. Yang & J. M. Yin
勐仑石豆兰 *Bulbophyllum menglunense* Z. H. Tsi & Y. Z. Ma
怒江石豆兰 *Bulbophyllum nujiangense* X. H. Jin & W. T. Jin
若氏卷瓣兰（高山卷瓣兰）*Bulbophyllum rolfei* (Kuntze) Seidenfaden
虎斑卷瓣兰 *Bulbophyllum tigridum* Hance
蜂腰兰 *Bulleyia yunnanensis* Schltr.
四川虾脊兰 *Calanthe whiteana* King et Pantl.
美柱兰 *Callostylis rigida* Bl.
管叶牛角兰 *Ceratostylis subulata* Bl.
异型兰 *Chiloschista yunnanensis* Schlechter
扁茎叉柱兰 *Cheirostylis moniliformis* (Griff.) Seidenf.
隔距兰 *Cleisostoma linearilobatum* (Seidenfaden & Smitinand) Garay
毛柱隔距兰 *Cleisostoma simondii* (Gagnep.) Seidenf.
褐唇贝母兰 *Coelogyne fuscescens* Lindl.
密茎贝母兰 *Coelogyne nitida* (Wall. ex D. Don) Lindl.
疣鞘贝母兰 *Coelogyne schultesii* Jain et Das
禾叶贝母兰 *Coelogyne viscosa* Rchb. F.
珊瑚兰 *Corallorhiza trifida* Châtel.
翅萼宿苞兰 *Cryptochilus carinatus* (Gibson ex Lindl.) H. Jiang
独占春 *Cymbidium eburneum* Lindl.
福兰 *Cymbidium devonianum* Paxton
大雪兰 *Cymbidium mastersii* Griff. ex Lindl.
毛杓兰 *Cypripedium franchetii* E. H. Wilson
鼓槌石斛 *Dendrobium chrysotoxum* Lindl.
独龙石斛 *Dendrobium praecinctum* Rchb. f.
具槽石斛 *Dendrobium sulcatum* Lindl.
球花石斛 *Dendrobium thyrsiflorum* Rchb.
双唇兰 *Didymoplexis pallens* Griff.
蛇舌兰 *Diploprora championii*
日本虎舌兰 *Epipogium japonicum* Makino
半柱毛兰 *Eria corneri* Rchb. F.
二脊盆距兰 *Gastrochilus affinis* (King & Pantl.) Schltr.
锯叶盆距兰 *Gastrochilus prionophyllus* H. Jiang, D. P. Ye & Q. Liu
小唇盆距兰 *Gastrochilus pseudodistichus* (King et Pantl.) Schltr.
硬毛斑叶兰 *Goodyera hispida* Lindl.
川滇斑叶兰 *Goodyera yunnanensis* Schltr.
剑叶玉凤花 *Habenaria pectinate* (J. E. Smith) D. Don
秀丽角盘兰 *Herminium quinquelobum* King et Pantl.
旗唇兰 *Kuhlhasseltia yakushimensis* (Yamamoto) Ormerod
长唇羊耳蒜 *Liparis pauliana* Hand.-Mazz.
互生对叶兰 *Neottia alternifolia* (King & Pantl.) Szlach.
棒叶鸢尾兰 *Oberonia cavaleriei* Finet
齿瓣鸢尾兰 *Oberonia gammiei* King et Pantl.
锯瓣鸢尾兰 *Oberonia prainiana* King & Pantl.
红唇鸢尾兰 *Oberonia rufilabris* Lindl.
齿唇兰 *Odontochilus lanceolatus* (Lindl.) Blume
雅长山兰 *Oreorchis yachangensis* Z. B. Zhang & B. G. Huang
绿春阔蕊兰 *Peristylus biermannianus* (King & Pantl.) X. H. Jin, Schuit. & W. T. Jin
纤茎阔蕊兰 *Peristylus mannii* (Rolfe) Makerjee
罗氏蝴蝶兰 *Phalaenopsis lobbii* (Rchb. f.) H. R. Sweet
贡山舌唇兰 *Platanthera handel-mazzettii* K. Inoue
秋花独蒜兰 *Pleione maculate* (Lindl.) Lindl.
小片菱兰 *Rhomboda abbreviate* (Lindley) Ormerod
白肋菱兰 *Rhomboda tokioi* (Fukuy) Ormerod
带叶兰 *Taeniophyllum glandulosum* Blume
毛葶带叶兰 *Taeniophyllum retrospiculatum* King & Pantl.
钝叶叉喙兰 *Uncifera obtusifolia* Lindl.
琴唇万代兰 *Vanda concolor* Bl. ex Lindl.
印度宽距兰 *Yoania prainii* King & Pantl.
黄花线柱兰 *Zeuxine flava* (Wall. ex Lindl.) Trimen
芳线柱兰 *Zeuxine nervosa* (Lindl.) Trimen

西藏兰科植物名录

* 注：灰字表示有记录但无照片。

A

坛花兰属 *Acanthephippium* Blume

锥囊坛花兰 *Acanthephippium striatum* Lindl.

禾叶兰属 *Agrostophyllum* Blume

禾叶兰 *Agrostophyllum callosum* Rchb. F.

无柱兰属 *Amitostigma* Schltr.

长苞无柱兰 *Amitostigma farreri* Schltr.

齿片无柱兰 *Amitostigma yuanum* Tang & F. T. Wang

西藏无柱兰 *Amitostigma tibeticum* Schltr.

一花无柱兰 *Amitostigma monanthum* (Finet) Schltr.

兜蕊兰属 *Androcorys* Schltr.

兜蕊兰 *Androcorys ophioglossoides* Schltr.

尖萼兜蕊兰 *Androcorys oxysepalus* K. Y. Lang

剑唇兜蕊兰 *Herminium pugioniforme* Lindl. ex Hook. f., Fl. Brit.

蜀藏兜蕊兰 *Herminium wangianum* X. H. Jin, Schuit., Raskoti & L. Q. Huang

金线兰属 *Anoectochilus* Blume

短唇金线兰 *Anoectochilus brevilabris* Lindl.

墨脱金线兰 *Anoectochilus medogensis* H. Z. Tian & Yue Jin

金线兰 *Anoectochilus roxburghii* (Wall.) Lindl.

筒瓣兰属 *Anthogonium* Lindl.

筒瓣兰 *Anthogonium gracile* Lindl.

无叶兰属 *Aphyllorchis* Blume

高山无叶兰 *Aphyllorchis alpina* King et Pantl.

大花无叶兰 *Aphyllorchis gollanii* Duthie

蜘蛛兰属 *Arachnis* Blume

窄唇蜘蛛兰 *Arachnis labrosa* (Lindl.) Rchb. F.

竹叶兰属 *Arundina* Blume

竹叶兰 *Arundina graminifolia* (D. Don) Hochr.

B

高山兰属 *Bhutanthera* Renz

白边高山兰 *Bhutanthera albomarginata* (King & Pant.) Renz

高山兰 *Bhutanthera alpina* (Hand.-Mazz.) Renz

白及属 *Bletilla* Rchb. f.

小白及 *Bletilla formosana* (Hayata) Schltr.

石豆兰属 *Bulbophyllum* Thouars

赤唇石豆兰 *Bulbophyllum affine* Lindl.

大叶卷瓣兰 *Bulbophyllum amplifolium* (Rolfe) Balak. et Chowdhury

柄叶石豆兰 *Bulbophyllum apodum* J. D. Hooker

波密卷瓣兰 *Bulbophyllum bomiense* Z. H. Tsi

短序石豆兰 *Bulbophyllum brevispicatum* Z. H. Tsi et S. C. Chen

尖叶石豆兰 *Bulbophyllum cariniflorum* Rchb. f.

尾萼卷瓣兰 *Bulbophyllum caudatum* Lindl.

茎花石豆兰 *Bulbophyllum cauliflorum* Hook. f.

大苞石豆兰 *Bulbophyllum cylindraceum* Lindl.

直唇卷瓣兰 *Bulbophyllum delitescens* Hance

戟唇石豆兰 *Bulbophyllum depressum* King & Pantling

高茎卷瓣兰 *Bulbophyllum elatum* (Hook. f.) J. J. Smith

匍茎卷瓣兰 *Bulbophyllum emarginatum* (Finet) J. J. Smith

墨脱石豆兰 *Bulbophyllum eublepharum* Rchb. F.

尖角卷瓣兰 *Bulbophyllum forrestii* Seidenf.

甘布尔石豆兰 *Bulbophyllum gamblei* (Hook. f.) Hook. f.

格当石豆兰 *Bulbophyllum gedangense* Y. Luo, J. P. Deng & Jian W. Li

短齿石豆兰 *Bulbophyllum griffithii* (Lindl.) Rchb.

钻齿卷瓣兰 *Bulbophyllum guttulatum* (Hook. f.) Balakrishnan

角萼卷瓣兰 *Bulbophyllum helenae* (Kuntze) J. J. Smith

落叶石豆兰 *Bulbophyllum hirtum* (J. E. Smith) Lindl.

圆唇双花石豆兰 *Bulbophyllum hymenanthum* Hook.f.

卷苞石豆兰 *Bulbophyllum khasyanum* Griff.

金氏石豆兰 *Bulbophyllum kingii* Hook.f.

短莛石豆兰 *Bulbophyllum leopardinum* (Wall.) Lindl.

齿瓣石豆兰 *Bulbophyllum levinei* Schltr.

凌氏石豆兰 *Bulbophyllum lingii* M. Z. Huang, G. S. Yang & J. M. Yin

林芝石豆兰 *Bulbophyllum linzhiense* Liang Ma & S. P. Chen

勐仑石豆兰 *Bulbophyllum menglunense* Z. H. Tsi & Y. Z. Ma

怒江石豆兰 *Bulbophyllum nujiangense* X. H. Jin & W. T. Jin

密花石豆兰 *Bulbophyllum odoratissimum* Lindl.

五脉石豆兰 *Bulbophyllum pentaneurum* Seidenf.

曲萼石豆兰 *Bulbophyllum pteroglossum* Schltr.

反瓣卷瓣兰 *Bulbophyllum reflexipetalum* J. D. Ya, Y. J. Guo & C. Liu

球花石豆兰 *Bulbophyllum repens* Griff.

伏生石豆兰 *Bulbophyllum reptans* Lindl.

藓叶卷瓣兰 *Bulbophyllum retusiusculum* Rchb. f.

若氏卷瓣兰（高山卷瓣兰）*Bulbophyllum rolfei* (Kuntze) Seidenfaden

糙茎卷瓣兰 *Bulbophyllum scabratum* Rchb. f.
伞花石豆兰 *Bulbophyllum shweliense* W. W. Sm.
短足石豆兰 *Bulbophyllum stenobulbon* Par. et Rchb.
细柄石豆兰 *Bulbophyllum striatum* (Griff.) Rchb. F.
虎斑卷瓣兰 *Bulbophyllum tigridum* Hance
通萨卷瓣兰 *Bulbophyllum trongsaense* P. Gyeltshen, D. B. Gurung & Kumar
伞花卷瓣兰 *Bulbophyllum umbellatum* Lindl.
雅鲁藏布石豆兰 *Bulbophyllum yarlungzangboense* Jian W. Li, Xi L. Wang & X. H. Jin
短瓣兰 *Bulbophyllum crabro* (C.S.P.Parish & Rchb.f.) J. J. Verm., Schuit. & de Vogel
蜂腰兰属 *Bulleyia* Schltr.
蜂腰兰 *Bulleyia yunnanensis* Schltr.

C

虾脊兰属 *Calanthe* R. Br.
泽泻虾脊兰 *Calanthe alismatifolia* Lindley
流苏虾脊兰 *Calanthe alpina* Hook. f. ex Lindl.
弧距虾脊兰 *Calanthe arcuata* Rolfe
肾唇虾脊兰 *Calanthe brevicornu* Lindl.
棒距虾脊兰 *Calanthe clavata* Lindl.
剑叶虾脊兰 *Calanthe davidii* Franch.
密花虾脊兰 *Calanthe densiflora* Lindl.
通麦虾脊兰 *Calanthe griffithii* Lindl.
西南虾脊兰 *Calanthe herbacea* Lindl.
细花虾脊兰 *Calanthe mannii* Hook. f.
墨脱虾脊兰 *Calanthe metoensis* Z. H. Tsi et K. Y. Lang
戟形虾脊兰 *Calanthe nipponica* Makino
车前虾脊兰 *Calanthe plantaginea* Lindl.
镰萼虾脊兰 *Calanthe puberula* Lindl.
反瓣虾脊兰 *Calanthe reflexa* (Kuntze) Maxim.
长距虾脊兰 *Calanthe sylvatica* (Thou.) Lindl.
三棱虾脊兰 *Calanthe tricarinata* Lindl.
绒毛虾脊兰 *Calanthe velutina* Ridl.
四川虾脊兰 *Calanthe whiteana* King et Pantl.
美柱兰属 *Callostylis* Blume
美柱兰 *Callostylis rigida* Bl.
布袋兰属 *Calypso* Salisb.
布袋兰 *Calypso bulbosa* (L.) Oakes
头蕊兰属 *Cephalanthera* Rich.
银兰 *Cephalanthera erecta* (Thunb. ex A. Murray) Bl.
头蕊兰 *Cephalanthera longifolia* (L.) Fritsch
黄兰属 *Cephalantheropsis* Guillaumin
白花黄兰 *Cephalantheropsis longipes* (J. D. Hooker) Ormerod
黄兰 *Cephalantheropsis obcordata* (Lindley) Ormerod
牛角兰属 *Ceratostylis* Blume
叉枝牛角兰 *Ceratostylis himalaica* Hook. f.
西藏牛角兰 *Ceratostylis radiata* J. J. Sm.
泰国牛角兰 *Ceratostylis siamensis* Rolfe ex Downie
管叶牛角兰 *Ceratostylis subulata* Bl.
叠鞘兰属 *Chamaegastrodia* Makino & F. Maek.
叠鞘兰 *Chamaegastrodia shikokiana* Makino
异型兰属 *Chiloschista* Lindl.
异型兰 *Chiloschista yunnanensis* Schlechter
金唇兰属 *Chrysoglossum* Blume
锚钩金唇兰 *Chrysoglossum assamicum* Hook. f.
金唇兰 *Chrysoglossum ornatum* Bl.
隔距兰属 *Cleisostoma* Blume
隔距兰 *Cleisostoma linearilobatum* (Seidenfaden & Smitinand) Garay
西藏隔距兰 *Cleisostoma medogense* Z. H. Tsi
大序隔距兰 *Cleisostoma paniculatum* (Ker-Gawl.) Garay
毛柱隔距兰 *Cleisostoma simondii* (Gagnep.) Seidenf.
贝母兰属 *Coelogyne* Lindl.
髯毛贝母兰 *Coelogyne barbata* Griff.
眼斑贝母兰 *Coelogyne corymbosa* Lindl.
贝母兰 *Coelogyne cristata* Lindl.
流苏贝母兰 *Coelogyne fimbriata* Lindl.
褐唇贝母兰 *Coelogyne fuscescens* Lindl.
白花贝母兰 *Coelogyne leucantha* W. W. Smith
长柄贝母兰 *Coelogyne longipes* Lindl.
细茎贝母兰 *Coelogyne mishmensis* Gogoi
密茎贝母兰 *Coelogyne nitida* (Wall. ex D. Don) Lindl.
卵叶贝母兰 *Coelogyne occultata* Hook. f.
黄绿贝母兰 *Coelogyne prolifera* Lindl.
狭瓣贝母兰 *Coelogyne punctulata* Lindl.
三褶贝母兰 *Coelogyne raizadae* S. K. Jain & S. Das
疣鞘贝母兰 *Coelogyne schultesii* Jain et Das
双褶贝母兰 *Coelogyne stricta* (D. Don) Schltr.
禾叶贝母兰 *Coelogyne viscosa* Rchb. F.
云南贝母兰 *Coelogyne assamica* Linden et Rchb. f.: Seidenf.
格力贝母兰 *Coelogyne longipes* Lindl.
吻兰属 *Collabium* Blume
吻兰 *Collabium chinense* (Rolfe) Tang & F. T. Wang
蛤兰属 *Conchidium* Griff.
网鞘蛤兰 *Conchidium muscicola* (Lindl.) Rauschert
蛤兰 *Conchidium pusillum* Griff.
珊瑚兰属 *Corallorhiza* Gagnebin
珊瑚兰 *Corallorhiza trifida* Chat.

铠兰属 *Corybas* Salisb.

高山铠兰 *Corybas himalaicus* (King & Pantl.) Schltr.

大理铠兰 *Corybas taliensis* Tang & F.T.Wang

杜鹃兰属 *Cremastra* Lindl.

杜鹃兰 *Cremastra appendiculata* (D. Don) Makino

沼兰属 *Crepidium* Blume

浅裂沼兰 *Crepidium acuminatum* (D. Don) Szlachetko

无叶沼兰 *Crepidium aphyllum* (King & Pantl.)A.N.Rao

细茎沼兰 *Crepidium khasianum* (J. D. Hooker) Szlachetko

宿苞兰属 *Cryptochilus* Wall.

宿苞兰 *Cryptochilus lutea* Lindl.

红花宿苞兰 *Cryptochilus sanguinea* Wall.

翅萼宿苞兰 *Cryptochilus carinatus* (Gibson ex Lindl.) H. Jiang

柱兰属 *Cylindrolobus* Blume

中缅柱兰 *Cylindrolobus glabriflorus* X. H. Jin & J. D. Ya

墨脱柱兰 *Cylindrolobus motuoensis* X. H. Jin & J. D. Ya

细茎柱兰 *Cylindrolobus tenuicaulis* (S. C. Chen & Z. H. Tsi) S. C. Chen & J. J. Wood

兰属 *Cymbidium* Sw.

独占春 *Cymbidium eburneum* Lindl.

莎草兰 *Cymbidium elegans* Lindl.

建兰 *Cymbidium ensifolium* (L.) Sw.

冬凤兰 *Cymbidium dayanum* Rchb. F.

福兰 *Cymbidium devonianum* Paxton

长叶兰 *Cymbidium erythraeum* Lindl.

蕙兰 *Cymbidium faberi* Rolfe

多花兰 *Cymbidium floribundum* Lindl.

虎头兰 *Cymbidium hookerianum* Rchb. F.

黄蝉兰 *Cymbidium iridioides* D. Don

寒兰 *Cymbidium kanran* Makino

兔耳兰 *Cymbidium lancifolium* Hook. f.

大根兰 *Cymbidium macrorhizon* Lindl.

大雪兰 *Cymbidium mastersii* Griff. ex Lindl.

斑舌兰 *Cymbidium tigrinum* Parish ex Hook

西藏虎头兰 *Cymbidium tracyanum* L. Castle

杓兰属 *Cypripedium* L.

无苞杓兰 *Cypripedium bardolphianum* W. W. Smith et Farrer

白唇杓兰 *Cypripedium cordigerum* D. Don.

雅致杓兰 *Cypripedium elegans* Rchb. F.

黄花杓兰 *Cypripedium flavum* P. F. Hunt et Summerh

毛杓兰 *Cypripedium franchetii* E. H. Wilson

紫点杓兰 *Cypripedium guttatum* Sw.

高山杓兰 *Cypripedium himalaicum* Rolfe

波密杓兰 *Cypripedium ludlowii* Cribb

离萼杓兰 *Cypripedium plectrochilum* Fraanch.

暖地杓兰 *Cypripedium subtropicum* S. C. Chen et K. Y. Lang

西藏杓兰 *Cypripedium tibeticum* King ex Rolfe

宽口杓兰 *Cypripedium wardii* Rolfe

云南杓兰 *Cypripedium yunnanense* Franch.

D

掌裂兰属 *Dactylorhiza* Neck. ex Nevski

掌裂兰 *Dactylorhiza hatagirea* (D.Don) Soó

凹舌掌裂兰 *Dactylorhiza viridis* (Linnaeus) R. M. Bateman, Pridgeon & M. W. Chase

石斛属 *Dendrobium* Sw.

束花石斛 *Dendrobium chrysanthum* Wall. ex Lindl.

鼓槌石斛 *Dendrobium chrysotoxum* Lindl.

密花石斛 *Dendrobium densiflorum* Lindl. ex Wall.

齿瓣石斛 *Dendrobium devonianum* Paxt.

反唇石斛 *Dendrobium ruckeri*

杯鞘石斛 *Dendrobium gratiosissimum* Rchb. F.

疏花石斛 *Dendrobium henryi* Schltr.

金耳石斛 *Dendrobium hookerianum* Lindl.

长距石斛 *Dendrobium longicornu* Lindl.

细茎石斛 *Dendrobium moniliforme* (L.) Sw.

藏南石斛 *Dendrobium monticola* P. F. Hunt et Summerh

石斛 *Dendrobium nobile* Lindl.

单葶草石斛 *Dendrobium porphyrochilum* Lindl.

竹枝石斛 *Dendrobium salaccense* (Bl.) Lindl

梳唇石斛 *Dendrobium strongylanthum* Rchb. F.

具槽石斛 *Dendrobium sulcatum* Lindl.

球花石斛 *Dendrobium thyrsiflorum* Rchb.

大苞鞘石斛 *Dendrobium wardianum* Warner

独龙石斛 *Dendrobium praecinctum* Rchb.f.

绒兰属 *Dendrolirium* Blume

锈色绒兰 *Dendrolirium ferrugineum* (Lindl.) A. N. Rao

双唇兰属 *Didymoplexis* Griff.

双唇兰 *Didymoplexis pallens* Griff.

无耳沼兰属 *Dienia* Lindl.

筒穗无耳沼兰 *Dienia cylindrostachya* Lindley

密花兰属 *Diglyphosa* Blume

密花兰 *Diglyphosa latifolia* Bl.

尖药兰属 *Diphylax* Hook.f.

西南尖药兰 *Diphylax uniformis* (T. Tang et F. T. Wang) T. Tang

尖药兰 *Diphylax urceolata* (Clarke) Hook. f.

合柱兰属 *Diplomeris* D. Don

合柱兰 *Diplomeris pulchella* D. Don

蛇舌兰属 *Diploprora* Hook. f.

蛇舌兰 *Diploprora championii* (Lindl.) Hook. f.

E

厚唇兰属 *Epigeneium*

宽叶厚唇兰 *Epigeneium amplum* (Lindl.) Summerh

厚唇兰 *Epigeneium clemensiae* Gagnep.

景东厚唇兰 *Epigeneium fuscescens* (Griff.) Summerh

双角厚唇兰 *Epigeneium forrestii* Ormerod

双叶厚唇兰 *Epigeneium rotundatum* (Lindl.) Summerh.

长爪厚唇兰 *Epigeneium treutleri* (J. D. Hooker) Ormerod

火烧兰属 *Epipactis* Zinn

火烧兰 *Epipactis helleborine* (L.) Crantz.

大叶火烧兰 *Epipactis mairei* Schltr.

卵叶火烧兰 *Epipactis royleana* Lindley

疏花火烧兰 *Epipactis veratrifolia* Boiss.

虎舌兰属 *Epipogium* Gmelin ex Borkhausen

裂唇虎舌兰 *Epipogium aphyllum* (F. W. Schmidt) Sw.

日本虎舌兰 *Epipogium japonicum* Makino

虎舌兰 *Epipogium roseum* (D. Don) Lindl.

毛兰属 *Eria* Lindl.

匍茎毛兰 *Eria clausa* King & Pantl.

半柱毛兰 *Eria corneri* Rchb. F.

足茎毛兰 *Eria coronaria* (Lindl.) Rchb.f.

香港毛兰 *Eria gagnepainii* Hawkes et Heller

条纹毛兰 *Eria vittata* Lindl.

花蜘蛛兰属 *Esmeralda* Rchb.f.

口盖花蜘蛛兰 *Esmeralda bella* Rchb. F.

花蜘蛛兰 *Esmeralda clarkei* Rchb. F.

美冠兰属 *Eulophia* R. Br. ex Lindl.

无叶美冠兰 *Eulophia zollingeri* (Rchb. f.) J. J. Sm.

F

金石斛属 *Flickingeria*

狭叶金石斛 *Flickingeria angustifolia* (Bl.) Hawkes

西藏金石斛 *Flickingeria ritaeana* (King & Pantl.) A. D. Hawkes

麦氏金石斛 *Flickingeria macraei* (Lindl.) Seidenf

冷兰属 *Frigidorchis* Z. J. Liu & S. C. Chen

冷兰 *Frigidorchis humidicola* (K. Y. Lang & D. S. Deng) Z. J. Liu & S. C. Chen

G

盔花兰属 *Galearis* Raf.

北方盔花兰 *Galearis roborowskyi* (Maxim.) S. C. Chen, P. J. Cribb & S. W. Gale

二叶盔花兰 *Galearis spathulata* (Lindl.) P.F.Hunt

河北盔花兰 *Galearis tschiliensis* (Schltr.) S. C. Chen, P. J. Cribb & S. W. Gale

斑唇盔花兰 *Galearis wardii* (W. W. Sm.) P. F. Hunt

山珊瑚属 *Galeola* Lour.

山珊瑚 *Galeola faberi* Rolfe

毛萼山珊瑚 *Galeola lindleyana* (Hook.f. & Thomson) Rchb.f.

盆距兰属 *Gastrochilus* D. Don

二脊盆距兰 *Gastrochilus affinis* (King & Pantl.) Schltr.

盆距兰 *Gastrochilus calceolaris* D. Don

列叶盆距兰 *Gastrochilus distichus* (Lindl.) O. Kuntze

细茎盆距兰 *Gastrochilus intermedius* (Griff. ex Lindl) Kuntze

狭叶盆距兰 *Gastrochilus linearifolius* Z. H. Tsi et Garay

锯叶盆距兰 *Gastrochilus prionophyllus* H. Jiang, D. P. Ye & Q. Liu

小唇盆距兰 *Gastrochilus pseudodistichus* (King et Pantl.) Schltr.

刚毛盆距兰 *Gastrochilus setosus* Aver.&Vuong.

云南盆距兰 *Gastrochilus yunnanensis* Schltr.

天麻属 *Gastrodia* R. Br.

天麻 *Gastrodia elata* Bl.

斑叶兰属 *Goodyera* R. Br.

大花斑叶兰 *Goodyera biflora* (Lindl.) Hook. f.

波密斑叶兰 *Goodyera bomiensis* K. Y. Lang

大武斑叶兰 *Goodyera daibuzanensis* Yamam.

多叶斑叶兰 *Goodyera foliosa* (Lindl) Benth. ex Clarke

烟色斑叶兰 *Goodyera fumata* Thw.

脊唇斑叶兰 *Goodyera fusca* (Lindl.) Hook. f.

光萼斑叶兰 *Goodyera henryi* Rolfe

硬毛斑叶兰 *Goodyera hispida* Lindl.

墨脱斑叶兰 *Goodyera medogensis* H. Z. Tian, Y. H. Tong & B. M. Wang

南湖斑叶兰 *Goodyera nankoensis* Fukuyama

高斑叶兰 *Goodyera procera* (Ker-Gawl.) Hook.

小斑叶兰 *Goodyera repens* (L.) R. Br.

滇藏斑叶兰 *Goodyera robusta* Hook. f.

斑叶兰 *Goodyera schlechtendaliana* Rchb. f.

绿花斑叶兰 *Goodyera viridiflora* (Bl.) Bl.

秀丽斑叶兰 *Goodyera vittata* (Lindl.) Benth. ex Hook. f.

川滇斑叶兰 *Goodyera yunnanensis* Schltr.

手参属 *Gymnadenia* R. Br.

角距手参 *Gymnadenia bicornis* T. Tang

手参 *Gymnadenia conopsea* (L.) R. Br.

短距手参 *Gymnadenia crassinervis* Finet

西南手参 *Gymnadenia orchidis* Lindl.

H

玉凤花属 *Habenaria* Willd.

凸孔坡参 *Habenaria acuifera* Lindl.

落地金钱 *Habenaria aitchisonii* Rchb. f.

毛瓣玉凤花 *Habenaria arietina* Hook. f.

长距玉凤花 *Habenaria davidii* Franch.

鹅毛玉凤花 *Habenaria dentata* (Sw.) Schltr.

二叶玉凤花 *Habenaria diphylla* (Nimmo) Dalzell

粉叶玉凤花 *Habenaria glaucifolia* Bur.

剑叶玉凤花 *Habenaria pectinata* (J. E. Smith) D. Don

大花玉凤花 *Habenaria intermedia* D. Don

棒距玉凤花 *Habenaria mairei* Schltr.

狭瓣玉凤花 *Habenaria stenopetala* Lindl.

西藏玉凤花 *Habenaria tibetica* Schltr. ex Limpricht

川滇玉凤花 *Habenaria yuana* T. Tang & F. T. Wang

紫斑兰属 *Hemipiliopsis* Y. B. Luo & S. C. Chen

紫斑兰 *Hemipiliopsis purpureopunctata* (K. Y. Lang) Y. B. Luo & S. C. Chen

舌喙兰属 *Hemipilia* Lindl.

心叶舌喙兰 *Hemipilia cordifolia* Lindl.

扇唇舌喙兰 *Hemipilia flabellata* Bur. & Franch.

长距舌喙兰 *Hemipilia forrestii* Rolfe

角盘兰属 Herminium L.

裂瓣角盘兰 *Herminium alaschanicum* Maxim.

矮角盘兰 *Herminium chloranthum* T. Tang & F. T. Wang

藏南角盘兰 *Herminium clavigerum* Lindl.

腺角盘兰 *Herminium fallax* (Lindl.) Hook. f., Fl. Brit.

一掌参 *Herminium forceps* (Finet) Schltr.

雅致角盘兰 *Herminium glossophyllum* Tang & F. T. Wang

宽卵角盘兰 *Herminium josephii* Rchb. f.

叉唇角盘兰 *Herminium lanceum* (Thunb. ex Sw.) Vuijk

耳片角盘兰 *Herminium macrophyllum* (D. Don) Dandy

角盘兰 *Herminium monorchis* (L.) R.Br.

秀丽角盘兰 *Herminium quinquelobum* King et Pantl.

宽萼角盘兰 *Herminium souliei* Schltr.

西藏角盘兰 *Herminium tibeticum* X. H. Jin, Schuit. & Raskoti

爬兰属 *Herpysma* Lindl.

爬兰 *Herpysma longicaulis* Lindl.

翻唇兰属 *Hetaeria* Blume

四腺翻唇兰 *Hetaeria anomala* Lindl

槽舌兰属 *Holcoglossum* Schltr.

喜马悬生兰 *Holcoglossum himalaicum* (Deb, Sengupta & Malick) Aver.

先骕兰属 *Hsenhsua* X. H. Jin, Schuit. & W. T. Jin

先骕兰 *Hsenhsua chrysea* (W. W. Sm.) X. H. Jin, Schuit., W. T. Jin & L. Q. Huang

K

旗唇兰属 *Kuhlhasseltia* J. J. Sm.

旗唇兰 *Kuhlhasseltia yakushimensis* (Yamamoto) Ormerod

L

羊耳蒜属 *Liparis* Rich.

扁茎羊耳蒜 *Liparis assamica* King & Pantl.

圆唇羊耳蒜 *Liparis balansae* Gagnep.

折唇羊耳蒜 *Liparis bistriata* Par. & Rchb. f.

镰翅羊耳蒜 *Liparis bootanensis* Griff.

羊耳蒜 *Liparis campylostalix* Rchb. f.

丛生羊耳蒜 *Liparis cespitosa* (Thou.) Lindl.

平卧羊耳蒜 *Liparis chapaensis* Gagnep.

高山羊耳蒜 *Liparis cheniana* X. H. Jin

心叶羊耳蒜 *Liparis cordifolia* Hook. f.

小巧羊耳蒜 *Liparis delicatula* Hook. f.

大花羊耳蒜 *Liparis distans* C. B. Clarke

扁球羊耳蒜 *Liparis elliptica* Wight

方唇羊耳蒜 *Liparis glossula* Rchb. f.

见血青 *Liparis nervosa* (Thunb. exA. Murray) Lindl.

紫花羊耳蒜 *Liparis nigra* Seidenf.

三裂羊耳蒜 *Liparis mannii* Rchb. f.

香花羊耳蒜 *Liparis odorata* (Willd.) Lindl.

长唇羊耳蒜 *Liparis pauliana* Hand.-Mazz.

狭叶羊耳蒜 *Liparis perpusilla* Hook. f.

柄叶羊耳蒜 *Liparis petiolata* (D. Don) P. F. Hunt & Summerh.

小花羊耳蒜 *Liparis platyrachis* Hook. f.

秉滔羊耳蒜 *Liparis pingtaoi* (G. D. Tang, X. Y. Zhuang & Z. J. Liu) J. M. H. Shaw

蕊丝羊耳蒜 *Liparis resupinata* Ridl.

齿突羊耳蒜 *Liparis rostrata* Rchb. f.

扇唇羊耳蒜 *Liparis stricklandiana* Rchb. f.

长茎羊耳蒜 *Liparis viridiflora* (Bl.) Lindl.

钗子股属 *Luisia* Gaudich.

长瓣钗子股 *Luisia filiformis* Hook. f.

钗子股 *Luisia morsei* Rolfe

印缅钗子股 *Luisia teretifolia* Gaudich.

毛根钗子股 *Luisia trichorrhiza* (Hook.) Blume

M

槽舌兰属 *Holcoglossum*

原沼兰属 *Malaxis* Sol. ex Sw.

原沼兰 *Malaxis monophyllos* (L.) Sw.

槌柱兰属 *Malleola* J. J. Smith & Schltr.

西藏槌柱兰 *Malleola tibetica* W. C. Huang & X. H. Jin

小囊兰属 *Micropera* Lindl.

西藏小囊兰 *Micropera tibetica* X. H. Jin & Y. J. Lai

拟毛兰属 *Mycaranthes* Blume

拟毛兰 *Mycaranthes floribunda* (D. Don) S. C. Chen & J. J. Wood

指叶拟毛兰 *Mycaranthes pannea* (Lindl.) S.C.Chen & J. J. Wood

全唇兰属 *Myrmechis* Blume

全唇兰 *Myrmechis chinensis* Rolfe

日本全唇兰 *Myrmechis japonica* (Rchb. f.) Rolfe

N

新型兰属 *Neogyna* Rchb. f.

新型兰 *Neogyna gardneriana* (Lindl.) Rchb.f.

鸟巢兰属 *Neottia* Guett.

尖唇鸟巢兰 *Neottia acuminata* Schltr.

互生对叶兰 *Neottia alternifolia* (King & Pantl.) Szlach.

察隅对叶兰 *Neottia bicallosa* X. H. Jin

高山对叶兰 *Neottia bambusetorum* (Handel-Mazzetti) Szlachetko

叉唇对叶兰 *Neottia divaricata* (Panigrahi & P. Taylor) Szlachetko

高山鸟巢兰 *Neottia listeroides* Lindl.

毛脉对叶兰 *Neottia longicaulis* (King & Pantl.) Szlachetko

西藏对叶兰 *Neottia pinetorum* (Lindl.) Szlachetko

大花对叶兰 *Neottia wardii* (Rolfe) Szlach.

兜被兰属 *Neottianthe* Schltr.

川西兜被兰 *Neottianthe compacta* Schltr.

二叶兜被兰 *Neottianthe cucullata* (L.) Schltr.

密花兜被兰 *Neottianthe cucullata* var. *calcicola* (W. W. Smith) Soo

侧花兜被兰 *Neottianthe secundiflora* (Hook. f.) Schltr.

芋兰属 *Nervilia* Comm. ex Gaudich.

广布芋兰 *Nervilia aragoana* Gaud.

巨舌芋兰 *Nervilia macroglossa* (Hook. f.) Schltr.

O

鸢尾兰属 *Oberonia* Lindl.

显脉鸢尾兰 *Oberonia acaulis* Griff.

宽瓣显脉鸢尾兰 *Oberonia acaulis* var. *latipetala* Chowlu, Nanda & A. N. Rao

长裂鸢尾兰 *Oberonia anthropophora* Lindl.

狭叶鸢尾兰 *Oberonia caulescens* Lindl.

棒叶鸢尾兰 *Oberonia cavaleriei* Finet

镰叶鸢尾兰 *Oberonia falcata* King Pantl.

短耳鸢尾兰 *Oberonia falconeri* Hook. f.

齿瓣鸢尾兰 *Oberonia gammiei* King et Pantl.

条裂鸢尾兰 *Oberonia jenkinsiana* (Rchb. F.) Griff. ex Lindl.

广西鸢尾兰 *Oberonia kwangsiensis* Seidenf.

拟阔瓣鸢尾兰 *Oberonia langbianensis* Gagnep.

阔瓣鸢尾兰 *Oberonia latipetala* L. O. Willams

长苞鸢尾兰 *Oberonia longibracteata* Lindl.

小花鸢尾兰 *Oberonia mannii* Hook. f.

橘红鸢尾兰 *Oberonia obcordata* Lindl.

扁莛鸢尾兰 *Oberonia pachyrachis* Rchb. f. ex Hook. f.

锯瓣鸢尾兰 *Oberonia prainiana*

裂唇鸢尾兰 *Oberonia pyrulifera* Lindl.

红唇鸢尾兰 *Oberonia rufilabris* Lindl.

齿唇兰属 *Odontochilus* Blume

短柱齿唇兰 *Odontochilus brevistylis* Hook. f.

红萼齿唇兰 *Odontochilus clarkei* Hook. f.

小齿唇兰 *Odontochilus crispus* (Lindl.) Hook. f.

西南齿唇兰 *Odontochilus elwesii* C. B. Clarke ex Hook. f.

齿唇兰 *Odontochilus lanceolatus* (Lindl.) Blume

爪齿齿唇兰 *Odontochilus poilanei* (Gagnep.) Ormerod

一柱齿唇兰 *Odontochilus tortus* King & Pantl.

山兰属 *Oreorchis* Lindl.

短梗山兰 *Oreorchis erythrochrysea* Hand.-Mazz.

囊唇山兰 *Oreorchis foliosa* var. *indica* (Lindl.) N. Pearce & P. J. Cribb

狭叶山兰 *Oreorchis micrantha* Lindl.

大花山兰 *Oreorchis nepalensis* N. Pearce & Cribb

少花山兰 *Oreorchis oligantha* Schltr.

山兰 *Oreorchis patens* (Lindl.) Lindl.

雅长山兰 *Oreorchis yachangensis* Z. B. Zhang & B. G. Huang

羽唇兰属 *Ornithochilus* (Lindl.) Wall. ex Benth.

羽唇兰 *Ornithochilus difformis* (Wall. ex Lindl.) Schltr.

耳唇兰属 *Otochilus* Lindl.

白花耳唇兰 *Otochilus albus* Lindl.

狭叶耳唇兰 *Otochilus fuscus* Lindl.

宽叶耳唇兰 *Otochilus lancilabius* Seidenf.

耳唇兰 *Otochilus porrectus* Lindl.

P

曲唇兰属 *Panisea* (Lindl.) Steud.

林芝曲唇兰 *Panisea panchaseensis* Subedi

兜兰属 *Paphiopedilum* Pfitzer

秀丽兜兰 *Paphiopedilum venustum* (Sims) Pfitz.

清涌兜兰 *Paphiopedilum qingyongii* Z. J. Liu & L. J. Chen

凤蝶兰属 *Papilionanthe* Schltr.

单花凤蝶兰 *Papilionanthe uniflora* (Lindl.) Garay

阔蕊兰属 *Peristylus* Blume

绿春阔蕊兰 *Peristylus biermannianus* (King & Pantl.) X. H. Jin, Schuit. & W. T. Jin

凸孔阔蕊兰 *Peristylus coeloceras* Finet

西藏阔蕊兰 *Peristylus elisabethae* (Duthie) Gupta

盘腺阔蕊兰 *Peristylus fallax* Lindl.

一掌参 *Peristylus forceps* Finet

条唇阔蕊兰 *Peristylus forrestii* (Schltr.) K. Y. Lang

纤茎阔蕊兰 *Peristylus mannii* (Rolfe) Makerjee

鹤顶兰属 *Phaius* Lour.

少花鹤顶兰 *Phaius delavayi* (Finet) P. J. Cribb et Perner

黄花鹤顶兰 *Phaius flavus* (Bl.) Lindl.

紫花鹤顶兰 *Phaius mishmensis* (Lindl. & Paxt.) Rchb. f.

鹤顶兰 *Phaius tankervilleae* (Banks ex L'Herit.) Bl.

大花鹤顶兰 *Phaius wallichii* Lindl.

蝴蝶兰属 *Phalaenopsis* Blume

尖囊蝴蝶兰 *Phalaenopsis braceana* (Hook. f.) Christenson

大尖囊蝴蝶兰 *Phalaenopsis deliciosa* Rchb. f.

罗氏蝴蝶兰 *Phalaenopsis lobbii*

小尖囊蝴蝶兰 *Phalaenopsis taenialis* (Lindl.) Christenson& Pradhan

华西蝴蝶兰 *Phalaenopsis wilsonii* Rolfe

石仙桃属 *Pholidota* Lindl. ex Hook.

节茎石仙桃 *Pholidota articulata* Lindl.

石仙桃 *Pholidota chinensis* Lindl.

凹唇石仙桃 *Pholidota convallariae* (Rchb. F.) Hook. f.

宿苞石仙桃 *Pholidota imbricata* Hook.

尖叶石仙桃 *Pholidota missionariorum* Gagnep.

尾尖石仙桃 *Pholidota protracta* Hook. f.

馥兰属 *Phreatia* Lindl.

雅致小馥兰 *Phreatia elegans* Lindl.

苹兰属 *Pinalia* Buch.-Ham. ex D. Don

钝叶苹兰 *Pinalia acervata* (Lindl.) Kuntze

粗茎苹兰 *Pinalia amica* (Rchb. f.) Kuntze

密苞苹兰 *Pinalia conferta* (S. C. Chen & Z. H. Tsi) S. C. Chen & J. J. Wood

反苞苹兰 *Pinalia excavata* (Lindl.) Kuntze

球花苹兰 *Pinalia globulifera* (Seidenf.) A. N. Rao

禾颐苹兰 *Pinalia graminifolia* (Lindl.) Kuntze

长苞苹兰 *Pinalia obvia* (W. W. Smith) S. C. Chen & J. J. Wood

厚叶苹兰 *Pinalia pachyphylla* (Avery.) S. C. Chen & J. J. Wood

密花苹兰 *Pinalia spicata* (D. Don) S. C. Chen & J. J. Wood

鹅白苹兰 *Pinalia stricta* (Lindl.) Kuntze

舌唇兰属 *Platanthera* Rich.

弧形舌唇兰 *Platanthera arcuata* Lindl.

滇藏舌唇兰 *Platanthera bakeriana* (King & Pantl.) Kraenzl.

察瓦龙舌唇兰 *Platanthera chiloglossa* (T. Tang & F. T. Wang) K.Y.Lang

二叶舌唇兰 *Platanthera chlorantha* Cust. ex Rchb.

藏南舌唇兰 *Platanthera clavigera* Lindl.

弓背舌唇兰 *Platanthera curvata* K. Y. Lang

高原舌唇兰 *Platanthera exelliana* Soó

贡山舌唇兰 *Platanthera handel-mazzettii* K. Inoue

白鹤参 *Platanthera latilabris* Lindl.

条叶舌唇兰 *Platanthera leptocaulon* (Hook. f.) Soó

小花舌唇兰 *Platanthera minutiflora* Schltr.

巧花舌唇兰（小巧阔蕊兰）*Platanthera nematocaulon* (Hook. f.) Kraenzl.

棒距舌唇兰 *Platanthera roseotincta* (W. W. Smith) T. Tang& F. T. Wang

长瓣舌唇兰 *Platanthera sikkimensis* (Hook. f.) Kraenzl.

条瓣舌唇兰 *Platanthera stenantha* (Hook. f.) Soó

独龙江舌唇兰 *Platanthera stenophylla* T. Tang

亚东舌唇兰 *Platanthera yadongensis* X. H. Jin & W. T. Jin

巧花舌唇兰 *Platanthera nematocaulon* (Hook. f.) Kraenzl.

独蒜兰属 *Pleione* D. Don

藏南独蒜兰 *Pleione arunachalensis* Hareesh, P. Kumar & M. Sabu

独蒜兰 *Pleione bulbocodioides* (Franch.) Rolfe

毛唇独蒜兰 *Pleione hookeriana* (Lindl.) B. S. Williams

秋花独蒜兰 *Pleione maculata* (Lindl.) Lindl.

疣鞘独蒜兰 *Pleione praecox* (J. E. Smith) D. Don

岩生独蒜兰 *Pleione saxicola* T. Tang & F. T. Wang ex S. C. Chen

二叶独蒜兰 *Pleione scopulorum* W. W. Smith

云南独蒜兰 *Pleione yunnanensis* (Rolfe) Rolfe

朱兰属 *Pogonia* Juss.

云南朱兰 *Pogonia yunnanensis* Finet

小红门兰属 *Ponerorchis* Rchb. f.

广布小红门兰 *Ponerorchis chusua* (D. Don) Soó

盾柄兰属 *Porpax* Lindl.

R

菱兰属 *Rhomboda* Lindl.

小片菱兰 *Rhomboda abbreviata* (Lindley) Ormerod

艳丽菱兰 *Rhomboda moulmeinensis* (E. C. Parish & H. G. Reichenbach) Ormerod

白肋菱兰 *Rhomboda tokioi* (Fukuy) Ormerod

紫茎兰属 *Risleya* King & Pantl.

紫茎兰 *Risleya atropurpurea* King & Pantl.

S

鸟足兰属 *Satyrium* Sw.

鸟足兰 *Satyrium nepalense* D. Don

缘毛鸟足兰 *Satyrium nepalense* var. *ciliatum* (Lindl.) Hook. f.

匙唇兰属 *Schoenorchis* Blume

匙唇兰 *Schoenorchis gemmata* (Lindl.) J. J. Smith

苞舌兰属 *Spathoglottis* Blume

少花苞舌兰 *Spathoglottis ixioides* (D. Don) Lindl.

绶草属 *Spiranthes* Rich.

绶草 *Spiranthes sinensis* (Pers.)Ames

喜马拉雅绶草 *Spiranthes himalayensis* Survesw., Kumar & Mei Sun

大苞兰属 *Sunipia*

二色大苞兰 *Sunipia bicolor* Lindl.

白花大苞兰 *Sunipia candida* (Lindl.) P. F. Hunt

长序大苞兰 *Sunipia cirrhata* (Lind.) P. F. Hunt

少花大苞兰 *Sunipia intermedia* (King & Pantl.) P. F. Hunt

尼泊尔大苞兰 *Sunipia nepalensis* B. B. Raskoti & R. Ale

大苞兰 *Sunipia scariosa* Lindl.

T

带叶兰属 *Taeniophyllum* Blume

带叶兰 *Taeniophyllum glandulosum* Bl.

爪哇带叶兰 *Taeniophyllum javanicum* (J. J. Sm.) Kocyan et Schuit.

毛葶带叶兰 *Taeniophyllum retrospiculatum* King & Pantl.

西藏带叶兰 *Taeniophyllum xizangense* J. D. Ya & C. Liu

带唇兰属 *Tainia* Blume

滇南带唇兰 *Tainia minor* Hook. f.

矮柱兰属 *Thelasis* Blume

滇南矮柱兰 *Thelasis khasiana* Hook. f.

长叶矮柱兰 *Thelasis longifolia* Hook. f.

白点兰属 *Thrixspermum* Lour.

西藏白点兰（矮生白点兰）*Thrixspermum pygmaeum* (King & Pantl.)Holttum

笋兰属 *Thunia* Rchb. f.

笋兰 *Thunia alba* (Lindl.) Rchb. f.

筒距兰属 *Tipularia* Nutt.

短柄筒距兰 *Tipularia josephii* Rchb. f. ex Lindl.

竹茎兰属 *Tropidia* Lindl.

阔叶竹茎兰 *Tropidia angulosa* (Lindl.) Bl.

短穗竹茎兰 *Tropidia curculigoides* Lindl.

红头兰属（管唇兰属）*Tuberolabium* Yamam.

棒状管唇兰 *Tuberolabium rhopalorrhachis* (Rchb. f.) J. J. Wood

U

叉喙兰属 *Uncifera* Lindl.

线叶叉喙兰 *Uncifera lancifolia* (King & Pantl.) Schltr

钝叶叉喙兰 *Uncifera obtusifolia* Lindl.

V

万代兰属 *Vanda* Jones ex R. Br.

双色万代兰 *Vanda bicolor* Griff.

白柱万代兰 *Vanda brunnea* Rchb. f.

琴唇万代兰 *Vanda concolor* Bl. ex Lindl.

叉唇万代兰 *Vanda cristata* Lindl.

拟万代兰属 *Vandopsis* Pfitzer

白花拟万代兰 *Vandopsis undulata* (Lindl.) J. J. Smith

Y

宽距兰属 *Yoania* Maxim.

印度宽距兰 *Yoania prainii* King & Pantl.

Z

线柱兰属 *Zeuxine* Lindl.

黄花线柱兰 *Zeuxine flava* (Wall. ex Lindl.) Trimen

白肋线柱兰 *Zeuxine goodyeroides* Lindl.

芳线柱兰 *Zeuxine nervosa* (Lindl.) Trimen

图书在版编目（CIP）数据

西藏野生兰科植物 / 王伟等编著 . -- 上海 : 同济大学出版社 , 2023.3
ISBN 978-7-5765-0504-7

Ⅰ . ①西… Ⅱ . ①王… Ⅲ . ①兰科－野生植物－西藏
Ⅳ . ① Q949.71
中国版本图书馆 CIP 数据核字 (2022) 第 234205 号

西藏野生兰科植物

The Wild Orchids in Tibet

王伟　李孟凯　邢震　庞深深　编著

责任编辑　孙　彬
责任校对　徐春莲
装帧设计　张　微

出版发行　同济大学出版社 www.tongjipress.com.cn
（地址：上海市四平路 1239 号　邮编：200092　电话：021–65985622）
经　　销　全国各地新华书店
印　　刷　上海安枫印务有限公司
开　　本　889mm×1194mm　1/16
印　　张　30.75
字　　数　984 000
版　　次　2023 年 3 月第 1 版
印　　次　2023 年 3 月第 1 次印刷
书　　号　ISBN 978-7-5765-0504-7
定　　价　368.00 元

本书若有印装质量问题，请向本社发行部调换